学以致用系列丛书

Photoshop CS6平面设计入门与实战

廖夏妍　编　著

清华大学出版社
北京

内 容 简 介

本书是一本以Photoshop CS6图像处理功能为基础的学习工具书，全书共15章，主要包括Photoshop CS6基础知识、图像处理、高级编辑技巧、自动化处理与动态技术知识以及综合实例五部分。通过对本书的学习，读者不仅能轻松掌握Photoshop CS6软件的使用方法，还能满足网页设计、平面设计、数码摄像以及广告设计等工作的需要。

此外，本书还提供了丰富的栏目板块，如“小绝招”，“长知识”和“给你支招”。这些板块的存在，不仅丰富了本书的内容，还可以教会读者更多实用的技巧，从而提高实战操作能力。

本书主要定位希望快速学习Photoshop软件的初、中级用户，适合不同年龄段从事网页设计、平面设计以及数码摄像等工作的人员。此外，本书也适合Photoshop自学者、各类社会培训班学员使用，或作为各大中专院校的设计类教材。

图书在版编目（CIP）数据

Photoshop CS6 平面设计入门与实战 / 廖夏妍编著 . —北京：清华大学出版社，2016

（学以致用系列丛书）

ISBN 978-7-302-44263-9

Ⅰ . ① P…　Ⅱ . ① 廖…　Ⅲ . ①图像处理软件　Ⅳ . ① TP391.41

中国版本图书馆 CIP 数据核字 (2016) 第 153222 号

责任编辑：李玉萍
封面设计：郑国强
责任校对：张彦彬
责任印制：何　芊
出版发行：清华大学出版社

网　　址：http://www.tup.com.cn，http://www.wqbook.com
地　　址：北京清华大学学研大厦 A 座　　**邮　　编**：100084
社 总 机：010-62770175　　**邮　　购**：010-62786544
投稿与读者服务：010-62776969，c-service@tup.tsinghua.edu.cn
质量反馈：010-62772015，zhiliang@tup.tsinghua.edu.cn

印 装 者：北京亿浓世纪彩色印刷有限公司
经　　销：全国新华书店
开　　本：190mm×260mm　　**印　张**：21.25　　**字　数**：520 千字
（附光盘 1 张）
版　　次：2016 年 9 月第 1 版　　**印　次**：2016 年 9 月第 1 次印刷
定　　价：88.00 元

产品编号：068495-01

关于本丛书

如今，使用计算机已不再只是休闲娱乐的一种生活方式，在工作节奏如此快的今天，计算机已成为各类人士不可替代的一种工作方式。为了让更多的初学者学会计算机及其相关软件的操作，经过我们精心的策划和创作，“学以致用系列丛书”已在2015年年初和广大读者见面了。该丛书自上市以来，反响一直很好，而且销量突破预计。

为了回馈广大读者，让更多的人学会使用计算机和一些常用软件的操作，时隔一年，我们对“学以致用系列丛书”进行了全新升级改版，不仅优化了版式效果，更对内容进行了全面更新，让全书更具深度，让读者能学到更多实用的技巧。

本丛书涉及计算机基础与入门、网上开店、Office办公软件、图形图像和网页设计等方面，每本书的内容和讲解方式都根据其特有的应用要求进行量身打造，目的是让读者真正学得会、用得好。其具体包括的书目如下：

- Excel高效办公入门与实战
- Excel函数和图表入门与实战
- Excel数据透视表入门与实战
- Access数据库基础及应用（第2版）
- PPT设计与制作（第2版）
- 新手学开网店（第2版）
- 网店装修与推广（第2版）
- Office 2013入门与实战（第2版）
- 新手学电脑（第2版）
- 中老年人学电脑（第2版）
- 电脑组装、维护与故障排除（第2版）
- 电脑安全与黑客攻防（第2版）
- 网页设计与制作入门与实践
- AutoCAD 2016中文版入门与实战
- Photoshop CS6平面设计入门与实战

丛书两大特色

本丛书主要体现了我们的“理论知识和操作学得会，实战工作中能够用得好”这两条策划和创作宗旨。

理论知识和操作学得会

◆ **讲解上——实用为先，语言精练**

本丛书在内容挑选方面注重3个“最”——内容最实用，操作最常见，案例最典型，并且精练讲解理论部分的文字，用通俗的语言将知识讲解清楚，提高读者的阅读和学习效率。

◆ **外观上——单双混排，全程图解**

本丛书采用灵活的单双混排方式，主打图解式操作，并且每个操作步骤在内容和配图上均采用编号进行逐一对应，让整个操作更清晰，让读者能够轻松和快速掌握。

◆ **结构上——布局科学，学习+提升同步进行**

本丛书在每章知识的结构安排上，采取“主体知识+给你支招”的结构，其中，“主体知识”是针对当前章节中涉及的所有理论知识进行讲解；“给你支招”是对本章相关知识的延伸与提升，其实用性和技巧性更强。

◆ **信息上——栏目丰富，延展学习**

本丛书在知识讲解过程中，还穿插了各种栏目板块，如“小绝招”和“长知识”。通过这些栏目，有效增加了本书的知识量，扩展了读者的学习宽度，从而帮助读者掌握更多实用的操作技巧。

实战工作中能够用得好

本丛书在讲解过程中，采用“知识点+实例操作”的结构进行讲解。为了让读者清楚这些知识在实战工作中的具体应用，所有的案例均来源于实际工作中的典型案例，比较有针对性。通过这种讲解方式，让读者能在真实的环境中将知识进行应用，从而达到举一反三、在工作中用得好的目的。

关于本书内容

本书是丛书中的《Photoshop CS6平面设计入门与实战》，全书共15章，主要包括Photoshop CS6基础知识、图像处理、高级编辑技巧、自动化处理与动态技术知识、综合实例五部分，各部分的具体内容如下。

章节介绍	内容体系	作　用
Chapter 01、Chapter 02	介绍Photoshop CS6软件的基础知识和简单的图像处理方法，具体内容包括Photoshop的应用领域、安装与卸载软件、软件的优化设置以及图像的基本操作等	通过对本部分的学习，读者可以为后面的软件学习打下坚实的基础
Chapter 03～Chapter 06	图像处理方法，具体内容包括运用选区选择图像、分层处理图像、绘制与修饰图像以及图像的颜色与色调调整等	让读者学会选取、绘制、修饰以及调色等多种图像处理技巧与方法
Chapter 07～Chapter 10	对图像的高级编辑技巧进行介绍，具体内容包括蒙版与通道、矢量图像的创建与编辑、文字的艺术以及Photoshop CS6滤镜等	读者可以轻松将这些高级技巧应用到图像中，从而制作出特效图像
Chapter 11、Chapter 12	介绍自动化处理与动态技术知识，具体内容包括Web图形处理与自动化操作、动态图像处理与3D图像技术	让读者实现高效图像处理，学会制作动态图像与立体图像
Chapter 13～Chapter 15	综合实例讲解，具体内容包括人物图像后期精修处理、制作房地产DM宣传单以及企业网站的前台设计	让读者巩固本书所学知识，提高对各种工具的实战技巧

关于本书特点

特　点	说　明
专题精讲	本书体系完整，由浅入深地讲解了Photoshop CS6的各项功能，其内容包括进入Photoshop CS6的精彩世界、图像的简单处理、运用选区选择图像、分层处理图像、绘制与修饰图像、图像的颜色与色调调整、蒙版与通道、矢量图像的创建与编辑、文字的艺术、靠近Photoshop CS6滤镜、Web图形处理与自动化操作、动态图像处理与3D图像技术等
案例实用	本书为了让读者更容易学会Photoshop，不仅对理论知识配备了大量的案例操作，而且在案例选择上也注重实用性，这些案例不单单是为了验证知识操作，它还是读者实际工作和生活中常遇到的问题。因此，通过这些案例，可以让读者在学会知识的同时，解决工作和生活中的问题，达到双赢的目的
拓展知识丰富	在本书讲解的过程中安排了上百个“小绝招”和“长知识”板块，用于对相关知识的提升或延展。另外，在每章的最后还专门增加了“给你支招”板块，让读者学会更多的进阶技巧，从而提高工作效率
语言轻松	本书语言通俗易懂、贴近生活，略带幽默元素，让读者能充分享受阅读的过程。语言的逻辑感较强，前后呼应，随时激发读者的记忆

关于读者对象

本书主要定位希望快速学习Photoshop软件的初、中级用户，适合不同年龄段从事网页设计、平面设计、数码摄像以及广告设计等工作的人员。此外，本书也适合Photoshop自学者、各类社会培训班学员使用，或作为各大中专院校艺术设计类的教材。

关于创作团队

本书由廖夏妍编著，参与本书编写的人员还有邱超群、杨群、罗浩、林菊芳、马英、邱银春、罗丹丹、刘畅、林晓军、周磊、蒋明熙、甘林圣、丁颖、蒋杰、何超等，在此对大家的辛勤工作表示衷心的感谢！

由于编著者经验有限，书中难免会有疏漏和不足，恳请专家和读者不吝赐教。

编　者

目录

Chapter 01 进入Photoshop CS6的精彩世界

Chapter 02 图像的简单处理

Chapter 03 运用选区选择图像

Chapter 04 分层处理图像

Chapter 05 绘制与修饰图像

Chapter 06 图像的颜色与色调调整

Chapter 07 初窥门径——蒙版与通道

Chapter 08 矢量图像的创建与编辑

Chapter 09 文字的艺术

Chapter 10 靠近Photoshop CS6滤镜

Chapter 13 人物图像后期精修处理

Chapter 14 制作房地产DM宣传单

Chapter 15 企业网站前台设计

学习目标

工欲善其事，必先利其器。想要更好地利用Photoshop CS6进行图像处理，首先需要对Photoshop CS6有一个全面的认识，本章我们就来走进Photoshop CS6的精彩世界，看看它有哪些神秘之处。

本章要点

- 安装的硬件需求
- 安装Photoshop CS6
- 卸载Photoshop CS6
- 认识工作界面组件
- 自定义工作区
- 修改工作区背景颜色
- 自定义工具快捷键
- 在不同的屏幕模式下工作
- 在多个窗口中查看图像
- 使用缩放工具调整窗口比例

知识要点	学习时间	学习难度
Photoshop CS6 的安装与卸载方法	20 分钟	★
Photoshop CS6 的优化设置	30 分钟	★★
查看图像与常见辅助工具的认识	40 分钟	★★

1.1 Photoshop 的应用领域

阿智：小白，考考你，你知道为什么Photoshop会这么火爆吗?

小白：这个主要是因为它可以让我们的照片变得更美观吧!

阿智：你只答对了一小部分，Photoshop当前的应用领域非常广，正是因为这些领域都需要使用Photoshop软件来制作图像，它才如此火爆。

Photoshop是当前世界上最优秀的图形图像处理软件之一，它拥有强大的图像处理功能，而且应用范围非常广。无论是在广告摄影、平面设计、视觉创意和艺术文字领域，还是在网页设计和建筑效果图后期修饰等领域，Photoshop都起着至关重要的作用。

学习目标 了解Photoshop的应用领域

难度指数 ★

在广告摄影中的应用

广告摄影作为一种对视觉要求非常严格的工作，其作品一般都需要经过Photoshop的艺术处理才能得到最好的效果，如图1-1所示。

图1-1

小绝招　广告摄影的目的

广告摄影是以商品为主要拍摄对象的一种摄影，通过反映商品的形状、结构、性能、色彩和用途等特点，从而引起顾客的购买欲望或合作伙伴的投资欲望。

在平面设计中的应用

平面设计是Photoshop应用最为广泛的领域，无论是图书封面，还是招贴和海报，都需要使用Photoshop软件对图像进行处理，如图1-2所示。

图1-2

在视觉创意中的应用

视觉创意是Photoshop最擅长的应用，通过Photoshop可以将原本没联系的图像组合在一起，从而在视觉上表现全新的创意，如图1-3所示。

图1-3

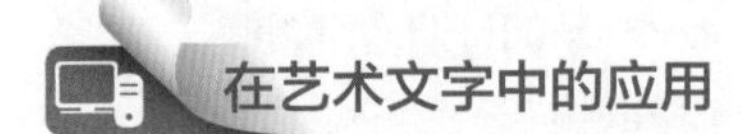

在艺术文字中的应用

普通的文字经过Photoshop的艺术处理后，就会变得美轮美奂。文字通过Photoshop可以发生各种各样的变化，并且这些经过艺术化处理后的文字，可以直接为图像增加艺术效果，如图1-4所示。

图1-4

在网页设计中的应用

当前互联网应用的迅速发展与普及，是促使更多的用户学习和掌握Photoshop的一个重要原因。由于在制作网页时，必不可少地要使用Photoshop对网页进行设计，因此Photoshop的作用也越来越大，如图1-5所示。

图1-5

在数码照片处理中的应用

使用Photoshop可以对各种数码照片进行合成、修复和上色，如为数码照片中的人物更换发型、去除斑点和更换背景等。同时，Photoshop还是婚纱影楼的设计师的得力助手，如图1-6所示。

图1-6

在动画与CG设计中的应用

由于3ds Max等三维图像图形软件的贴图制作功能不是很理想，所以通常都需要借助Photoshop来制作模型贴图。使用Photoshop制作的场景贴图和人物皮肤贴图不仅效果逼真，还能快速为动画进行渲染，如图1-7所示。

图1-7

在建筑效果图后期修饰中的应用

在制作建筑效果图时，需要制作出许多三维场景、人物以及配景等，此时就需要使用Photoshop增强和调整其效果，如图1-8所示。

图1-8

Photoshop的其他应用领域

除了前面介绍的几种常见的应用领域外，Photoshop还有一些其他的应用领域，如在绘画中的应用、在插画设计中的应用以及在界面设计中的应用等。

1.2 Photoshop CS6 的安装与卸载

小白：阿智，Photoshop应用范围这么广，我也想使用它，不然就太落后了，但是这么多版本到底哪个好?

阿智：现在比较常见的版本就是Photoshop CS6，不过你在使用它之前，需要学会如何安装和卸载它。

安装或卸载Photoshop之前需要先关闭与其相关的应用程序，如所有的Adobe应用程序、Microsoft Office以及IE浏览器等。同时，还需要对安装Photoshop CS6的系统需求有所了解，不然就会导致安装失败。

1.2.1 安装的硬件需求

许多用户在安装Photoshop之前都会先问：Photoshop哪个版本最好用？其实答案不言而喻，最大众的版本就是最好用的版本。当前最大众的版本要属Photoshop CS6了，但是在安装Photoshop CS6之前首先需要对其硬件要求有所了解，如果自己的电脑硬件不满足其要求，那么就算成功安装了，使用起来也不会很流畅。安装Photoshop CS6的系统需求如表1-1所示。

学习目标　了解安装Photoshop CS6的系统需求

难度指数　★

表1-1　安装Photoshop CS6的系统需求

操作系统	硬件要求
Windows	Intel Pentium 4或AMD Athlon 64处理器
	带Service Pack 1的Windows 7
	1GB内存
	安装需要1GB可用硬盘空间，安装过程中会需要更多可用空间（无法在可移动的闪存存储设备上安装）
	1024x768屏幕（1280x800最佳），16位颜色和512MB的显存
	支持OpenGL 2.0的系统
	DVD-ROM驱动器
Mac OS	带有64位支持的多核Intel处理器
	Mac OS X v10.6.8或v10.7
	1GB内存
	安装需要2GB可用硬盘空间，安装过程中会需要更多的可用空间（无法在使用区分大小写的文件系统的卷或可移动的闪存存储设备上安装）
	1024x768屏幕（1280x800最佳），16位颜色和512MB的显存
	支持OpenGL 2.0的系统
	DVD-ROM驱动器

1.2.2 安装Photoshop CS6

了解了安装Photoshop CS6的系统需求后，用户就可以开始进行安装了。用户可以直接购买Photoshop CS6安装软件，也可以在Adobe官网中下载测试版本进行安装，下面我们就使用购买的软件来安装Photoshop CS6。

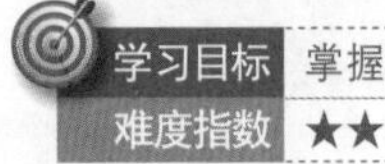

学习目标　掌握安装Photoshop CS6的方法

难度指数　★★

步骤01 进入光盘根目录的Adobe CS6文件夹中，双击Setup.exe文件运行安装程序，进入初始化界面，如图1-9所示。

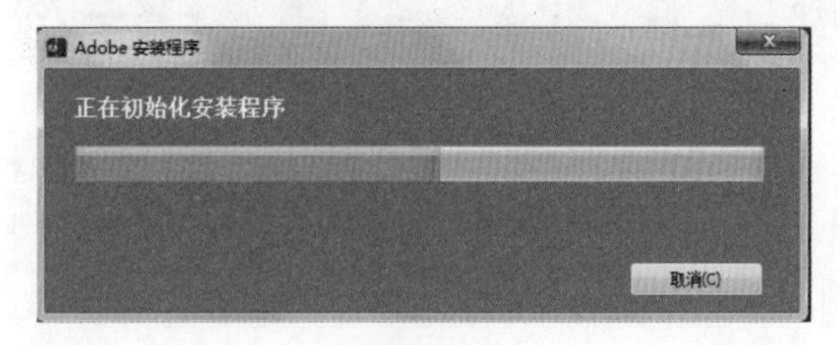

图1-9

步骤02 初始化完成后，进入到“欢迎”界面，单击“安装”按钮，如图1-10所示。

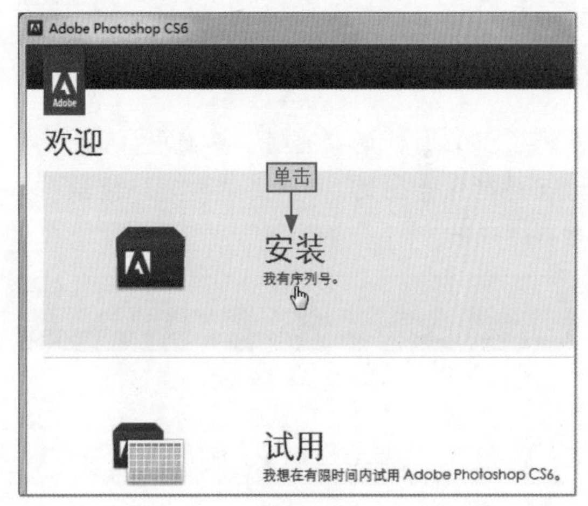

图1-10

步骤03 进入到“Adobe软件许可协议”界面，单击“接受”按钮，如图1-11所示。

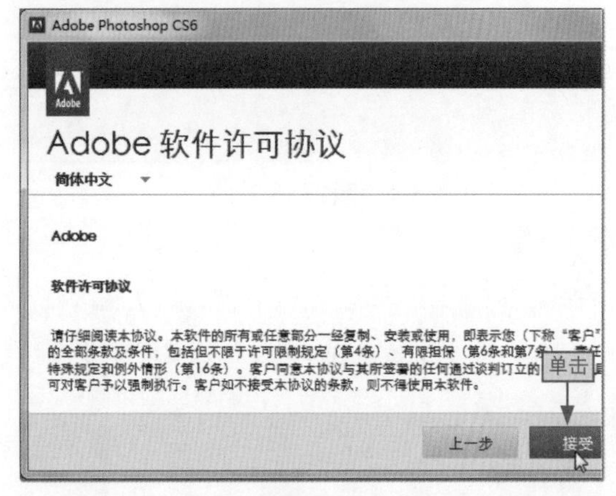

图1-11

步骤04 在打开的“序列号”界面中，❶输入软件序列号，❷单击“下一步”按钮，如图1-12所示。

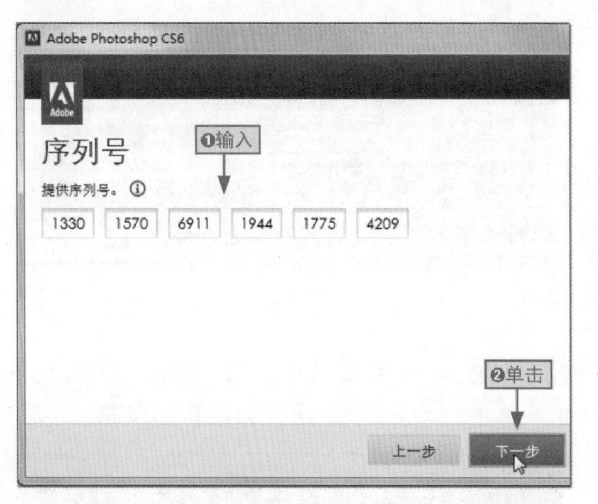

图1-12

步骤05 在打开的“选项”界面中，❶设置安装文件的保存位置，❷单击“安装”按钮，如图1-13所示。

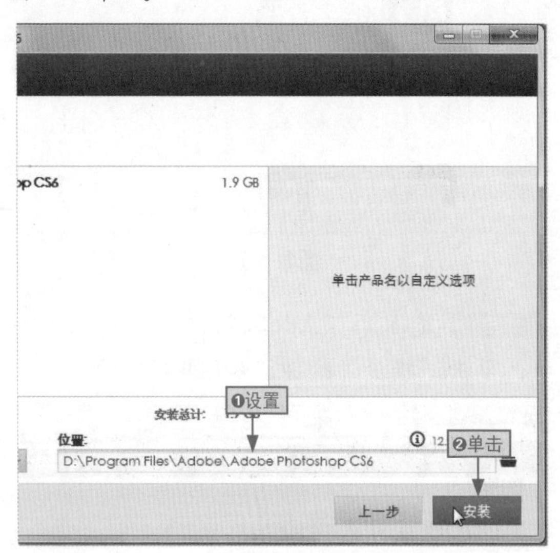

图1-13

小绝招 **安装Photoshop时需要连接网络**

用户在安装 Photoshop 时，首先需要连接网络并保证网络畅通。因为在安装 Photoshop 前需要验证软件的序列号，同时还需要登录 Adobe 在线账户，只有这样才能保证 Photoshop 可以成功安装并使用。

步骤06 此时，就会进入到Photoshop CS6的“安装进度”界面，用户需要耐心等待一段时间。安装完成后就会进入“安装完成”界面，单击“关闭”按钮即可成功安装Photoshop CS6，如图1-14所示。

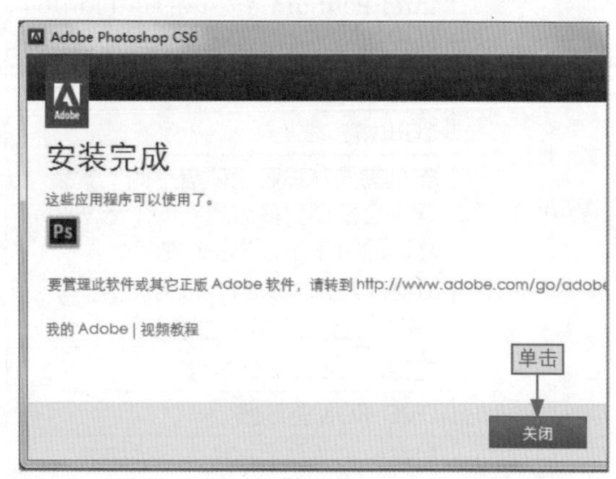

图1-14

1.2.3 卸载Photoshop CS6

如果用户需要卸载Photoshop CS6，那么需要使用Windows的卸载程序将其卸载。

学习目标	掌握卸载Photoshop CS6
难度指数	★

步骤01 ❶单击“开始”按钮，❷单击“控制面板”按钮，如图1-15所示。

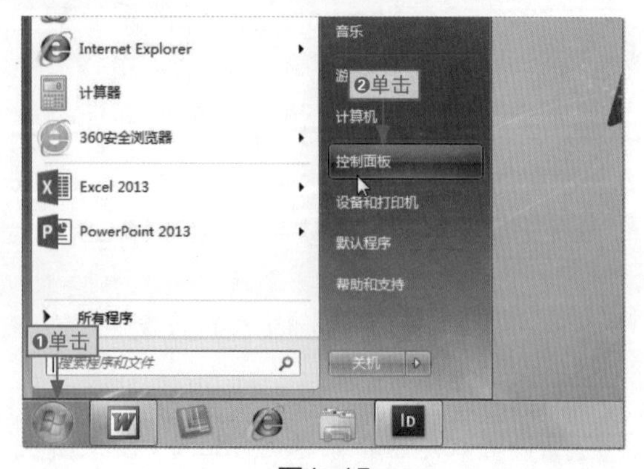

图1-15

步骤02 在打开的“控制面板”窗口中，单击“卸载程序”超链接，如图1-16所示。

图1-16

Mac OS如何卸载Photoshop

如果用户使用的是Mac OS操作系统，想要卸载Photoshop时，不能直接将其拖放到回收站中，而要在Mac OS X中进行安全卸载。此时，只需要先双击“应用程序”|“实用程序”|Adobe Installers中的Photoshop安装程序选项卡，然后选择“删除首选项”选项，再根据相关提示进行操作即可完成卸载。

步骤03 在打开的“程序和功能”窗口中，❶选择Adobe Photoshop CS6选项，❷单击“卸载”按钮，如图1-17所示。

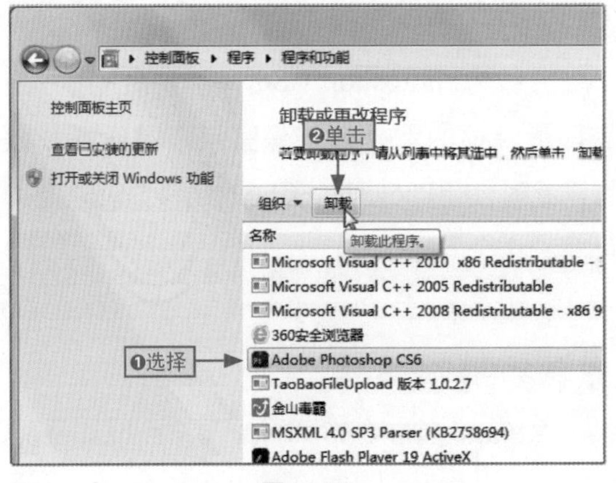

图1-17

步骤04 进入到“卸载选项”界面中，单击“卸载”按钮，如图1-18所示。

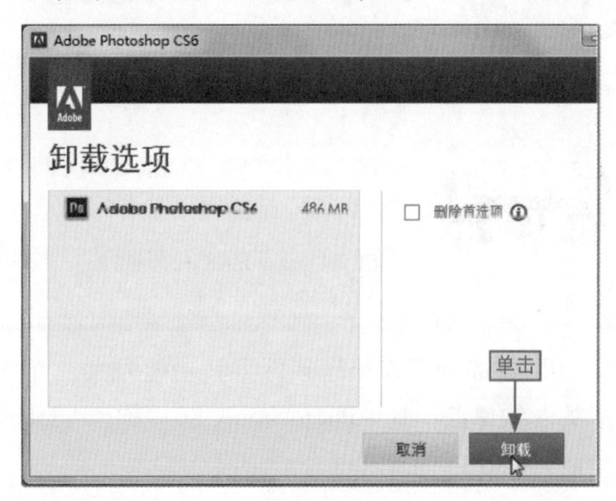

图1-18

步骤05 卸载完成后，会进入“卸载完成”界面中，单击“关闭”按钮，然后重启计算机即可，如图1-19所示。

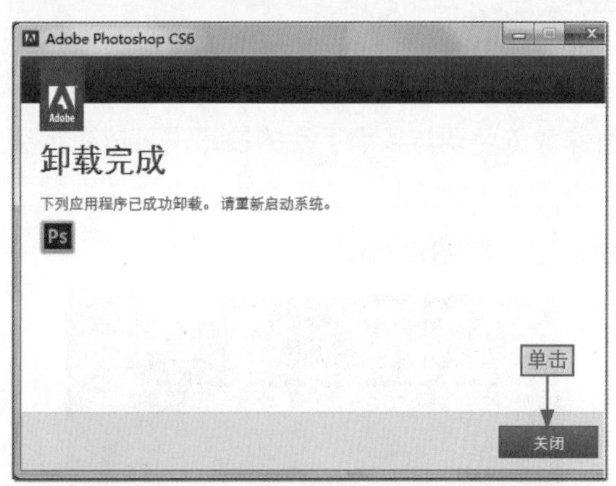

图1-19

Windows XP如何卸载Photoshop

由于Windows XP与Windows 7的差别很大，因此卸载Photoshop的方式也存在差异。如果要在Windows XP操作系统中卸载Photoshop，需要先进入到“控制面板”窗口中，单击“添加或删除程序”按钮，选择Photoshop选项，单击“更改/删除”按钮，然后根据相关提示进行操作即可完成卸载。

1.3 体验 Photoshop CS6 的新功能

阿智：小白你在做什么呢?

小白：我将Photoshop CS6安装好以后，发现它与我之前用的6以下的版本差别太大，很多功能都不知道怎么操作。

阿智：这主要是因为新版做了很多改善，增加了许多新的功能。

Photoshop图像处理软件因其功能强大，而受到众多用户的喜爱，Photoshop版本升级自然也成了关注的重点。其中Photoshop CS6被称为Adobe产品中最大的一次升级，下面就来体验一下它的新功能。

全新的界面设计

Photoshop CS6的工作界面典雅而实用，拥有深灰的色调与多而不乱的按钮，可以更加突出中间的图像，从而让用户更加专注于对图像的处理，如图1-20所示。

图1-20

透视裁剪功能

Photoshop CS6新增的透视裁切工具，可以做到非破坏性裁剪，裁切更个性化，操作更简单。同时，也省去了反复操作所带来的不便，从而提高照片裁剪的效率，如图1-21所示。

图1-21

迁移预设功能

升级为Photoshop CS6，对于不少用户而言，最麻烦的就是如何保留用户的设置和预置，此时使用Photoshop CS6的迁移预设功能即可解决这个问题。

一键美图功能

在Photoshop CS6中新增加了Adjustments快捷工具，它可以达到一键美图的效果。用户

只需要通过鼠标拖移滑块，调整图片的色调、亮度和对比度等参数，即可获得美图效果，如图1-22所示。

图1-22

一键打造3D字体

Photoshop CS6除了可以一键美图之外，其3D图像编辑特性还可以为图片加入3D图层，可以改变其位置、颜色、质感、影子及光源等，并且能进行实时处理，如图1-23所示。

图1-23

内置了更丰富的笔刷

在Photoshop CS6中，程序本身内置了更加丰富的笔刷样式，对于习惯使用Photoshop作画的用户来说，再也不需要到处搜索和下载笔刷了，如图1-24所示。

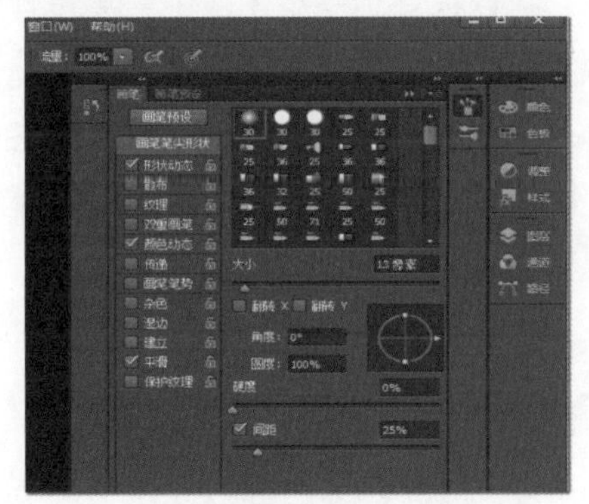

图1-24

线条转换优化

Photoshop CS6在线条样式转换上进行了很大的优化。在Photoshop CS6中，用户只需要选中要转换样式的线条，然后用工具即可定义虚线样式以及为虚线或者点画线设置渐变色。

图层搜索功能

用户在处理一张较为复杂的图像时，如果图像中含有较多的图层，那么想要找到自己需要的图层就较为麻烦，Photoshop CS6中加入了图层搜索功能，为用户查找图层提供了极大的方便，如图1-25所示。

图1-25

Camera Raw增效工具

Camera Raw增效工具具有十分强大的功能，它可以很好地呈现图像中需要呈现的部分，并将图像中需要保留的部分隐藏起来。Camera Raw增效工具不仅可以消除ISO图像以及普通相机拍摄出的照片中的噪点，还能增加颗粒效果，使照片看起来更加自然。

自适应广角功能

用户使用自适应广角滤镜，可以轻松地拉直全景图像、使用鱼眼或广角镜头拍摄出的照片中的弯曲对象。同时，全新的画布工具会运用个别镜头的物理特性自动校正弯曲的对象。

光圈模糊和焦点模糊

模糊滤镜组是Photoshop CS6新增加的成员，它可以创建出专业级的模糊效果。光圈模糊和焦点模糊可以帮助摄影师在后期处理照片，在需要添加景深效果时提供极大的便利，如图1-26所示。

图1-26

全新的内容感应功能

其实内容感应功能在Photoshop CS5中就已出现，它能自动侦测圈选内容，在对周围材质进行运算之后自动进行智能填补。而Photoshop CS6中保留并强化了内容感应功能，增加了移动和延伸工具，用户可以把物体圈选后将其移动到新的位置，原来的位置就会透过软件自动运算而补充背景。

1.4 Photoshop CS6 的优化设置

阿智：你这么快就使用Photoshop CS6处理图像啦?

小白：还没有，我只是在研究如何能更顺手地使用它，可是不知道该怎么操作?

阿智：这个很简单，你只需要对它进行简单的优化设置即可。

Photoshop CS6默认对某些显示位置和显示内容进行了设置，为了提高工作效率，用户可以根据自己的使用习惯，对Photoshop CS6的工作界面进行优化设置，如图1-27所示为Photoshop CS6的工作界面。

图1-27

1.4.1 认识工作界面组件

Photoshop CS6的工作界面有了很大的改进，其界面划分也更加合理，用户在使用Photoshop CS6处理图像前，需要先认识其工作界面的组件。

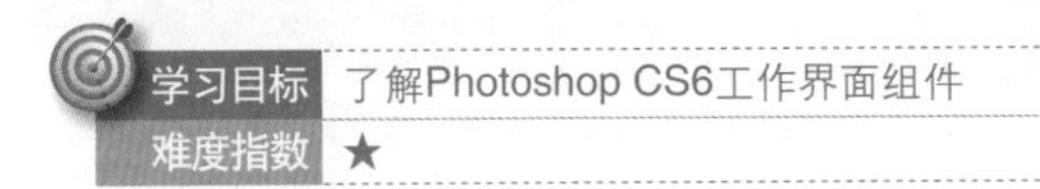
学习目标 了解Photoshop CS6工作界面组件
难度指数 ★

菜单栏

Photoshop CS6的菜单栏中默认提供11个菜单项，如图1-28所示。每个菜单项中都包含了多个可以执行的命令，单击各主菜单即可弹出相应的下拉菜单。在Photoshop CS6中，绝大部分功能都可以通过菜单命令来实现。

文件(F) 编辑(E) 图像(I) 图层(L) 文字(Y) 选择(S) 滤镜(T) 3D(D) 视图(V) 窗口(W) 帮助(H)

图1-28

工具箱

在使用Photoshop CS6处理图像时，会使用到各种工具，常用的工具都放置在工具箱内。工具箱中包含多种用于执行各种操作的工具，如创建选区、移动图像、绘图以及绘画等。

工具选项栏

工具选项栏一般位于菜单栏的下方，用来设置工具的各种选项，它会随着所选工具的不同而改变内容。当选择需要的工具后，工具选项栏中将显示该工具相应的参数，如图1-29所示。

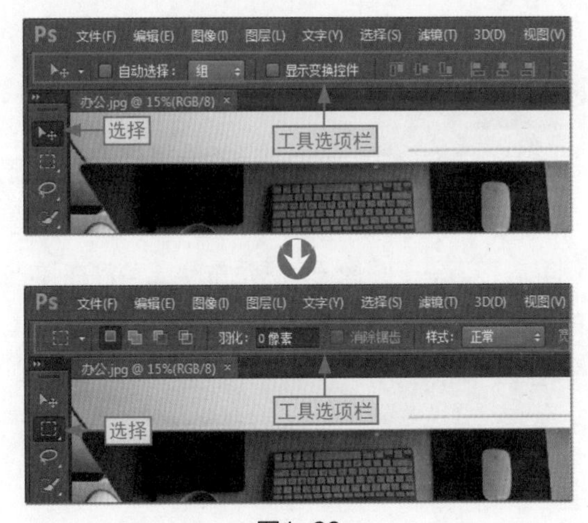

图1-29

标题栏

标题栏用于显示图像名称、图像格式、窗口缩放模式以及颜色模式等内容。如果图像中包含有多个图层，那么标题栏中还会显示当前工作的图层名称，如图1-30所示。

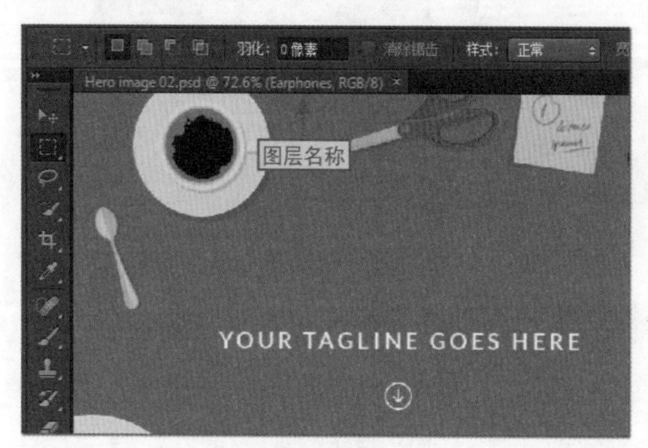

图1-30

文档窗口

当使用Photoshop CS6打开一张图像时，它就会自动创建一个文档窗口，文档窗口是显示和编辑图像的区域。当需要同时对多张图像进行编辑时，有3种显示图像的方式，分别是平铺、在窗口中浮动和将所有内容合并到选项卡。

状态栏

状态栏位于文档窗口的下方，主要用来显示图像大小、图像尺寸、当前工具和窗口缩放比例等内容。单击图像信息区后的小三角，在弹出的快捷菜单中可以选择任意选项以查看图像的其他信息。如图1-31所示为显示文档尺寸。

浮动面板

在Photoshop CS6中有多个浮动面板，每个浮动面板的功能也各不相同，它们可以帮助用户更好地编辑图像。在所有的浮动面板中，有的可以用来编辑内容，有的可以用来设置属性。

图1-31

小绝招　快速显示和隐藏浮动面板

除了可以选择相应的命令显示或隐藏浮动面板外，用户还可以使用各种浮动面板快捷键来显示或隐藏浮动面板，如按F7键可以显示或隐藏“图层”面板。熟练使用浮动面板相关的快捷键，有利于帮助用户提高工作效率。

1.4.2 自定义工作区

Photoshop为了帮助用户简化某些任务，而专门内置了几种预设的工作区，如绘画、摄影以及排版规则等。由于每个用户使用Photoshop的用途不同，经常使用的工具也不同，因此其工作区需要根据自己的需求进行自定义设置。

学习目标	掌握自定义Photoshop工作区的方法
难度指数	★★

步骤01 ❶在菜单栏中单击“窗口”菜单项，❷选择需要使用的面板命令，这里选择“历史记录”命令，如图1-32所示。

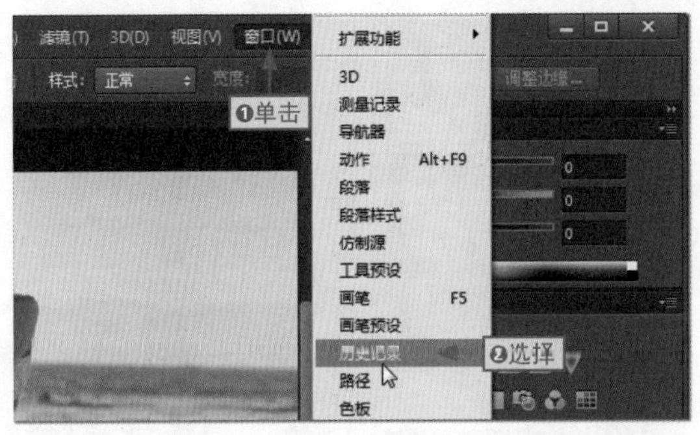

图1-32

步骤02 ❶在不需要使用的面板上右击，这里在“调整”面板上右击，❷在弹出的快捷菜单中选择“关闭”命令，如图1-33所示。

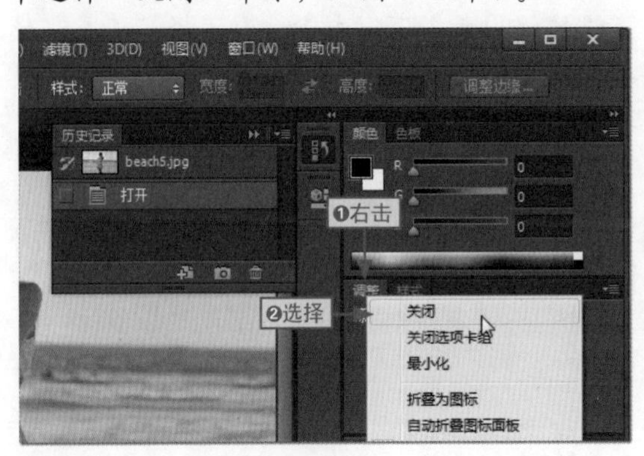

图1-33

步骤03 以相同的方法打开与关闭其他面板，❶在菜单栏中单击“窗口”菜单项，❷选择“工作区”|“新建工作区”命令，如图1-34所示。

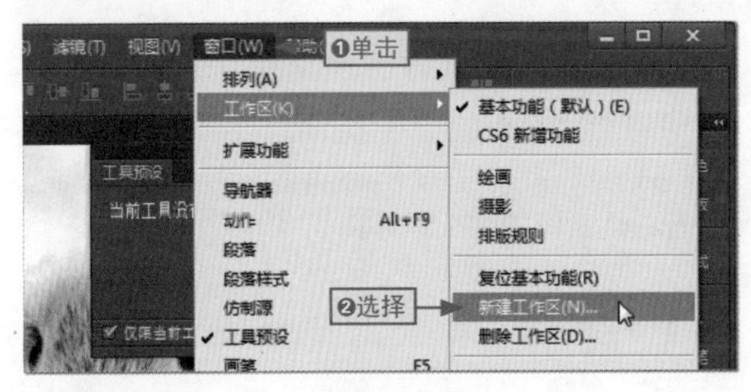

图1-34

步骤04 在打开的“新建工作区”对话框中，❶输入新建工作区的名称，❷单击“存储”按钮，如图1-35所示。

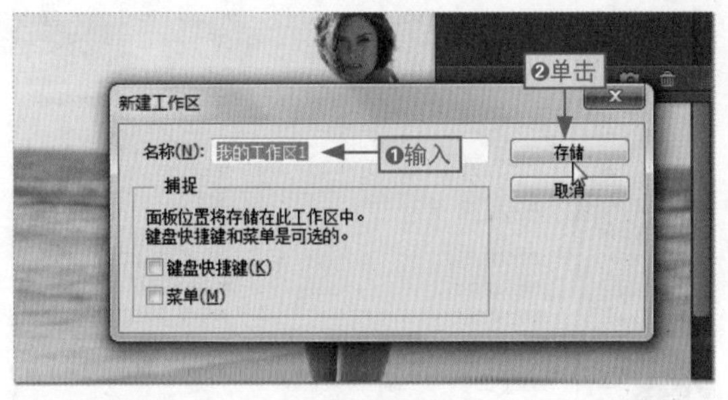

图1-35

如何调用自定义的工作区

用户自定义了一个工作区后，如果想要使用该工作区，应该如何调用它呢？其实很简单，只需要❶在菜单栏中单击“窗口”菜单项，❷选择“工作区”命令，❸在子菜单中选择自定义的工作区即可，如图1-36所示。

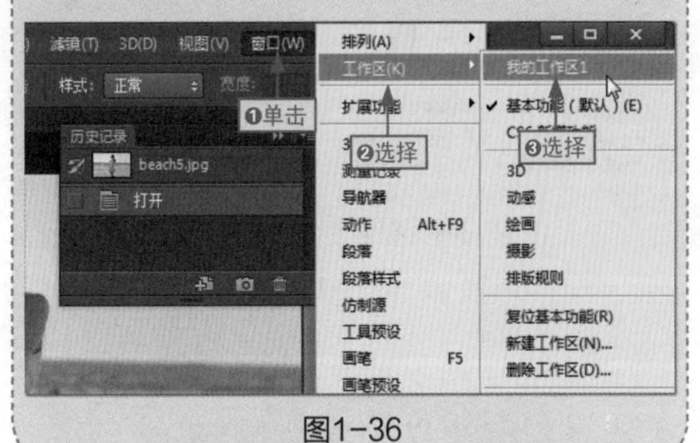

图1-36

1.4.3 修改工作区背景颜色

在Photoshop CS6安装成功以后，它的工作区背景颜色默认为深灰色，如果想要将其背景颜色修改为其他颜色应该怎么操作呢？下面就来看看。

学习目标	掌握修改工作区背景颜色的方法
难度指数	★★

步骤01 ❶在菜单栏中单击“编辑”菜单项，❷选择“首选项”|“界面”命令，如图1-37所示。

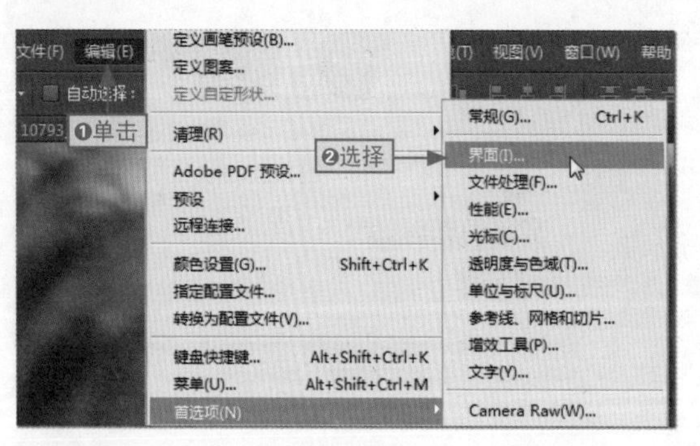

图1-37

步骤02 在打开的“首选项”对话框的“界面”选项卡中，可以查看到有4种颜色方案，❶选择“浅灰”选项，❷单击“确定”按钮，即可完成工作背景颜色的修改，如图1-38所示。

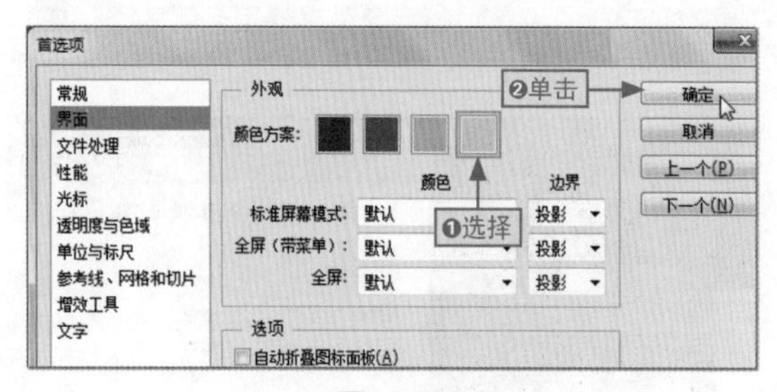

图1-38

1.4.4 自定义工具快捷键

如果经常使用某些Photoshop工具，不妨为其自定义快捷键，而对于不常使用的工具，可以将其快捷键删除，这样就可以通过快捷键快速启动需要的工具。

学习目标	掌握自定义工具快捷键的方法
难度指数	★★

步骤01 ❶在菜单栏中单击“窗口”菜单项，❷选择“工作区”|“键盘快捷键和菜单”命令，如图1-39所示。

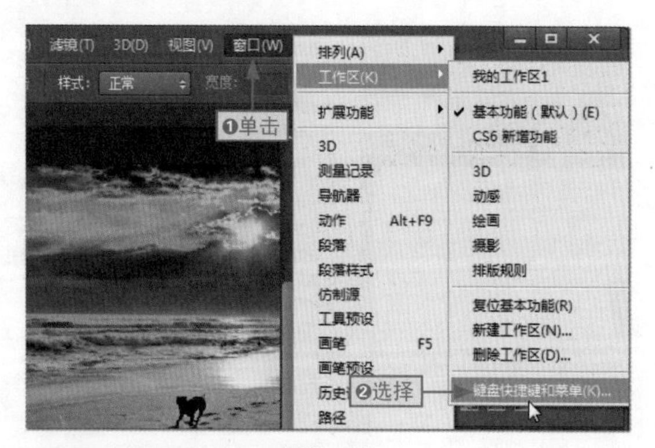

图1-39

步骤02 在打开的“键盘快捷键和菜单”对话框中，❶单击“键盘快捷键”标签，❷单击“快捷键用于”下拉按钮，❸选择“工具”选项，如图1-40所示。

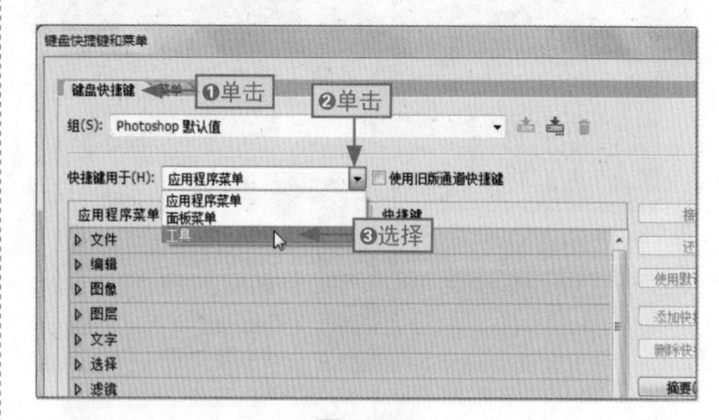

图1-40

步骤03 ❶在“工具面板命令”栏中选择不常使用的工具选项，❷单击“删除快捷键”按钮，如图1-41所示。

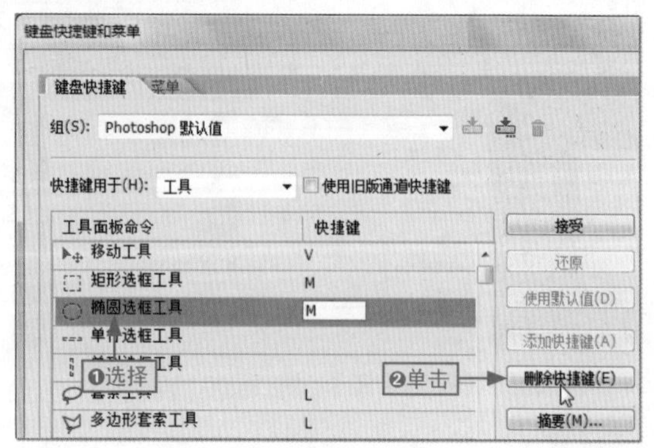

图1-41

步骤04 ❶在“工具面板命令”栏中选择“单行选框工具”选项，❷在“快捷键”栏的文本框中输入快捷键，单击“确定”按钮，如图1-42所示。

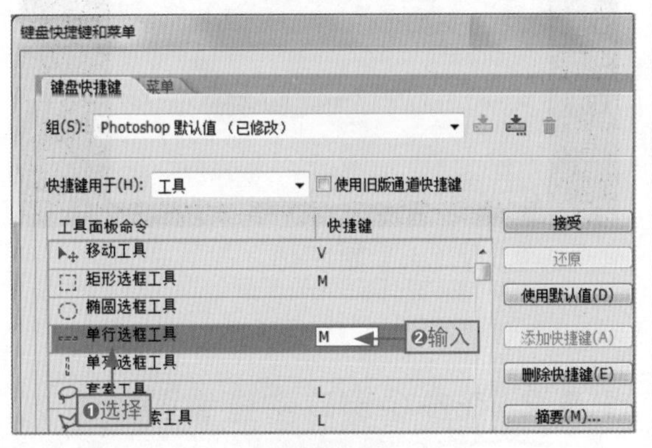

图1-42

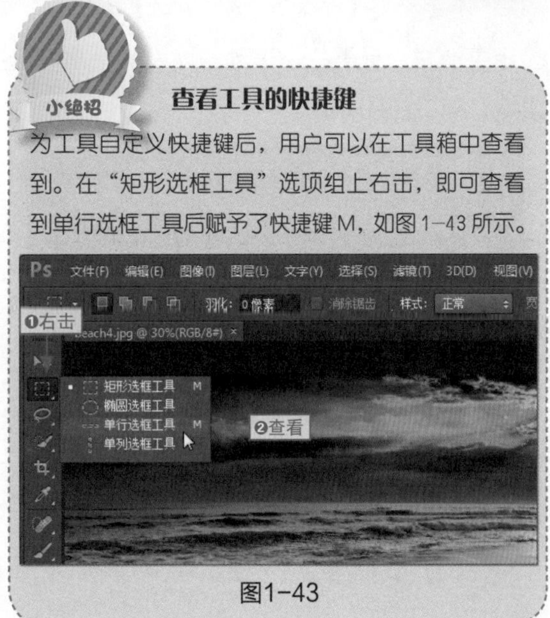

小绝招

查看工具的快捷键

为工具自定义快捷键后，用户可以在工具箱中查看到。在“矩形选框工具”选项组上右击，即可查看到单行选框工具后赋予了快捷键M，如图1-43所示。

图1-43

1.5 在 Photoshop CS6 中查看图像

阿智：你离显示器那么近干吗呢?

小白：我使用Photoshop查看图像，但它显示的图像太小，我看不清楚，就只能离显示屏近一些了。

阿智：Photoshop CS6有多种查看图像的方式，而且还可以对它们进行调整，现在让我来教教你吧！

文档窗口是用来显示图像的场所。在编辑图像时，经常需要放大或缩小文档窗口的显示比例、移动画面的显示位置等，从而可以更好地查看或处理文档窗口中的图像。在Photoshop中，有许多用于调整文档窗口的命令和工具，下面就一起来看看。

1.5.1 在不同的屏幕模式下工作

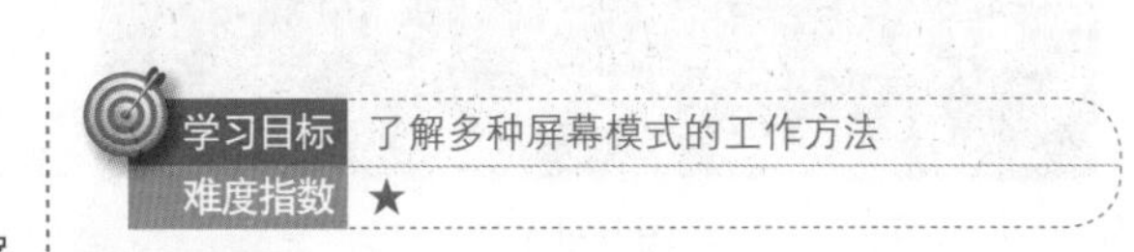

学习目标　了解多种屏幕模式的工作方法

难度指数　★

在Photoshop CS6中，有3种显示图像的屏幕模式，分别是标准屏幕模式、带有菜单栏的全屏模式和全屏模式，各屏幕模式间可以进行自由切换。

标准屏幕模式

标准屏幕模式是默认的屏幕模式，其中会

显示菜单栏、标题栏、滚动条以及其他屏幕元素等，如图1-44所示。

图1-44

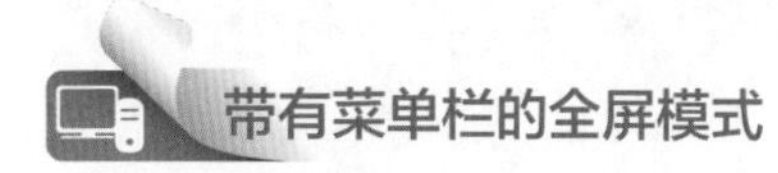

带有菜单栏的全屏模式

带有菜单栏的全屏模式会显示出全屏窗口，但带有菜单栏、工具箱和50%的灰色背景，没有标题栏、滚动条以及其他屏幕元素，如图1-45所示。

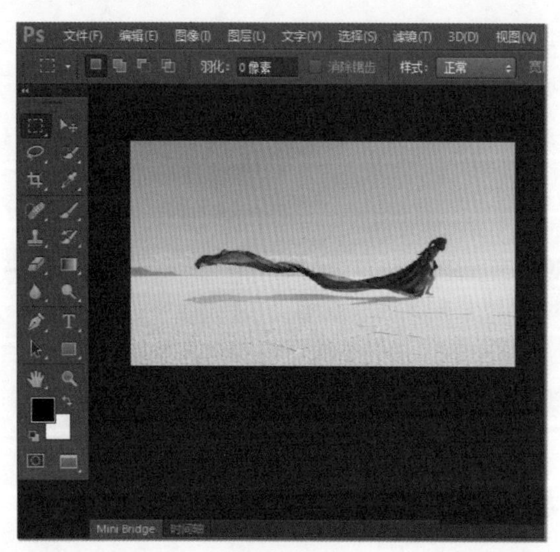

图1-45

全屏模式

全屏模式就是全屏显示，只有黑色的背景，没有菜单栏、标题栏、滚动条以及其他屏幕元素，如图1-46所示。

图1-46

1.5.2 在多个窗口中查看图像

由于Photoshop CS6中的图像文件都是以各自独立的文档窗口显示出来的，当打开多个图像文件时，就会同时打开多个文档窗口。为了便于查看图片，用户可以选择适合自己的文档窗口排列方式。

如果在Photoshop CS6中同时打开了多个图像文件，那么可以❶在菜单栏中单击“窗口”菜单项，❷在“排列”子菜单中选择需要的文档窗口排列方式，如图1-47所示。

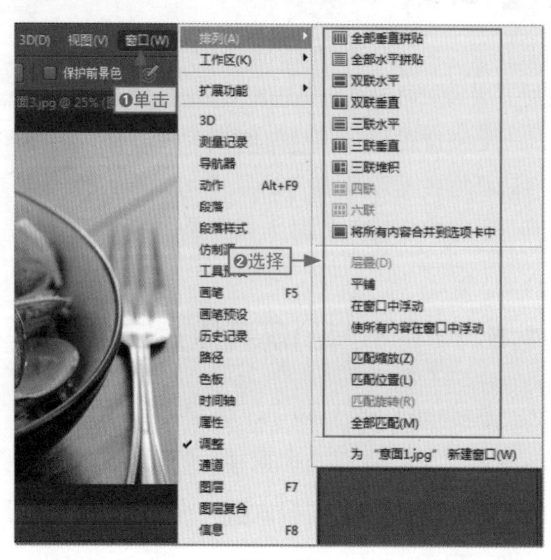

图1-47

学习目标　熟悉多个文档窗口的排列方式

难度指数　★

层叠

层叠是指从屏幕的左上角到右下角以堆叠和层叠方式显示未停靠的窗口。只有浮动式窗口才能使用“层叠”命令。

如图1-48（上图）所示的是执行层叠操作前的效果，如图1-48（下图）所示的是执行层叠操作后的效果。

图1-48

平铺

平铺以边靠边的方式显示窗口，关闭一个文档窗口时，其他窗口会自动调整大小，填满空缺处，如图1-49所示。

图1-49

在窗口中浮动

在窗口中浮动是指用户可以将当前窗口自由浮动，只需要拖动标题栏即可移动文档窗口，如图1-50所示。

图1-50

使所有内容在窗口中浮动

使所有内容在窗口中浮动的操作可以将所有文档窗口变为浮动窗口，文档窗口将会以类似层叠的形式重新排列。

将所有内容合并到选项卡中

将所有内容合并到选项卡中的操作可以让所有内容被合并到选项卡中，并全屏显示其中的一个图像，而将其他图像隐藏在选项卡中，如图1-51所示。

图1-51

匹配缩放

匹配缩放可以将所有窗口都匹配到与当前窗口相同的缩放比例。例如，当前窗口的缩放比例为100%，另外一个窗口的缩放比例为70%，则选择“匹配缩放”命令后，该窗口的显示比例也会调整为100%。如图1-52所示为使用“匹配缩放”命令前后的效果。

图1-52

匹配位置

匹配位置可以将所有窗口中图像的显示位置都匹配到与当前窗口相同。例如，当前窗口中的图像位置显示为偏右侧，则选择“匹配位置”命令后，其他窗口中图像的位置也将显示偏右侧。

匹配旋转

匹配旋转可以将所有窗口中画布的旋转角度都匹配到与当前窗口相同。

全部匹配

全部匹配可以将所有窗口中的缩放比例、图像显示位置以及画布旋转角度与当前窗口匹配。

为（文件名）新建窗口

为（文件名）新建窗口的操作可以为当前文档创建一个新的文档窗口，它与复制窗口不同，新建的文档窗口与原文档窗口在名称和其他参数方面完全相同。

排列多个文档

在打开多个文档窗口后，可以选择“排列”子菜单中的多个排列命令，如“全部垂直拼贴”，“全部水平拼贴”，“双联水平”，“双联垂直”，“三联水平”，“三联垂直”“三联堆积”，“四联”或“六联”等。

1.5.3 使用缩放工具调整窗口比例

当图像大小不适合或需要对其局部进行查看与编辑时，就可以使用缩放工具调整窗口的比例，从而便于对图像进行操作。

步骤01 当需要放大图像时，用户可以在工具箱中单击“缩放工具”按钮，然后将鼠标光标移动到图像上，如图1-53所示。

图1-53

步骤02 此时，鼠标光标变成🔍状，右击即可放大文档窗口的显示比例（持续右击则会持续放大显示比例），如图1-54所示。

图1-54

小绝招　使用缩放工具缩小窗口比例

如果用户想要缩小窗口的比例，那么只需要在选择了缩放工具以后，在工具选项栏中单击“缩小”按钮，然后单击图像即可完成操作，如图1-55所示。

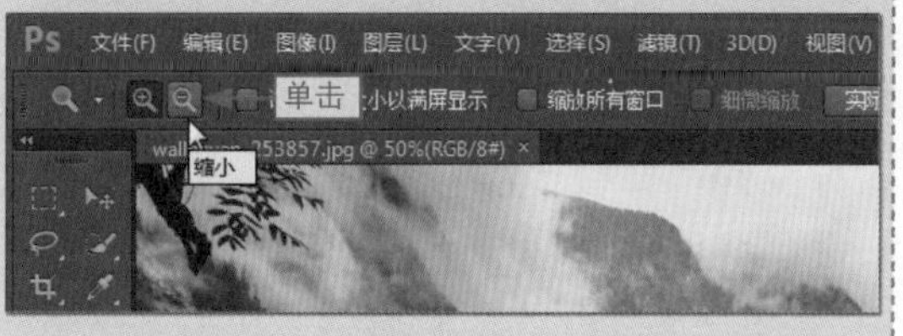

图1-55

1.5.4 用“导航器”面板查看图像

Photoshop CS6中的“导航器”面板包含图像的缩略图和各种窗口缩放工具，如果图像的尺寸较大，窗口中不能完整地将图像显示出来，那么可以通过“导航器”面板定位图像来查看相应区域。

在菜单栏中单击“窗口”菜单项，选择“导航器”命令，即可打开“导航器”面板，如图1-56所示为“导航器”面板中的各个组成部分。

图1-56

学习目标 掌握“导航器”面板的使用方法

难度指数 ★★

“导航器”面板菜单

单击“‘导航器’面板菜单”下拉按钮，在弹出的下拉菜单中选择“面板选项”命令，即可打开“面板选项”对话框，在该对话框中可以修改图像预览区中显示框的颜色，如图1-57所示。

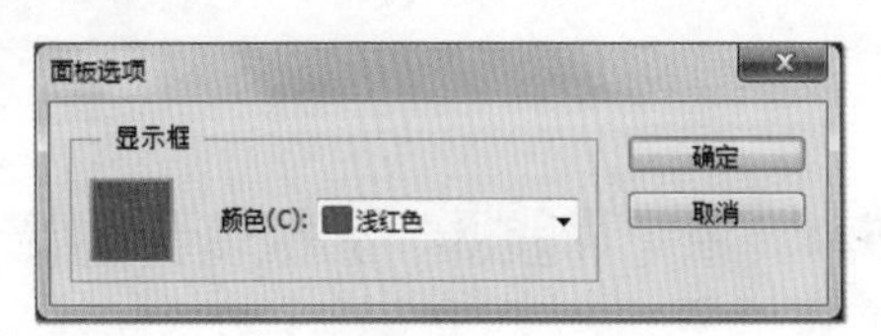

图1-57

图像预览区

图像预览区用于显示整个图像的缩略图，如果拖动预览区域中的显示框，可以快速浏览当前图像的不同部分，如图1-58所示。

图1-58

缩放文本框

在缩放文本框中输入相应数值，例如，输入100%，然后按Enter键，图像就会自动以输入的百分比数值比例进行显示。

缩小按钮、缩放滑块与放大按钮

缩小按钮可以将图像按照一定比例进行相应的缩小；左右拖动缩放滑块，可以快速放大或缩小当前图像；放大按钮则可以将图像按照一定比例进行相应的放大。

1.6 常见的辅助工具

阿智：小白，你为什么花这么多时间调整这个图像？

小白：我想将这个图像中的某部分调整到相应位置，但总是对不齐。

阿智：其实这个很简单，你只需要使用一些Photoshop CS6的辅助工具即可搞定，而且轻松又便捷。

在使用Photoshop CS6编辑和调整图像时，可以借助一些辅助工具，如标尺、参考线、网格和标注等，它们不能单独用来编辑和调整图像，但是可以帮助我们更好地完成相关操作，从而大大提高工作效率。

1.6.1 使用标尺定位图像

标尺显示了当前鼠标光标所在位置的坐标，使用标尺可以帮助用户确定图像或图像元素的位置，下面就来看看如何使用标尺定位图像。

步骤01 ❶在菜单栏中单击“视图”菜单项，❷选择“标尺”命令或按Ctrl+R键，如图1-59所示。

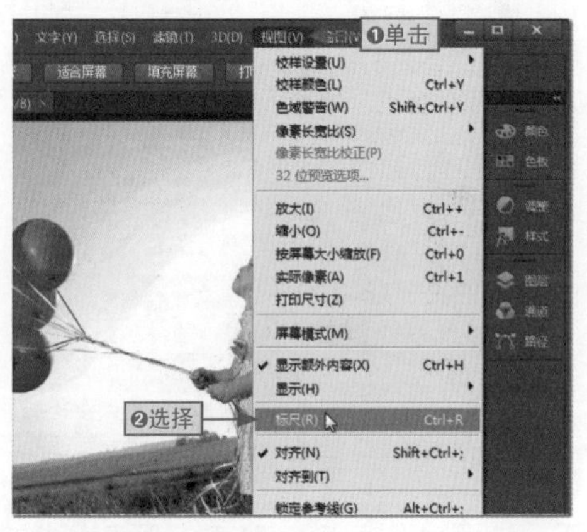

图1-59

步骤02 此时，用户可以在窗口的顶部和左侧查看到标尺，在默认情况下，标尺的原点位于窗口的左上角，将鼠标光标移动到标尺的原点上，如图1-60所示。

图1-60

步骤03 按住鼠标左键并向右下方拖动，图像上就会显示出十字线，如图1-61（上图）所示。将十字线拖放到合适的位置，然后释放鼠标，此处将会成为标尺原点的新位置，如图1-61（下图）所示。

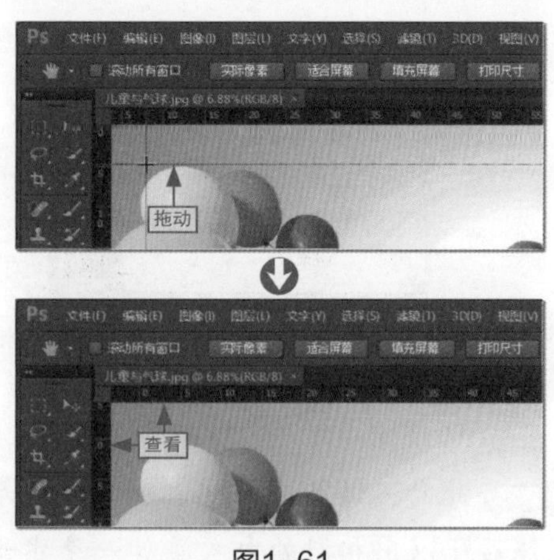

图1-61

1.6.2 使用参考线准确编辑图像

参考线是在编辑图像时便于参考的线条，它是浮在图像表面的，而且不会被打印出来。下面就来看看如何利用参考线准确编辑图像。

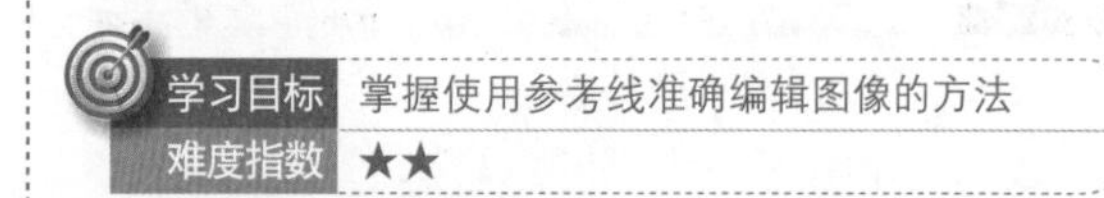

步骤01 ❶在菜单栏中单击“视图”菜单项，❷选择“新建参考线”命令，如图1-62所示。

图1-62

步骤02 在打开的“新建参考线”对话框中，❶选中“垂直”单选按钮，❷在“位置”文本框中输入“2厘米”，❸单击“确定”按钮，如图1-63所示。

图1-63

步骤03 此时，即可查看到添加的垂直参考线，然后可以用相同的方式添加一条水平参考线，如图1-64所示。

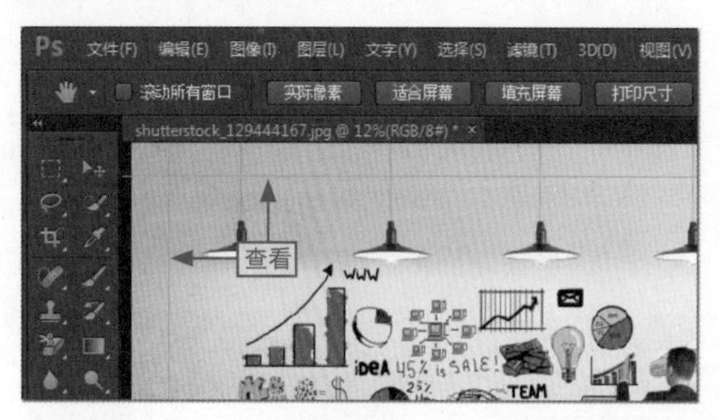

图1-64

小绝招 **删除参考线**

如果想要删除不需要的参考线，可在“视图”菜单中选择“清除参考线”命令，如图1-65所示。

图1-65

1.6.3 使用网格

在Photoshop CS6中，对正在编辑的图像应用网格工具可以更加准确地调整其对称性和大小，下面就来看看网格的使用方法。

学习目标 掌握使用网格的方法

难度指数 ★★

步骤01 ❶在菜单栏中单击“视图”菜单项，❷选择“显示”|“网格”命令，如图1-66所示。

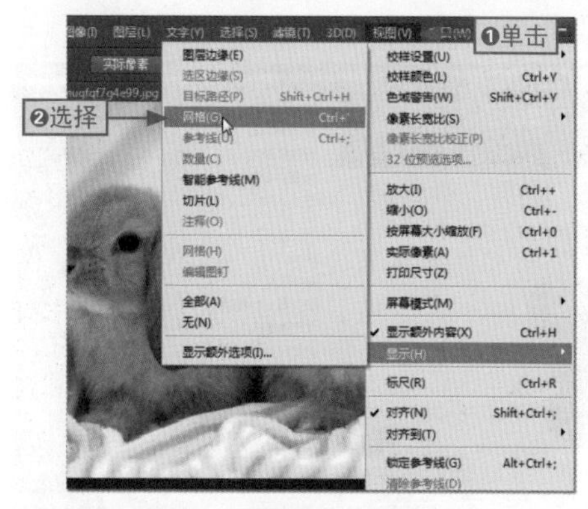

图1-66

步骤02 操作完成后，即可在图像编辑窗口中查看到网格，如图1-67所示。

图1-67

1.6.4 为图像添加注释

使用注释工具可以在图像的任何位置上添加文字注释信息，用户可以以添加注释的方式，来告诉他人图像的制作说明与其他有用的信息。

学习目标　掌握注释工具的使用方法

难度指数　★★

步骤01 ❶在工具箱的"吸管工具"选项组上右击，❷选择"注释工具"选项，如图1-68所示。

图1-68

步骤02 此时，鼠标光标变成了一个注释工具样式的图标，❶在图像上的合适位置单击，❷在打开的"注释"面板中输入相关注释信息即可，如图1-69所示。

图1-69

1.7 打印与输出图像

小白：阿智，我看到几张好看的图像，想把它打印出来，应该怎么做呢？

阿智：如果你使用Photoshop CS6进行打印输出的话就非常简单，下面我给你介绍一些常见的操作。

在Photoshop CS6中，不仅可以直接将处理好的图像打印输出到纸张或胶片上，还能将其打印输出到印版或数字印刷机上，本节就来介绍一下如何打印与输出图像。

1.7.1 设置打印基本选项

在使用Photoshop CS6打印图像之前，可以对打印预览、份数和位置等相应参数进行设置。

此时，用户只需要在菜单栏中❶单击"文件"菜单项，❷选择"打印"命令，即可打开"Photoshop打印设置"对话框，如图1-70所示。

图1-70

在Photoshop CS6中精简了许多繁杂的操作步骤，将打印预览与打印机设置都合并到了“Photoshop打印设置”对话框中，下面我们来看看该对话框中到底有哪些参数。

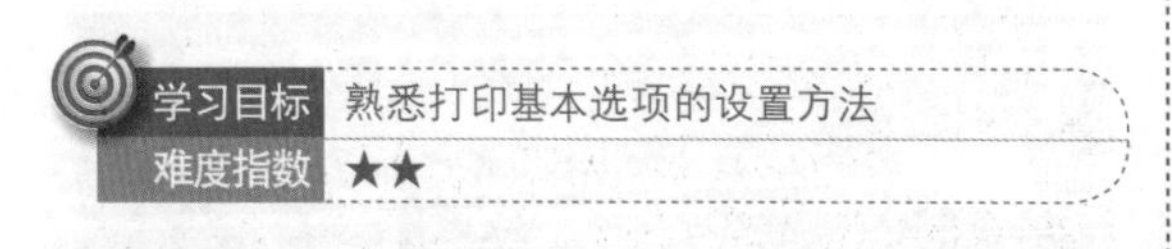
学习目标 熟悉打印基本选项的设置方法
难度指数 ★★

打印预览框

打印预览框用于预览打印的效果，将鼠标光标置于图像的控制点上，按住鼠标左键并拖动，可以调整图像的预览大小，如图1-71所示。

图1-71

“打印机设置”栏

在“打印机设置”栏中可以选择打印机、设置打印的份数以及更改图像在纸张上的方向，通过单击“打印设置”按钮还可以对打印页面进行设置，如图1-72所示。

图1-72

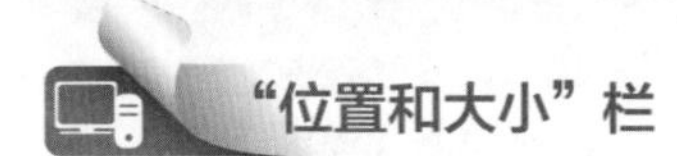
“位置和大小”栏

在“位置和大小”栏中可以设置打印的图像在纸张上的位置与尺寸，默认位置为居中打印，如图1-73所示。

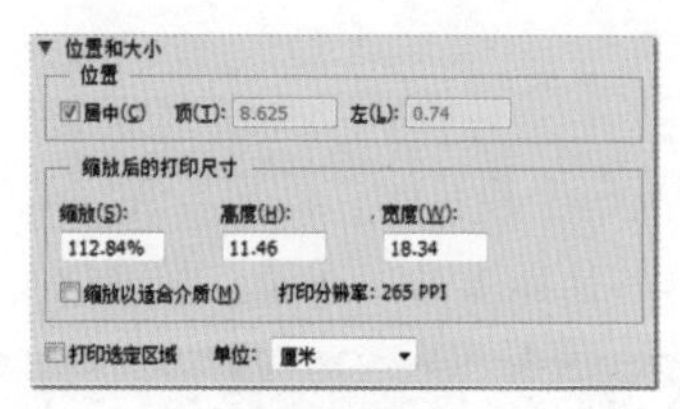

图1-73

“打印标记”栏

在“打印标记”栏中可以设置在打印的纸张上添加角裁剪标志、说明、中心裁剪标志、标签以及套准标记，如果要将图像直接从Photoshop中进行商业印刷，那么就可以指定某些标记，如图1-74所示。

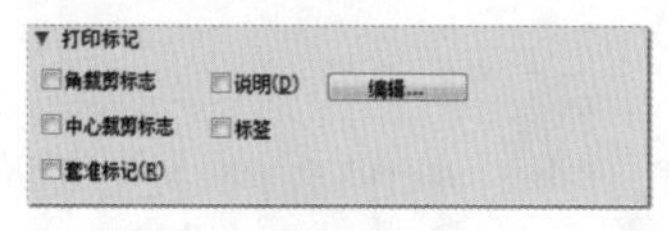

图1-74

“函数”栏

“函数”栏中包含“背景”“边界”和“出血”等参数按钮，单击任意一个按钮即可打开相应的设置对话框，如图1-75所示。

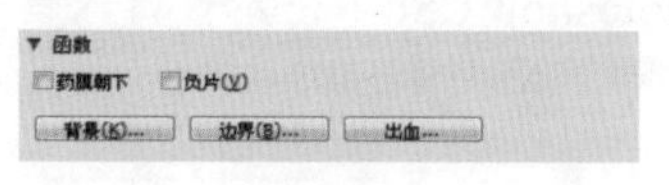

图1-75

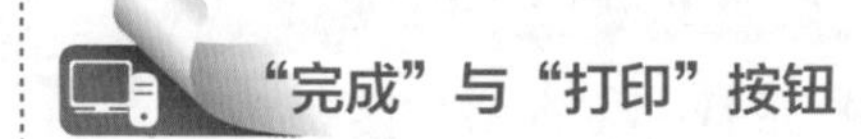
“完成”与“打印”按钮

单击“完成”按钮后，Photoshop CS6将会保存当前参数设置，但不会马上进行打印；而单击“打印”按钮，则会立即进行打印操作，如图1-76所示。

图1-76

1.7.2 使用色彩管理打印

如果有针对特定打印机、油墨和纸张组合的自定颜色配置文件，与让打印机管理颜色相比，让Photoshop管理颜色通常会得到更好的效果。

用户要使用色彩管理打印，只需要进入到“Photoshop打印设置”对话框中即可。对话框中的“色彩管理”栏如图1-77所示。

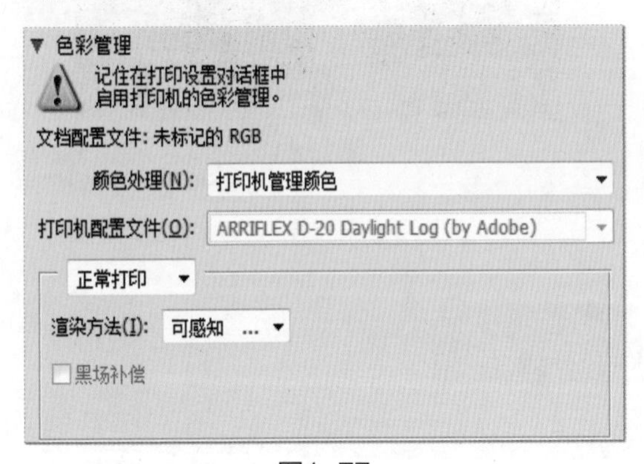

图1-77

在“色彩管理”栏中有多个参数，这些参数可以帮助用户获得很好的图像打印效果。下面就来认识一下它们，如图1-78所示。

颜色处理

确定是否使用色彩管理，如果确定使用，那么还需要确定是将其用在应用程序中，还是用在打印机设备中。

打印机配置文件

用户可以选择适合于打印机或将要使用的纸张类型的相关配置文件。当Photoshop正在执行色彩管理时，只能选择一个打印机配置文件。

正常打印/印刷校样

如果选择“正常打印”，则可进行普通打印；如果选择“印刷校样”，则可打印印刷校样，也就是模拟文档在印刷机上输出的内容。

渲染方法

指定Photoshop如何将颜色转换为目标色彩空间。

黑场补偿

通过模拟输出设备的全部动态范围，来保留图像中的阴影细节。

图1-78

1.7.3 打印一份图像文件

如果要使用当前的打印基本选项打印出一份图像文件，那么可以直接通过“打印一份”命令来实现。

在菜单栏中❶单击“文件”菜单项，❷选择“打印一份”命令，即可立即打印出一份图像文件，如图1-79所示。

图1-79

给你支招 | 如何删除图像上的注释

小白：我在Photoshop CS6中为图像添加了注释，现在不需要它起提示作用了，可不可以将它删除呢？

阿智：当然可以，如果不用注释最好将其删除，不然会影响对图像的编辑或查看，其具体操作如下。

步骤01 ❶在图像中添加的注释上右击，❷选择“删除注释”命令或选择“删除所有注释”命令，如图1-80所示。

图1-80

步骤02 在打开的提示对话框中提示“是否删除此注释？”，单击“是”按钮即可删除注释，如图1-81所示。

图1-81

给你支招 | 如何删除自定义的工作界面

小白：阿智，我在练习自定义Photoshop CS6工作界面时，无意间自定义了多个工作界面，但是我不知道应该如何将其删除掉。

阿智：不使用的自定义工作界面最好将其删除，这样可以节约更多的内存空间，使Photoshop CS6运行得更快，其具体操作如下。

步骤01 在菜单栏中❶单击“窗口”菜单项，❷选择“工作区”|“删除工作区”命令，打开“删除工作区”对话框，如图1-82所示。

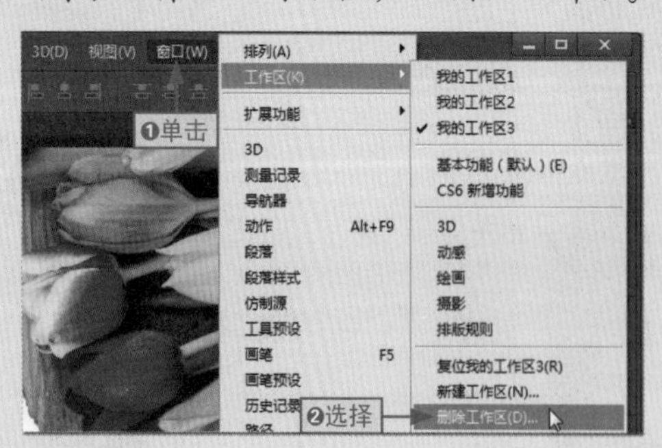

图1-82

步骤02 ❶在“工作区”下拉列表框中选择需要删除的工作区选项，❷单击“删除”按钮，在打开的提示对话框中单击“是”按钮即可，如图1-83所示。

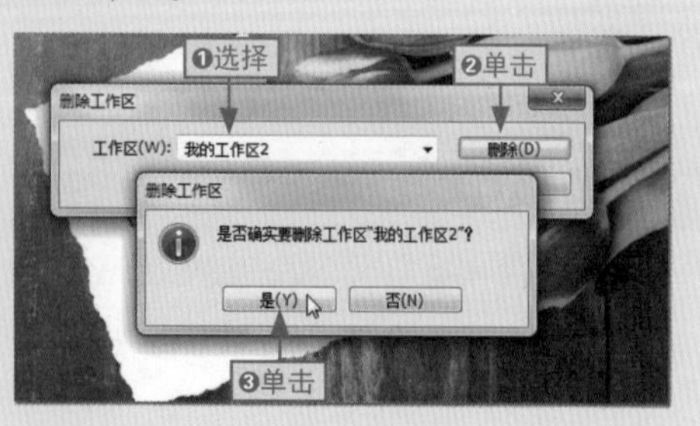

图1-83

学习目标

在使用Photoshop CS6进行图像处理或编辑前，需要学习它的基本操作方法，确保可以进行最简单的图像处理操作。本章主要介绍分辨率、位图和矢量图等图像术语的概念，新建、打开和保存等图像文件的基本操作，以及图像和画布的调整方法等。

本章要点

- 分辨率
- 位图
- 矢量图
- 支持的图像格式
- 新建文件
- 打开文件
- 保存与关闭文件
- 置入文件
- 调整图像尺寸
- 调整画布尺寸

知识要点	学习时间	学习难度
图像处理中的术语与基本操作	40 分钟	★★
调整图像与画布、变换与变形操作	50 分钟	★★★
恢复错误操作或文件	30 分钟	★★

2.1 图像处理中的常见术语

阿智：小白，考考你，你知道图像处理中有哪些常见的术语吗？

小白：这个我不是很清楚，你给我介绍一下。

阿智：其实图像处理中的术语有很多，但是有几个常会出现，也是我们在进行图像处理时必须要了解的，如矢量图、位图以及分辨率等。

在使用Photoshop CS6进行图像处理的过程中，常常会遇到一些专业术语。下面我们就来了解一些图像处理中常见的术语，为学习图像处理打下基础。

2.1.1 分辨率

使用Photoshop CS6处理图像的第一步，就是要保证图像具有合适的分辨率，分辨率就是指描述并生成图像的像素数量。分辨率由图像水平和垂直方向的像素数量决定，如图2-1所示。

图2-1

学习目标　了解分辨率的概念

难度指数　★

其实，分辨率也有很多种类型，图像分辨率和显示器分辨率是使用最多的，如图2-2所示为常见的分辨率。

设备分辨率

设备分辨率又被称为输出分辨率，指的是各类输出设备每英寸上可产生的点数，设备分辨率不可更改，如显示器、扫描仪和激光打印机等的分辨率。

图像分辨率

图像分辨率是指图像中存储的信息量，在Photoshop CS6中以厘米为单位计算分辨率。图像分辨率以比例关系影响着文件的大小，即文件大小与其图像分辨率的平方成正比。

网屏分辨率

网屏分辨率又被称为网幕频率，指的是打印灰度级图像或分色图像所用的网屏上每英寸的点数，网屏分辨率是使用每英寸上有多少行来测量的。

扫描分辨率

扫描分辨率指在扫描一幅图像之前所设定的分辨率，它影响所生成的图像文件的质量和使用性能，决定了图像将以何种方式显示或打印。

位分辨率

位分辨率又被称作位深，用来衡量每个像素存储信息的位数，这种分辨率决定目标对象可以标记为多少种色彩等级的可能性。

图2-2

2.1.2 位图

位图，也叫作点阵图像或绘制图像，是由名为像素的单个点组成的，这些点可以进行不同的排列和染色以构成图样。用户在使用Photoshop处理图像时，编辑的对象就是像素。

由于位图会受到分辨率的影响，每个位图都包含有固定的像素数量，使用Photoshop对其进行放大或缩小时，无法产生新的像素，它只能将原有的像素放大或缩小来填充更多的空间，从而使清晰的图像变得模糊，如图2-3所示为位图放大后的对比效果。

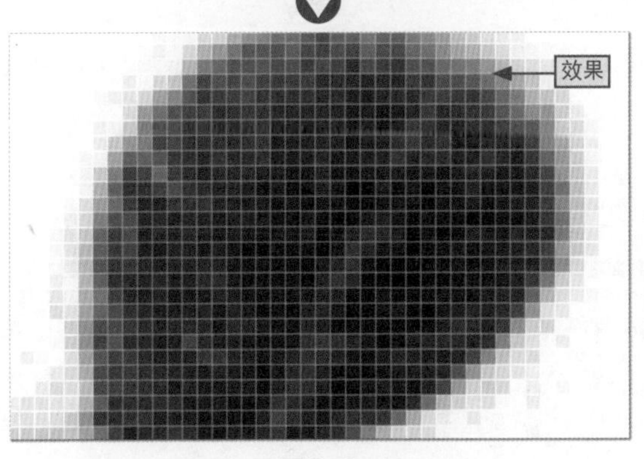

图2-3

2.1.3 矢量图

矢量图，也被称为面向对象的图像或绘图图像，在数学上定义为一系列由线连接的点。矢量文件中的图形元素被称为对象，每个对象都是一个自成一体的实体。矢量文件具有颜色、形状、轮廓、大小和屏幕位置等属性。

矢量图在任何分辨率下，将其缩放到任意大小和以任意分辨率打印出来，都不会影响其清晰度，如图2-4所示为矢量图放大后的对比效果。

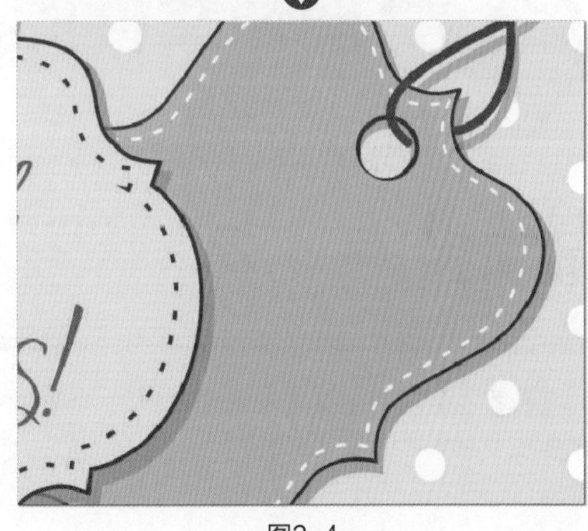

图2-4

2.1.4 支持的图像格式

图像格式通常是为特定的应用程序所设定的，不同的图像格式可以通过图像文件的扩展名来区分，如PSD、BMP、GIF和EPS等。

这些图像文件扩展名在图像文件以相应格式进行存储时会出现在文件名中，如图2-5所示为常见的图像格式。

学习目标 了解多种图像格式

难度指数 ★

1 PSD格式

PSD是Photoshop的专用文件格式，文件扩展名是.psd，可以支持图层、通道、路径和不同色彩模式的各种图像特征，是一种非压缩的原始文件保存格式。PSD文件有时容量会很大，但由于可以保留所有原始信息，在图像处理中对于尚未制作完成的图像，选用 PSD格式保存是最佳的选择。

2 BMP格式

BMP是一种与硬件设备无关的图像文件格式，应用非常广。它采用位映射存储格式，除了图像深度可选以外，不采用其他任何压缩，因此，使用BMP文件所占用的空间很大。BMP文件存储数据时，图像的扫描方式是按从左到右、从下到上的顺序扫描。

图2-5

3 GIF格式

GIF是CompuServe公司开发的图像文件格式。GIF文件的数据是一种基于LZW算法的连续色调的无损压缩格式，其压缩率一般在50%左右。它不属于任何应用程序，几乎所有相关软件都支持它，公共领域有大量的软件在使用GIF图像文件。

4 EPS格式

EPS是跨平台的标准格式，扩展名在PC平台上是.eps，在Mac平台上为.epsf，主要用于矢量图像和光栅图像的存储。EPS格式采用PostScript语言进行描述，并且可以保存其他一些类型信息，如Alpha通道、剪辑路径和色调曲线等，所以EPS格式常用于印刷或打印输出。

5 JPEG格式

JPEG是最常见的一种图像格式之一，文件后缀名为.jpg或.jpeg，是一种有损压缩格式，能够将图像压缩在很小的存储空间内，图像中重复或不重要的资料容易丢失，因此容易造成图像数据的损伤。尤其是使用过高的压缩比例，将使最终解压缩后恢复的图像质量明显降低，如果追求高品质图像，不宜采用过高压缩比例。

6 TIFF格式

TIFF用于在应用程序之间和计算机平台之间交换文件，是一种灵活的图像格式，被所有绘画、图像编辑和页面排版应用程序支持。几乎所有的桌面扫描仪都可以生成TIFF图像，而且TIFF格式还可加入作者、版权、备注以及自定义信息，存放多幅图像。

图2-5 （续）

2.2 图像文件的基本操作

小白：阿智，我安装好Photoshop CS6后，想要使用其进行图像处理或编辑，首先需要掌握哪些基本操作呢?

阿智：新建文件、打开文件和保存文件等都是最基本的操作，如果你想使用Photoshop CS6进行图像处理或编辑，那么掌握这些的基本操作是必不可少的。

熟悉图像文件的基本操作是使用Photoshop CS6进行图像处理与编辑的第一步，Photoshop CS6中图像文件的基本操作与其他应用程序类似，都包括新建文件、打开文件、保存与关闭文件、置入文件等。

2.2.1 新建文件

在使用Photoshop CS6的过程中，不仅可以对一个现有的图像进行编辑，还可以新建一个空白文件，然后在其上绘画或将其他图像拖放到其中，再进行相应的处理或编辑。

本节素材	
本节效果	◎\效果\Chapter02\练习1.psd
学习目标	掌握新建文件的方法
难度指数	★★

步骤01 启动Photoshop CS6应用程序，❶在菜单栏中单击“文件”菜单项，❷选择“新建”命令，如图2-6所示。

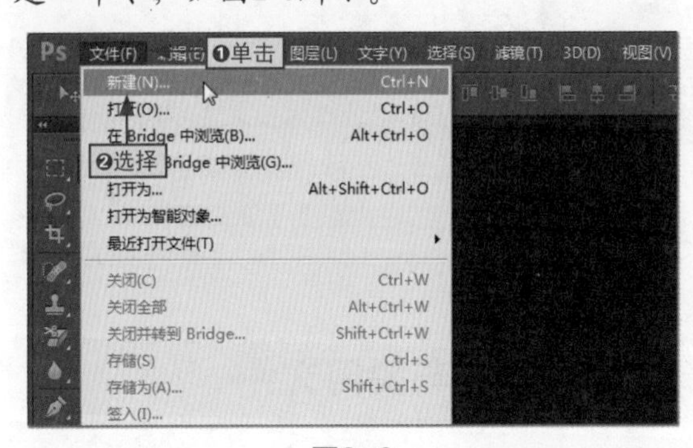

图2-6

步骤02 在打开的“新建”对话框中，❶输入文件名，❷依次设置文件宽度、高度、分辨率、颜色模式和背景内容，❸单击“确定”按钮，如图2-7所示。

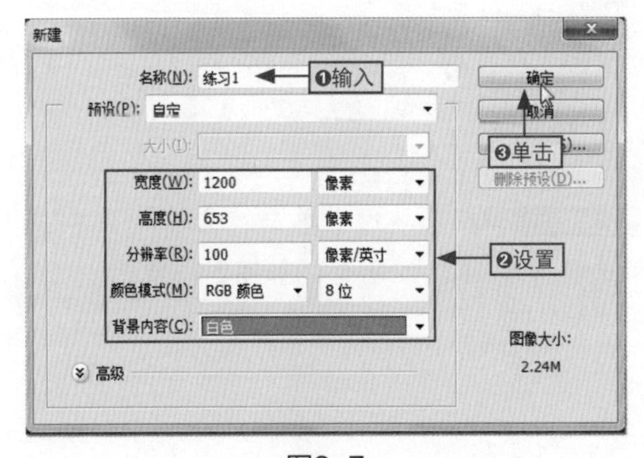

图2-7

步骤03 此时，在Photoshop的工作区即出现一个空白文件，如图2-8所示。

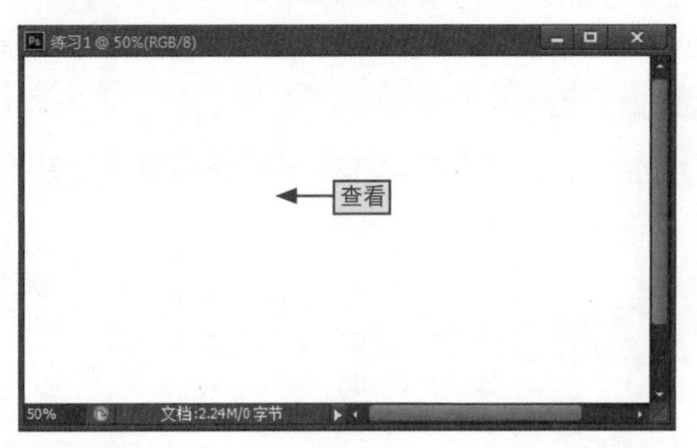

图2-8

“新建”对话框中各选项的含义

新建文件时，在打开的“新建”对话框中有多个选项，下面来看看几个常用选项的含义，如图2-9所示。

“名称”文本框

用于输入文件的名称，默认图像文件的名称为“未标题-1”或“未标题-2”等。

“预设”与“大小”下拉列表框

提供了各种常用图像文件的预设选项，如纸张、照片、Web和移动设备等。

“宽度”与“高度”下拉列表框

用于输入图像文件的尺寸，在右侧的下拉列表框中还可以选择单位。

“分辨率”文本框

用于输入图像文件的分辨率，分辨率越高，图像品质越好，在右侧的下拉列表框中可以选择单位。

“颜色模式”下拉列表框

用于选择图像文件的色彩模式，一般使用RGB或CMYK模式，在右侧的下拉列表框中可以选择位深度。

“背景内容”下拉列表框

用于选择图像的背景颜色，包括“白色”、“背景色”和“透明”，“白色”为默认背景色。

图2-9

2.2.2 打开文件

在需要使用现有的图像文件进行处理或编辑时，如素材和照片等，应先将其打开。打开文件的方式有多种，如使用命令和快捷键等。下面我们就通过命令来打开文件。

本节素材	\素材\Chapter02\海滩.psd
本节效果	\效果\Chapter02\无
学习目标	掌握打开文件的方法
难度指数	★★

步骤01 ❶在菜单栏中单击“文件”菜单项，❷选择“打开”命令，如图2-10所示。

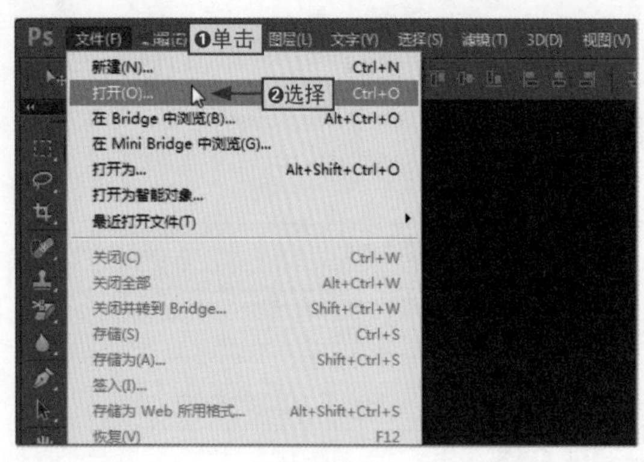

图2-10

步骤02 在打开的“打开”对话框中，❶选择文件的存储位置，❷选择需要打开的文件，❸单击“打开”按钮，如图2-11所示。

图2-11

步骤03 此时，在Photoshop的工作区即显示打开的图像文件，如图2-12所示。

图2-12

小绝招　快速打开图像文件

启动 Photoshop CS6，选择电脑文件夹中需要打开的图像文件，按住鼠标左键将其拖动到 Photoshop CS6 的工作区中，即可快速打开图像文件。

2.2.3 保存与关闭文件

当用户对文件进行处理或编辑后，需要及时对其进行保存，操作完成后还要关闭文件，这样避免因意外情况导致图像文件受到损坏。

本节素材	\素材\Chapter02\夏日旅行.psd
本节效果	\效果\Chapter02\夏日旅行.psd
学习目标	掌握保存与关闭文件的方法
难度指数	★★

步骤01 ❶在菜单栏中单击“文件”菜单项，❷选择“存储为”命令，如图2-13所示。

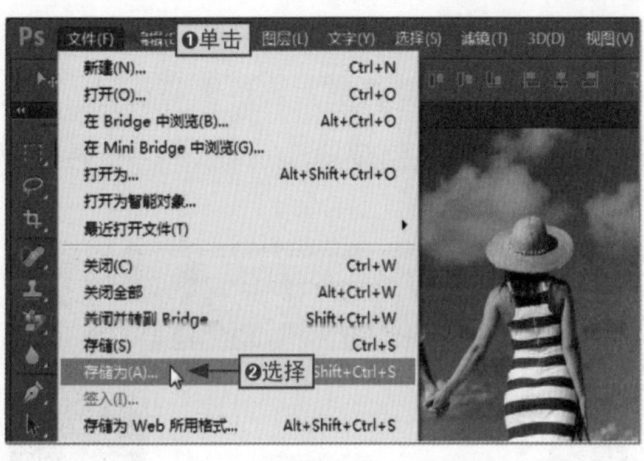

图2-13

步骤02 在打开的“存储为”对话框中，❶选择文件需要存储的位置，❷在“文件名”文本框中输入文件名，❸单击“保存”按钮，如图2-14所示。

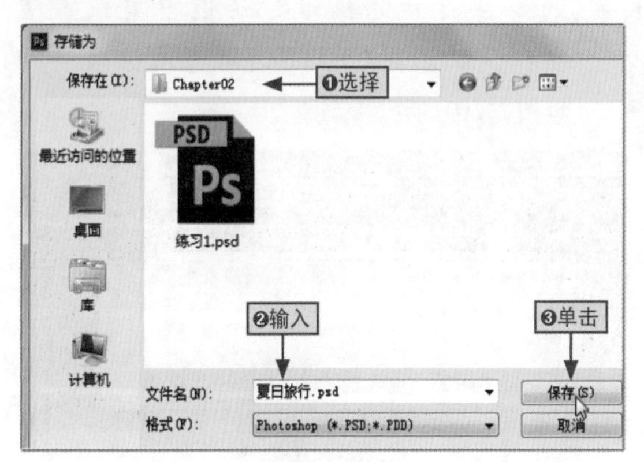

图2-14

步骤03 保存完成后，返回到Photoshop工作界面中，❶在标题栏上右击，❷选择“关闭”命令即可，如图2-15所示。

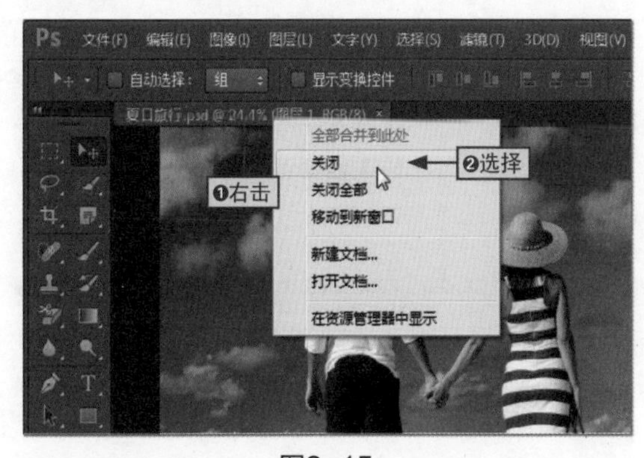

图2-15

小绝招 **使用“存储”命令保存文件**

如果使用 Photoshop CS6 对已有的图像文件进行处理或编辑，在不需要更改图像文件的名称、保存位置以及文件格式时，可以直接选择“文件”|“存储”命令或按 Ctrl+S 键对其进行保存，如图 2-16 所示。

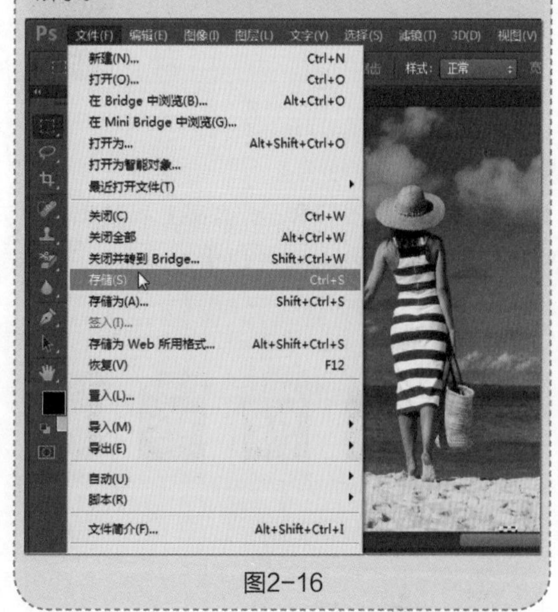

图2-16

2.2.4 置入文件

用户在新建或者打开一个图像文件后，可以将已经制作好的位图、EPS和AI等矢量文件，作为智能对象导入到图像文件中，此时只需要使用“置入”命令即可实现。

本节素材	⊙\素材\Chapter02\草莓1.psd、草莓2.psd
本节效果	⊙\效果\Chapter02\草莓.psd
学习目标	掌握置入文件的方法
难度指数	★★

步骤01 打开“草莓1.psd”素材文件，❶在菜单栏中单击“文件”菜单项，❷选择“置入”命令，如图2-17所示。

图2-17

步骤02 在打开的“置入”对话框中，❶选择存储文件的位置，❷选择需要置入的文件，❸单击“置入”按钮，如图2-18所示。

图2-18

步骤03 此时，被置入的图像会显示在打开的图像文件上，❶调整置入图像的位置，❷在工具箱中单击“移动工具”按钮，如图2-19所示。

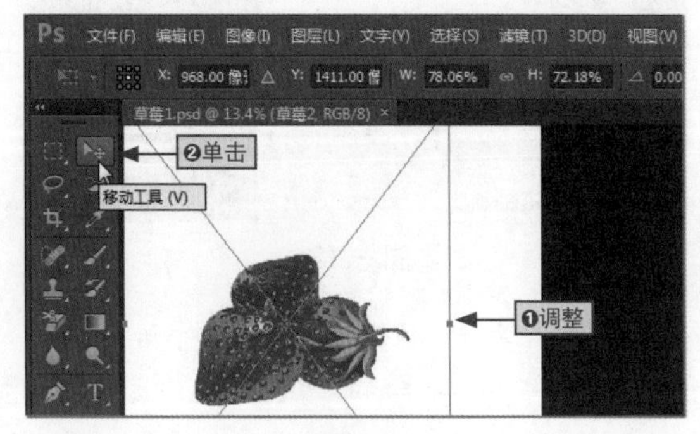

图2-19

步骤04 在打开的提示对话框中单击“置入”按钮，然后按Ctrl+S键保存图像文件即可，如图2-20所示。

图2-20

2.3 调整图像与画布

阿智：你给我传的图像太大了，用你安装的Photoshop CS6将其改小一点吧。

小白：我已经将其画布尺寸修改了，如果再修改，其中有部分图像就看不到了。

阿智：我说的是调整图像尺寸，不是画布尺寸，它们之间存在很多差异，下面我给你介绍一下如何调整图像与画布。

不管是在网络中下载的图像，还是自己拍摄的照片，都可以有许多不同的用途，如设置为个性化桌面和制作证件照等。不同用途所需要的图像像素与尺寸都有差别，同时还需要对图像与画布进行相应的调整。

2.3.1 调整图像尺寸

一般情况下，图像的尺寸越大，图像的体积就会越大。此时，用户可以通过调整图像大小来调整图像的尺寸。

本节素材	⊙\素材\Chapter02\亲情.jpg
本节效果	⊙\效果\Chapter02\亲情.jpg
学习目标	掌握调整图像尺寸的方法
难度指数	★★

步骤01 打开“亲情.jpg”素材文件，❶在菜单栏中单击“图像”菜单项，❷选择“图像大小”命令，如图2-21所示。

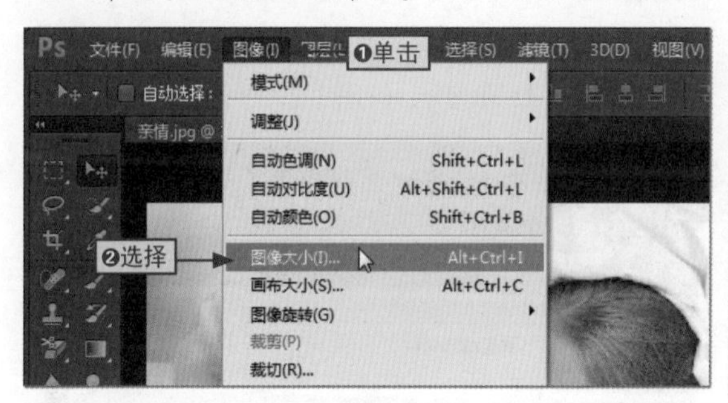

图2-21

步骤02 在打开的“图像大小”对话框中，❶设置像素大小的高度和宽度，❷单击“确定”按钮即可，如图2-22所示。

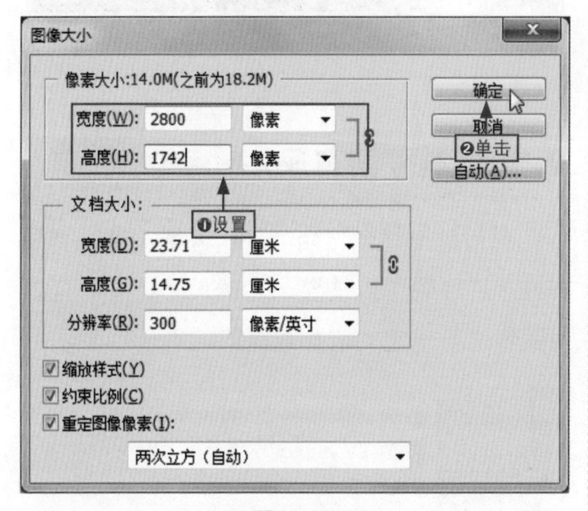

图2-22

如何保持画质不变

如果在“图像大小”对话框中，❶取消选中“重定图像像素”复选框，❷在“文档大小”栏中修改图像的高度或宽度，那么图像的像素总量不会发生变化，如图2-23所示为修改高度和宽度后分辨率前后对比。简单理解就是，减少文档的宽度和高度时就会自动减少分辨率，反之则会增加分辨率，这样图像的画质就不会发生变化。

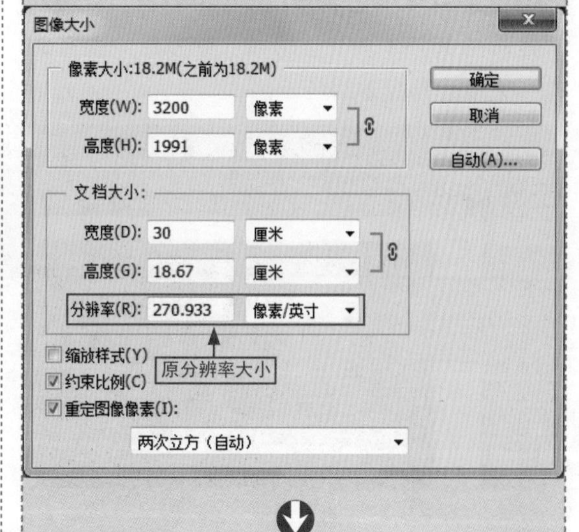

图2-23

2.3.2 裁剪图像大小

裁剪图像大小也能起到调整图像尺寸的作用，只是它是通过裁剪部分图像来实现尺寸大小的调整，所以只能减小图像的尺寸。

本节素材	◎\素材\Chapter02\艺术照.jpg
本节效果	◎\效果\Chapter02\艺术照.jpg
学习目标	掌握裁剪工具的使用方法
难度指数	★★

步骤01 打开“艺术照.jpg”素材文件，❶在工具箱的裁剪工具组上右击，❷选择“裁剪工具”选项，如图2-24所示。

图2-24

步骤02 在工具选项栏中，❶单击“不受约束”下拉按钮，❷选择“4×3”选项，如图2-25所示。

图2-25

步骤03 将鼠标光标移动到图像的控制点上，按住鼠标左键并拖动，手动调整需要裁剪掉的部分，如图2-26所示。

图2-26

步骤04 调整完成后，❶在工具箱中单击“移动工具”按钮，❷在打开的提示对话框中单击“裁剪”按钮即可，如图2-27所示。

图2-27

2.3.3 调整画布尺寸

画布是指整个文档的工作区域，通过“画布大小”命令可以调整画布的尺寸，同时可以对图像进行一定的增加或裁剪。

本节素材	◎\素材\Chapter02\iPhone.psd
本节效果	◎\效果\Chapter02\iPhone.psd
学习目标	掌握调整画布尺寸的方法
难度指数	★★

步骤01 打开iPhone.psd素材文件，❶在菜单栏中单击“图像”菜单项，❷选择“画布大小”命令，如图2-28所示。

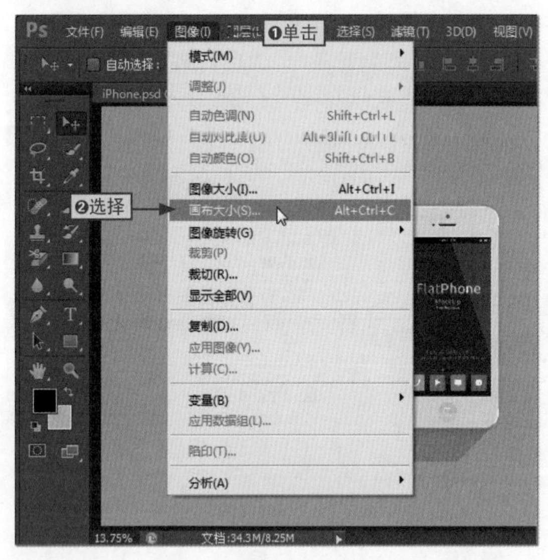

图2-28

步骤02 在打开的“画布大小”对话框中，❶分别设置宽度和高度，❷单击“确定”按钮，如图2-29所示。

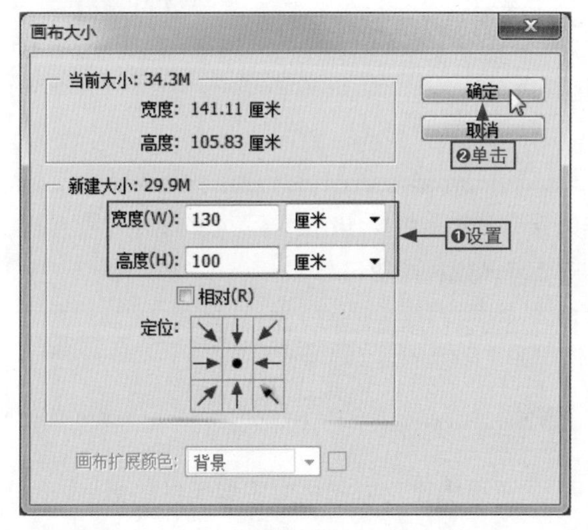

图2-29

步骤03 在打开的Adobe Photoshop CS6 Extended提示对话框中，单击“继续”按钮即可，如图2-30所示。

图2-30

2.3.4 旋转画布

有时用户对所编辑的图像方向可能不是很满意，此时用户可以通过旋转画布的方式旋转或翻转整个图像。

本节素材	⊙\素材\Chapter02\儿童与气球.jpg
本节效果	⊙\效果\Chapter02\儿童与气球.jpg
学习目标	掌握旋转画布的方法
难度指数	★★

步骤01 打开“儿童与气球.jpg”素材文件，❶在菜单栏中单击“图像”菜单项，❷选择“图像旋转”|“水平翻转画布”命令，如图2-31所示。

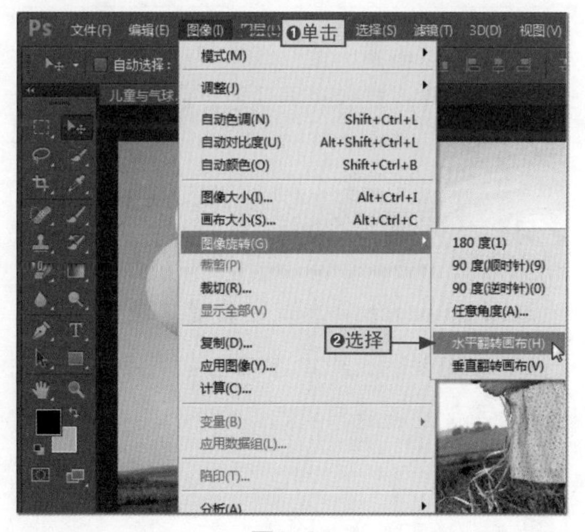

图2-31

步骤02 此时，用户可以在图像窗口中查看到图像的画布出现了水平翻转，如图2-32所示。

图2-32

小绝招 按任意角度旋转画布

如果用户想要按任意角度旋转画布，可以在“图像”菜单中选择“图像旋转”|“任意角度”命令，在打开的“旋转画布”对话框中❶设置画布的旋转角度，❷单击“确定”按钮即可，如图 2-33 所示。

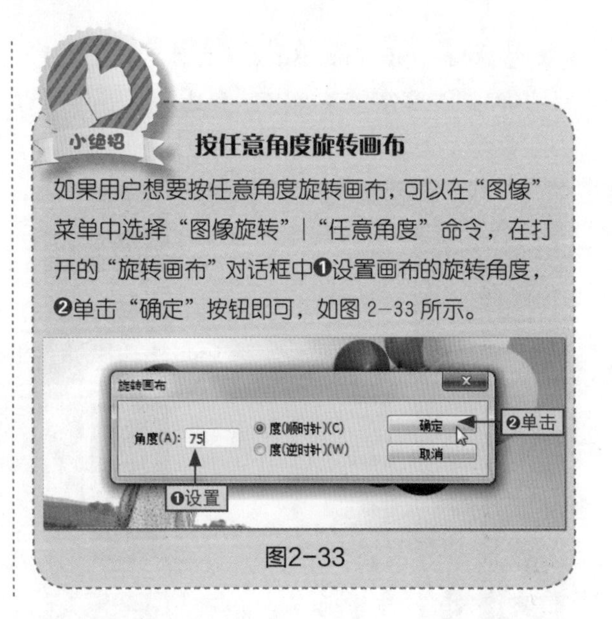

图2-33

2.4 恢复错误操作或文件

小白： 阿智，我在调整图像尺寸时，没有把握到合适的宽度和高度，导致调整的结果不合适，我要怎么返回到原来的尺寸大小呢？

阿智： 这个只需要还原到上一步，或者重做即可，其实在Photoshop中，不管是操作图像中的某步出错，还是整个图像文件出错，都可以将其恢复。

在处理或编辑图像的过程中，如果出现了操作失误或者对最终操作结果不满意的情况，都可以通过撤销操作，或者还原到最近保存过的图像状态的方式来恢复图像。

2.4.1 还原与重做

在Photoshop中处理或编辑图像文件时，有两个很重要的工具，它们也是用户的“后悔药”，那就是还原与重做。

还原操作

还原操作可以撤销对图像所做的最后一次修改，从而将其还原到上一步的编辑状态中，此时只需要❶在菜单栏中单击“编辑”菜单项，❷选择“还原取消选择”命令或按Ctrl+Z键即可，如图2-34所示为还原取消选择的操作。

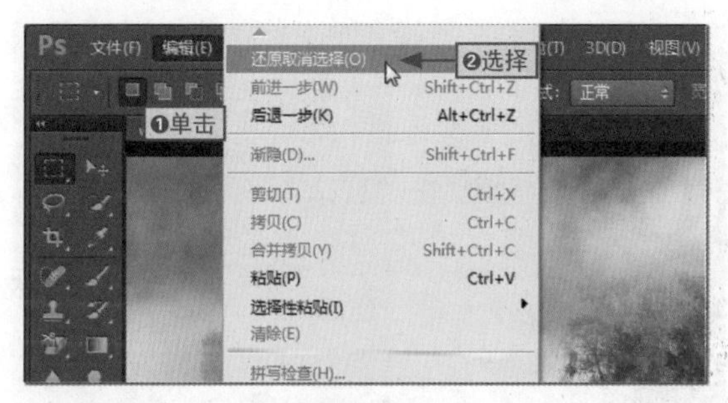

图2-34

重做操作

重做是还原的逆向操作，它可以取消还原操作，此时只需要❶在菜单栏中单击“编辑”菜单项，❷选择“重做取消选择”命令或按Shift+Ctrl+Z组合键，如图2-35所示为重做取消选择的操作。

图2-35

2.4.2 恢复文件

若用户想要将图像文件恢复到最后一次保存时的状态，则可以通过恢复文件的方式来实现。

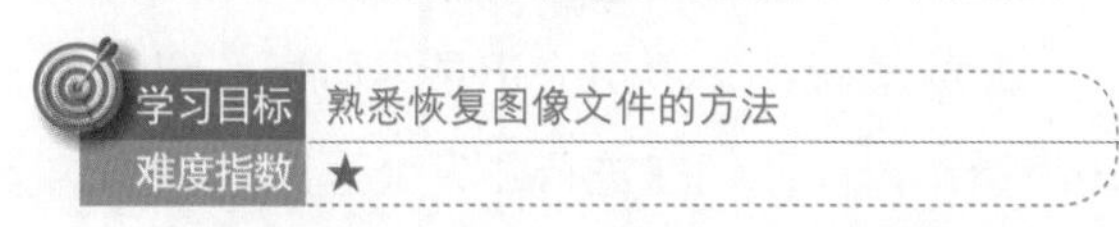

只需要❶在菜单栏中单击“文件”菜单项，❷选择“恢复”命令即可完成操作，如图2-36所示。

图2-36

2.4.3 认识“历史记录”面板

在进行图像处理时，难免会遇到一些操作失误的情况，除了前面介绍的还原与重做功能外，Photoshop还有一个更为简单的撤销功能，那就是“历史记录”面板，如图2-37所示。

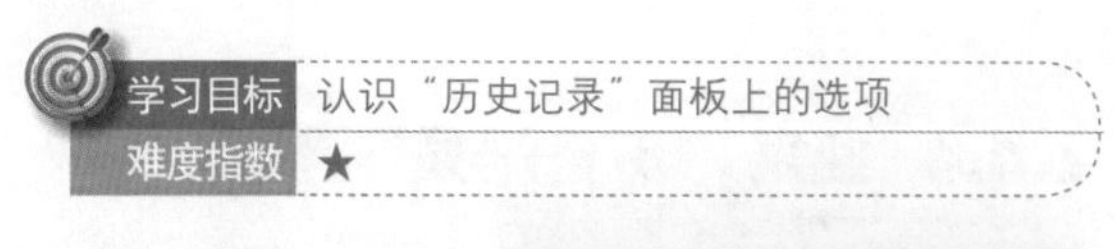

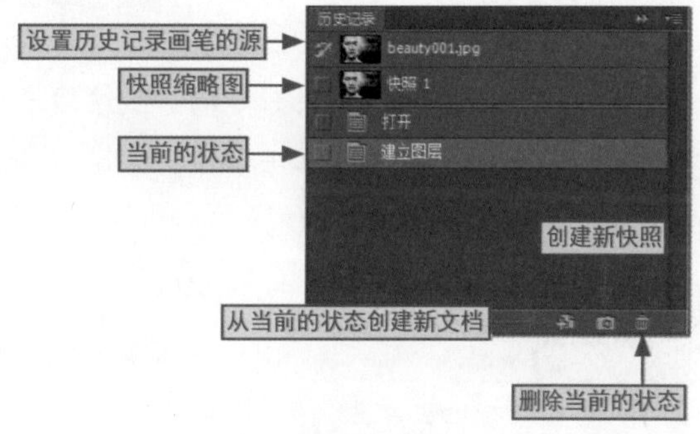

图2-37

在菜单栏中选择“窗口”|“历史记录”命令即可打开“历史记录”面板，从图2-37中可以看出，“历史记录”面板中有多个选项。下面我们来认识一下它们，如图2-38所示。

设置历史记录画笔的源

在使用历史记录画笔的过程中，设置历史记录画笔的源的图标所在位置将会作为历史画笔的源图像。

快照缩略图

快照缩览图用于显示被记录为快照的图像状态。

当前的状态

当前的状态表示将图像恢复到该状态显示的命令的编辑状态。

从当前的状态创建新文档

从当前的状态创建新文档是指基于当前操作步骤中的图像状态，再创建出一个新的文件。

创建新快照

创建新快照是指基于当前的图像状态，创建出一个新的快照。

删除当前的状态

在选择了一个操作步骤后，单击“删除当前的状态”按钮可以将选择的步骤及其后的操作步骤删除。

图2-38

2.4.4 使用“历史记录”面板

由于选择“编辑”|“还原”命令或选择“编辑”|“重做”命令，都只能撤销或恢复一步操作，若要撤销或恢复多步操作，则可以使用“历史记录”面板来实现。

学习目标 掌握使用“历史记录”面板恢复操作

难度指数 ★

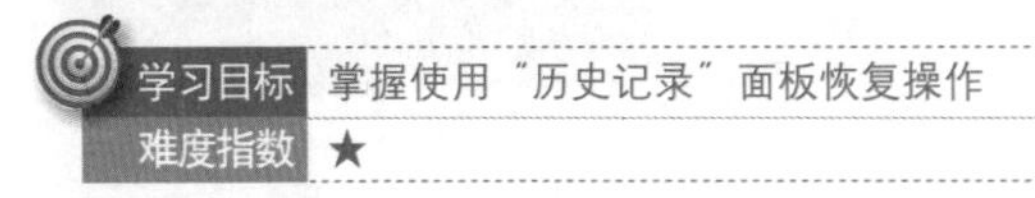

撤销操作

要撤销某步操作，只需要在“历史记录”面板中单击该步操作的前一步操作记录，即可撤销该步操作以后的所有操作，如图2-39所示。

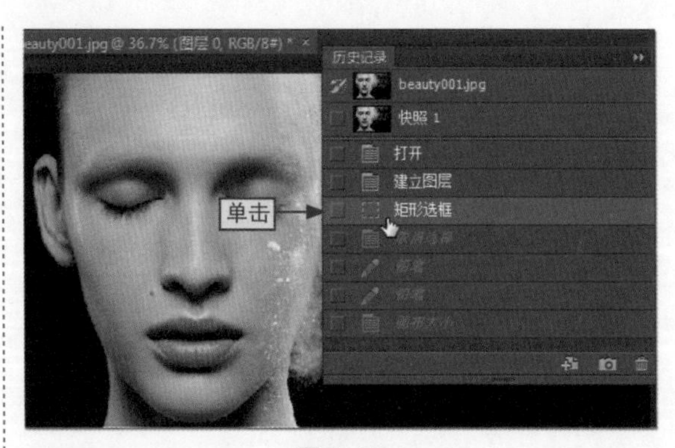

图2-39

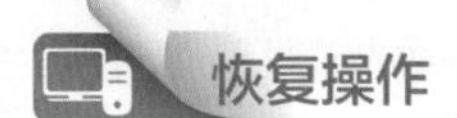

恢复操作

当某一个步骤或某些操作被撤销以后，还可以将其恢复，只需要单击需要恢复的操作记录，即可恢复该记录之前的所有撤销内容，如图2-40所示。

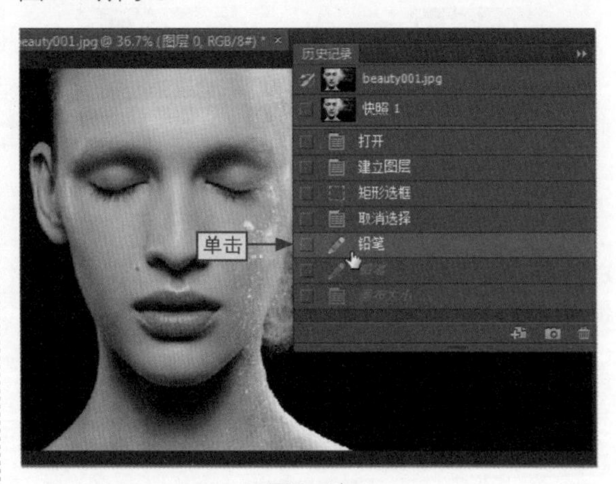

图2-40

2.4.5 使用快照还原图像

默认情况下，“历史记录”面板只能保存20步操作，而我们在进行图像处理时，操作的步骤远远不止20步操作。

此时，我们可以利用“历史记录”面板上的快照功能来解决这个问题。

学习目标 掌握使用快照还原图像的方法
难度指数 ★★

步骤01 在“历史记录”面板上单击“创建新快照”按钮，如图2-41所示。

图2-41

步骤02 此时，在“历史记录”面板上方会增加一个快照图标，暂时保存当前的图像状态。当对图像进行了一些操作后，单击快照图标可以将图像恢复到创建快照时的状态，如图2-42所示。

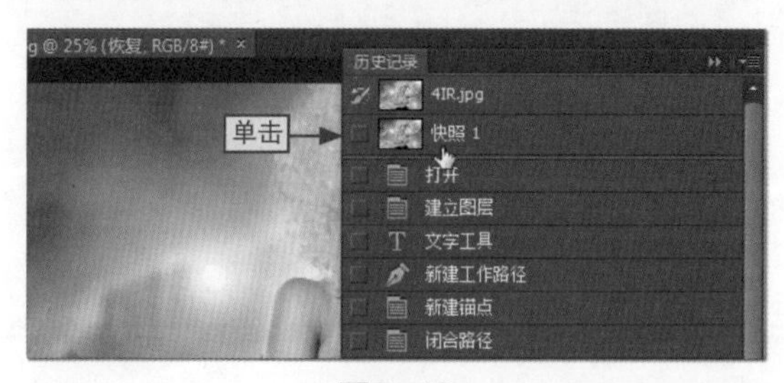

图2-42

步骤03 当关闭图像文件后，快照中的内容将不会被保存，同时“历史记录”面板上的内容也会消失，如图2-43所示。

图2-43

小绝招 **删除历史快照**

虽然快照不会与图像文件一起存储，在关闭图像文件时，快照会被自动删除，但如果用户想手动删除快照也比较简单，只需选择要删除的快照，然后将其拖动到“删除当前状态”按钮上即可，如图2-44所示。

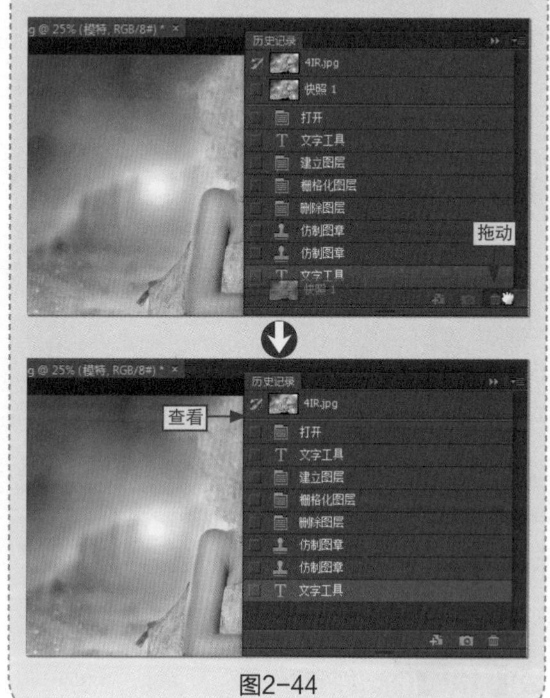

图2-44

2.4.6 创建非线性历史记录

在“历史记录”面板中，我们在单击一个操作步骤来还原图像的某一步时，该操作步骤后面的操作会全部变成灰色，如果我们再继续进行其他操作，那么新的操作还会代替变成灰色的操作。

但如果我们创建了非线性历史记录，那么它会允许我们在更改选择的操作步骤时，可以保留后面的操作。

学习目标 掌握创建非线性历史记录的方法
难度指数 ★★

步骤01 ❶在“历史记录”面板右上侧单击按钮，❷选择“历史记录选项”命令，如图2-45所示。

图2-45

步骤02 在打开的“历史记录选项”对话框中，❶选中“允许非线性历史记录”复选框，❷单击“确定”按钮，如图2-46所示。

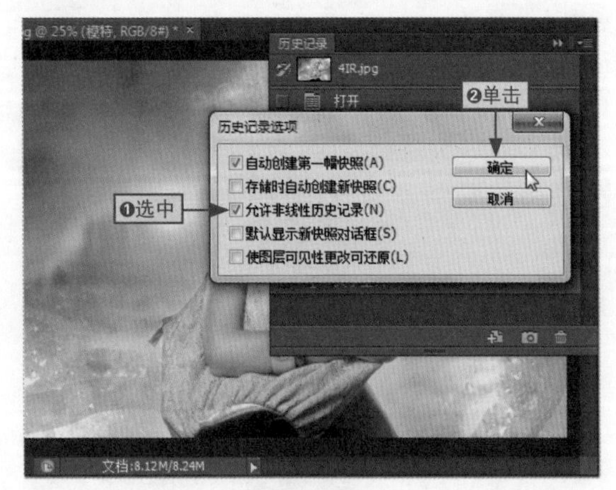

图2-46

2.5 图像的变换与变形操作

小白：阿智，我想要移动图像的某部分，并让其以我想要的方式进行变化，应该如何操作呢?

阿智：想要对图像进行变换或变形操作，需要借助相应的变换或变形工具，如移动工具、旋转工具以及缩放工具等。

图像处理中最基本的操作就是移动图像、旋转图像、缩放图像以及扭曲图像等，其中移动图像、旋转图像和缩放图像可以称为变换操作，而扭曲图像和斜切图像等又称为变形操作，经过变换操作和变形操作的图像可以满足制作时的特殊要求。

2.5.1 移动图像

在Photoshop中，最常使用的工具就是移动工具，无论是移动图层中和选区中的图像，还是将图像移动到其他图像窗口中，移动工具都是必不可少的工具。

1. 移动同一文档图像中的对象

在同一图像文件中移动图像，主要分为移动图层中的图像和移动选区中的图像两种情况，这两种操作都比较简单，下面我们来看看。

学习目标	掌握移动同一图像文件中对象的方法
难度指数	★★

移动图层中的图像

❶在“图层”面板中选择需要移动的对象所在的图层（后面章节会详细介绍图层），❷使用移动工具在图像窗口中选择需要移动的对象，并按住鼠标移动图像的位置即可，如图2-47所示。

图2-47

移动选区中的图像

如果已经创建好了选区（后面章节会详细介绍选区），则可以将鼠标光标移动到选区内，按住鼠标左键并拖动，即可移动选区中被选择的对象，如图2-48所示。

图2-48

2. 在不同文档图像中移动图像

如果同时打开了多个文档图像，那么可以使用移动工具将不同文件图像中的对象进行移动。

本节素材	⊙\素材\Chapter02\森林I
本节效果	⊙\效果\Chapter02\green.psd
学习目标	掌握在不同文档图像中移动图像的方法
难度指数	★★

步骤01 打开green.psd和“蝴蝶.psd”素材文件，在“蝴蝶.psd”素材文件中选择需要移动的图像对象，如图2-49所示。

图2-49

步骤02 按住鼠标左键并拖动图像对象到green.psd素材文件的标题栏上，停留片刻至切换文档，如图2-50所示。

图2-50

步骤03 移动鼠标光标到图像画面中，释放鼠标即可将图像对象拖曳到该文档中，如图2-51所示。

图2-51

小绝招 **如何微移图像**

在使用移动工具时，除了可以使用鼠标大幅度移动图像外，还可以对其进行小幅度的微移。此时，只需要按键盘上的【→】、【←】、【↑】和【↓】键，每按一下方向键，就可以将图像移动一个像素的距离。如果先按住Shift键，然后再按方向键，那么图像每次就可以移动10个像素的距离。

2.5.2 旋转与缩放图像

旋转与缩放都是图像处理中比较常用的操作，它们都可以使图像发生变换。下面来看看如何使图像发生旋转与缩放。

本节素材	\素材\Chapter02\green1.psd
本节效果	\效果\Chapter02\green1.psd
学习目标	掌握旋转与缩放图像的操作方法
难度指数	★★

步骤01 打开green1.psd1素材文件，显示出“图层”面板，在其中选择操作对象的图层，如图2-52所示。

图2-52

步骤02 ❶在菜单栏中单击“编辑”菜单项，❷选择“自由变换”命令或按Ctrl+T组合键，如图2-53所示。

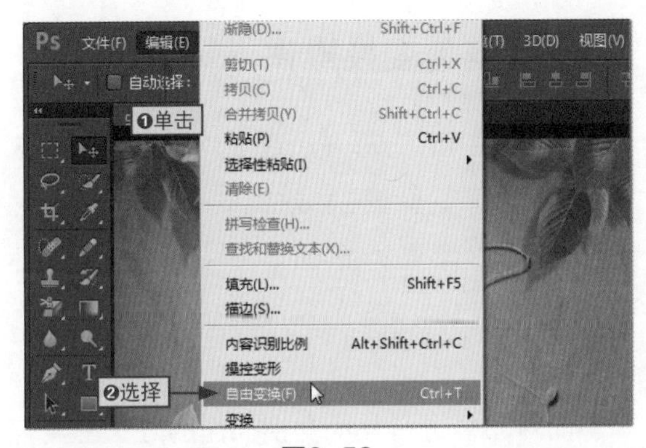

图2-53

步骤03 将鼠标光标移动到对象中间的控制点处，此时鼠标光标成↻状，按住鼠标左键并拖动即可旋转对象，如图2-54所示。

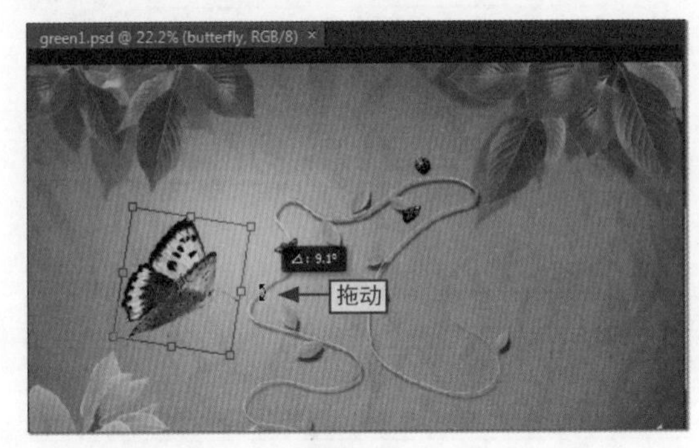

图2-54

步骤04 将鼠标光标移动到对象四周的控制点上，此时鼠标光标成↖↘状，按住鼠标左键并拖动即可缩放对象，如图2-55所示。

图2-55

步骤05 操作完成后，按Enter键确认设置即可（若对操作结果不满意，可按Esc键取消操作），如图2-56所示。

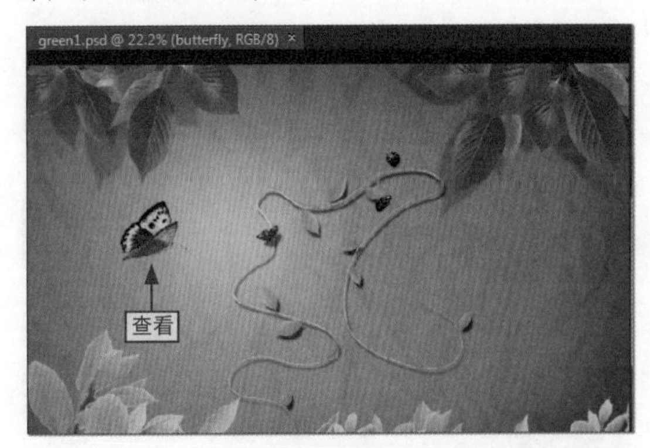

图2-56

2.5.3 斜切图像

在Photoshop中对图像进行处理时，可以利用“斜切”命令使图像沿着水平或垂直的方向进行倾斜。

本节素材	\素材\Chapter02\S5.psd
本节效果	\效果\Chapter02\S5.psd
学习目标	掌握斜切图像的操作方法
难度指数	★★

步骤01 打开S5.psd素材文件，在“图层”面板中选择对象所在的图层，如图2-57所示。

图2-57

步骤02 ❶在菜单栏中单击“编辑”菜单项，❷选择“变换”|“斜切”命令，如图2-58所示。

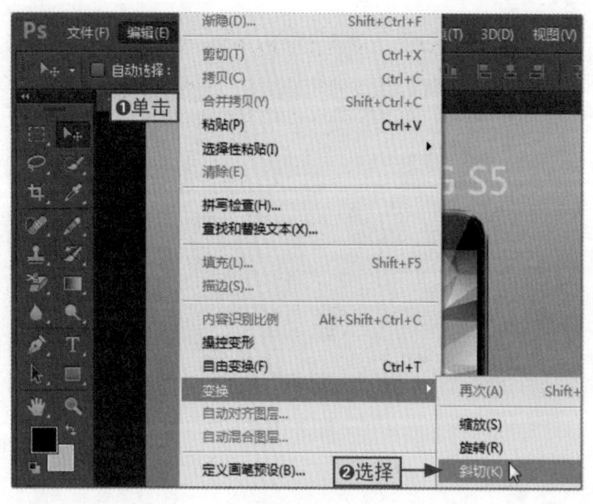

图2-58

步骤03 此时出现了变换控制框，将鼠标光标移动到其右上角的控制点上，按住鼠标左键并向右拖动，使文字图像发生倾斜，如图2-59所示。

图2-59

步骤04 操作完成后，按Enter键确认设置即可，如图2-60所示。

图2-60

2.5.4 其他变换操作

在“编辑”菜单项的“变换”命令下，还有许多种变换命令，通过这些命令还可以对图像进行扭曲、透视和变形、各种角度的旋转以及水平或垂直反转等其他变换操作。

而对图像进行其他变换操作的方法主要有3种，如图2-61所示。

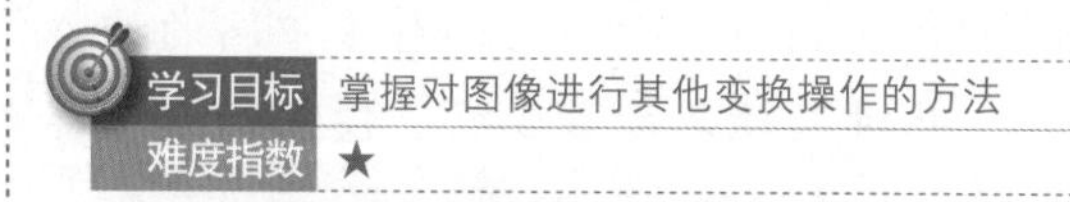

通过“自由变换”命令

在菜单栏中选择“编辑”|“自由变换”命令后，图像四周就会出现变换控制点，同时搭配Ctrl、Shift和Alt键即可进行更多的变换操作。

通过“变换”命令操作

在菜单栏中选择“编辑”|“变换”命令，然后在弹出的子菜单中选择需要的命令，即可对图像进行其他多种变换操作。

通过快捷菜单

当图像在进行变换或自由变换操作时，在图像的控制框上右击，在弹出的快捷菜单中选择所需要的命令，即可对图像进行更多的变换操作。

图2-61

小绝招

“自由变换”命令可以随时切换

其实，“自由变换”命令可以看作是所有“变换”命令的整合，因为使用“自由变换”命令可以在连续变换的图像操作过程中直接进行其他各种命令的切换，而无须反复选择不同的变换命令。

给你支招 | 如何在图像中添加版权信息

小白：阿智，我自己拍摄的照片上传到朋友圈后，发现有其他人保存并使用了，我要怎么让别人知道这个图片是我拍摄的呢？

阿智：这个简单，你只需要使用Photoshop CS6在照片中添加个人的版权信息即可，如作者名称和作者职务等。

步骤01 打开需要添加版权信息的文件，❶在菜单栏中单击“文件”菜单项，❷选择“文件简介”命令，如图2-62所示。

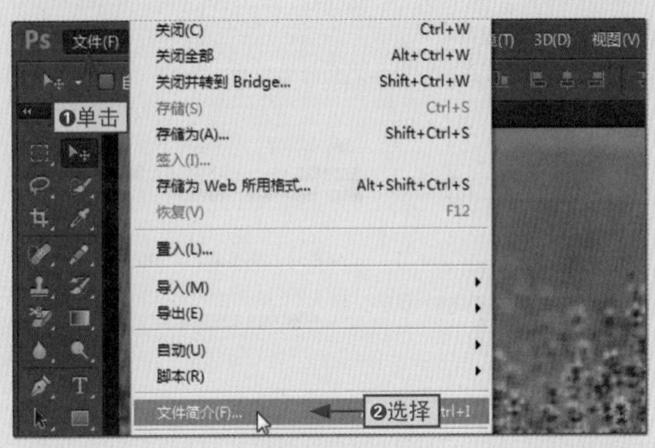

图2-62

步骤02 打开可以添加版权信息的对话框，在“说明”选项卡中可依次输入文档标题、作者和作者职务等信息，如图2-63所示。

图2-63

步骤03 ❶在“版权状态”下拉列表框中选择“版权所有”选项，❷在“版权公告”文本框中输入相关公告信息，如图2-64所示。

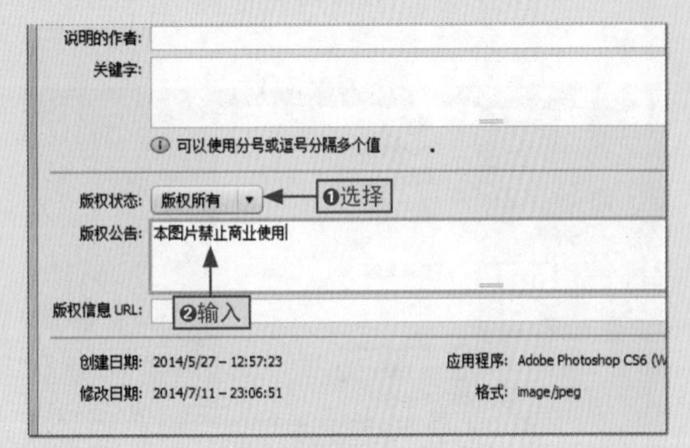

图2-64

步骤04 如果想要留下自己的联系地址，❶可在“版权信息URL”文本框中输入邮箱地址，❷单击“确定”按钮，如图2-65所示。

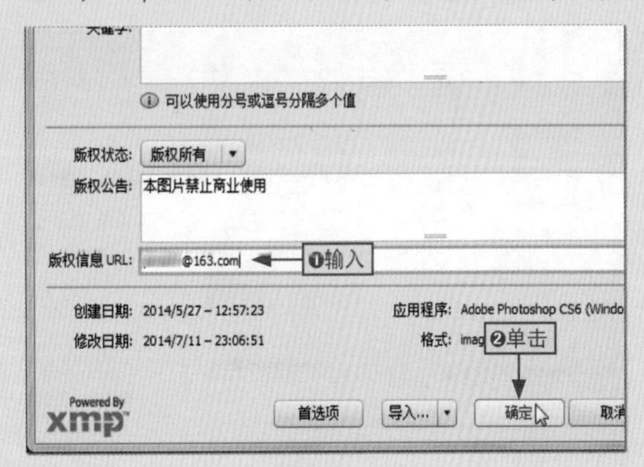

图2-65

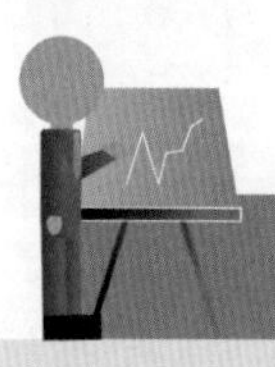

给你支招 | 如何将自己喜欢的图片设置为合适的电脑桌面

阿智：小白，你的电脑桌面背景图怎么看着有些变形啊？

小白：是呀，这个桌面背景我非常喜欢，所以把它设置成了电脑桌面，可是总达不到满意的效果，就只能将就着用了。

阿智：这主要是因为图片的分辨率与桌面分辨率不同，所以才会出现各种问题，如变形和无法满屏等，下面我就来给你介绍一个比较实用的处理方法。

步骤01 ❶在电脑桌面上右击，❷在弹出的快捷菜单中选择“个性化”命令，如图2-66所示。

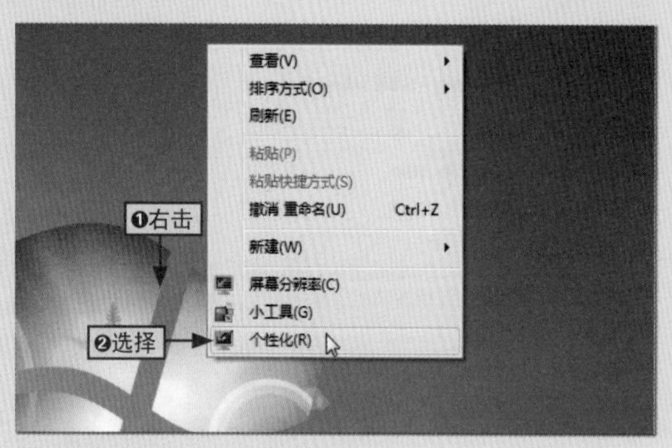

图2-66

步骤02 在打开的“个性化”窗口的左侧单击“显示”超链接，如图2-67所示。

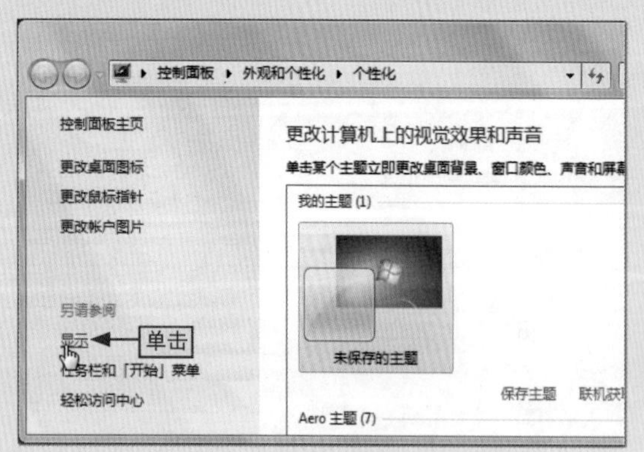

图2-67

步骤03 在打开的“显示”窗口的左侧，单击“调整分辨率”超链接，如图2-68所示。

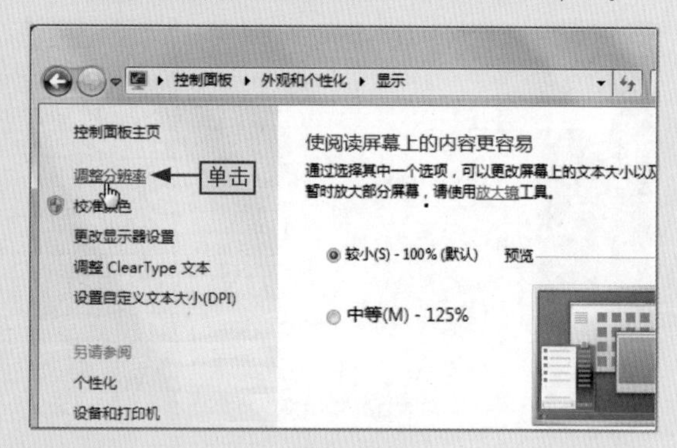

图2-68

步骤04 在打开的“屏幕分辨率”窗口中，查看“分辨率”下拉列表框中自己电脑的分辨率为多少，如图2-69所示。

图2-69

步骤05 将要设置为桌面的照片打开，❶在工具箱中选择“裁剪工具”选项，❷在工具选项栏中单击“不受约束”下拉按钮，❸选择“大小和分辨率”命令，如图2-70所示。

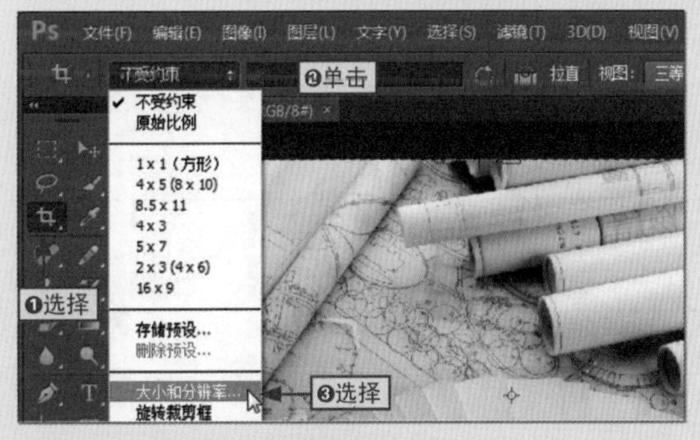

图2-70

步骤06 在打开的“裁剪图像大小和分辨率”对话框中，❶分别设置高度、宽度和分辨率（高度与宽度设置为前面查看到的分辨率尺寸），❷单击“确定”按钮，如图2-71所示。

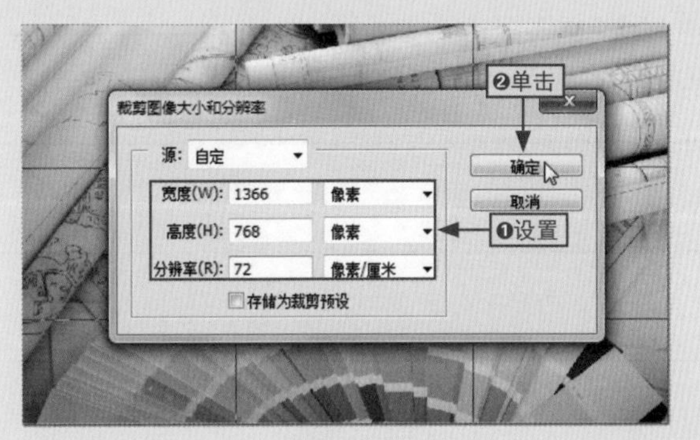

图2-71

步骤07 ❶在工具箱中单击“移动工具”按钮，❷在打开的提示对话框中单击“裁剪”按钮即可，如图2-72所示。

图2-72

步骤08 此时，文档图像将按照设置的高度、宽度与分辨率进行裁剪，裁剪完成后按Ctrl+S组合键将其进行保存即可，如图2-73所示。

图2-73

阅读随笔

学习目标

创建选区的目的就是为了对选定区域进行修改时，可以不对其他区域产生影响。因此，掌握选区的基本操作、选取工具的使用，以及编辑选区就显得尤为重要。本章将介绍如何运用选区来选择图像。

本章要点

- 创建选区
- 移动选区
- 全选与反选选区
- 修改选区
- 填充选区
- 描边选区
- 羽化选区
- 存储选区
- 载入选区

知识要点	学习时间	学习难度
选区的基本操作	40 分钟	★★
选区的美化操作	50 分钟	★★★

3.1 选区的基本操作

小白：我想对图像的某部分进行处理，但每次不是对其操作后没反应，就是整个图像都发生了改变，这是怎么回事儿呢？

阿智：这是因为在Photoshop中不能直接对图像进行操作，需要先对要进行处理的图像创建选区，然后再对选区中的图像进行操作。下面我就给你介绍一下有关选区的基本操作吧。

用户在学习如何使用选择工具以及与其相关的命令之前，首先需要了解一些与选区有关的基本操作，如创建选区、选择与反选选区、取消选择与重新选择等，从而为后期更加深入地学习选区知识打下基础。

3.1.1 创建选区

在Photoshop中，选区主要用于选择图层中的图像以便对指定区域进行编辑，对选区内的局部图像进行编辑时，选区外的图像不受影响。创建选区的方式有多种，下面就来认识它们。

1. 使用选框工具创建选区

使用选框工具是创建选区最常见的方式，通过选框工具可以创建出固定的选区。❶在工具箱的选框工具组上右击，❷可以查看到多种选框工具，如图3-1所示。

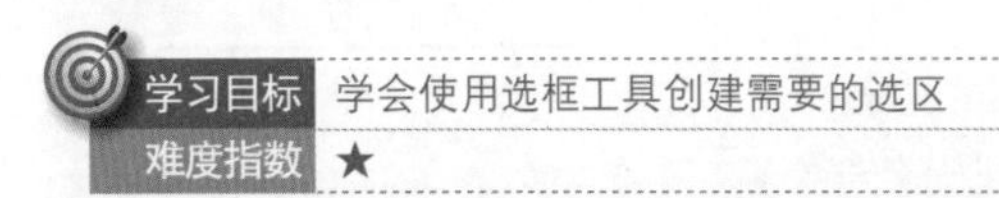

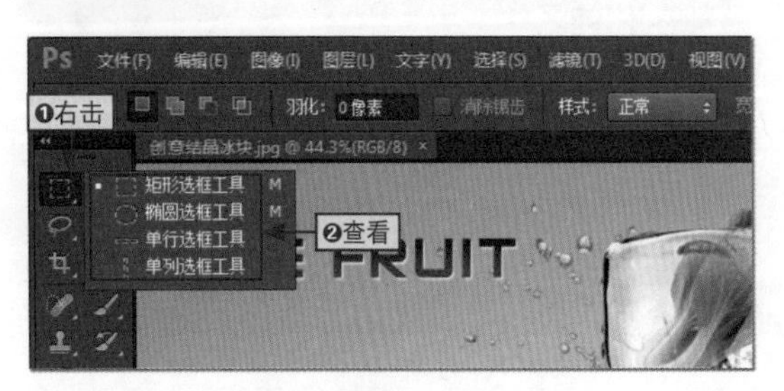

图3-1

矩形选框工具

使用选框工具组中的矩形选框工具，可以创建出矩形和正方形选区，如图3-2所示。

图3-2

如何创建正方形选区

如果要用选框工具创建正方形选区，只需要在选择矩形选框工具以后，在按住 Shift 键的同时绘制形状即可。

椭圆选框工具

椭圆选框工具的使用方法与矩形选框工具的使用方法相似，使用它可以创建出椭圆和圆形选区，如图3-3所示。

图3-3

单行和单列选框工具

使用单行或单列选框工具可以创建出高或宽为1像素的行或列选区。当用户在选框工具组中选择单行或单列选框工具后，在图像上需要创建行或列选区时单击即可，如图3-4所示。

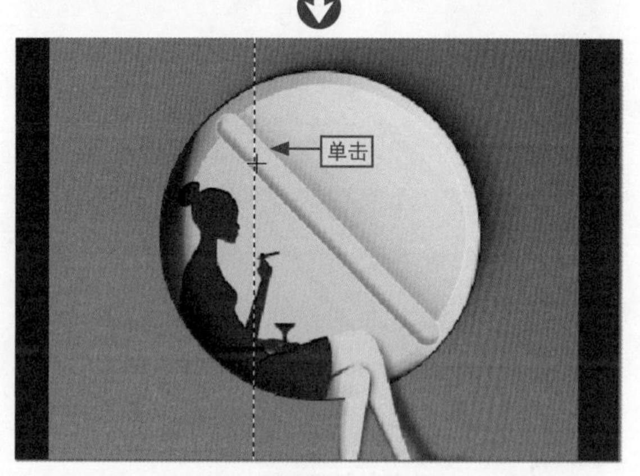

图3-4

2. 使用快速选择工具创建选区

快速选择工具位于魔棒工具组中，使用该工具可以像画画一样选取目标图像。用户只需要在工具箱的魔棒工具组上右击，然后选择“快速选择工具”选项，即可开始使用快速选择工具创建选区。

学习目标	学会如何利用快速选择工具创建选区
难度指数	★

创建单个图像选区

在选择了快速选择工具后，将鼠标光标移动到图像上，当鼠标光标变成⊕状时，在需要选择的目标图像位置上单击即可创建选区，如图3-5所示。

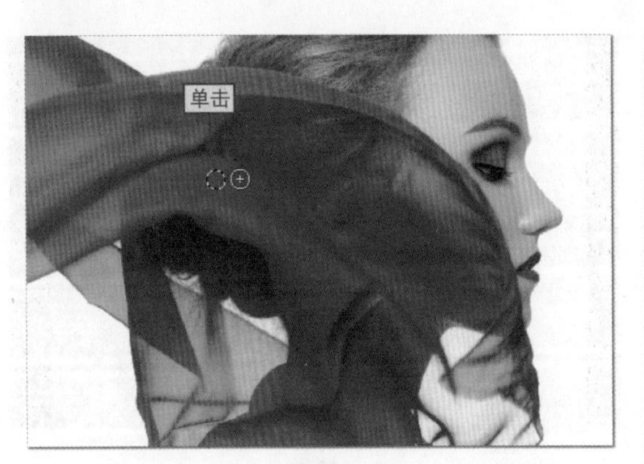

图3-5

创建连续的图像选区

在选择了快速选择工具后，将鼠标光标移动到图像上，按住鼠标左键不放并拖动，即可创建出连续的图像选区，如图3-6所示。

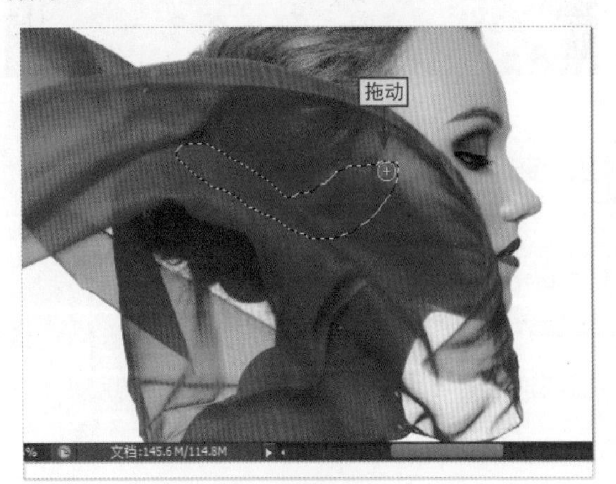

图3-6

创建不连续的图像选区

在选择了快速选择工具后，将鼠标光标移动到图像上，拖动鼠标创建第一个图像选区，然后按住Shift键继续创建选区，即可创建多个不连续的图像选区，如图3-7所示。

图3-7

3. 使用魔棒工具创建选区

使用魔棒工具可以快速选取图像中颜色相同或相近的区域，非常适合颜色和色调比较单一的图像。

本节素材	\素材\Chapter03\结晶冰块.jpg
本节效果	
学习目标	掌握魔棒工具创建选区的方法
难度指数	★★

步骤01 打开“结晶冰块.jpg”素材文件，❶在工具箱的魔棒工具组上右击，❷选择“魔棒工具”选项，如图3-8所示。

图3-8

步骤02 此时，鼠标光标呈现状，在图像上需要创建选区的位置单击，即可创建一个选区，在按住Shift键的同时单击，即可创建多个选区，如图3-9所示。

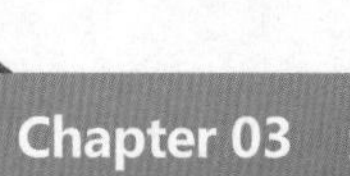

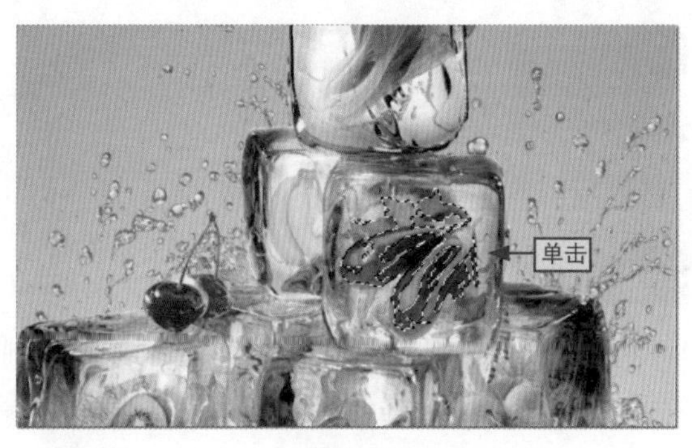

图3-9

魔棒工具选项栏中各选项的含义

在选择魔棒工具以后，工具选项栏中就会显示与魔棒工具有关的选项。下面我们来看看各个选项的含义，如图 3-10 所示。

“容差”文本框

用于设置选择的颜色范围，取值范围为0～255，其单位是像素。输入的值越大，选择的颜色范围越大；输入的值越小，选择的颜色范围越小，颜色就越接近。

“消除锯齿”复选框

选中该复选框后，选区周围的锯齿就会消失。

“连续”复选框

选中该复选框表示只能选择颜色相同的连续图像，而取消选中则表示可在当前图层中选择颜色相同的所有图像。

“对所有图层取样”复选框

当图像中含有多个图层时，选中该复选框，则表示对图像中的所有图层都起作用；取消选中该复选框，则表示只对当前选中的图层起作用。

图3-10

4. 使用套索工具组创建选区

除了前面讲解到的几种创建选区的工具外，还有一种专门用于创建不规则选区的工具组——套索工具组，使用该组中的任意工具都可以随心所欲地选取自己需要的图像选区。

学习目标 了解使用套索工具组创建选区的方法

难度指数 ★

套索工具

使用套索工具可以创建出任意形状的选区，在使用套索工具时，只需要在图像中按住鼠标左键并拖动，完成后释放鼠标即可创建选区，如图3-11所示。

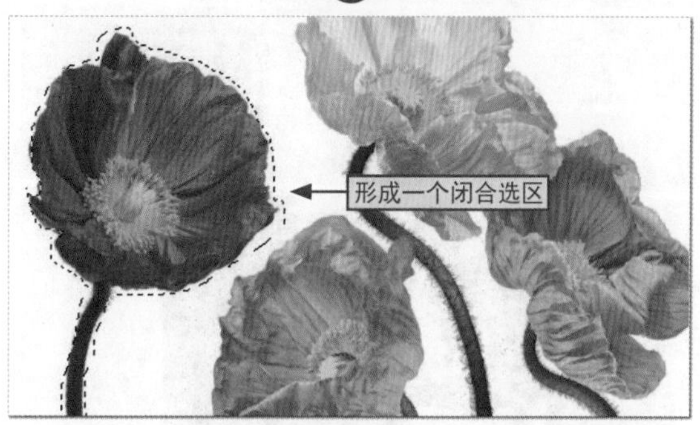

图3-11

多边形套索工具

使用套索工具创建选区时，不是很容易控制选区的精准度，而多边形套索工具恰好弥补了这个缺点，它可以很精准地创建选区，因此该工具非常适合于边界较为复杂或直线较多的图像，如图3-12所示。

图3-12

磁性套索工具

磁性套索工具非常适合在图像中颜色反差较大的区域创建选区，在使用磁性套索工具时，它的框线会紧贴图像中定义区域的边缘创建选区，如图3-13所示。

图3-13

3.1.2 移动选区

选区在创建完成后，可能没有与需要选择的图像重合在一起，为了能让选区定位到需要的位置上，可以通过移动工具对其进行移动。

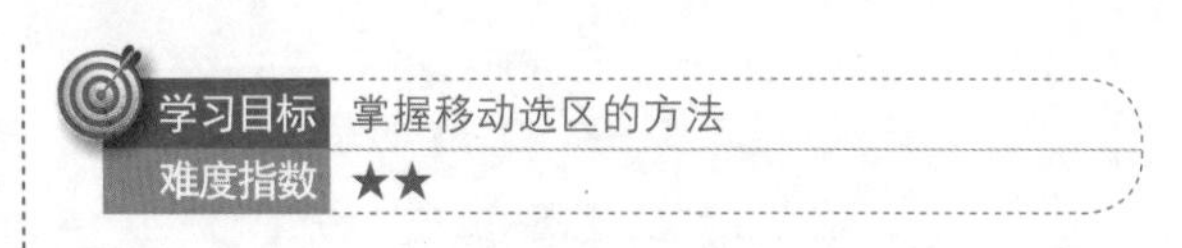

创建选区时移动选区

用户在使用选框工具或椭圆选框工具创建选区时，可以在释放鼠标之前，按住空格键并拖动，即可达到移动选区的目的，如图3-14所示。

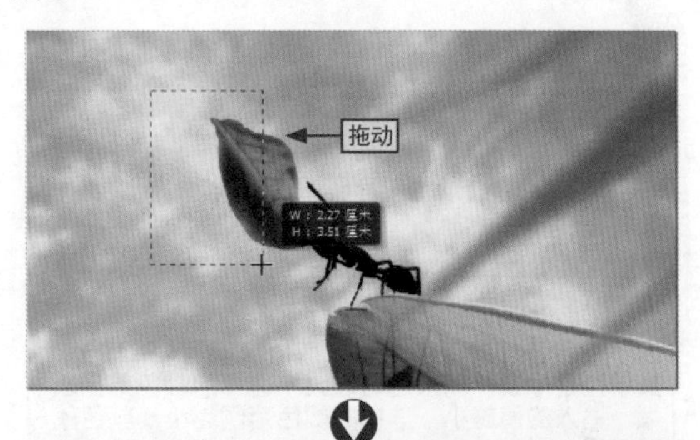

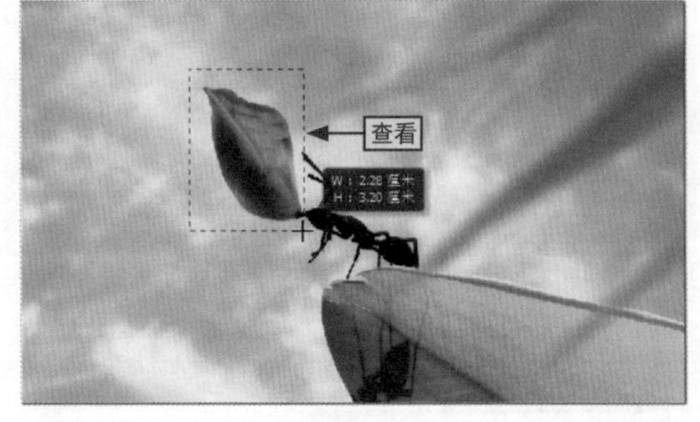

图3-14

创建选区后移动选区

如果选区已经创建完成，则在使用选框工具、套索工具或魔棒工具时，只要将鼠标光标移动到选区内，按住鼠标左键并拖动，即可移动选区，如图3-15所示。

如果用户想要微调选区的位置，则只需要按↑、↓、←或→键即可。

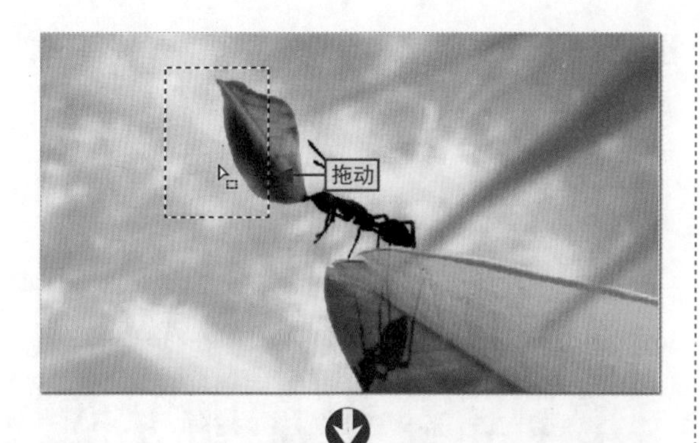

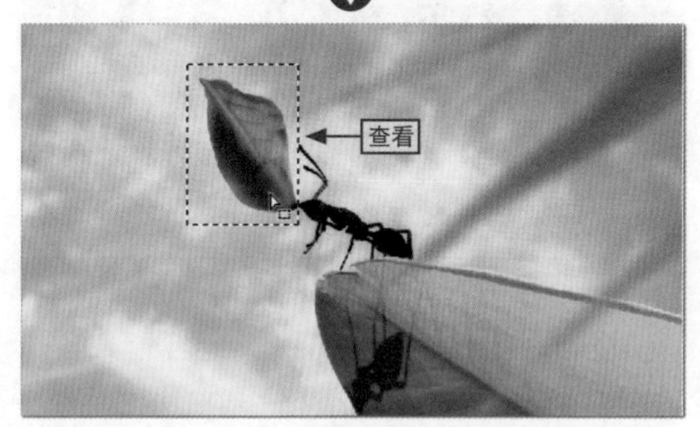

图3-15

3.1.3 全选与反选选区

在选择选区时，有两个非常常用的操作，那就是全选和反选选区。下面我们就来看看它们的区别。

全选选区

全选选区是指包含当前文档边界中的所有图像的选区，要实现全选图像，只需要在菜单栏中单击“选择”菜单项，选择“全选”命令或按Ctrl+A组合键即可，如图3-16所示。

如果要复制整个图像，可以先全选整个图像，然后按Ctrl+C组合键即可，若文档中包含多个图层，可以按Shift+Ctrl+C组合键进行复制。

图3-16

反选选区

反选选区是指选择除选区以外的其他图像区域。首先需要创建选区，然后在“选择”菜单中选择“反向”命令，即可反选选区，如图3-17所示。

图3-17

3.1.4 修改选区

修改选区是指增减或相交选区以及扩大或缩小选区。通过对创建的选区进行修改，可以使选区更符合自己的需求。

1. 增减或相交选区

在选择选区工具时，选区工具栏中将出现与选区工具有关的编辑选项，通过单击“增加到选区”、“从选区减去”或“与选区相交”按钮可以增加、减去或相交选区，从而可以更加精准地控制选区的范围。

本节素材	\素材\Chapter03\啤酒.jpg
本节效果	
学习目标	掌握增减或相交选区的方法
难度指数	★★

步骤01 打开“啤酒.jpg”素材文件，在工具栏中选择矩形选框工具，并用其创建一个选区，如图3-18所示。

图3-18

步骤02 在工具选项栏中单击“添加到选区”按钮，当鼠标光标成+状时，拖动创建新的选区，如图3-19所示。

图3-19

步骤03 此时，创建的新选区将自动与原选区合并，在选项工具栏中单击“从选区中减去”按钮，当鼠标光标成-状时，拖动创建选区，如图3-20所示。

图3-20

步骤04 此时，创建的选区将从原来的选区中减去与新选区相交的区域。在工具选项栏中单击“与选区交叉”按钮，当鼠标光标成×状时，拖动创建新的选区，如图3-21所示。

图3-21

步骤05 此时，将会只保留新选区与原选区相交的区域，如图3-22所示。

图3-22

2. 扩大或缩小选区

如果用户在创建选区后，对其选择的范围不是很满意，则可以通过扩大或缩小选区的方式调整选区的范围。

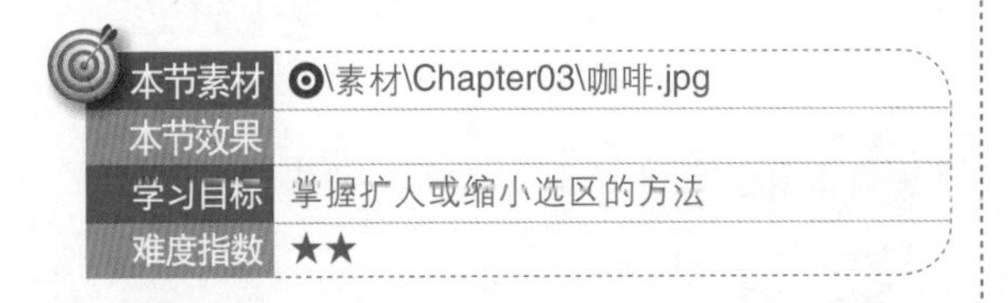

本节素材	\素材\Chapter03\咖啡.jpg
本节效果	
学习目标	掌握扩大或缩小选区的方法
难度指数	★★

步骤01 打开"咖啡.jpg"素材文件，通过任意选区工具在图像上创建选区，❶单击"选择"菜单项，❷选择"修改"|"扩展"命令，如图3-23所示。

图3-23

步骤02 打开"扩展选区"对话框后，❶在"扩展量"文本框中输入"20"，❷单击"确定"按钮，如图3-24所示。

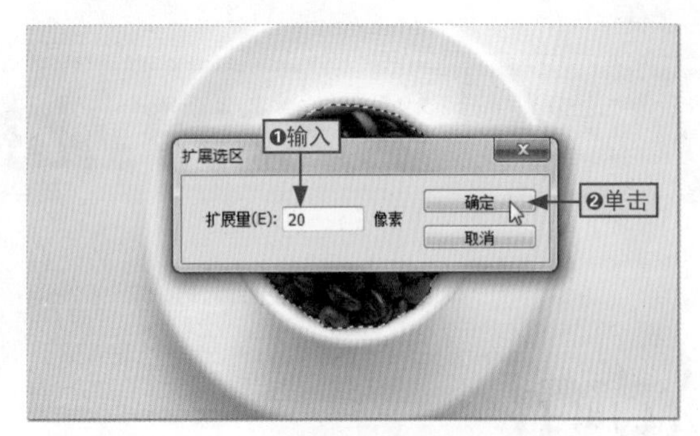

图3-24

步骤03 在"选择"菜单项中选择"修改"|"收缩"命令，打开"收缩选区"对话框，❶在"收缩量"文本框中输入"50"，❷单击"确定"按钮，如图3-25所示。

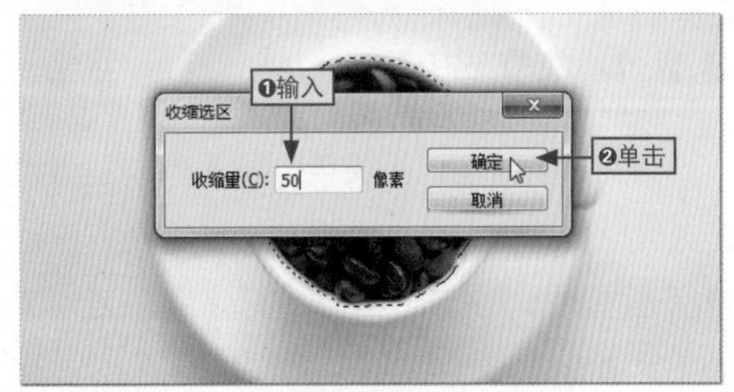

图3-25

步骤04 以相同的方法通过“边界”命令打开“边界选区”对话框，❶在“宽度”文本框中输入“40”，❷单击“确定”按钮，如图3-26所示。

图3-26

步骤05 此时，可以查看到选区的边缘将同时向内和向外扩张，如图3-27所示。

图3-27

3.2 选区的美化操作

阿智：小白，为什么你发的图像总感觉很粗糙呢？你的图片是怎么来的？

小白：我这个图片是自己合成的呀，就是通过选区工具从其他图像中选取一部分直接拼凑在自己的图像中。

阿智：怪不得看着不是很协调，一般我们在确定选区后，还需要对选区进行一定的美化操作，这样才能使其更加美观。

创建选区并使其形状符合需求之后，往往还需要对其进行编辑和加工，从而使选区更加美观。

3.2.1 填充选区

填充选区是指以前景色、背景色或图案填充选区范围内的图像，主要有两种填充方法，分别是使用“填充”命令填充选区和使用油漆桶工具填充选区。

1. 使用“填充”命令填充选区

使用“填充”命令填充选区的操作非常简单，具体操作如下。

本节素材	⊙\素材\Chapter03\咖啡.jpg
本节效果	⊙\效果\Chapter03\咖啡.jpg
学习目标	掌握使用“填充”命令填充选区的方法
难度指数	★★

步骤01 打开“咖啡.jpg”素材文件，通过任意选区工具在图像上创建选区，❶单击“编辑”菜单项，❷选择“填充”命令，如图3-28所示。

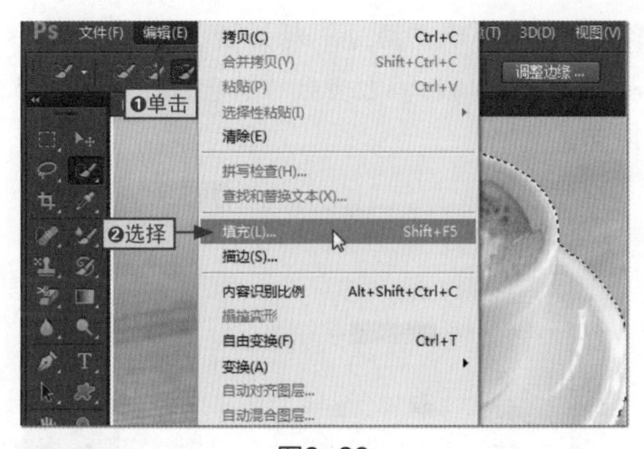

图3-28

步骤02 打开“填充”对话框，❶在“内容”栏中单击“使用”下拉按钮，❷选择“颜色”选项，如图3-29所示。

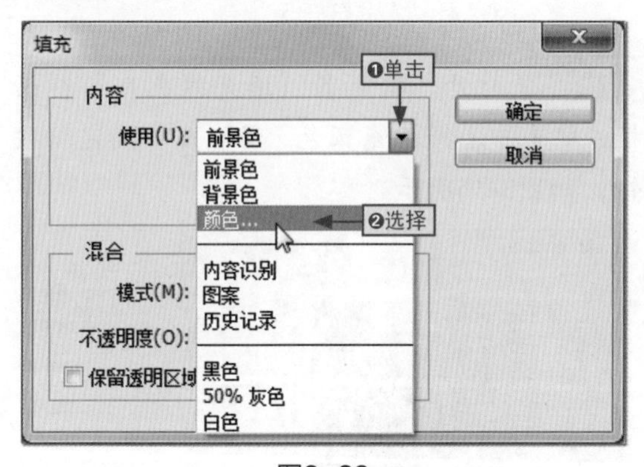

图3-29

步骤03 打开“拾色器（填充颜色）”对话框（后面章节会详细介绍拾色器），❶单击鼠标选择填充颜色，❷单击“确定”按钮，如图3-30所示。

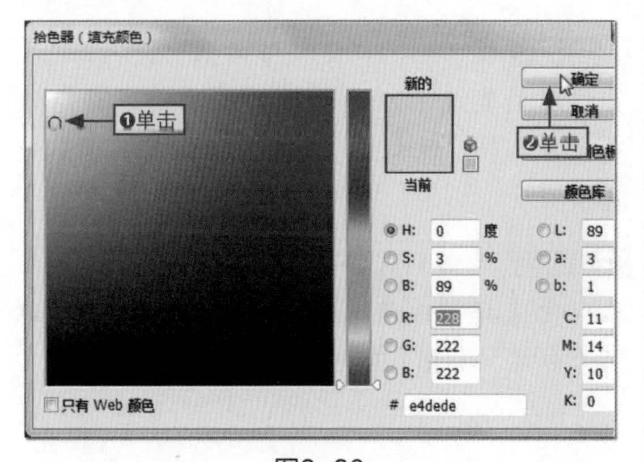

图3-30

步骤04 返回到“填充”对话框中，❶在“混合”栏中输入填充的不透明度，❷单击“确定”按钮，如图3-31所示。

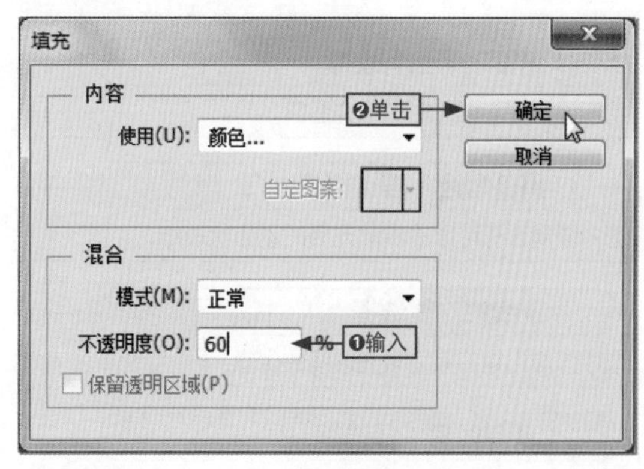

图3-31

步骤05 返回到文档窗口中，在“选择”菜单项中选择“取消选择”命令，即可查看到最终的填充效果，如图3-32所示。

图3-32

2. 使用油漆桶工具填充选区

在工具箱中选择油漆桶工具，然后在选区中单击就可以为选区中的图像指定填充颜色或图像，它的着色范围取决于邻近像素的颜色与被单击像素颜色之间的相似程度。

在油漆桶工具选项栏中有多个选项，其含义如图3-33所示。

“填充方式”下拉列表框

用于设置填充的方式，如果选择“前景”选项，则使用前景色填充；如果选择“图案”选项，则使用定义的图案填充。

“图案”下拉列表框

用于设置图案填充时的填充图案。

“消除锯齿”复选框

选中该复选框可以去除填充后的锯齿状边缘。

“连续的”复选框

选中该复选框将只能填充连续的像素。

“所有图层”复选框

选中该复选框可以设定填充对象为所有的可见图层，如果取消选中该复选框，则只有当前图层可以被填充。

图3-33

3.2.2 描边选区

描边选区是指对所创建的选区边缘进行操作，简单理解就是为选区的边缘添加颜色和设置宽度等。

本节素材	\素材\Chapter03\早餐.jpg
本节效果	\效果\Chapter03\早餐.jpg
学习目标	掌握描边选区的方法
难度指数	★★

步骤01 打开“早餐.jpg”素材文件，通过任意选区工具在图像上创建选区，❶单击“编辑”菜单项，❷选择“描边”命令，如图3-34所示。

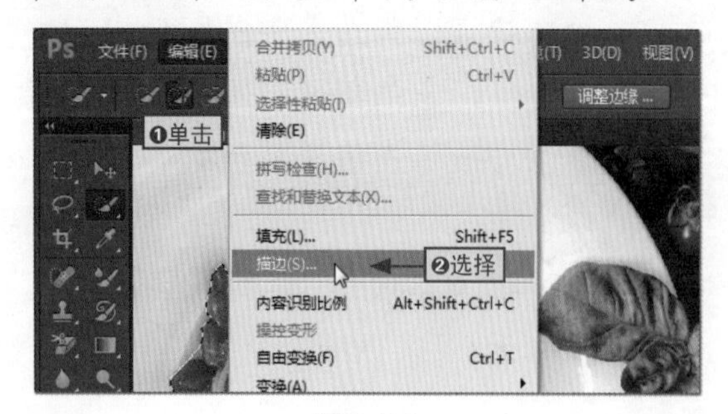

图3-34

步骤02 打开“描边”对话框，在“描边”栏中单击“颜色”选项后的颜色条，如图3-35所示。

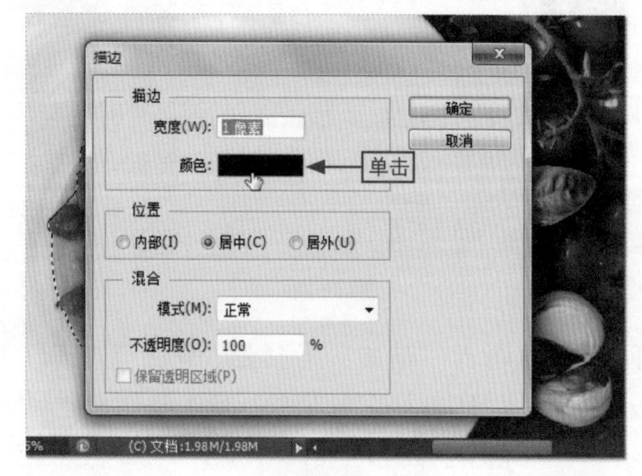

图3-35

步骤03 打开“拾色器（填充颜色）”对话框，❶单击选择填充颜色，❷单击“确定”按钮，如图3-36所示。

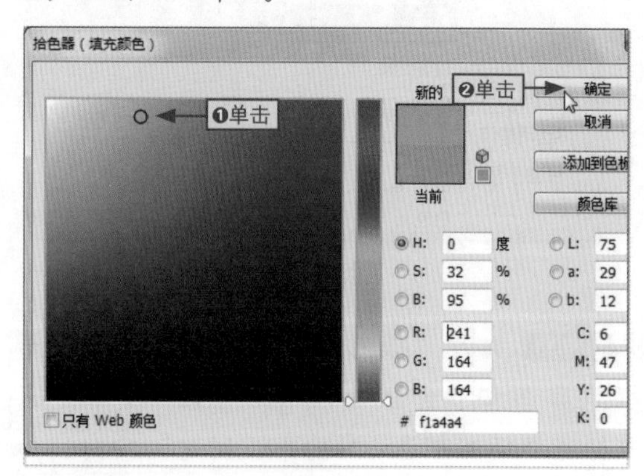

图3-36

步骤04 返回到“描边”对话框中，❶分别设置边缘的宽度、描边的位置以及描边颜色的模式等参数，❷单击“确定”按钮，如图3-37所示。

步骤05 返回到文档窗口中，在“选择”菜单项中选择“取消选择”命令，即可查看到描边效果，如图3-38所示。

图3-37

图3-38

3.2.3 羽化选区

通过羽化选区，可以使选区的边缘变得柔和，从而使选区内的图像可以自然地过渡到背景中。不过在羽化选区后不能立即通过选区查看到图像效果，需要对选区内的图像进行移动和填充等操作才能看到图像边缘的柔和效果。

对选区进行羽化操作主要有以下两种方法。

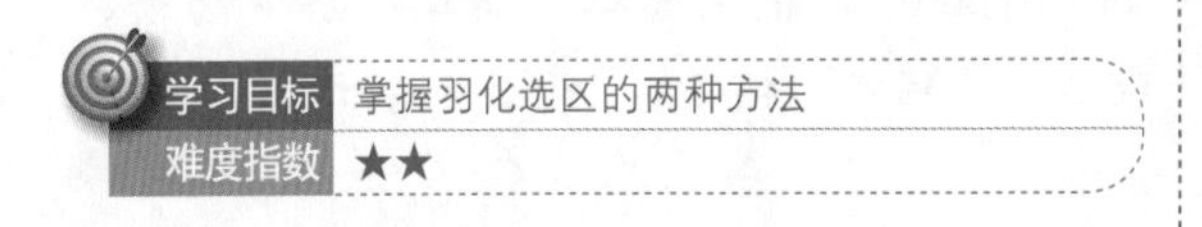

创建选区前进行羽化

在使用选区工具创建选区前，先在工具选项栏的“羽化”文本框中输入羽化值，再创建选区，这时创建的选区将会带有羽化效果。

创建选区后进行羽化

当选区创建完成后，在菜单栏中选择“选择”|“修改”|“羽化”命令或按Shift+F6组合键，即可打开“羽化选区”对话框，❶在“羽化半径”文本框中输入相应的值，❷单击“确定”按钮即可羽化选区，如图3-39所示。

图3-39

3.2.4 调整图像边缘

抠图是我们使用Photoshop时比较常见的一个操作，而在抠图时经常也会遇到选区边缘有毛边，以致与新背景不能完美融合的情况，此时使用Photoshop的调整边缘功能即可解决问题。

该功能可以修正选区的白边以及让边缘平滑化，使抠出的图像不会与新背景产生较大差异。

本节素材	\素材\Chapter03\海边.psd
本节效果	\效果\Chapter03\海边.psd
学习目标	掌握调整边缘的使用方法
难度指数	★★

步骤01 打开“海边.jpg”素材文件，❶通过任意选区工具在图像上创建选区，并保持选区工具的选择状态，❷在工具选项栏中单击“调整边缘”按钮，如图3-40所示。

图3-40

步骤02 打开“调整边缘”对话框，❶在“视图模式”栏中单击“视图”下拉按钮，❷选择“黑底”选项，将图像设置为黑底视图模式，如图3-41所示。

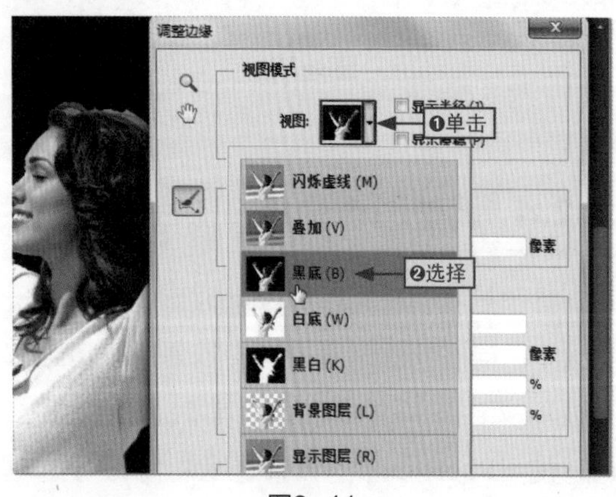

图3-41

步骤03 ❶在“边缘检测”栏中选中“智能半径”复选框，❷调整“半径”大小，❸将鼠标光标移动到图像中，按住鼠标左键并涂抹图中需要去除的白边，如图3-42所示。

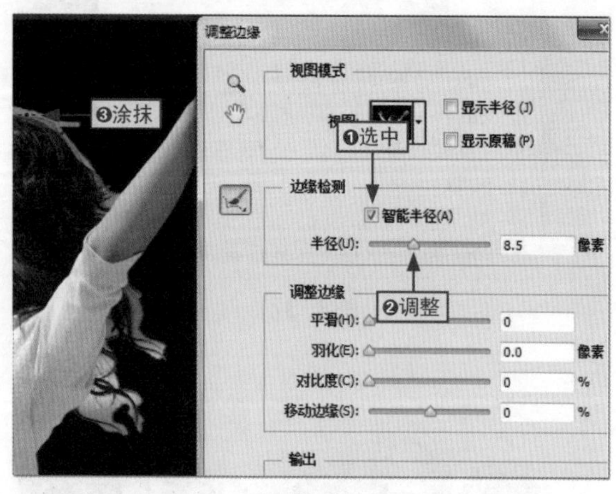

图3-42

步骤04 在“调整边缘”栏中，依次设置边缘的平滑、羽化、对比度和移动边缘，如图3-43所示。

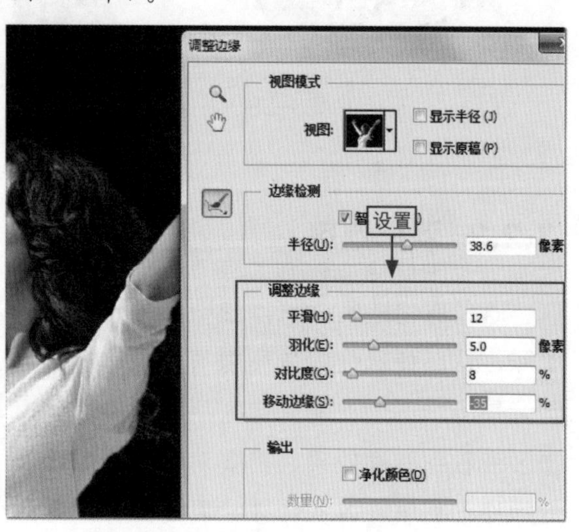

图3-43

步骤05 在“输出”栏中，❶选中“净化颜色”复选框，❷设置输出的数量，❸在“输出到”下拉列表框中选择“新建图层”选项，❹单击“确定”按钮，如图3-44所示。

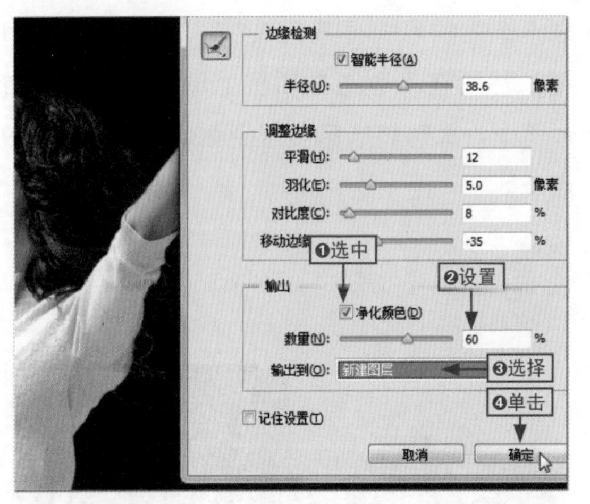

图3-44

步骤06 操作完成后，在文档图像中可以看到图像背景被完全去除，而且边缘也处理得非常干净，如图3-45所示。

图3-45

3.2.5 存储选区

在选区创建完成后，若希望以后能够再次对其进行使用，则可以将其存储起来。存储选区主要有两种方式，下面就来看看。

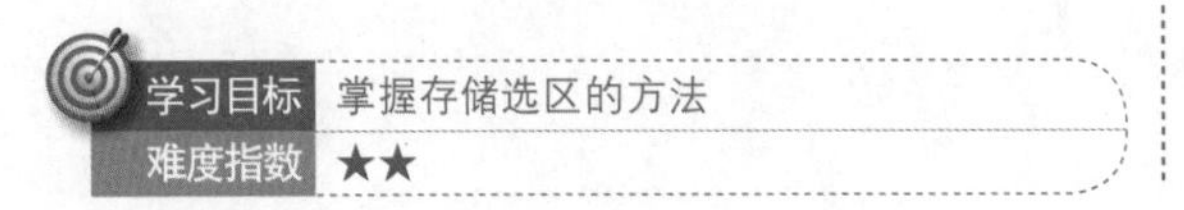

学习目标	掌握存储选区的方法
难度指数	★★

通过“通道”面板存储选区

打开“通道”面板，然后单击其底部的“将选区存储为通道”按钮，即可将选区保存到Alpha通道中，如图3-46所示。

图3-46

通过“存储选区”命令存储选区

在菜单栏中，选择“选择”|“存储选区”命令，即可打开“存储选区”对话框，在其中可对存储选项进行设置，如图3-47所示。

图3-47

小绝招 **"存储选区"对话框中选项的含义**

"存储选区"对话框中有多个选项，各选项的含义如图 3-48 所示。

"文档"下拉列表框

可以选择保存选区的目标图像位置（默认为当前图像）。若选择"新建"选项，则将其保存到新图像中。

"通道"下拉列表框

可以选择将选区存储到一个新建的通道中，或将其存储到其他的Alpha通道中。

"名称"文本框

用于输入要存储选区的新通道名称。

"操作"栏

如果保存选区的目标图像包含有选区，则可以选择在通道中合并选区的方式。若选中"新建通道"单选按钮，则可以将当前选区存储到新通道中；若选中"添加到通道"单选按钮，则可以将选区添加到目标通道的现有选区中；若选中"从通道中减去"单选按钮，则可以从目标通道内的现有选区中减去当前的选区；若选中"与通道交叉"单选按钮，则可以从当前选区和目标通道中的现有选区交叉的区域中存储一个选区。

图3-48

3.2.6 载入选区

如果需要使用存储的选区，用户可以通过载入选区的方式将其载入到图像中。按住Ctrl键，然后在"通道"面板上单击存储的通道预览图，即可将选区载入到图像中，如图3-49所示。

学习目标	掌握载入选区的方法
难度指数	★★

图3-49

此外，在菜单栏中选择"选择"|"载入选区"命令，也可载入选区。在选择该命令后可打开"载入选区"对话框，如图3-50所示。

图3-50

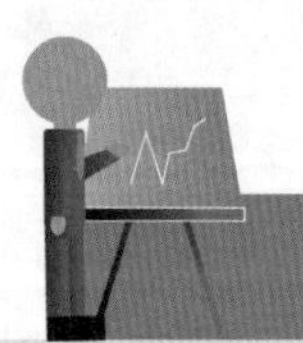

给你支招 | 如何抠出干净的人物图像并将其融合到新图像中

小白：阿智，我想将一张图片中的人物抠出来，并将其移动到另一张图片中，我可以使用哪种选区工具来完成呢?

阿智：前面介绍了多种选区工具，选择一种选区工具即可抠出人物图像，下面我们通过魔术棒工具来实现这个操作，其具体操作如下。

步骤01 打开人物图像素材文件，❶在工具箱的选择工具组上右击，❷选择“魔棒工具”选项，如图3-51所示。

图3-51

步骤02 ❶在工具选项栏的“容差”文本框中输入“9”，❷在人物左侧的背景上单击，选中背景，如图3-52所示。

图3-52

步骤03 按住Shift键，在人物图像右侧单击，将这部分背景区域添加到选区中，如图3-53所示。

图3-53

步骤04 ❶在菜单中单击“选择”菜单项，❷选择“反向”命令反转选区，选中人物图像，如图3-54所示。

图3-54

步骤05 ❶在菜单栏中单击“选择”菜单项，❷选择“调整边缘”命令或按Alt+Ctrl+R组合键，如图3-55所示。

图3-55

步骤06 打开“调整边缘”对话框，❶在“视图”下拉列表框中选择“黑白”选项，❷选中“智能半径”复选框，❸调整半径大小，然后清除图像中的白边，如图3-56所示。

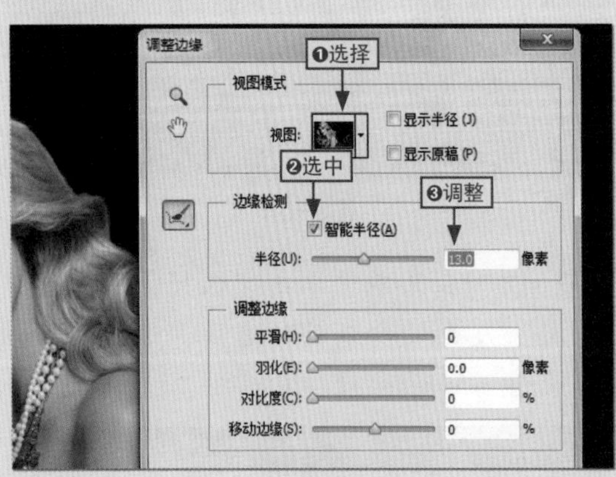

图3-56

步骤07 白边清除完后，❶在“调整边缘”栏中设置相应边缘属性，❷在“输出”栏中设置输出选项，❸单击“确定”按钮，如图3-57所示。

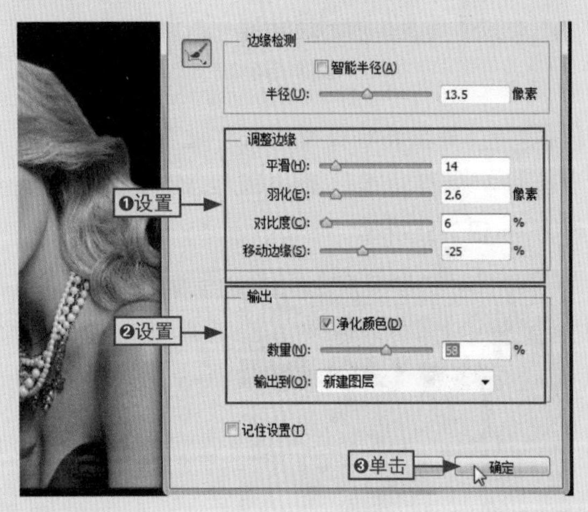

图3-57

步骤08 返回到文档图像中，并打开另一个素材文件，使用移动工具将人物图像移动到该文档中，生成“图层1”图层，如图3-58所示。

图3-58

步骤09 按Ctrl+T组合键，对人物图像进行变形操作，将鼠标光标移动到图像右上角的控制点上，并按住鼠标进行拖动，如图3-59所示。

图3-59

步骤10 继续调整人物图像的位置，然后将鼠标光标移动到图像右上角控制点的上方，按住鼠标左键并拖动，对图像进行旋转操作，如图3-60所示。

图3-60

步骤11 调整完成后，❶单击“移动工具”按钮，❷在打开的提示对话框中单击“应用”按钮，如图3-61所示。

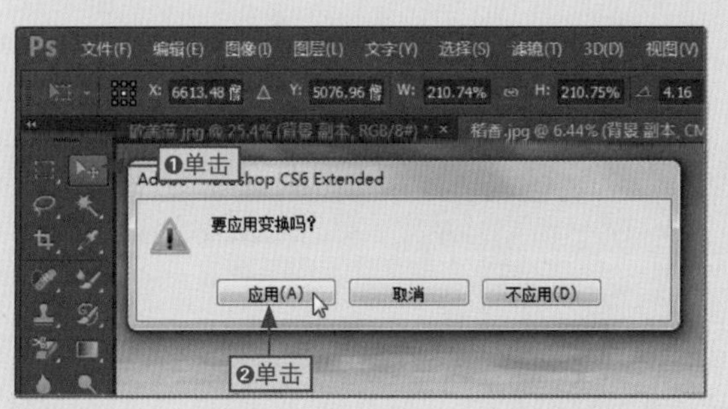

图3-61

步骤12 此时，在文档图像中，即可查看到合并的图像效果，如图3-62所示。

图3-62

给你支招 | 如何在不改变原图像的基础上移动选区

小白： 阿智，我在处理图像时遇到一个问题，就是在移动选区后，在选区的原位置会出现一片空白，我可以在不改变原图像的基础上移动选区吗?

阿智： 当然可以，因为你仅仅只是对当前图层进行操作，就会出现这种情况，此时只需要通过复制图层即可解决这个问题，其具体操作如下。

步骤01 ❶在工具箱的快速选择组上右击，❷选择“快速选择工具”选项，如图3-63所示。

图3-63

步骤02 此时，鼠标光标呈⊕状时，将其移动到图像上单击，选择需要选择的区域，如图3-64所示。

图3-64

步骤03 按Ctrl+J组合键复制当前图层选区到新图层中，此时在“图层”面板中会增加一个名为“图层1”的新图层，如图3-65所示。

图3-65

步骤04 选择“图层1”图层，在工具箱中单击“移动工具”按钮，将鼠标光标移动到需要移动的图像对象上，按住鼠标左键并拖动，在不改变原图像的基础上移动选区，如图3-66所示。

图3-66

学习目标

分层处理图像，也就是在图层上处理图像。图层，就如同一张透明纸，而每张透明纸上都有一部分图像，用户将多个图层重叠起来，这样就可以构建出一幅完整的图像。如果用户只对某个图层上的图像进行修改，那么其他图层上的图像将不会受到任何影响。

本章要点

- 认识"图层"面板
- 创建图层的多种方式
- 选择图层
- 复制与删除图层
- 隐藏与锁定图层
- 图层的合并和层组
- 修改图层的名称和颜色
- 添加图层样式
- 多种图层样式效果介绍
- 应用和复制图层样式

知识要点	学习时间	学习难度
图层的简单编辑	40 分钟	★★
添加图层样式效果	30 分钟	★★
"样式"面板的使用方法	40 分钟	★★★

4.1 图层的简单编辑

小白：我在网上下载了一些PSD格式的素材图像文件，但是当我通过Photoshop CS6打开这些图像时却不能进行操作，这是为什么？

阿智：这主要是因为大部分PSD格式的图像文件都是由多个图层文件组成，想要对其进行操作，首先需要对图层有所了解，并掌握简单的图层编辑操作。

图层是Photoshop中最重要的功能之一，基本上所有的图像编辑操作都需要在图层上来实现。如果没有图层，所有的图像操作都会在同一个平面上进行，这不仅会使许多的图像效果无法实现，操作上也异常艰难，本节就来介绍一些关于图层的简单编辑操作。

4.1.1 认识“图层”面板

“图层”面板就是用来创建、编辑和管理图层的控制面板，在“图层”面板中可以查看到图像所有的图层、图层组与图层效果，如图4-1所示为“图层”面板。

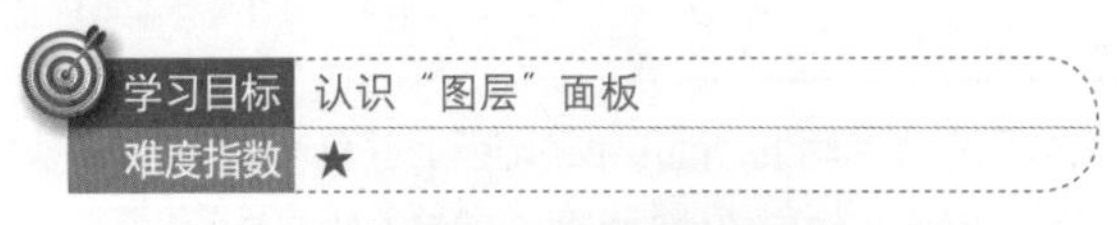

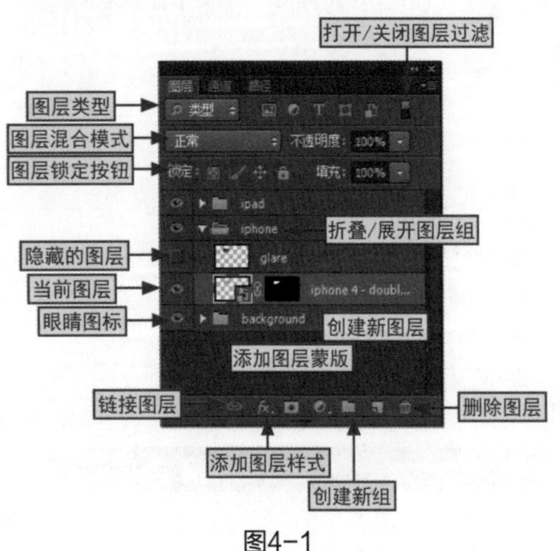

图4-1

4.1.2 创建图层的多种方式

在Photoshop CS6中，创建图层有多种方式，如在“图层”面板中创建、使用“新建”命令以及使用“通过拷贝的图层”命令创建等。下面我们就来具体了解一下。

1. 在“图层”面板中创建图层

在“图层”面板中创建图层主要有两种情况，分别是在图层上方创建图层和在图层下方创建图层。

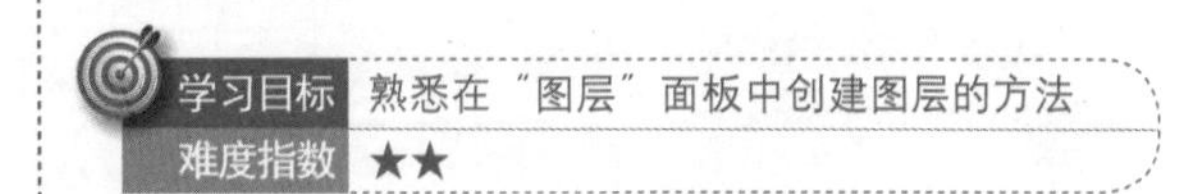

在图层上方创建图层

在“图层”面板上单击“创建新图层”按钮，即可在当前图层上创建一个新图层，新建的图层将会自动成为当前图层，如图4-2所示。

图4-2

在图层下方创建图层

如果需要在图层下方创建图层，则需要先按住Ctrl键，然后单击“创建新图层”按钮即可（注意：在“背景”图层下不能再创建图层），如图4-3所示。

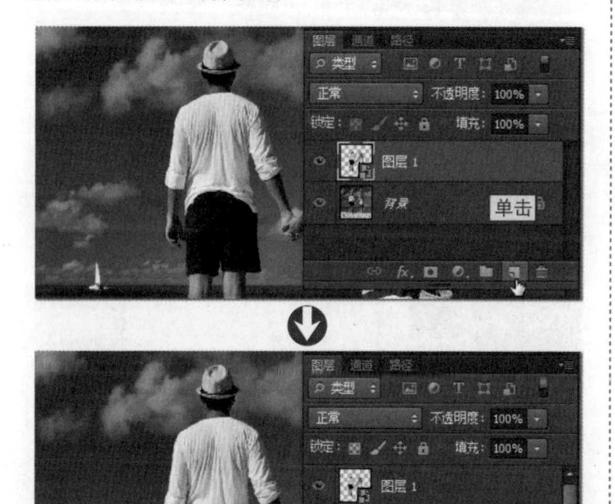

图4-3

2. 使用“新建”命令创建图层

如果用户想要创建一个可以自定义属性的图层，如图层名称、样式、模式以及透明度等，可以通过“新建”命令打开“新建图层”对话框，然后对相应的属性进行设置。

本节素材	\素材\Chapter04\盘子与花.psd
本节效果	\效果\Chapter04\盘子与花.psd
学习目标	掌握“新建”命令的使用方法
难度指数	★★

步骤01 打开“盘子与花.psd”素材文件，❶在菜单栏中单击“图层”菜单项，❷选择“新建”|“图层”命令，如图4-4所示。

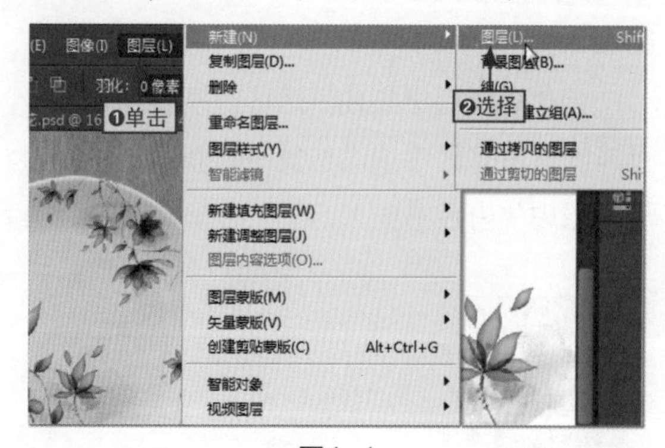

图4-4

步骤02 打开“新建图层”对话框，❶在“名称”文本框中输入图层的名称，❷单击“确定”按钮，如图4-5所示。

图4-5

步骤03 此时，用户可以在“图层”面板中查看到创建的新图层，如图4-6所示。

图4-6

3. 使用“通过拷贝的图层”命令创建图层

如果在图像中没有创建选区，则使用“通过拷贝的图层”命令可以快速复制当前图层。

如果在图层中创建了选区，则使用该命令可以快速将选区中的图像复制到新图层中，且原图层中的内容不变。

本节素材	\素材\Chapter04\海波下的舞蹈.psd
本节效果	\效果\Chapter04\海波下的舞蹈.psd
学习目标	掌握“通过拷贝的图层”命令的使用方法
难度指数	★★

步骤01 打开“海波下的舞蹈.psd”素材文件，❶在菜单栏中单击“图层”菜单项，❷选择“新建”|“通过拷贝的图层”命令，如图4-7所示。

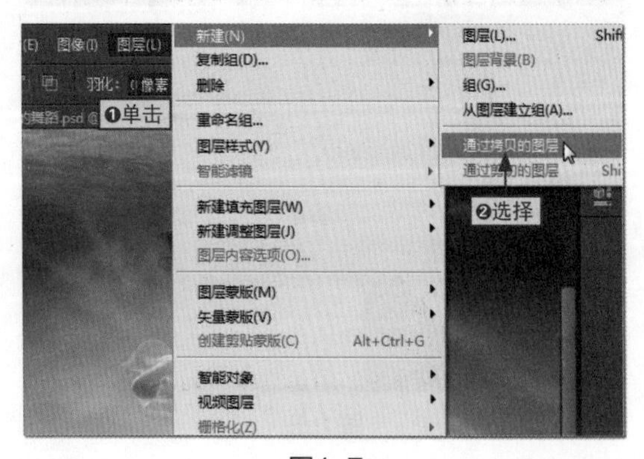

图4-7

步骤02 此时，用户可以在“图层”面板中查看到创建的新图层，图层名称后会自动添加“副本”，如图4-8所示。

图4-8

4. 图层背景的创建

在一般情况下，我们在新建一个文档图像时，所使用的背景颜色常为白色或背景色。如果使用透明色作为背景的话，那么在图像处理好后，也可以为其添加一个合适的背景。此时，就需要创建图层背景，下面来看看具体的操作方法。

本节素材	\素材\Chapter04\荷花.psd
本节效果	\效果\Chapter04\荷花.psd
学习目标	掌握创建图层背景的方法
难度指数	★★

步骤01 打开“荷花.psd”素材文件，❶在菜单栏中单击“图层”菜单项，❷选择“新建”|“图层背景”命令，如图4-9所示。

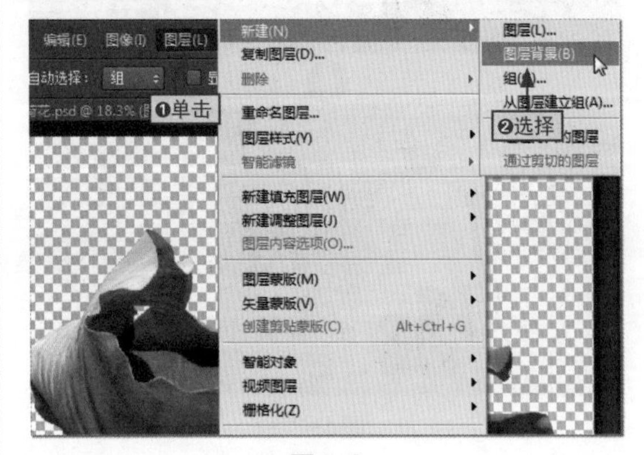

图4-9

步骤02 此时，可以看到图像添加了背景，而且当前图层也会转化为背景图层，如图4-10所示。

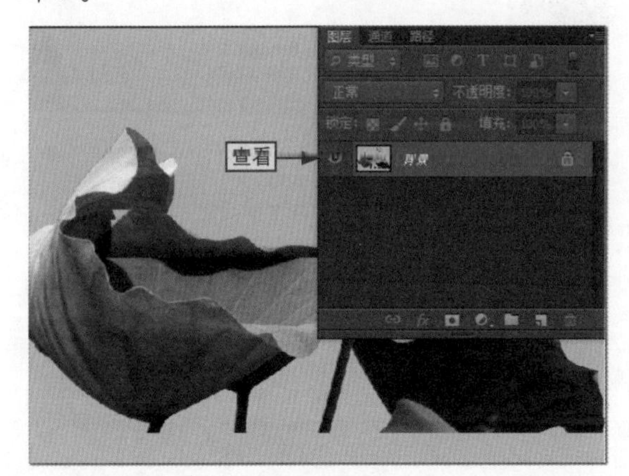

图4-10

4.1.3 选择图层

如果要对图层进行操作，首先需要选择目标图层。选择图层有多种方式，下面就来看看。

选择一个图层

在“图层”面板中单击选择一个图层，该图层将成为当前图层。

选择多个图层

如果需要选择多个相邻的图层，可以先选择第一个图层，然后按住Shift键再选择最后一个图层，如图4-11左图所示。如果需要选择多个不相邻的图层，可以先选择第一个图层，然后按住Ctrl键再选择其他图层，如图4-11右图所示。

图4-11

选择所有图层

如果要选择“图层”面板中的所有图层，可以❶在菜单栏中单击“选择”菜单项，❷选择“所有图层”命令，如图4-12所示。

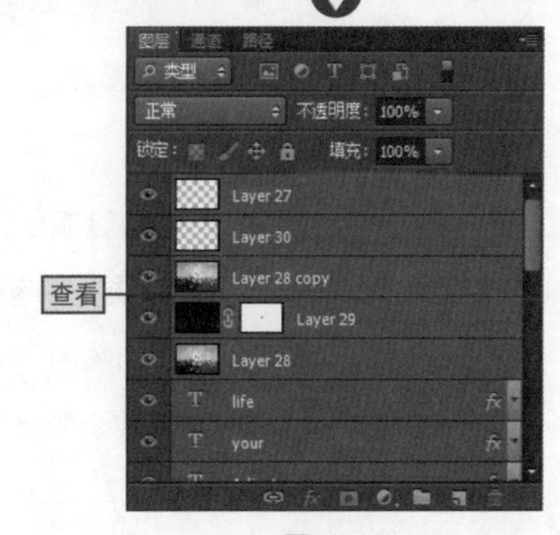

图4-12

小绝招 **取消选择图层**

如果不想任何图层被选择，则可以❶在菜单栏中单击“选择”菜单项，❷选择“取消选择图层”命令，如图4-13所示。

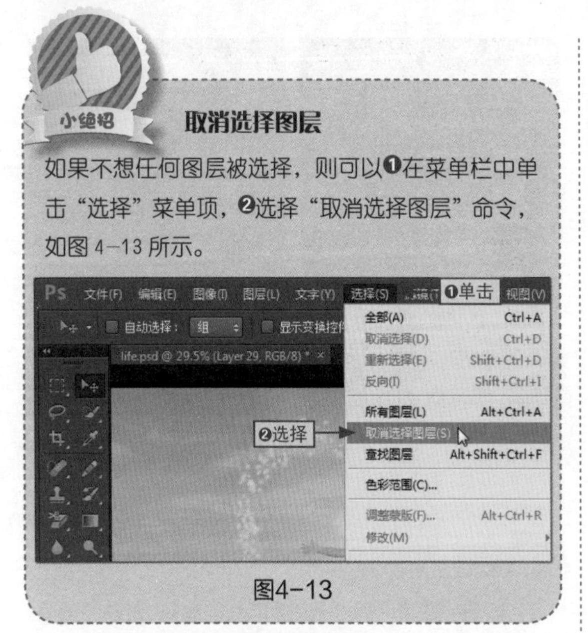

图4-13

4.1.4 复制与删除图层

用户在使用Photoshop处理图像时，常常需要复制图层与删除多余的图层，下面来看看如何进行相关的具体操作。

1. 复制图层

在Photoshop CS6中主要有两种复制图层的方式，分别是通过命令复制图层和通过“图层”面板复制图层。

学习目标	掌握复制图层的方法
难度指数	★★

通过命令复制图层

在“图层”面板中选择一个需要复制的图层，❶在菜单栏中单击“图层”菜单项，❷选择“复制图层”命令。❸在打开的“复制图层”对话框中输入图层名称并设置相关选项，❹单击“确定”按钮即可，如图4-14所示。

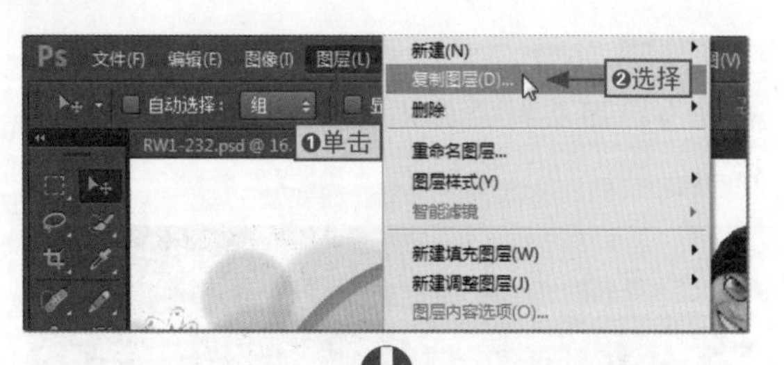

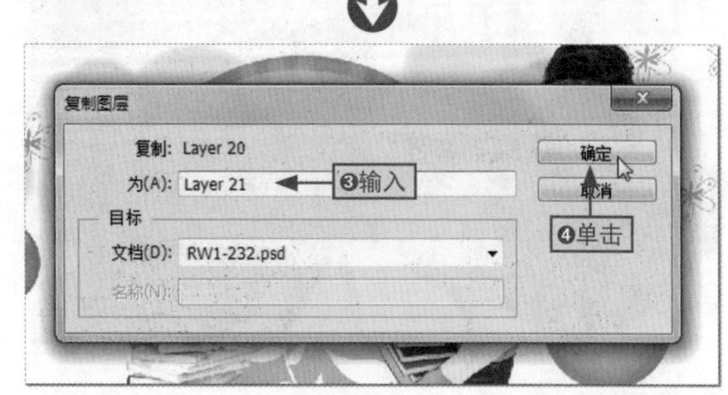

图4-14

通过“图层”面板复制图层

在“图层”面板中，选择需要复制的图层，按住鼠标左键并将其拖动到“创建新图层”按钮上，即可快速复制图层，如图4-15所示。

图4-15

2. 删除图层

对于不需要的图层，可以直接将其删除。同样，删除图层也有多种方式，下面来看看。

学习目标	掌握删除图层的方法
难度指数	★★

通过“图层”面板删除图层

在“图层”面板中，直接将需要删除的图层拖动到“删除图层”按钮上，即可删除该图层，如图4-16所示。

图4-16

通过命令删除图层

❶在菜单栏中单击“图层”菜单项，❷选择“删除”|“图层”命令，即可删除当前图层或隐藏的图层，如图4-17所示。

图4-17

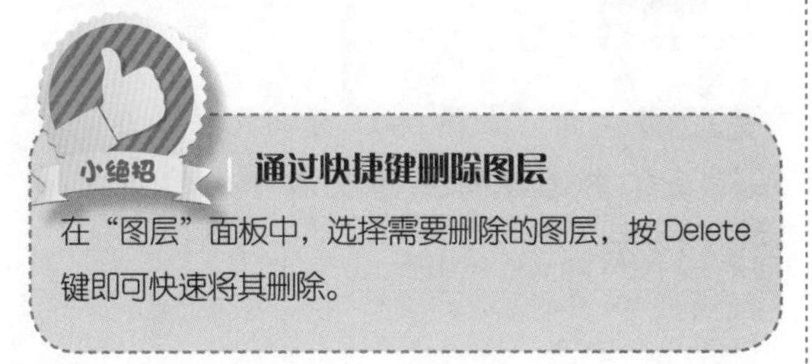

小绝招 通过快捷键删除图层

在“图层”面板中，选择需要删除的图层，按Delete键即可快速将其删除。

4.1.5 隐藏与锁定图层

如果一个图像中有多个图层，为了防止其他图层挡住自己的视线，从而妨碍自己的操作，可以将暂时不操作的图层隐藏起来。同时，为了防止对其他图层做出错误操作，还可以将其锁定起来。

本节素材	\素材\Chapter04\创意时钟.psd
本节效果	\效果\Chapter04\创意时钟.psd
学习目标	掌握隐藏与锁定图层的方法
难度指数	★★

步骤01 打开“创意时钟.psd”素材文件，❶在“图层”面板中选择MAP图层，❷单击MAP图层左侧的“指示图层可见性”图标，隐藏MAP图层，如图4-18所示。

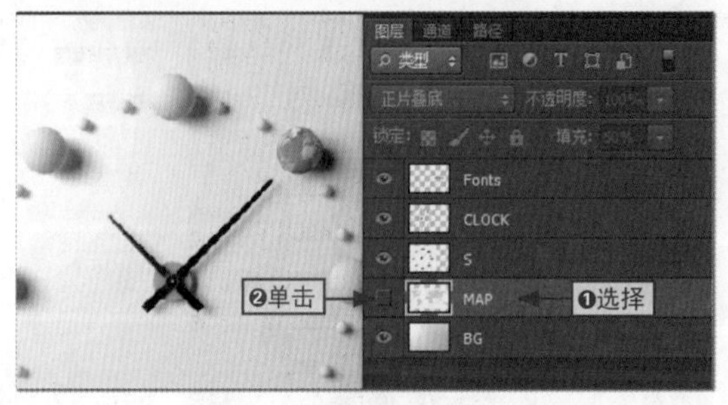

图4-18

步骤02 ❶选择CLOCK图层，❷单击“锁定全部”按钮，即可将该图层锁住，如图4-19所示。

图4-19

4.1.6 图层的合并和层组

在对图像进行编辑的过程中，可以将编辑好的多个图层合并为一个图层，合并图层后可以减小文件的体积。如果要对多个图层进行同一操作，可以将它们进行层组。

本节素材	\素材\Chapter04\水花萨克斯.psd
本节效果	\效果\Chapter04\水花萨克斯.psd
学习目标	掌握图层的合并和层组的方法
难度指数	★★

步骤01 打开“水花萨克斯.psd”素材文件，❶在“图层”面板中选择“口部水花”和“底部水花”图层，并在其上右击，❷在弹出的快捷菜单中选择“合并图层”命令，如图4-20所示。

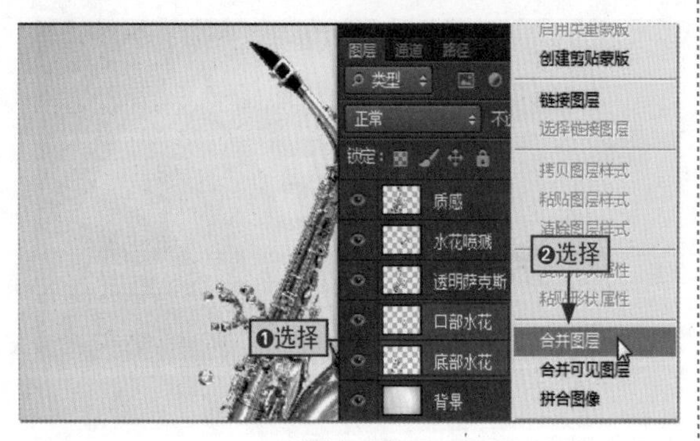

图4-20

步骤02 此时，所选图层将合并为一个图层，并以排列第一的图层名称命名。选择要组层的图层，将其拖动到“创建新组”按钮上，如图4-21所示。

步骤03 此时，在“图层”面板上会自动创建一个“组 1”图层组，将其他需要的图层拖动到其中即可，如图4-22所示。

图4-21

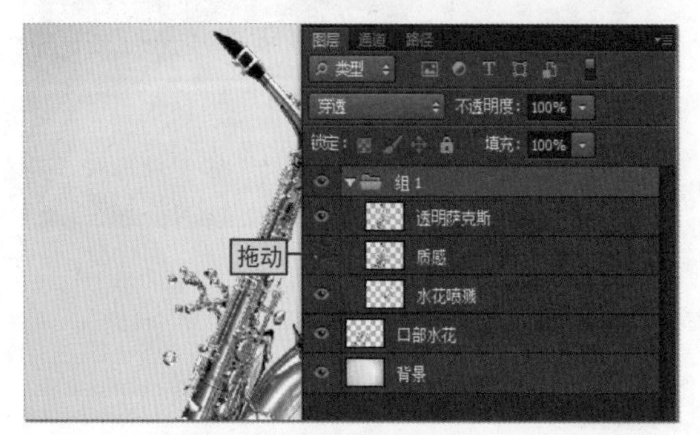

图4-22

4.1.7 修改图层的名称和颜色

对于一些图层数量较多的文档，用户可以为其设置一些容易识别的名称，或者为其添加比较显眼的颜色，这样就可以在多个图层中快速找到它们了。

本节素材	\素材\Chapter04\涂鸦.psd
本节效果	\效果\Chapter04\涂鸦.psd
学习目标	掌握修改图层的名称和颜色的方法
难度指数	★★

步骤01 打开“涂鸦.psd”素材文件，在“图层”面板中选择需要修改名称的图层，如图4-23所示。

图4-23

步骤02 ❶在菜单栏中单击“图层”菜单项，❷选择“重命名图层”命令，如图4-24所示。

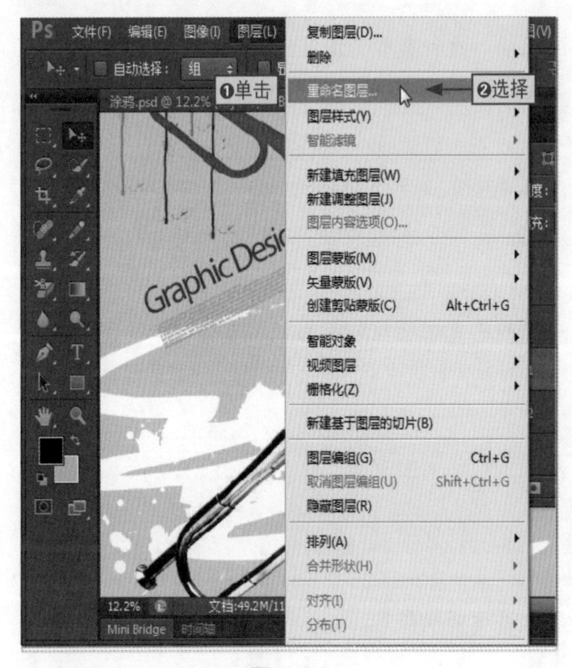

图4-24

步骤03 此时，在图层中会显示文本框，在文本框中输入需要修改的名称即可，如图4-25所示。

步骤04 保持该图层的选择状态，在其上右击，在弹出的快捷菜单中选择“红色”命令，如图4-26所示。

图4-25

图4-26

步骤05 此时，用户即可查看到该图层的名称被修改为“小号”，其图层缩略图前被标记为红色，如图4-27所示。

图4-27

长知识

认识图层的类型

在Photoshop CS6中，用户可以创建多种类型的图层，不同的图层拥有不同的功能和用途，而且它们在“图层”面板中的显示状态也不相同。在创建图层前，首先要确定该图层是用来做什么的，然后再创建相应类型的图层，如图4-28所示为常见的图层。

普通图层

普通图层是指用一般方法建立的图层，是一种最常用的图层，几乎所有的Photoshop功能都可以在这种图层上得到应用。

背景图层

背景图层（Background）是一种不透明的图层，用于作为图像的背景。

调整图层

调整图层（Adjustment Layer）是一种比较特殊的图层，这种类型的图层主要被用来控制色调和色彩的调整。

文本图层

文本图层就是用文本工具建立的图层。一旦在图像中输入文字，就会自动产生一个文本图层。

填充图层

填充图层（Fill Layer）可以在当前图层中填入一种颜色（纯色或渐变色）或图案，并结合图层蒙版的功能，从而产生一种遮盖特效。

形状图层

当使用矩形工具、圆角矩形工具或多边形工具等形状工具绘制图形时，就会在“图层”面板中自动产生一个形状图层，并自动命名为Shape1。

链接图层

链接图层是指保存链接状态的多个图层，图层后面会显示链接按钮。

填充图层

填充图层是指填充了纯色、渐变或图案的特殊图层。

剪贴蒙版

剪贴蒙版是蒙版的一种，它可以使用一个图层中的图像控制其上面的多个图层的显示范围。

图4-28

4.2 添加图层样式效果

小白：阿智，为什么你做出来的图像效果这么好看，而且还有很强的立体效果？你是怎么做到的？

阿智：这主要是因为我在处理图像时，为图层添加了样式效果。图层具有许多种样式效果，使用这些样式效果，会让你的图像变得非常的不一样，我来教教你吧。

图层样式也叫作图层效果，是指为图层中的普通图像添加一定效果，从而制作出投影、发光、浮雕和叠加等效果，如具有真实质感的玻璃和水晶等。图层样式的操作具有非常强的灵活性，可以随意对其进行修改、删除或隐藏。

4.2.1 添加图层样式

如果要为图层添加样式，首先需要打开“图层样式”对话框，“图层样式”对话框中内置了多种图层效果，如图4-29所示。

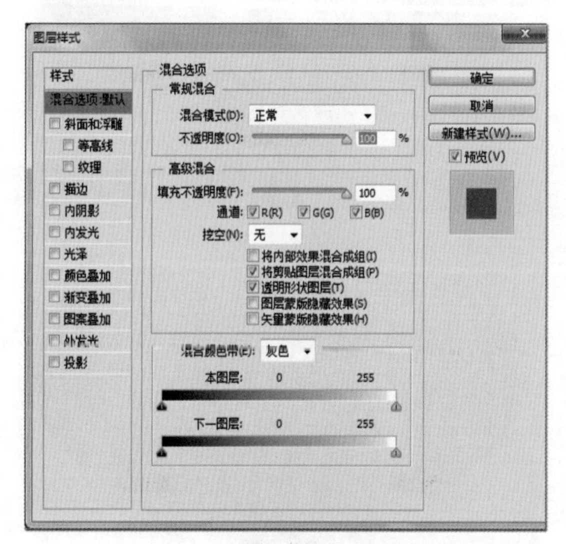

图4-29

打开“图层样式”对话框的方式有很多，在选择需要添加样式效果的图层后，采用下面任意一种方式均可打开“图层样式”对话框，进行效果的设置。

通过菜单栏打开

❶在菜单栏中单击“图层”菜单项，❷选择“图层样式”命令，❸在其子菜单中选择一种图层样式，如选择“斜面和浮雕”命令，如图4-30所示。

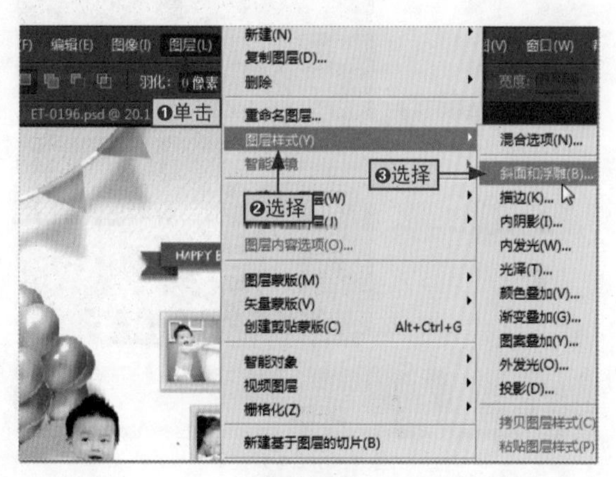

图4-30

通过“图层”面板打开

这种方式是最常使用的方式，在“图层”面板上单击“添加图层样式”按钮，在打开的下拉列表中选择一种图层样式命令，如选择“描边”命令，如图4-31所示。

图4-31

通过双击打开

还有一种比较简单的方法，就是在图层上直接双击，这样即可快速打开“图层样式”对话框，如图4-32所示。

图4-32

4.2.2 多种图层样式效果介绍

在Photoshop CS6的“图层样式”对话框左侧列出了10种图层效果，单击一个图层效果即可选中该效果，对话框的右侧则会显示出与之对应的选项。下面我们就来认识一下这些效果。

学习目标	了解多种图层样式效果
难度指数	★★

斜面和浮雕

“斜面和浮雕”效果可为图层添加高光与阴影的各种组合，而使图层中呈现出立体的浮雕效果，如图4-33所示为应用该图层样式的前后对比效果。

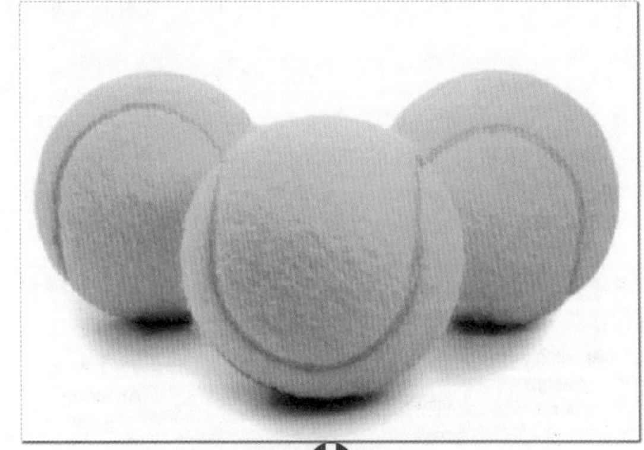

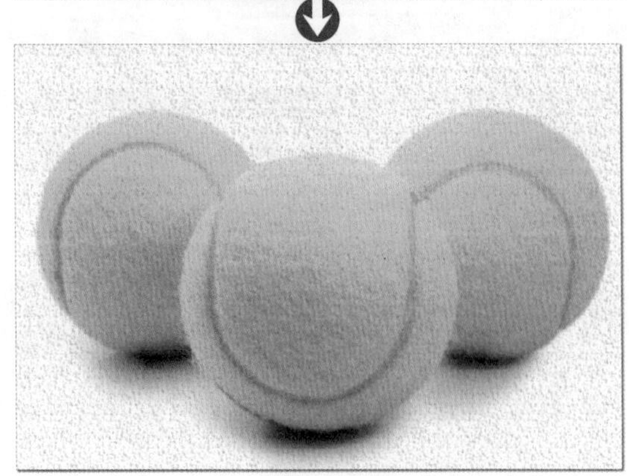

图4-33

描边

“描边”效果使用颜色、渐变颜色或图案描绘当前图层上的对象、文本或形状的轮廓，对于边缘清晰的形状（如文本），这种效果尤其有用，如图4-34所示为义字图层应用该图层样式的前后对比效果。

图4-34

内阴影

“内阴影”效果可以为对象、文本或形状的内边缘添加阴影，让图层产生一种凹陷外观，“内阴影”效果对文本对象效果更佳。

内发光

“内发光”效果可以沿图层中对象、文本或形状的边缘向内添加发光效果，如图4-35所示为应用该图层样式的前后对比效果。

图4-35

光泽

“光泽”效果将对图层对象内部应用阴影，与对象的形状互相作用，通常用于创建规则波浪形状，产生光滑的磨光及金属效果。

在“光泽”效果中没有过多的选项，但用户可以通过选择不同的“等高线”来改变光泽的样式，如图4-36所示为文字应用该图层样式的前后对比效果。

图4-36

颜色叠加

“颜色叠加”效果是指在图层对象上叠加一种颜色，即用一层纯色填充到应用样式的对象上。通过设置颜色的混合模式与透明度，可以控制叠加效果。

渐变叠加

“渐变叠加”效果将在图层对象上叠加一种渐变颜色，即用一层渐变颜色填充到应用样式的对象上。通过“渐变编辑器”还可以选择使用其他的渐变颜色，如图4-37所示为文字应用该图层样式的前后对比效果。

图4-37

图案叠加

“图案叠加”效果将在图层对象上叠加图案，即用一致的重复图案填充对象，并可以缩放图案、设置图案的混合模式与不透明度。

外发光

“外发光”效果将从图层对象、文本或形状的边缘向外添加发光效果。用户如果自定义参数，还可以让对象、文本或形状更精美。

投影

“投影”效果将在图层上的对象、文本或形状后面添加阴影，从而使其产生立体效果，如图4-38所示为应用该图层样式的前后对比效果。

图4-38

4.2.3 应用和复制图层样式

如果多个图层需要使用同一个图层样式，可以先为其中一个图层应用样式，然后通过复制图层样式来实现为其他图层添加相同样式的目的。

本节素材	⊙\素材\Chapter04\荷花1.psd
本节效果	⊙\效果\Chapter04\荷花1.psd
学习目标	掌握应用和复制图层样式的方法
难度指数	★★

步骤01 打开“荷花1.psd”素材文件，在“图层”面板中双击需要应用图层样式的图层，如图4-39所示。

图4-39

步骤02 打开“图层样式”对话框，❶在左侧选择“斜面和浮雕”选项，❷在“斜面和浮雕”栏中对样式、方法、深度以及大小等进行设置，如图4-40所示。

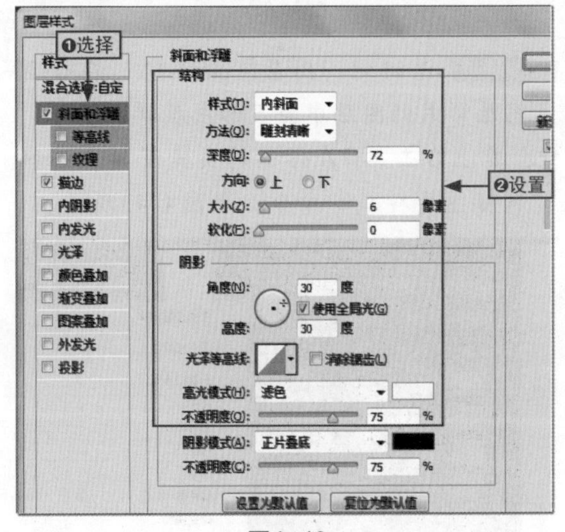

图4-40

步骤03 ❶选择“等高线”选项，并选中其前面的复选框，❷在“等高线”栏中设置等高线和范围，如图4-41所示。

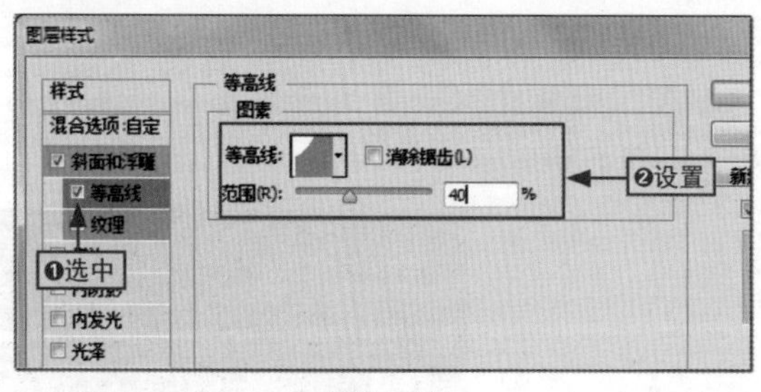

图4-41

步骤04 选择“纹理”选项，❶选中“纹理”选项前的复选框，❷在“纹理”栏中设置图案、缩放和深度等，然后单击“确定”按钮即可，如图4-42所示。

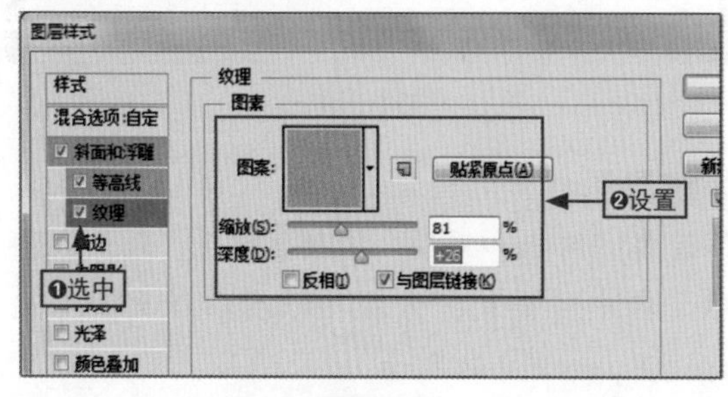

图4-42

步骤05 返回到“图层”面板中，在设置了图层样式的图层中会显示图层样式图标，❶在其上右击，❷在弹出的快捷菜单中选择“拷贝图层样式”命令，如图4-43所示。

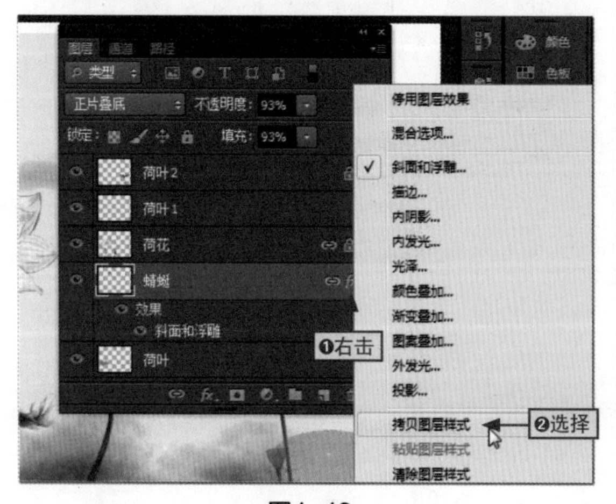

图4-43

步骤06 ❶选择需要设置相同图层样式的图层，并在其上右击，❷在弹出的快捷菜单中选择“粘贴图层样式”命令，图4-44所示。

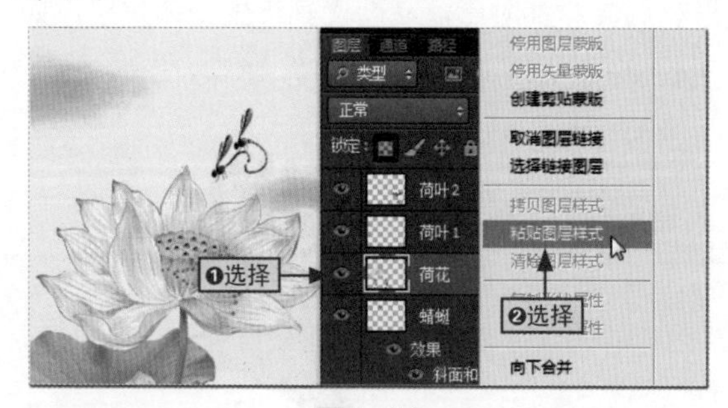

图4-44

步骤07 此时，在图像和“图层”面板中都可以查看到复制图层样式后的效果，如图4-45所示。

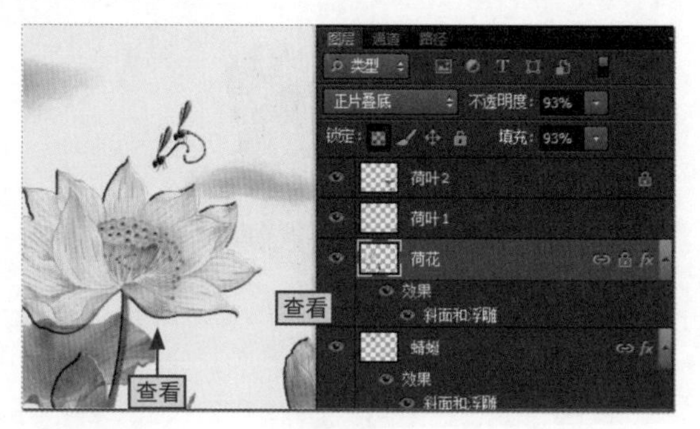

图4-45

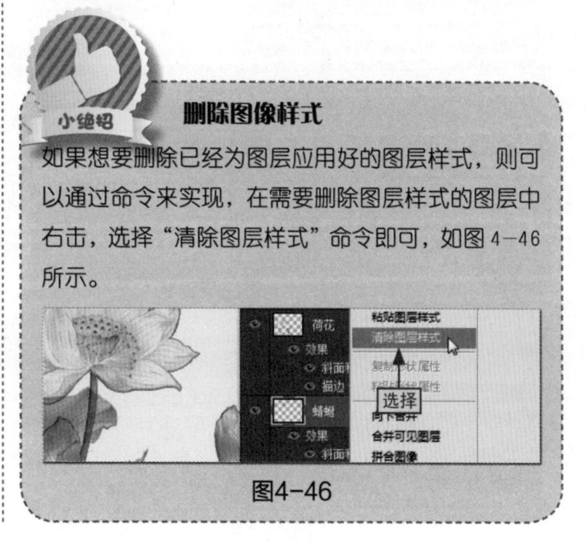

删除图像样式

如果想要删除已经为图层应用好的图层样式，则可以通过命令来实现，在需要删除图层样式的图层中右击，选择“清除图层样式”命令即可，如图4-46所示。

图4-46

4.3 “样式”面板的使用方法

阿智： 小白，为什么你这次设置的图层样式和上次我看到的差不多？

小白： 对呀，其实两个图层样式的参数都差不多，不过我这次是设置其他图像的图层。

阿智： 其实不用这么复杂，你可以将之前设置好的图层样式保存到“样式”面板中，这样当下一次需要使用时就可以直接应用，不仅不用重新设置参数，还节约了好多时间。

在Photoshop CS6中，图层样式起到了相当重要的作用，通过对图层样式的调整与设置可以制作出无穷的图像效果。同时，用户可以使用“样式”面板来保存、管理和应用图层样式，当然用户还可以将Photoshop CS6提供的预设图层样式或外部样式库载入到“样式”面板中进行操作。

4.3.1 认识“样式”面板

在“样式”面板中可以看到Photoshop CS6为用户提供的各种预设的图层样式，如图4-47所示为“样式”面板。

学习目标 了解“样式”面板

难度指数 ★

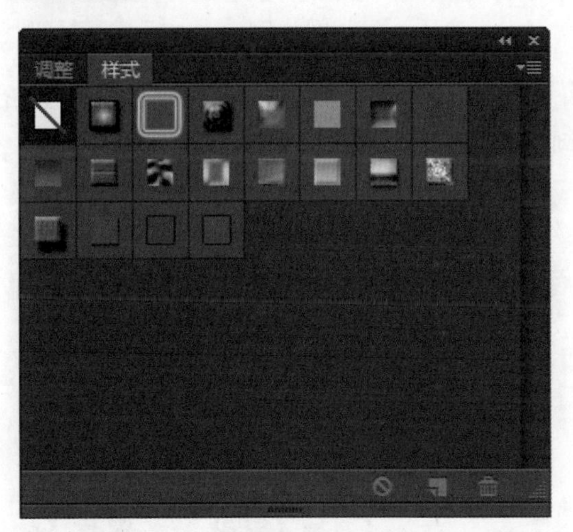

图4-47

在“图层”面板中选择一个图层，然后在“样式”面板中单击任意一个样式按钮，即可快速为图层应用该样式，如图4-48所示为应用了“样式”面板中的样式的图像前后对比效果。

图4-48

保留图层原有样式的方法

一般情况下，用户在为图层应用“样式”面板中的样式时，如果当前图层已经被添加了样式效果，那么“样式”面板中的效果就会替换现有的效果。若想要保留原来添加的样式效果，则可以先按住Shift键，然后再在“样式”面板中单击需要的样式按钮。

4.3.2 保存样式

用户在为图层设置好图层样式后，可以将其保存到“样式”面板中，以方便下次使用，从而提高工作效率。

本节素材	◎\素材\Chapter04\绿色环保.psd
本节效果	◎\效果\Chapter04\绿色环保.psd
学习目标	掌握保存样式的方法
难度指数	★★

步骤01 打开“绿色环保.psd”素材文件，在“图层”面板中选择应用了图层样式的图层，如图4-49所示。

图4-49

步骤02 ❶通过“窗口”菜单项打开“样式”面板，❷在面板底部单击“创建新样式”按钮，如图4-50所示。

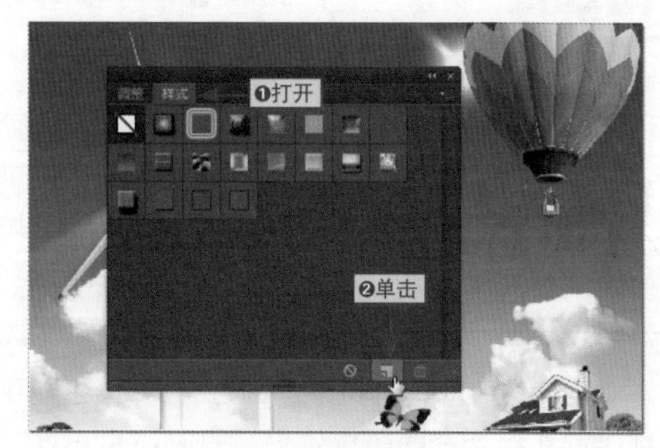

图4-50

步骤03 打开“新建样式”对话框，❶在“名称”文本框中输入新样式的名称，❷单击“确定”按钮，如图4-51所示。

图4-51

步骤04 返回到“样式”面板中，即可查看到保存的样式，如图4-52所示。

图4-52

删除“样式”面板中的样式

对于不需要使用的样式，可以将其从“样式”面板中删除，这样可以节省部分内存。❶在“样式”面板中选择一个样式，❷并将其拖动到“删除样式”按钮上，即可快速将其删除，如图4-53所示。此外，先按住Alt键，再在“样式”面板上单击一个样式按钮，也可以将其删除。

图4-53

4.3.3 将样式存储到样式库

当用户在“样式”面板中保存了多个自定义样式时，就可以考虑将其存储为一个独立的样式库，需要使用的时候再将其调出来。

本节素材	⊙\素材\Chapter04\绿色环保.psd
本节效果	⊙\效果\Chapter04\自定义样式1.asl
学习目标	掌握将样式存储到样式库的方法
难度指数	★★

步骤01 ❶在“样式”面板右上角单击按钮，❷在打开的下拉菜单中选择“存储样式”命令，如图4-54所示。

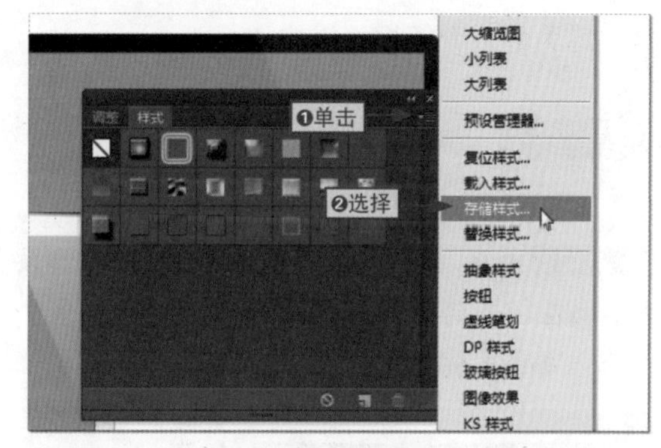

图4-54

步骤02 打开“存储”对话框，❶在“文件名”文本框中输入样式的名称，❷单击“保存”按钮，即可将面板中的样式保存到一个样式库，如图4-55所示。

图4-55

4.3.4 载入样式库中的样式

除了“样式”面板上显示的样式外，Photoshop CS6还为用户提供了非常多的其他样式，只是它们都存放在不同的样式库中，如抽象样式库中包含许多图层的抽象样式、文字效果样式库中包含向文字添加效果的样式等。

如果用户想要使用这些样式，则首先需要将其载入到“样式”面板中，下面以载入Web样式库为例来介绍相关操作。

学习目标 掌握载入样式库的方法

难度指数 ★★

步骤01 ❶在“样式”面板右上角单击按钮，❷在打开的下拉菜单中选择“Web样式”命令，如图4-56所示。

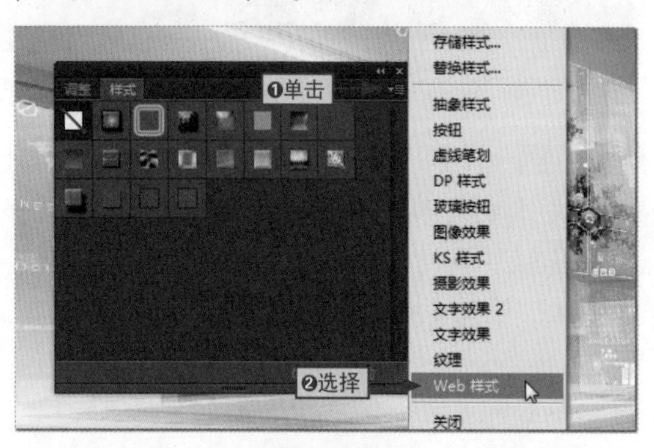

图4-56

步骤02 在打开的Adobe Photoshop CS6 Extended提示对话框中，单击“追加”按钮，即可将样式库中的样式添加到“样式”面板中，如图4-57所示。

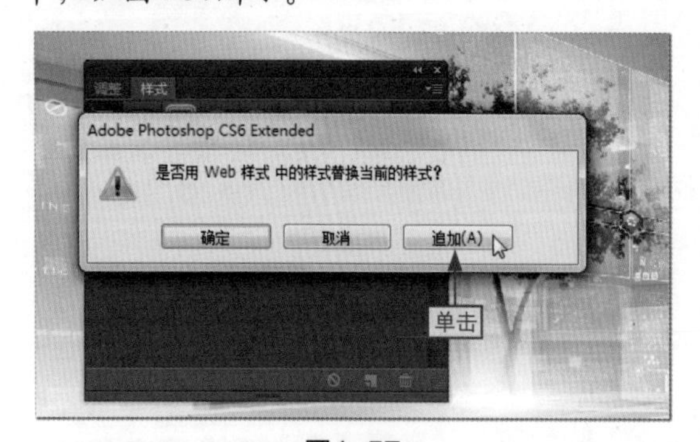

图4-57

步骤03 返回到“样式”面板中，即可查看到在原有样式后追加了多个新样式，如图4-58所示。

图4-58

小绝招

复位“样式”面板

在对“样式”面板进行了创建、删除样式的操作，或载入了其他的样式库后，想要“样式”面板恢复为Photoshop CS6默认的预设样式，则可以❶在“样式”面板上单击按钮，❷在打开的下拉菜单中选择“复位样式”命令，❸在打开的提示对话框中单击“确定”按钮，如图4-59所示。

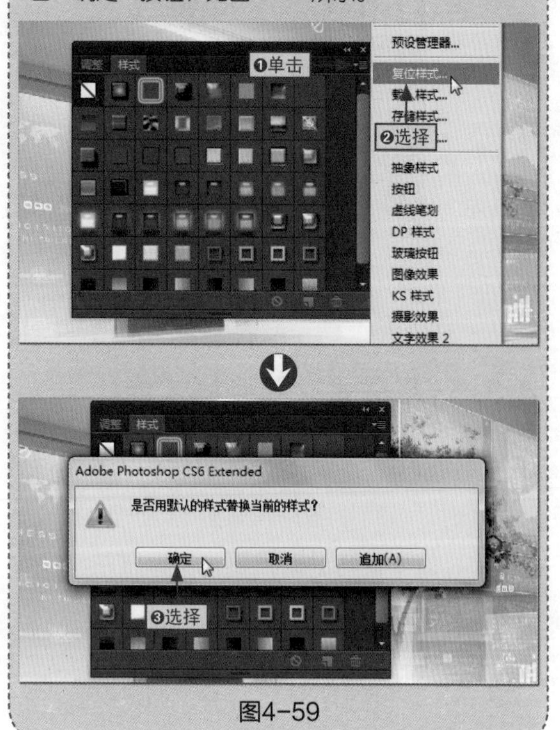

图4-59

给你支招 | 如何将背景图层转换为普通图层

小白：阿智，我在Photoshop CS6中处理图像时，为原图像创建了背景图层，但是为什么不能对其进行操作？

阿智：由于背景图层是一种比较特殊的图层，一般情况下不能对其进行堆叠顺序、设置透明度以及添加效果等操作，想要对其进行操作，只能先将其转化为普通图层，其具体操作如下。

步骤01 在“图层”面板中，双击“背景”图层，如图4-60所示。

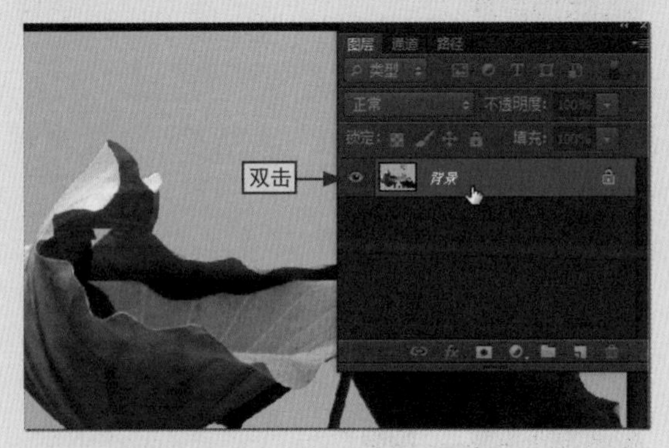

图4-60

步骤02 打开“新建图层”对话框，❶在“名称”文本框中输入图层名称，❷单击“确定”按钮，如图4-61所示。

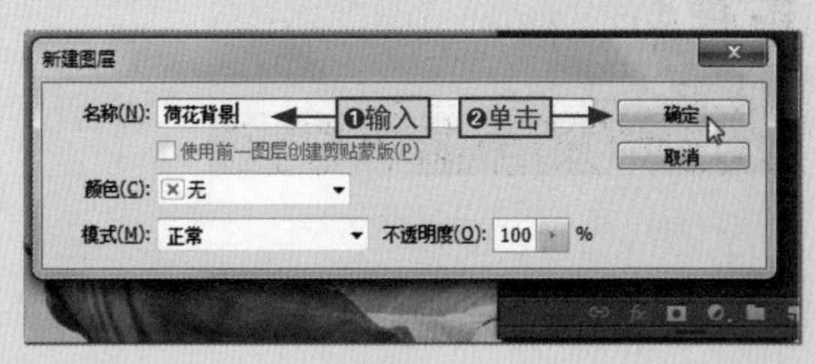

图4-61

步骤03 此时在“图层”面板中，可查看到背景图层被转换为普通图层，如图4-62所示。

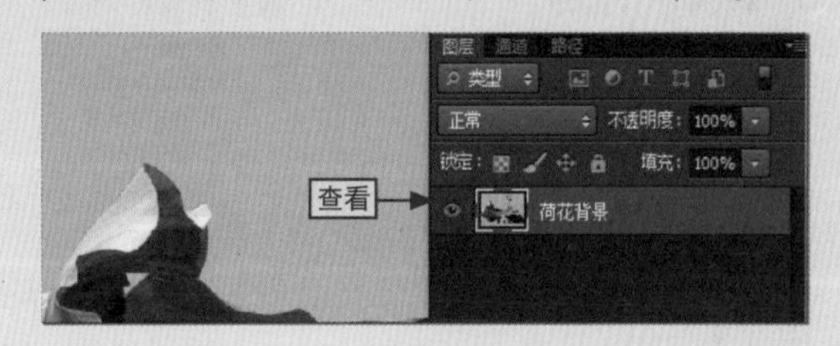

图4-62

给你支招 | 如何使用外部样式创建特效文字

小白：阿智，我在网上看到其他人制作的文字效果非常好，想把这种效果应用到自己的文字当中，可以吗？

阿智：可以的，你可以在网络上下载一些有创意的文字样式，然后将其载入到Photoshop CS6的样式库中，这样就能直接将其应用到自己的文字图层上啦！

步骤01 ❶在“样式”面板右上角单击按钮，❷在打开的下拉菜单中选择“载入样式”命令，如图4-63所示。

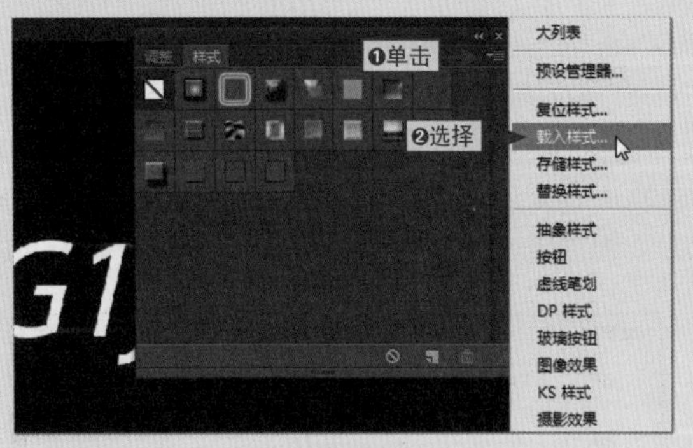

图4-63

步骤02 打开“载入”对话框，❶选择需要的样式文件，❷单击“载入”按钮载入样式文件，如图4-64所示。

图4-64

步骤03 ❶展开“图层”面板，❷在其中选择需要应用样式的图层，如图4-65所示。

图4-65

步骤04 切换到“样式”面板中，在其中单击载入的样式，此时可以看到图像中的文字被应用了特效，如图4-66所示。

图4-66

学习目标

Photoshop CS6除了具有非常强的图像处理功能之外，还能进行图像的绘制与修饰。Photoshop为用户提供的绘制与修饰图像的工具有形状工具组、画笔工具组、历史记录画笔工具组、渐变工具、仿制图章工具等，使用这些工具组与工具可以绘制与修饰出各种特色图像。

本章要点

- 设置前景色与背景色
- 颜色设置工具的使用
- 形状工具组
- 画笔工具组
- 历史记录画笔工具组
- 渐变工具
- 仿制图章工具
- 图案图章工具
- 橡皮擦工具

知识要点	学习时间	学习难度
使用色彩进行创作	30 分钟	★
图像绘制工具	60 分钟	★★★
复制和擦除图像	30 分钟	★★

5.1 使用色彩进行创作

阿智：小白，考你一个小知识，你知道怎么将图像的颜色设置得丰富吗？

小白：直接设置前景色与背景色就可以了吧。

阿智：前景色与背景色虽然可以调整图像颜色，但还有许多种可以调整图像颜色的工具，如拾色器、吸管工具以及“颜色”面板等，它们都可以使图像获得不同的颜色效果。

我们在使用形状工具、画笔工具以及渐变工具对图像进行绘制与修饰之前，首先需要制定颜色。Photoshop CS6为用户提供了非常丰富的颜色选择工具，用户可以轻松地找到需要的颜色。

5.1.1 设置前景色与背景色

在Photoshop的工具箱中有一组颜色工具设置图标，那就是前景色与背景色。

前景色主要用来绘画、填充和描边选区，如使用画笔工具绘制线条；背景色主要用来生成渐变填充或在图像已抹除的区域中进行填充，如橡皮擦擦除图像后所显示的颜色。

切换前景色与背景色

在默认情况下，前景色为黑色，背景色为白色，单击“切换前景色和背景色”按钮，即可切换前景色和背景色的颜色，如图5-1所示。

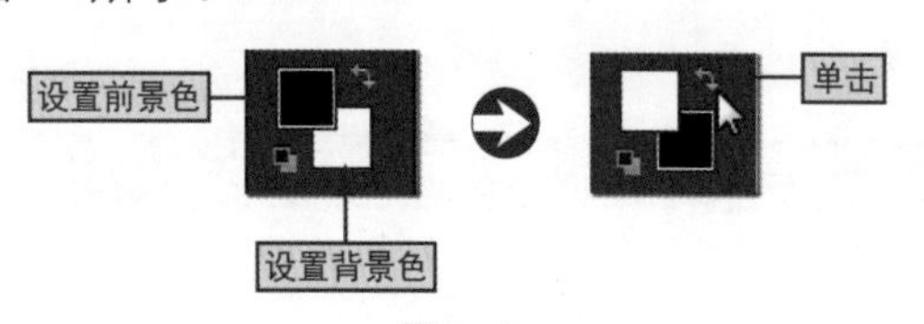

图5-1

修改前景色与背景色

单击“设置前景色”或“设置背景色”按钮都可以打开“拾色器”对话框，在对话框中可以任意修改它们的颜色，如图5-2所示。

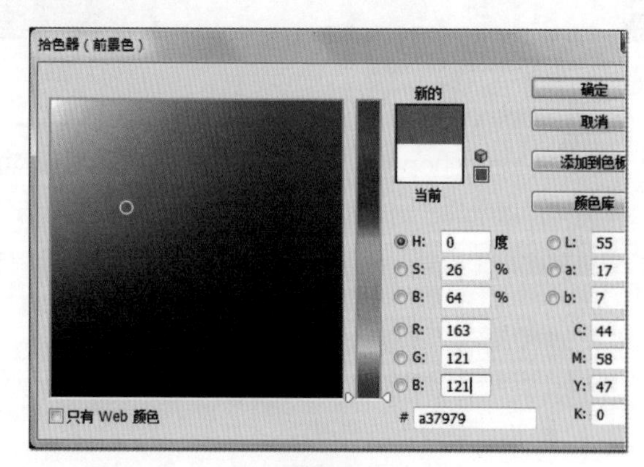

图5-2

将前景色和背景色设置为默认颜色

在对前景色与背景色进行修改后，单击“默认前景色和背景色”按钮或按D键，可快速将其恢复到系统默认的前景色与背景色，如图5-3所示。

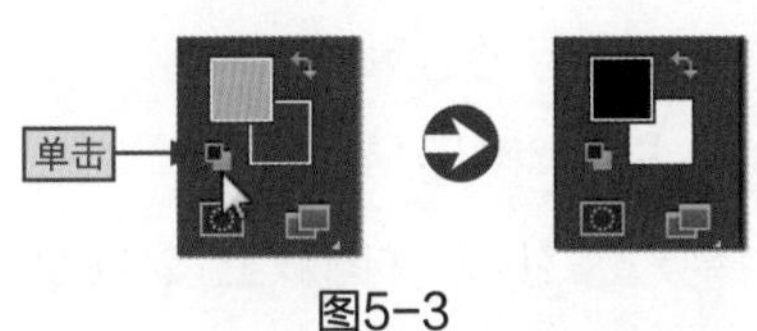

图5-3

5.1.2 颜色设置工具的使用

在Photoshop CS6中，设置颜色的方式有多种，下面就来介绍几种常用的方式。

1. 使用拾色器拾取颜色

在RGB和Lab等颜色模式下，用户可以使用“拾色器”对话框中的色域或颜色滑块来选择颜色。

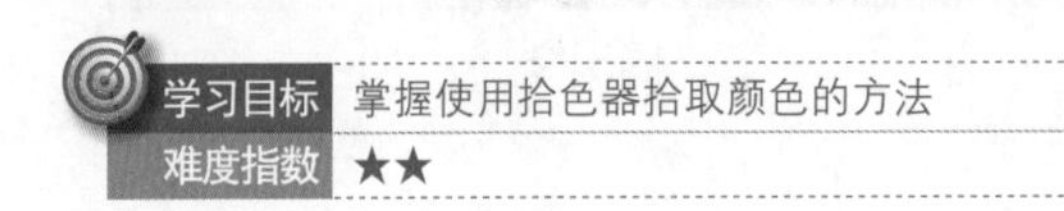

定义颜色范围

打开“拾色器”对话框，在竖直的渐变条上单击，即可定义颜色的范围，如图5-4所示。

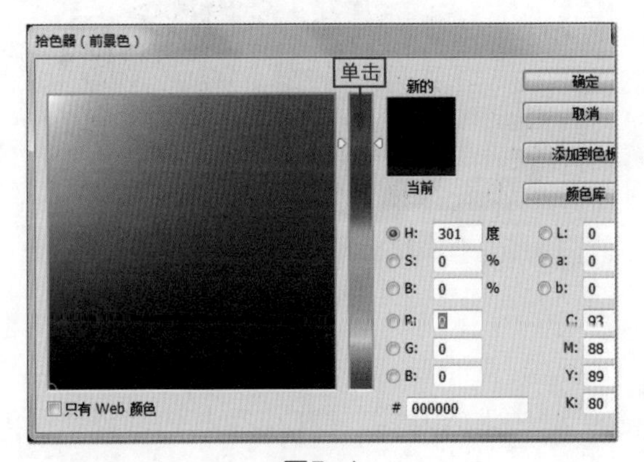

图5-4

调整色相

打开“拾色器”对话框，在色域中单击，即可调整颜色的深浅，如图5-5所示。

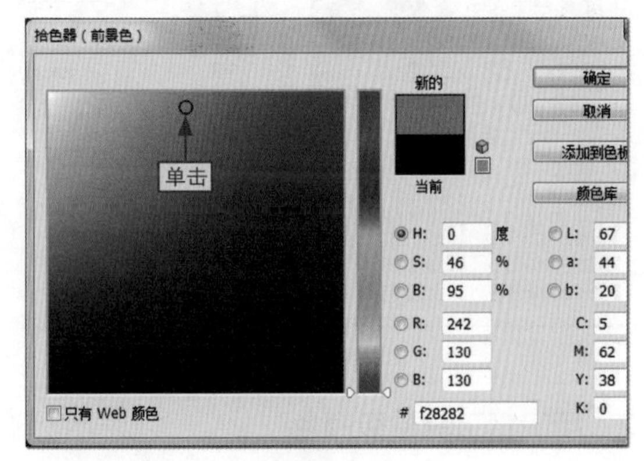

图5-5

调整饱和度

打开“拾色器”对话框，❶选中S单选按钮，❷在渐变条上按住鼠标左键并拖动，即可调整颜色的饱和度，如图5-6所示。

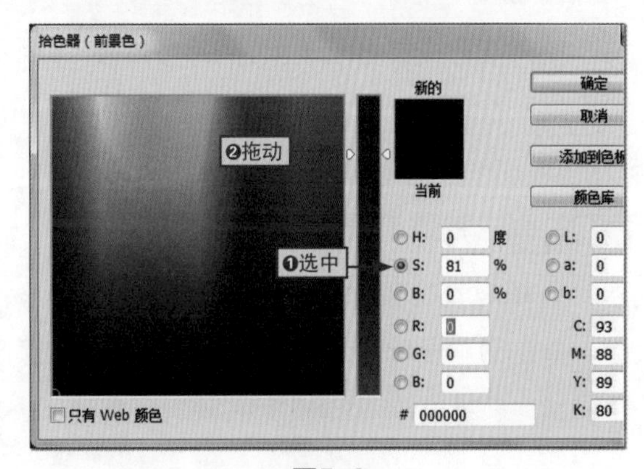

图5-6

调整亮度

打开“拾色器”对话框，❶选中B选项前的单选按钮，❷在渐变条上按住鼠标左键并拖动，即可调整颜色的亮度，如图5-7所示。

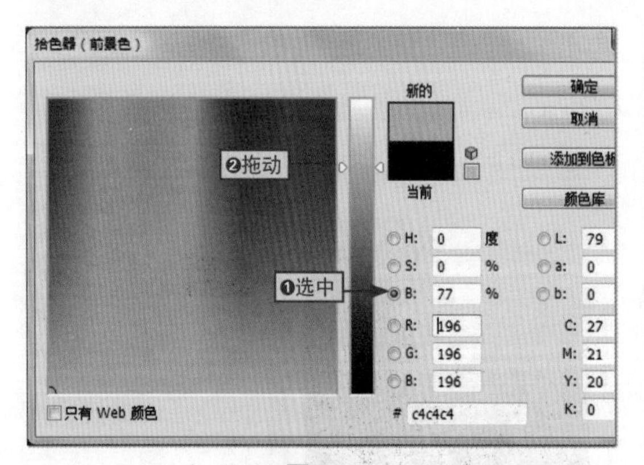

图5-7

2. 用吸管工具拾取颜色

吸管工具主要用于在图像或色板中拾取需要的颜色，同时，拾取的颜色会保存在前景色或背景色中，这样在需要时就比较方便使用了。

使用吸管工具拾取颜色有多种方式，下面我们就来看看。

单击拾取前景色

选择吸管工具，将鼠标光标移动到图像上，单击即可显示一个取样环，将拾取到的颜色设置为前景色，如图5-8所示。

图5-8

拖动拾取颜色

选择吸管工具，在图像上按住鼠标左键并拖动，此时取样环中将会出现两种样式，上面的样式是前一次拾取的颜色，下面的样式则是当前拾取的颜色，如图5-9所示。

图5-9

配合快捷键拾取背景色

选择吸管工具，将鼠标光标移动到图像上，按住Alt键并单击，此时可将拾取的颜色设置为背景色，如图5-10所示。

图5-10

拾取菜单栏、窗口与面板的颜色

选择吸管工具，将鼠标光标移动到图像上，按住鼠标左键并在菜单栏、窗口或面板上移动，则可以拾取菜单栏、窗口或面板的颜色，如图5-11所示。

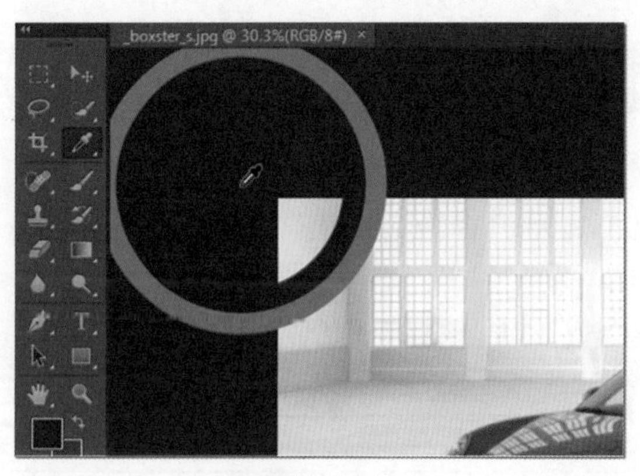

图5-11

3. 使用“颜色”面板调整颜色

通过“窗口”菜单项可以打开“颜色”面板，“颜色”面板采用了类似于美术调色板的方式来混合颜色，其同样可以对颜色进行调整。

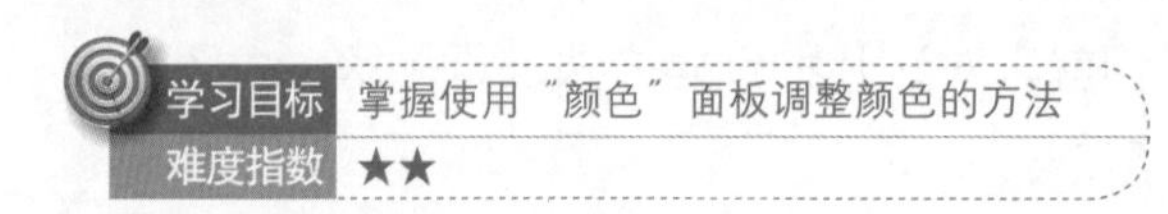

调整前景色与背景色

在“颜色”面板中，如果要调整图像的前景色，则单击“设置前景色”按钮，如图5-12左图所示；如果要调整图像的背景色，则单击“设置背景色”按钮，如图5-12右图所示。

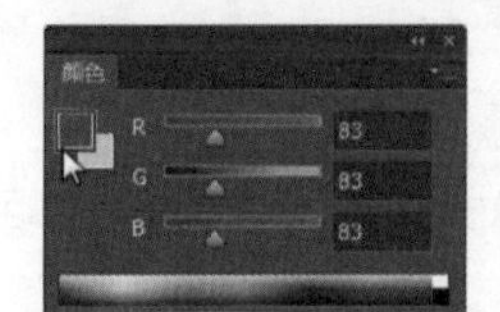

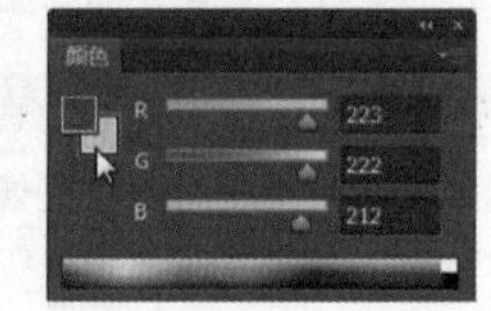

图5-12

通过文本框和滑块调整颜色

在“颜色”面板的R、G和B文本框中设置数值或者拖动白色三角形滑块可以调整颜色，如图5-13所示。

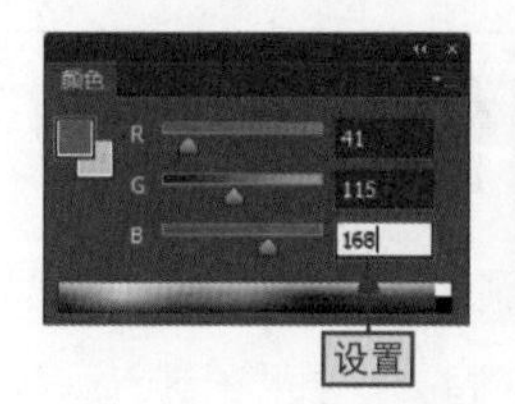

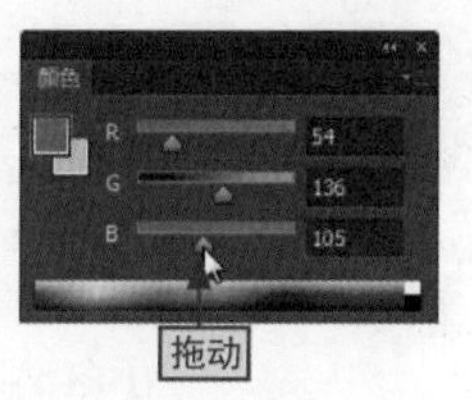

图5-13

通过四色曲线调整颜色

将鼠标光标移动到“颜色”面板下方的四色曲线上，当鼠标光标成吸管状时，单击即可拾取色样，如图5-14所示。

图5-14

4. 使用“色板”面板设置颜色

通过“窗口”菜单项可以打开“色板”面板，“色板”面板中的所有颜色都是Photoshop提前预设好的。

用户可以单击其中的任意颜色样式，即可将其设置为前景色；若按住Ctrl键单击任意颜色样式，则可以将其设置为背景色，如图5-15所示。

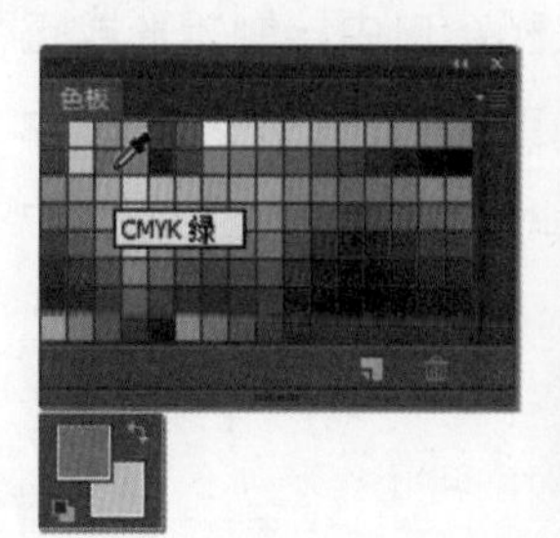

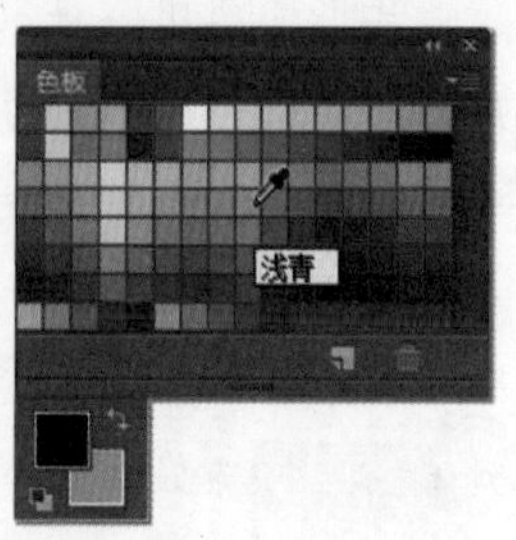

图5-15

学习目标 掌握使用“色板”面板设置颜色的方法
难度指数 ★★

5.2 图像绘制工具

小白：阿智，我想要通过Photoshop CS6绘制一幅图像，并且图像中含有形状、线条以及各种颜色等，我需要如何入手呢？

阿智：想要绘制出图像，首先需要学会使用绘制图像的工具，下面我就来向你介绍一些关于绘制图像的常用工具的基础知识，你只要掌握了这些知识，绘制一幅简单的图像是完全没有问题的。

在Photoshop CS6中，用户使用绘制图像工具可以绘制图像，通过绘制操作不仅能绘制出丰富多彩的图像，还能为其他图像添加一些特殊的内容。本节就来介绍一些绘制图像会使用到的工具。

5.2.1 形状工具组

使用形状工具组可以绘制出一些特殊的形状，在工具箱的形状工具组上右击，即可显示出多个形状工具选项，如图5-16所示。

图5-16

1. 矩形工具

矩形工具可以在文档窗口中绘制矩形或正方形（按住Shift键拖动即可创建正方形）。在选择矩形工具后，工具选项栏的显示如图5-17所示。

学习目标 掌握矩形工具的使用方法

难度指数 ★★

图5-17

在矩形选项工具栏中含有多个选项，单击其中的下拉按钮，可以打开一个下拉面板，而在面板中可以设置矩形的创建方法。下面我们就来对这几种创建方法进行了解，如图5-18所示。

不受限制

此单选按钮为系统默认的设置，用于绘制尺寸不受限制的矩形和正方形。

方形

选中此单选按钮，可以绘制任意尺寸的正方形。

固定大小

选中此单选按钮可以在图像中绘制固定尺寸的矩形或正方形（W为宽度，H为高度）。

比例

选中此单选按钮可以在图像中绘制固定宽、高比的矩形或正方形（W为宽度比例，H为高度比例）。

从中心

选中此复选框后在绘制矩形或正方形时，可以从图像的中心位置开始绘制。

对齐边缘

选中此复选框后在绘制矩形或正方形时，可以使其边缘与像素的边缘重合，图像的边缘不会出现锯齿状。

图5-18

2. 圆角矩形工具

圆角矩形工具主要是用来创建圆角矩形，它的使用方法和选项工具栏与矩形工具相同，只是增加了一个“半径”选项。此选项用于设置矩形四周的圆角，半径值越大，圆角越广，如图5-19所示。

学习目标 了解圆角矩形工具的特点
难度指数 ★★

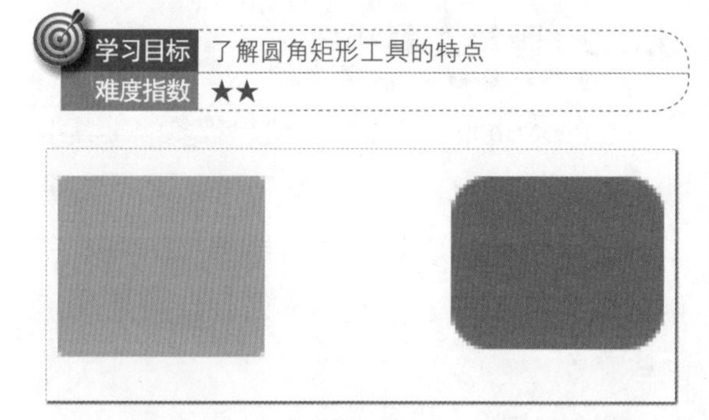

图5-19

3. 椭圆工具

椭圆工具用来创建椭圆和圆形，在选择椭圆工具后，在图像上按住鼠标左键并拖动即可创建椭圆；若按住Shift键的同时按住鼠标左键并拖动，则可创建圆形。

椭圆工具的工具选项栏与矩形工具的工具选项栏基本相同，用户也可以任意创建固定尺寸或不固定尺寸的图像，如图5-20所示。

学习目标 了解椭圆工具的特点
难度指数 ★★

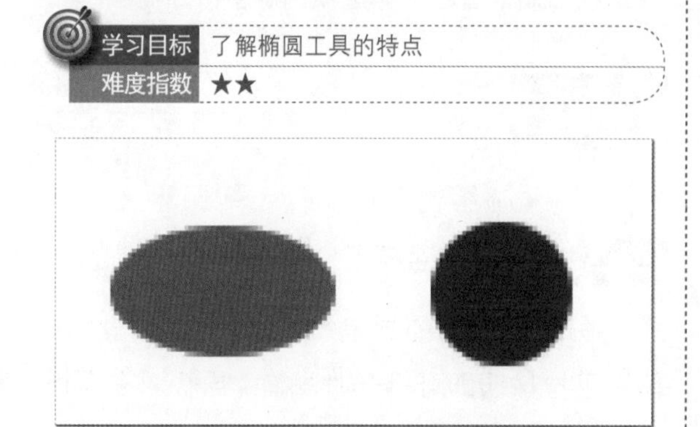

图5-20

4. 多边形工具

多边形工具主要是用来创建多边形和星形，多边形工具的工具选项栏在矩形工具的工具选项栏基础上，增加了一个“边”参数，在其中可以设置多边形或星形的边数。

单击其工具选项栏中的■下拉按钮，可以打开一个下拉面板，而在面板中可以设置多边形的选项，如图5-21所示。

半径

半径用于设置多边形或星形的半径长度，设置完成后，再按住鼠标左键并拖动时，将会创建指定半径值的多边形或星形。

平滑拐角

选中该复选框后，就可以创建具有平滑拐角的多边形或星形。

星形

选中该复选框后，就可以使多边形的各边向内凹进，以形成星形的形状。

缩进边依据

缩进边依据用于使多边形的边向中心靠近，此复选框只有在“星形”复选框被选中的情况下才能使用。

平滑缩进

选中该复选框将使圆形缩进代替尖锐凹进，此复选框只有在“星形”复选框被选中的情况下才能使用。

图5-21

5. 直线工具

直线工具用来创建直线和带箭头的线段。在选择直线工具后，在图像上按住鼠标左键并拖动即可绘制直线或线段。若在按住Shift键的同时按住鼠标左键并拖动，则可绘制水平、垂直或45°倾斜的直线。

直线工具的工具选项栏在矩形工具的工

具选项栏基础上，增加了一个“粗细”参数，在其中可以设置线条的粗细。同时，在“箭头”下拉列表中有多个设置箭头的选项，如图5-22所示。

“起点”、“终点”复选框

若选中“起点”复选框，则在线条的起点处添加箭头；若选中“终点”复选框，则在线条的终点处添加箭头；若两项都选中，则在线条两端都添加箭头。

宽度

用来设置箭头宽度与直线宽度的百分比，其范围为10%~1000%。

长度

用来设置箭头长度与直线宽度的百分比，其范围为10%~5000%。

凹度

用于设置箭头的凹陷程度，范围为-50%~50%，该值为0时，箭头尾部齐平；该值大于0时，向内凹陷；该值小于0时，向外凸出。

图5-22

6. 自定形状工具

使用自定形状工具可以创建出Photoshop CS6预设的形状、自定义形状或外部文件中提供的形状。

在选择自定形状工具后，需要在工具选项栏中单击“形状”下拉按钮，在打开的面板中选择需要的一种形状选项，如图5-23（左图）所示。如果要使用其他方式创建图像，可以在“自定形状选项”下拉列表中进行设置，如图5-23（右图）所示。

学习目标 了解自定形状工具的特点
难度指数 ★★

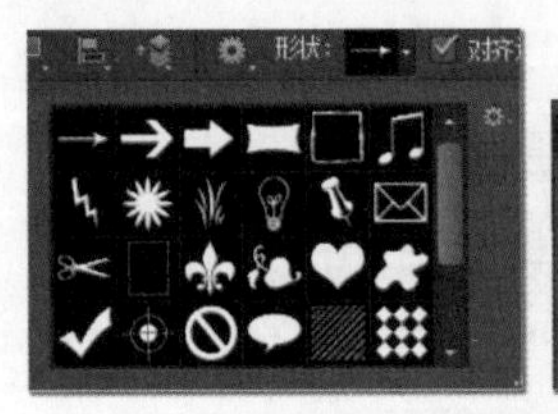

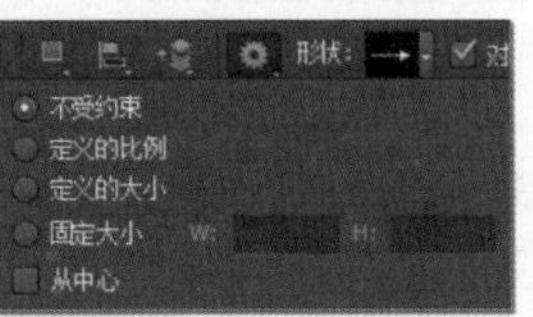

图5-23

5.2.2 画笔工具组

在Photoshop中绘画时，使用最多的工具组就是画笔工具组，其中包含画笔工具、铅笔工具、颜色替换工具和混合器画笔工具，它们可以绘制和修改像素。下面我们就来认识这些工具。

1. 画笔工具

画笔工具有些类似于我们日常见到的毛笔，它通过设置前景色来绘制较为柔和的线条。画笔不仅可以用来绘制图像，还可以用来修改蒙版和通道。如图5-24所示为画笔工具的工具选项栏。

图5-24

在画笔工具的工具选项栏中有多个选项。下面我们就来看看这些选项到底应该如何操作。

学习目标 掌握画笔工具的使用方法
难度指数 ★★

“画笔”面板

在画笔工具的画笔工具栏中，单击“画笔”下拉按钮即可打开“画笔”面板。在面板中可以设置画笔的大小和硬度参数，还可以选择笔尖的样式，如图5-25所示。

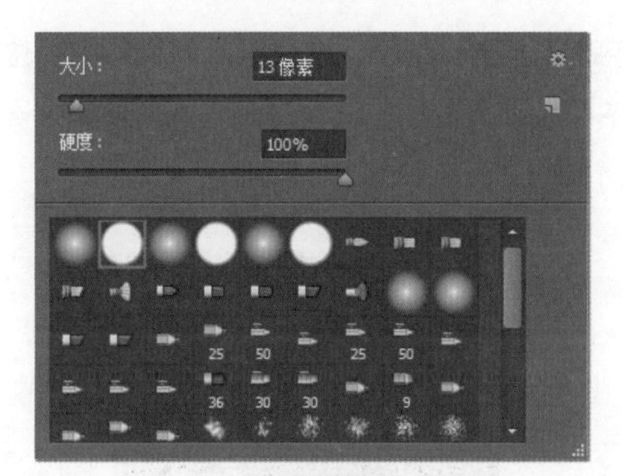

图5-25

模式

单击“模式”下拉按钮，在下拉列表中可以选择画笔笔迹颜色与下面的像素的混合模式。如图5-26（上图）所示为“正常”模式的绘制效果。图5-26（下图）所示为“滤色”模式的绘制效果。

图5-26

不透明度

用来设置画笔的不透明度，不透明度的值越小，线条的透明度越高。如图5-27（上图）所示为不透明度为50%时的绘制效果，图5-27（下图）所示为不透明度为100%时的绘制效果。

图5-27

流量

流量用来设置当鼠标光标移动到图像上的某个区域上方时应用颜色的速率，简单说就是在某个区域上方进行涂抹时，如果一直按住鼠标左键，那么颜色将会根据流动速率进行增加，直到增加到设置的不透明度的值。

喷枪

单击按钮，即可启动喷枪功能，然后系统会根据鼠标在图像上单击的程度确定画笔线条的填充数量。若在没有启动喷枪的功能下，每单击一次鼠标可填充一次线条；若启动喷枪功能，按住鼠标左键不放可持续填充线条。

绘画板压力按钮

单击按钮后，在绘画板上绘画时，光笔压力会覆盖“画笔”面板上设置的不透明度和大小。

2. 铅笔工具

铅笔工具可以用于绘制边缘明显的直线或曲线，它也是通过前景色来绘制线条的。铅笔工具与画笔工具存在一个很明显的区别，那就是画笔工具可以绘制带有柔和边缘效果的线条，而铅笔工具只能绘制硬边效果的线条。

学习目标 掌握铅笔工具的使用方法

难度指数 ★★

在铅笔工具的工具选项栏中，除了增加了“自动抹除”复选框外，其他各项参数都与画笔工具相同。如图5-28所示为铅笔工具的工具选项栏。

模式：正常 不透明度：100% 自动抹除

图5-28

当选中“自动抹除”复选框后，拖动绘制图像区域时，如果鼠标光标的中心在包含前景色的区域中，那么该区域将被会涂抹成背景色，如图5-29（上图）所示；如果鼠标光标的中心位置在不包含前景色的区域上，那么该区域将被涂抹成前景色，如图5-29（下图）所示。

图5-29

3. 颜色替换工具

颜色替换工具可以简化图像中特定颜色的操作，能直接使用前景色替换掉图像中的颜色。不过，颜色替换工具不适用于位图、索引或多通道颜色模式的图像，如图5-30所示为颜色替换工具的工具选项栏。

模式：颜色 限制：连续 容差：30%

消除锯齿

图5-30

在颜色替换工具的工具选项栏中有多个选项，且与画笔工具和铅笔工具的工具选项栏都存在差别。下面我们就来看看颜色替换工具选项的含义，如图5-31所示。

学习目标 掌握颜色替换工具的使用方法

难度指数 ★★

模式：“模式”下拉列表框用于选择绘画模式，包括“色相”、“饱和度”、“颜色”和“明度”4个选项。其中“颜色”为默认选项，表示可以同时替换色相、饱和度和明度。

取样：“取样”按钮用来设置样式取样的方式。单击按钮，在移动鼠标时可连续对颜色取样；单击按钮，只替换包含第一次单击的颜色区域中的目标样式；单击按钮，只替换包含当前背景色的区域。

限制：用于确定替换颜色的范围，选择“不连续”选项，可替换出现在鼠标光标下任何位置的样本颜色；选择“连续”选项，可替换与鼠标光标下颜色邻近的颜色；选择“查找边缘”选项，可替换包含样本颜色的连续区域，同时保留形状边缘的锐化程度

容差：在“容差”数值框中输入百分比值（范围为0~255）可选择相关颜色的色差，较低的百分比可替换与像素相似的颜色，增加该百分比可以替换更大范围的颜色。

消除锯齿：选中“消除锯齿”复选框，可以为校正的区域定义平滑的边缘，从而将锯齿消除掉。

图5-31

4. 混合器画笔工具

混合器画笔工具可以将像素混合，能模拟出真实的绘画技术。混合器画笔工具有两个绘画子工具，分别是储槽和拾取器。

储槽存储最终用于画布的颜色，且具有较多的油墨容量；拾取器接收来自画布的油彩，而且它的内容与画布颜色连续混合。如图5-32所示为混合器画笔工具的工具选项栏。

图5-32

混合器画笔工具的工具选项栏中的选项比画笔工具组中的其他工具数量要多。

学习目标 掌握混合器画笔工具的使用方法

难度指数 ★★

“当前画笔载入”下拉列表框

单击“当前画笔载入”下拉按钮，会出现“载入画笔”、“清理画笔”和“只载入纯色”3个选项。在使用混合器画笔工具时，按住Alt键并在图像上单击，即可将鼠标光标下方的颜色载入储槽中。

若选择“载入画笔”选项，则可以拾取鼠标光标下方的图像，如图5-33（上图）所示；若选择“只载入纯色”选项，则可以拾取单色，如图5-33（下图）所示。

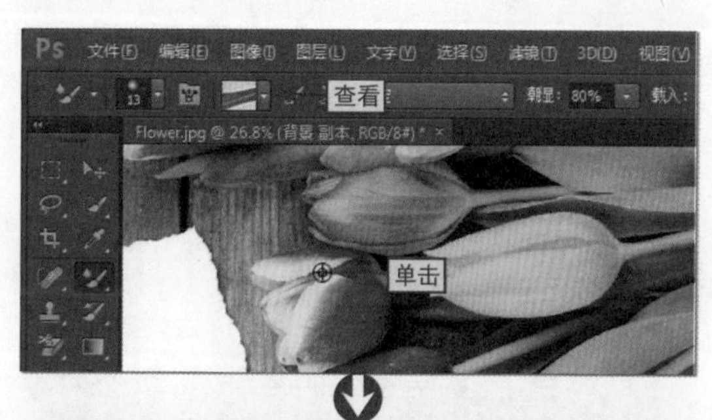

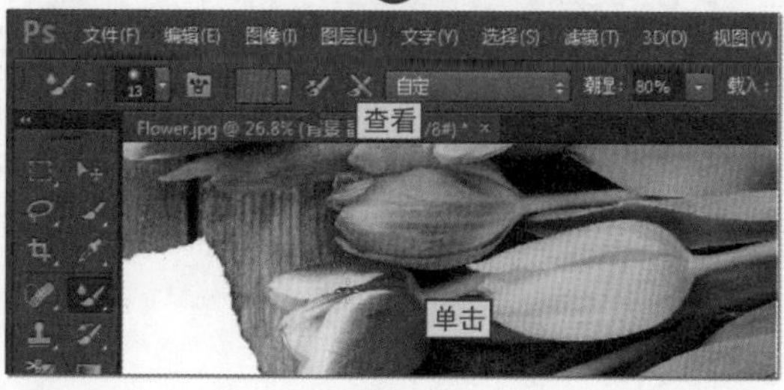

图5-33

预设

Photoshop CS6为用户提供了“干燥”、“潮湿”和“非常潮湿”等预设的画笔组合，其主要表示从画布拾取的油彩量。

自动载入与清理

单击按钮可以使鼠标光标下的颜色与前景色混合；单击按钮可以清理油彩。如果用户需要在每次扫描后进行自动载入和清理操作，则可以单击这两个按钮。

潮湿

通过调整“潮湿”下拉列表框中的数值，可以控制画笔从画布中拾取的油墨量，设置较高的数值会产生较长的绘画痕迹。

载入

通过设置“载入”下拉列表框，可以指定储槽中载入的油彩量。当载入速率设置较低时，绘画描边的干燥速度就会更快。

混合

“混合”下拉列表框主要被用来控制画布油彩量与储槽油彩量的比例。当比例为100%时，则所有油彩将从画布中被拾取；比例为0时，则所有油彩从储槽中获得。

对所有图层取样

当选中“对所有图层取样”复选框时，用户就可以拾取所有可见图层中的画布颜色。

5.2.3 历史记录画笔工具组

在历史画笔工具组中，包含有历史记录画笔工具和历史记录艺术画笔工具两种工具。

1. 历史记录画笔工具

历史记录画笔工具用于将图像恢复到编辑过程中某个历史状态，或将部分图像恢复为最初状态，未编辑的图像则不会受到影响。

本节素材	/素材/Chapter05/日出.jpg
本节效果	/效果/Chapter05/日出.psd
学习目标	掌握历史记录画笔工具的使用方法
难度指数	★★

步骤01 打开“日出.jpg”素材文件，❶按Ctrl+J组合键复制“背景”图层，❷按Shift+Ctrl+U组合键为复制的图层去色，如图5-34所示。

图5-34

步骤02 ❶在工具箱的历史记录画笔工具组上右击，❷选择“历史记录画笔工具”选项，如图5-35所示。

图5-35

步骤03 在工具选项栏中单击“画笔预设”下拉按钮，❶在打开的面板中选择画笔样式，❷分别设置画笔大小和硬度，如图5-36所示。

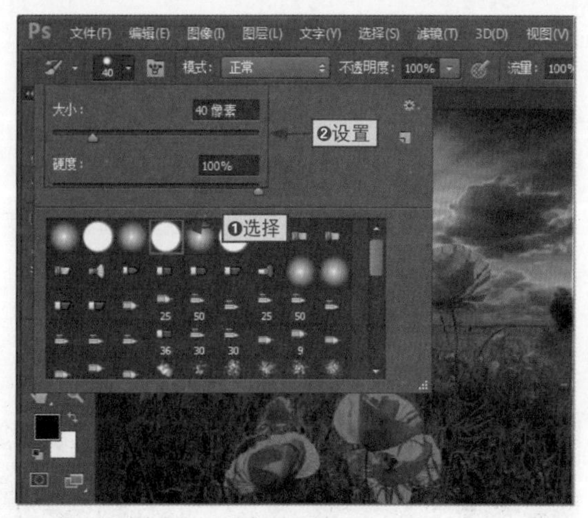

图5-36

步骤04 通过“窗口”菜单项打开“历史记录”面板，在“历史记录”面板中单击“通过拷贝的图层”步骤前的按钮，此时所选步骤前会显示历史画笔的源图标，如图5-37所示。

图5-37

步骤05 将鼠标光标移动到需要还原的图像上，此时鼠标光标成圆形状，按住鼠标左键并拖动涂抹图像，如图5-38所示。

图5-38

步骤06 将所有需要还原的图像涂抹完成后，用户可以看到如图5-39所示的效果。

图5-39

2. 历史记录艺术画笔工具

历史记录艺术画笔工具与历史记录画笔工具的工作方式基本相同，其被用于恢复历史图像并产生一定的艺术效果，如图5-40所示为历史记录艺术画笔工具的工具选项栏。

学习目标 掌握历史记录艺术画笔工具的使用方法

难度指数 ★★

模式：正常 不透明度：100% 样式：绷紧

样式：绷紧短 区域：50 像素 容差：0%

图5-40

在历史记录艺术画笔的工具选项栏中，画笔、模式与不透明度等工具的使用方法都与画笔工具相同。下面我们就来看看其他各选项的含义，如图5-41所示。

“样式”下拉列表框

可以选择一个选项来设置画笔的类型，以控制绘画描边的形状，其中包括“绷紧短”、“绷紧中”和“绷紧长”等选项。

“区域”文本框

用于设置历史记录艺术画笔所绘制的范围，其中的数值越大，覆盖的区域越广，绘制的数量就越多。

“容差”数值框

用于设置历史记录艺术画笔工具所描绘的颜色与所要恢复的颜色的差异度，数值越小，图像恢复的精准度就越高。

图5-41

5.2.4 渐变工具

渐变工具可以创建多种颜色间的逐渐混合，用户可以从预设渐变填充中选区或创建自己的渐变效果。在Photoshop中，渐变的应用非常广泛，不仅可以用于填充图像，还能用来填充通道、快速蒙版和图层蒙版，不过渐变工具不能用于位图或索引颜色图像。

1. 认识渐变工具选项

在工具箱中选择渐变工具后，还要先在工具选项栏中选择一种渐变类型，并且只有设置渐变颜色和混合模式后，才能为图像创建渐变效果。如图5-42所示为渐变工具的工具选项栏。

学习目标 认识渐变工具选项

难度指数 ★

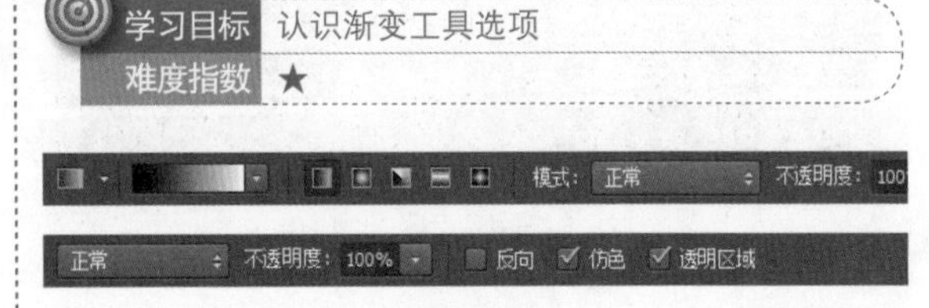

图5-42

渐变工具有多个选项，通过对它们的设置可以得到不一样的效果，下面我们就来具体看看。

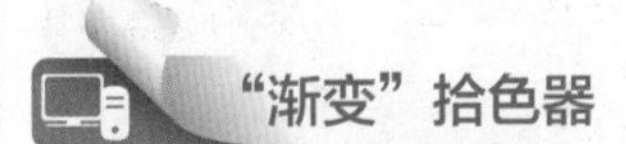

“渐变”拾色器

渐变色条显示的是当前的渐变色，单击其右侧的下拉按钮，可以打开“渐变”拾色器，在其中选择一个预设的渐变，如图5-43所示。

图5-43

直接单击渐变色条，可以打开“渐变编辑器”对话框，在其中可以对渐变进行编辑，如图5-44所示。

图5-44

渐变类型按钮组

渐变类型按钮组中的按钮可以设置渐变的类型，它主要有5个渐变设置按钮。

“线性渐变”可以创建直线从起点到终点的渐变；“径向渐变”可以创建圆形图案从起点到终点的渐变；“角度渐变”可以创建围绕起点以逆时针方式扫描的渐变，“对称渐变”可以使用均衡的线性渐变在起点的任意一侧渐变，“菱形渐变”会以菱形方式从起点向外渐变。

“模式”下拉列表

“模式”下拉列表中的选项可以用来设置应用渐变时的混合模式，其中包括“正常”、“溶解”、“背后”等多种选项，如图5-45所示。

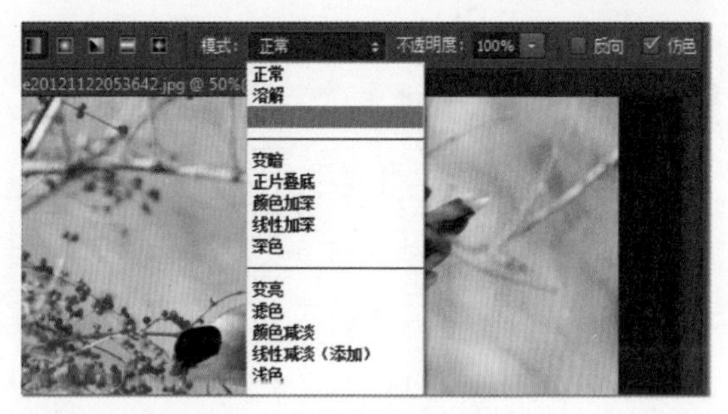

图5-45

“不透明度”下拉列表

“不透明度”下拉列表用来设置渐变效果的不透明度。

“反向”复选框

选中“反向”复选框，可以转换渐变中的颜色顺序，从而得到反向的渐变效果，如图5-46所示为正向渐变与反向渐变的对比效果。

图5-46

“仿色”复选框

选中“仿色”复选框，可以使渐变效果更加平滑，这主要是为了防止在打印图像时，出现条带化的问题，该选项在屏幕上可能不会体现出非常明显的作用。

“透明区域”复选框

选中“透明区域”复选框，可以创建出包含透明像素的渐变，如果取消该复选框则只能创建出实色渐变，如图5-47所示为透明像素渐变（上图）和实色渐变（下图）的对比效果。

图5-47

2. 渐变工具的使用

使用渐变工具可以填充从前景色到背景色、从背景色到透明色等多种类型的填充方式。下面我们就来看看如何使用渐变工具。

本节素材	/素材/Chapter05/喜鹊.psd
本节效果	/效果/Chapter05/喜鹊.psd
学习目标	掌握渐变工具的使用方法
难度指数	★★

步骤01 打开“喜鹊.psd”素材文件，在工具箱中单击“设置前景色”按钮，如图5-48所示。

图5-48

步骤02 打开“拾色器（前景色）”对话框后，❶在色域中单击选择颜色，❷单击“确定”按钮修改前景色，如图5-49所示。

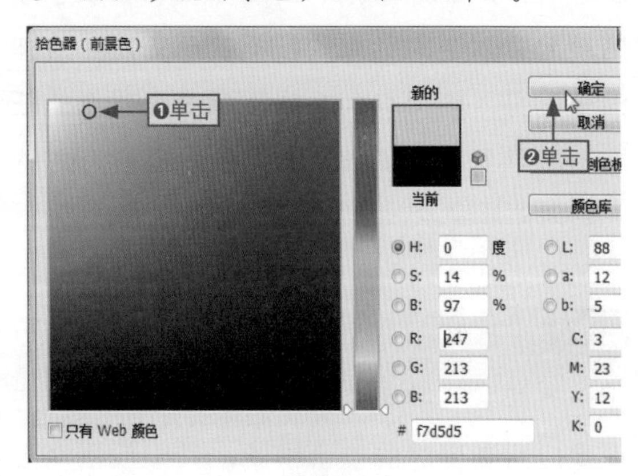

图5-49

步骤03 ❶在工具箱的渐变工具组上右击，❷选择“渐变工具”选项，如图5-50所示。

图5-50

步骤04 ❶在工具选项栏中单击“预设”下拉按钮，❷选择“前景色到透明渐变”选项，如图5-51所示。

图5-51

步骤05 此时，鼠标光标成十字形，在图像的左上角按住鼠标左键并向右下角拖动，如图5-52所示。

图5-52

步骤06 在合适位置释放鼠标，此时即可查看到图像的渐变效果，如图5-53所示。

图5-53

3. 载入渐变库

除了“预设”下拉列表中的渐变颜色类型外，Photoshop还提供了预设渐变库，用户只需要将需要的渐变库载入到“预设”下拉列表中即可。

步骤01 在渐变工具的工具选项栏中，单击渐变色条，如图5-54所示，打开“渐变编辑器”对话框。

图5-54

步骤02 ❶在“预览”栏的右上角单击⚙按钮，在打开的下拉列表中选择一个渐变库，❷如选择“金属”选项，如图5-55所示。

图5-55

步骤03 在打开的“渐变编辑器”对话框中，单击“追加”按钮即可将渐变库添加到“预设”列表框中，如图5-56所示。

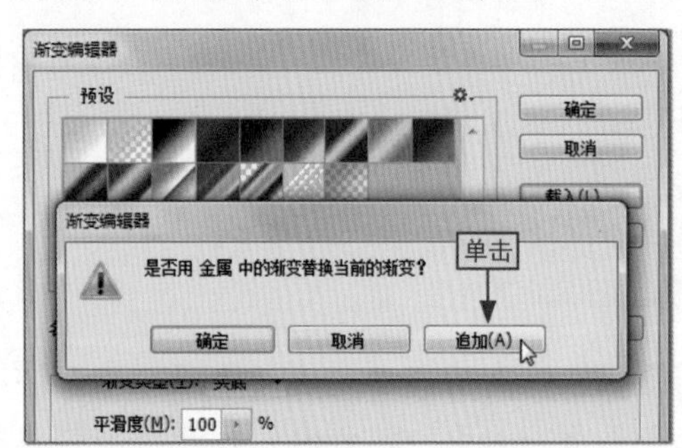

图5-56

步骤04 返回到“渐变编辑器”对话框中，用户可以查看到添加到“预设”列表框中的渐变选项，如图5-57所示。

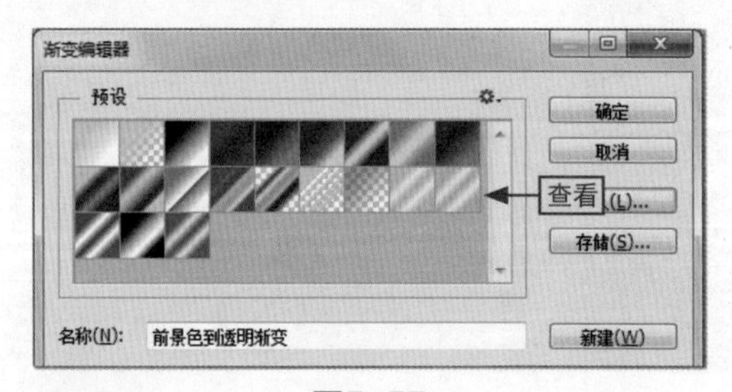

图5-57

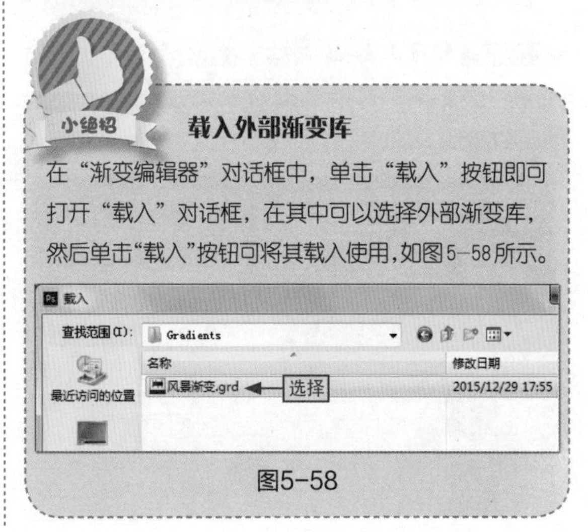

载入外部渐变库

在“渐变编辑器”对话框中，单击“载入”按钮即可打开“载入”对话框，在其中可以选择外部渐变库，然后单击“载入”按钮可将其载入使用，如图5-58所示。

图5-58

5.3 复制和擦除图像

小白：阿智，我想问你两个问题，第一是我要怎样才能复制图像的某个部分呢？第二就是我要如何清除图像中不需要的部分呢？

阿智：这很简单，你只要利用图章工具组复制图像和橡皮擦工具擦除图像，即可轻松地解决这两个问题了。

Photoshop中的图章工具组包括仿制图章工具和图案图章工具，使用它们可以非常方便地复制各种图像或绘制图像。而橡皮擦工具则可以帮助用户擦除各种绘制错误的图像、不需要的图像或特殊效果。

5.3.1 仿制图章工具

仿制图章工具主要被用于从图像中取样，然后将取样点的图像应用到同一图像的不同位置或者其他图像中。其具体操作如下。

本节素材	/素材/Chapter05/夕阳.psd
本节效果	/效果/Chapter05/夕阳.psd
学习目标	掌握仿制图章工具的使用方法
难度指数	★★

步骤01 打开“夕阳.psd”素材文件，❶在工具箱中的图章工具组上右击，❷选择“仿制图章工具”选项，如图5-59所示。

图5-59

步骤02 ❶在工具选项栏中单击“画笔预设”下拉按钮，❷在打开的选取器中选择图章样式，❸分别设置图章的大小和硬度，如图5-60所示。

图5-60

步骤03 将鼠标光标移动到图像上的取样点处，按住Alt键，当鼠标光标成⊕状时单击，完成取样，如图5-61所示。

图5-61

步骤04 释放Alt键，将鼠标光标移动到需要复制图像的位置，按住鼠标左键并拖动，即可绘制取样点的图像，且取样点位置以十字形显示，如图5-62所示。

图5-62

步骤05 绘制完成后释放鼠标，即可看到如图5-63所示的效果。

图5-63

5.3.2 图案图章工具

图案图章工具用于将Photoshop CS6中的预设的图案或自定义的图案填充到图像的选区中，它有点类似于图案填充效果，其具体操作如下。

本节素材	⊙/素材/Chapter05/亲情.psd
本节效果	⊙/效果/Chapter05/亲情1.psd
学习目标	掌握图案图章工具的使用方法
难度指数	★★

步骤01 打开“亲情.psd”素材文件，选择矩形选框工具，并在图像中创建选区，如图5-64所示。

图5-64

步骤02 ❶在菜单栏中单击“编辑”菜单项，❷选择“定义图案”命令，如图5-65所示。

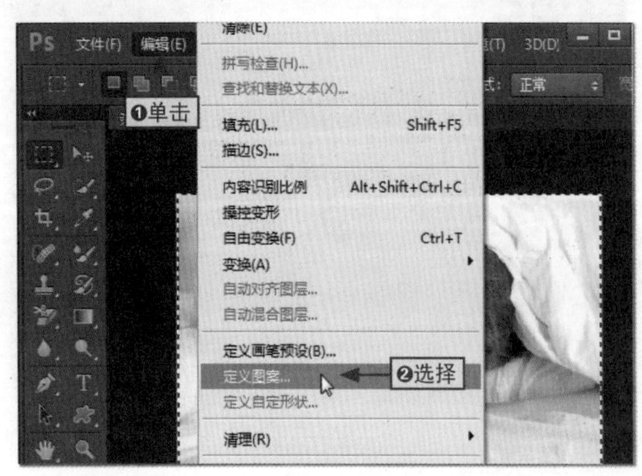

图5-65

步骤03 打开“图案名称”对话框，❶在“名称”文本框中输入名称，❷单击“确定”按钮，如图5-66所示。

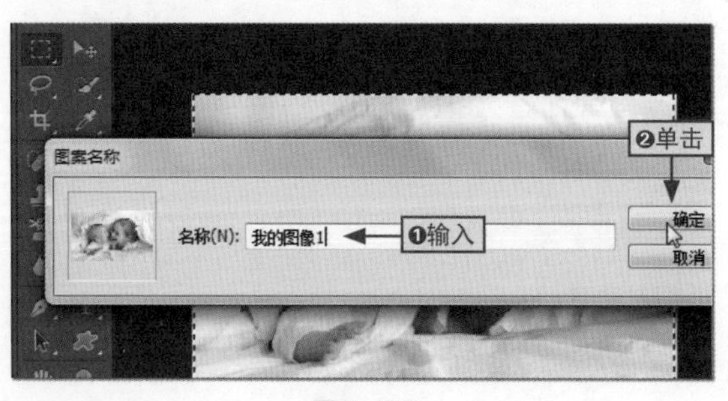

图5-66

步骤04 ❶新建一个名为“亲情1.psd”的空白文档，❷在工具箱的图章工具组上右击，❸选择“图案图章工具”选项，如图5-67所示。

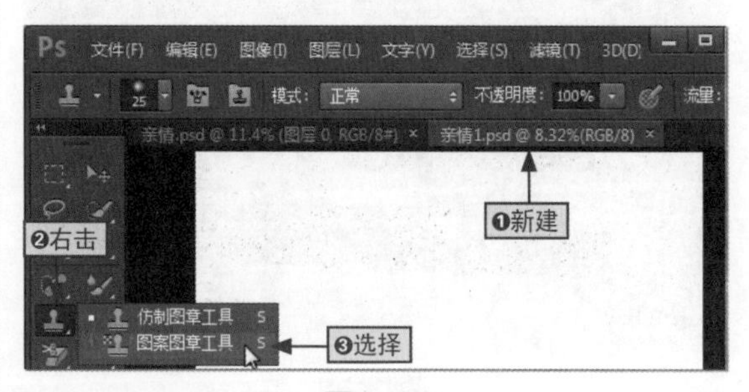

图5-67

步骤05 ❶在工具选项栏中单击“画笔预设”下拉按钮，❷选择画笔样式，❸分别设置画笔的大小和硬度，如图5-68所示。

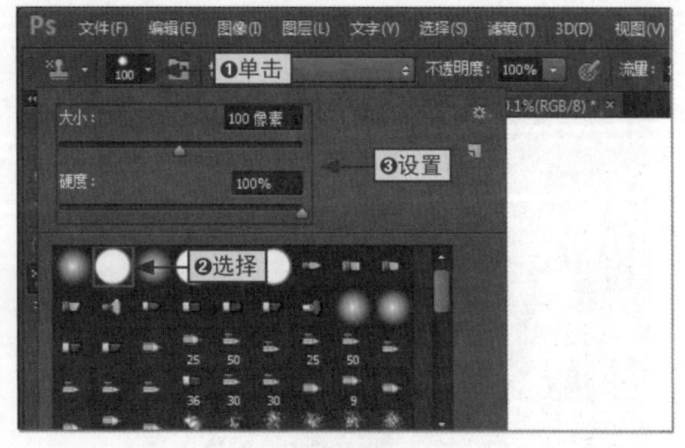

图5-68

步骤06 ❶在工具选项栏中单击“图案”下拉按钮，❷在打开的“图案”拾色器中选择自定义的图像，如图5-69所示。

图5-69

步骤07 在创建的空白文档图像中按住鼠标左键，并拖动。此时，即可绘制出图像，如图5-70所示。

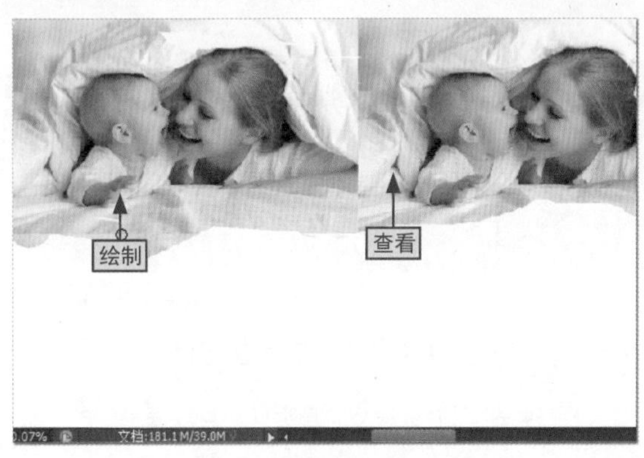

图5-70

5.3.3 橡皮擦工具

橡皮擦工具可以擦除当前图层中的图像，如果是对“背景”图层或被锁定了透明区域的图层进行处理，涂抹区域会显示背景色，如图5-71（上图）所示；如果是对其他图层进行处理，则可以擦除涂抹区域中的像素，如图5-71（下图）所示。

学习目标 认识橡皮擦工具的作用
难度指数 ★

图5-71

在选择橡皮擦工具后，其显示出的工具选项栏中的选项与画笔工具的工具选项栏类似，如图5-72所示。

图5-72

“模式”下拉列表

在“模式”下拉列表中可以选择橡皮擦的类型，若选择“画笔”选项，则可以创建柔边擦除效果，如图5-73（上图）所示；若选择“铅笔”选项，则可以创建硬边擦除效果，如图5-73（中图）所示；若选择“块”选项，则可以创建块状擦除效果，如图5-73（下图）所示。

图5-73

“不透明度”下拉列表

不透明度可以被用来设置橡皮擦工具的擦除强度，较低的不透明度只能擦除部分像素，而100%的不透明可以擦除所有的像素，如图5-74（上图）所示为50%的不透明度擦除效果，图5-74（下图）为100%的不透明擦除效果。

图5-74

“流量”下拉列表

使用“流量”下拉列表可以控制橡皮擦工具的涂抹速度。

“涂抹到历史记录”复选框

涂抹到历史记录工具与历史记录画笔工具的作用类似，选中该复选框后，在“历史记录”面板中选择一个状态选项。完成擦除操作后，用户可以将图像恢复到一个指定的状态，如图5-75所示。

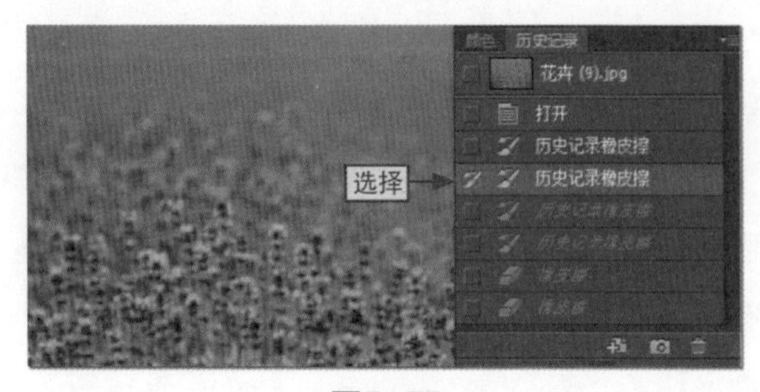

图5-75

给你支招 | 如何将人物的头发调整为自己喜欢的颜色

小白：在前面讲解画笔工具时，你通过设置画笔工具的工具选项栏中的不透明度，使人物的头发显示了不同的效果，你是怎么做到的？

阿智：这个很简单，你只要掌握了画笔工具的相关知识，也可以任意调整自己照片中的颜色。下面我就向你介绍一下我是如何做的。

步骤01 打开素材文件，❶在“图层”面板的“背景”图层上右击，❷选择“复制图层”命令，如图5-76所示。

图5-76

步骤02 打开“复制图层”对话框，❶设置复制图层的名称，❷单击“确定”按钮，如图5-77所示。

图5-77

步骤03 打开“颜色”面板，在其中对前景色进行设置，如图5-78所示。

图5-78

步骤04 ❶在工具箱的画笔工具组上右击，❷选择“混合器画笔工具”选项，如图5-79所示。

图5-79

步骤05 ❶在工具选项栏中设置画笔的大小、硬度和样式，❷将不透明度的值设置为100%，如图5-80所示。

图5-80

步骤06 在人物的头发上按住鼠标左键进行涂抹（需要注意的是，不要碰到人物的面部及衣服），将笔尖调小，在头发边缘上涂抹，进行细致加工，如图5-81所示。

图5-81

步骤07 在“图层”面板中，❶单击“设置图像的混合模式”下拉按钮，❷选择“柔光”选项，如图5-82所示。

图5-82

步骤08 此时，用户即可查看到人物头像的颜色发生了改变，如图5-83所示。

图5-83

给你支招 | 如何利用橡皮擦工具抠图

小白：阿智，我想将图像中的人物移到另一张图像中去，虽然前面你介绍了魔术棒工具抠图，但在我这个图像中不是很实用！

阿智：抠图的方式除了魔术棒工具外，还有很多，下面我来给你介绍一种非常好用的抠图工具，那就是背景橡皮擦工具，具体操作如下。

步骤01 打开文档图像文件，❶在工具箱中选择“背景橡皮擦工具”选项，❷单击“取样：连续”按钮，❸设置容差为“30%”，如图5-84所示。

图5-84

步骤02 将鼠标光标移动到图像上，按住鼠标左键并拖动，即可将不需要的背景图像擦除，如图5-85所示。

图5-85

步骤03 当背景图层擦除完以后，释放鼠标并选择移动工具，打开需要移入图像的目标文档，将人物图像拖动到其中，如图5-86所示。

图5-86

步骤04 此时，用户即可查看到人物图像更换背景后的效果，如图5-87所示。

图5-87

阅读随笔

学习目标

在Photoshop中对图像的颜色与色调进行调整，就是通过各种命令调整图像的色彩和色调，使图像的效果更加符合自己的需求。如加大图像的对比度，可以使图像更加清晰；调整图像亮度，可以使原本灰暗的图像变得明亮等。在Photoshop中调整图像的颜色与色调，是图像和照片在后期处理中不可缺少的步骤。

本章要点

- 色彩的三要素
- 色彩与心理
- 色彩的搭配
- 亮度和对比度
- 色阶
- 曲线
- 曝光度
- 自然饱和度
- 色相/饱和度
- 色彩平衡

知识要点	学习时间	学习难度
色彩调整的基础知识	30 分钟	★★
转换颜色模式和快速调整色彩	50 分钟	★★★
色彩调整命令使图像更完美	60 分钟	★★★★

6.1 色彩调整的基础知识

阿智：小白，你知道在进行色彩调整前，需要了解一些什么知识吗?

小白：就是掌握色彩调整工具的使用方法吧。

阿智：掌握色彩调整工具的使用方法没有错，但是我们还需要对一些色彩调整的基础知识进行了解，这样才能在使用色彩调整工具调整色彩时获得更好的效果。

在Photoshop CS6中，我们在利用各种调整命令或工具调整色彩前，应先对色彩的基础知识进行了解。

6.1.1 色彩的三要素

不管是哪种色彩，都是由色相（色调）、饱和度（纯度）和明度（亮度）来描述的。人眼看到的任一彩色光都是这3个特性的综合效果，这3个特性即是色彩的三要素，其中色相与光波的波长有直接关系，而饱和度和明度则与光波的幅度有很大关系。

学习目标	了解色彩三要素
难度指数	★

色相

色彩是由于物体上的物理性的光反射到人眼视神经上所产生的感觉，颜色的不同是由光波的长短差别所决定的。色相是指这些不同波长的颜色情况，波长最长的是红色，最短的是紫色。

在标准色相环中，以角度表示不同色相，取值范围在0～360。而实际使用中，则使用红、黄、蓝等颜色来表示，如图6-1所示为色相环。

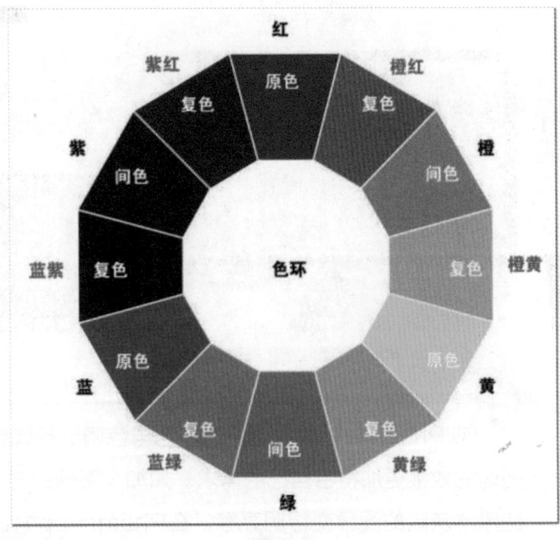

图6-1

饱和度

饱和度，其实是色彩的纯度，纯度越高，表现越鲜明；纯度较低，表现则较黯淡。受颜色中灰色成分相对比例的影响，黑、白与其他灰色色彩没有饱和度。

饱和度的表示范围是0～100%，0就表示灰度，而100%则表示完全饱和。如图6-2所示为色彩饱和度。

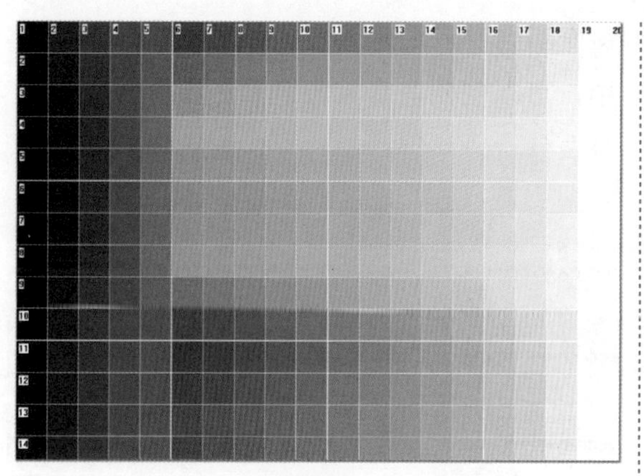

图6-2

明度

明度表示色彩所具有的明度和暗度，以黑白度表示，越接近白色，明度越高，反之就越低。明度的表示范围是0～100%，其中0表示黑色，100%表示白色，如图6-3所示为色彩明度变化。

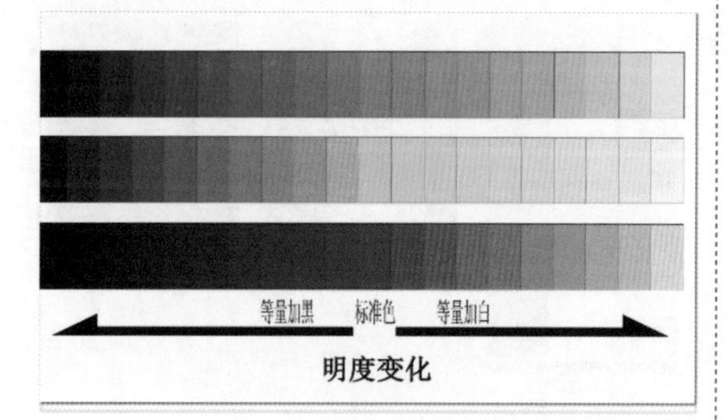

图6-3

6.1.2 色彩与心理

色彩与人们的色彩心理和生活体验息息相关，从客观上来理解，色彩好像拥有非常复杂的性格。

而色彩的心理效应来自于色彩的物理光刺激，从而对人们的生理产生直接的影响。如图6-4所示为常见颜色给人带来的心理感受。

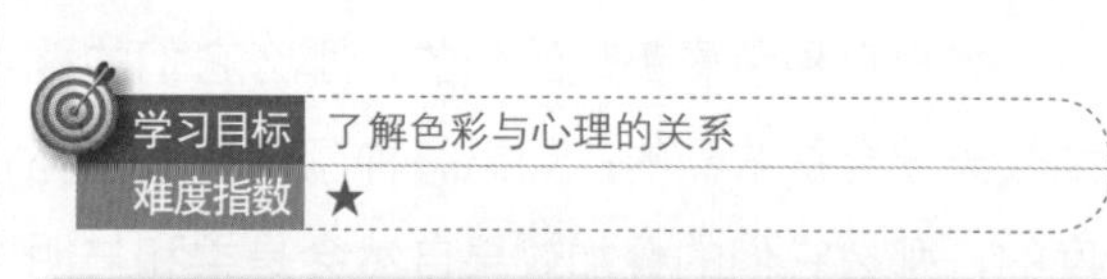

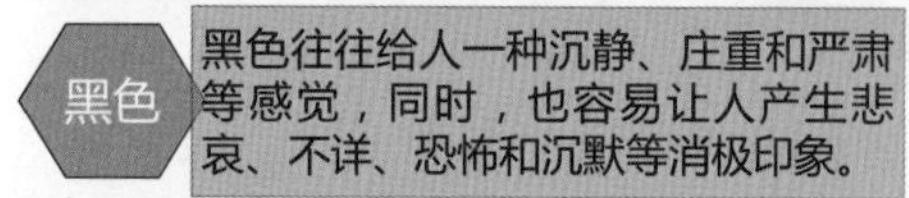

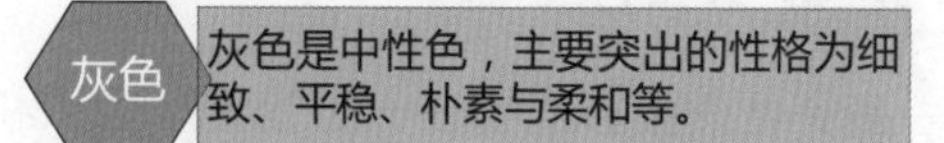

蓝色
蓝色体现出了内向和朴实等色感，它是一种有助于人脑清醒的颜色。

绿色
绿色具有蓝色和黄色的双重效果，是一种恬静而幽默的颜色。

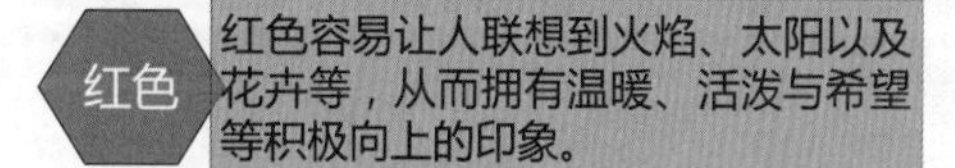

图6-4

6.1.3 色彩的搭配

色彩搭配是指对色彩进行搭配，从而取得更好的视觉效果。色彩搭配的原则是“总体协调，局部对比”，简单理解就是整体色彩效果应该是和谐的，只有局部的、小范围的地方可以有一些强烈色彩的对比。

色彩搭配看似复杂，但并不神秘。因为每种色彩在人的印象中都有自己的位置，那么色彩搭配得到的印象就是多种颜色的综合效果。

如果每种色彩都是浓烈的，那么它们的叠加效果就会是浓烈的；如果每种颜色都是高亮度的，那么它们的叠加效果自然会是柔和与明亮的。

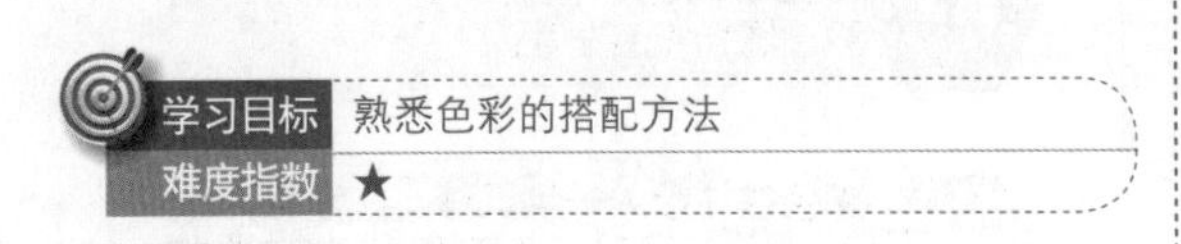

柔和、明亮、温柔

高亮度的色彩搭配在一起就会产生柔和、明亮和温柔的印象。为了避免刺眼，一般需要用低亮度的前景色进行调和，同时色彩在色环之间的距离也有助于减少沉闷的印象，如图6-5所示。

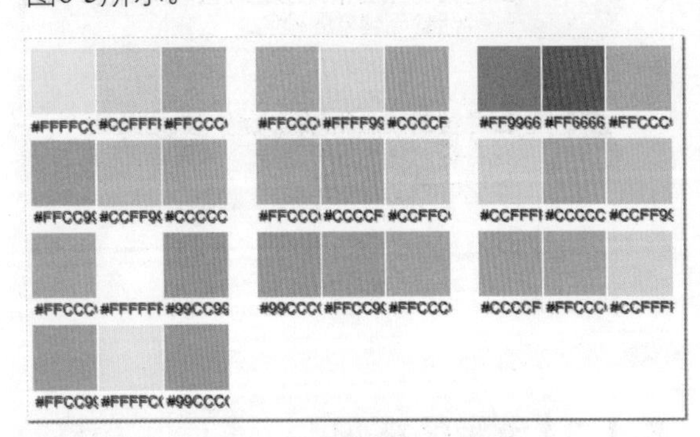

图6-5

柔和、洁净、爽朗

对于柔和、洁净和爽朗的印象，色环中从蓝到绿相邻的颜色可以说是最适合的，并且亮度偏高。从图6-6所示中可以看到，几乎每个组合都有白色参与，不过在实际的应用中，可以使用蓝绿相反色相的高亮度彩色代替白色。

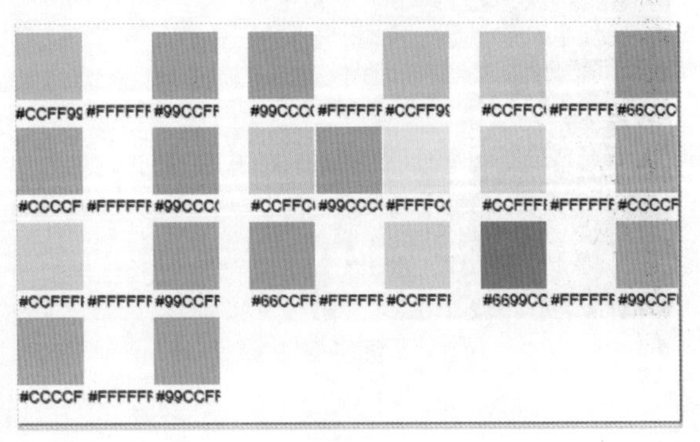

图6-6

可爱、快乐、有趣

在可爱、快乐和有趣的印象中，色相分布均匀、冷暖搭配、饱和度高和色彩分辨度高等是它们主要的色彩搭配特点，如图6-7所示。

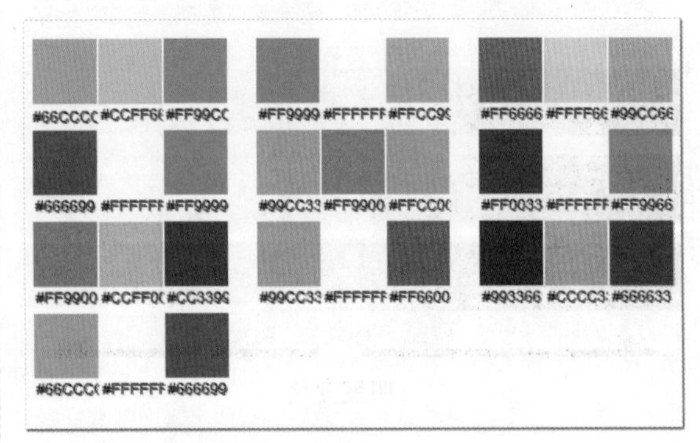

图6-7

活泼、快乐、有趣

对于活泼、快乐、有趣这种印象来说，它的色彩选择更加广泛，这种印象最重要的特点就是使用彩色或灰色来代替纯白色，如图6-8所示。

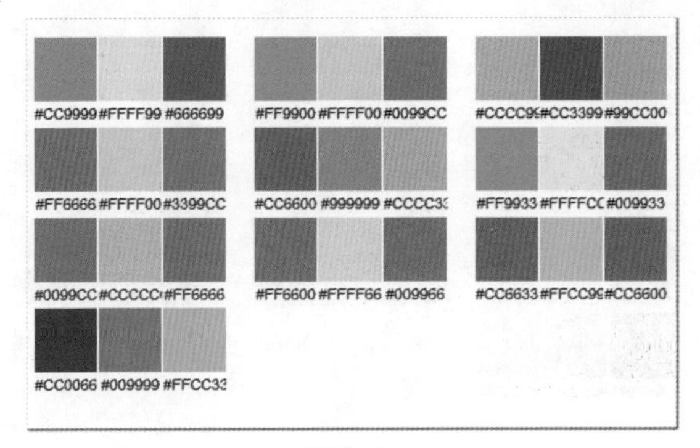

图6-8

运动、轻快

运动的色彩要重点以强化激烈、刺激的感受为主，同时还要体现快乐、健康、阳光和轻快的感觉。因此，这类型的印象需要使用色彩饱和度较高而亮度偏低的色彩，如图6-9所示。

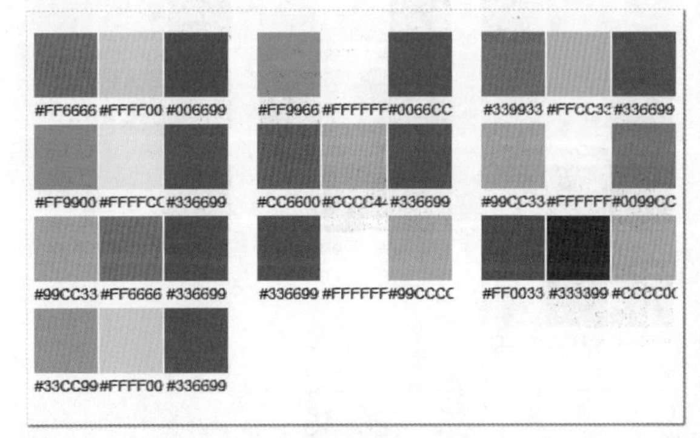

图6-9

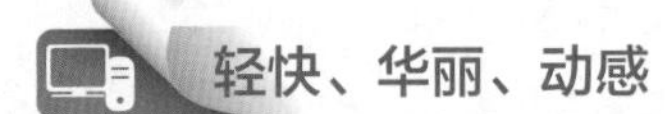

轻快、华丽、动感

轻快、华丽和动感的印象要求图像中充斥着色彩，也就是整个画面需是彩色的，并且具有较高的饱和度，而亮度要适当地被弱化，这样才能强化这种印象，如图6-10所示。

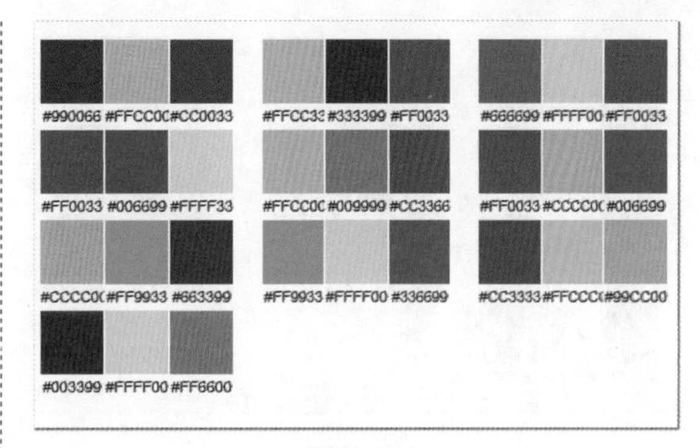

图6-10

狂野、充沛、动感

在狂野、充沛和动感的印象空间中，低亮度的色彩是必不可少的，还可以适当地添加一些黑色进行搭配。同时，还需要具有饱和度较高的彩色，从而形成强烈的对比，如图6-11所示。

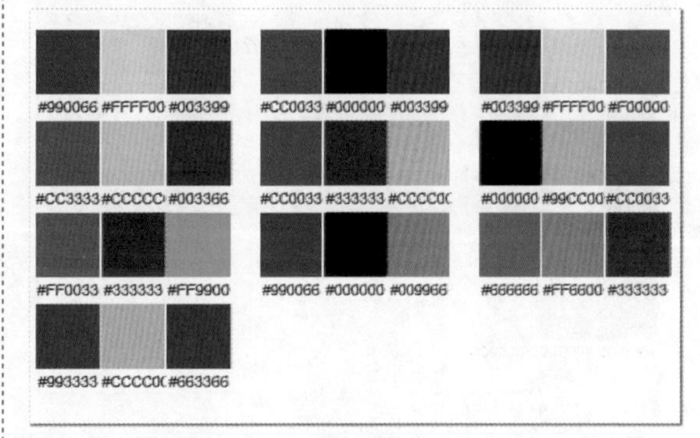

图6-11

华丽、花哨、女性化

在华丽、花哨和女性化的印象中，紫色和品红是必不可少的主角，而粉红和绿色也是常用的色相。同时，这些色相之间需要进行高饱和度的搭配，如图6-12所示。

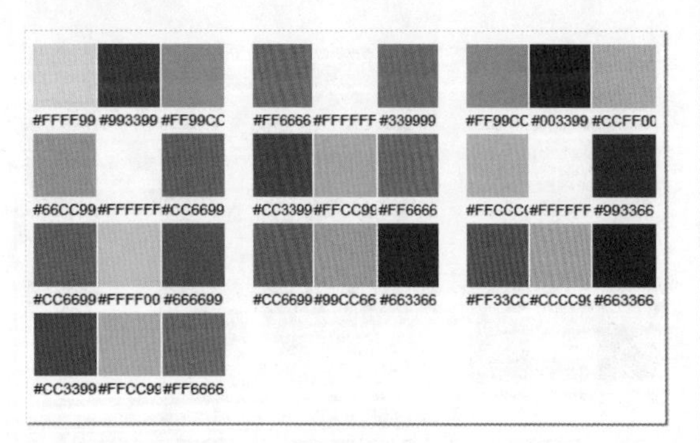

图6-12

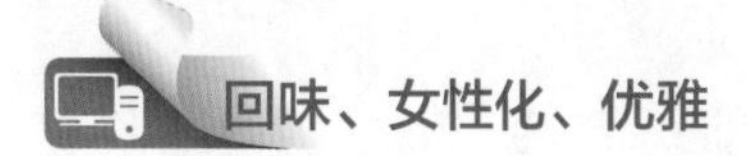

回味、女性化、优雅

回味、女性化和优雅的印象非常奇特，色彩的饱和度一般都需要降下来，不需要太高。其中一般以蓝色和红色之间的相邻色来调节亮度和饱和度，从而进行色彩搭配，如图6-13所示。

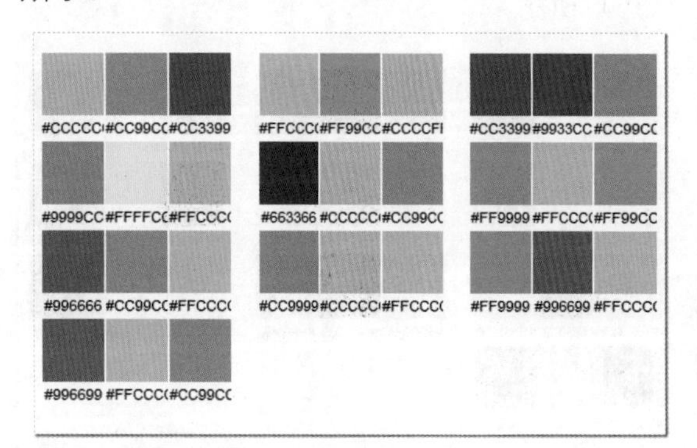

图6-13

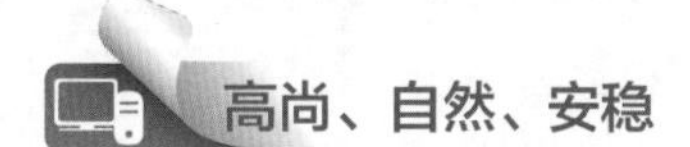

高尚、自然、安稳

对于高尚、自然和安稳的印象，一般需要使用低亮度的黄绿色，而且色彩亮度也需要降下去，同时还要注意色彩的平衡，这样就会使整个画面显得安稳，如图6-14所示。

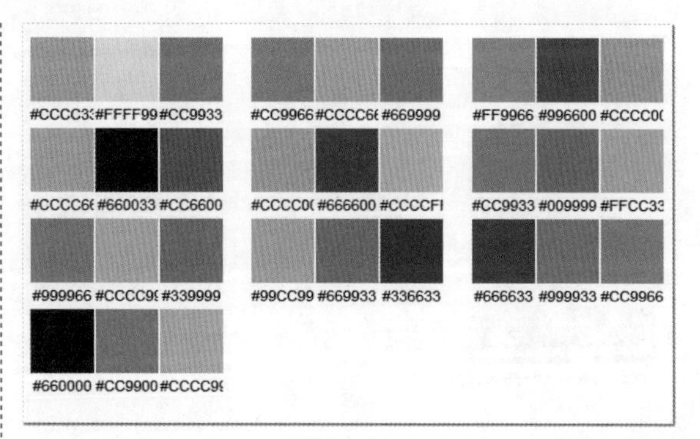

图6-14

冷静、自然

在冷静和自然的印象中，绿色是必不可少的主角，但是绿色作为图像中的主要色彩，容易陷入过于消极的感觉传达，因此应该特别重视图案的设计，如图6-15所示。

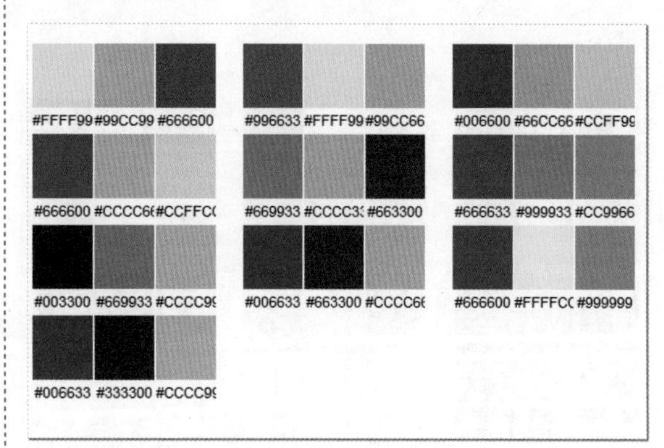

图6-15

传统、高雅、优雅

传统、高雅和优雅的印象，一般需要适当地降低色彩的饱和度，特别是棕色很适合这种印象。在前面还介绍了紫色是高雅和优雅印象中的常用色相，如图6-16所示。

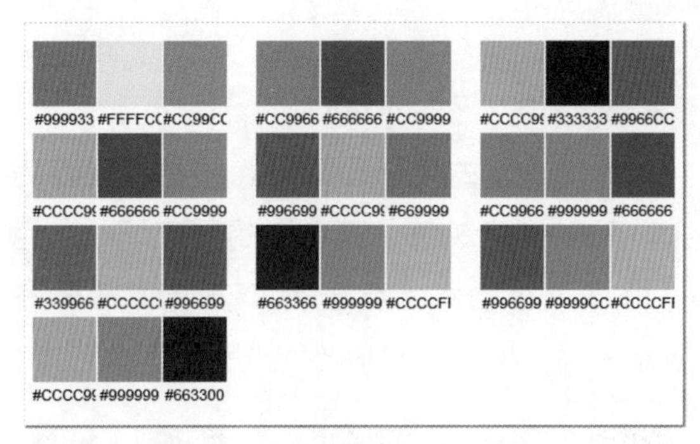

图6-16

传统、稳重、古典

传统、稳重和古典都属于比较保守的印象，因此在色彩的选择上，应该尽量使用一些低亮度的暖色，从而使这种搭配更加符合成熟的审美观，如图6-17所示。

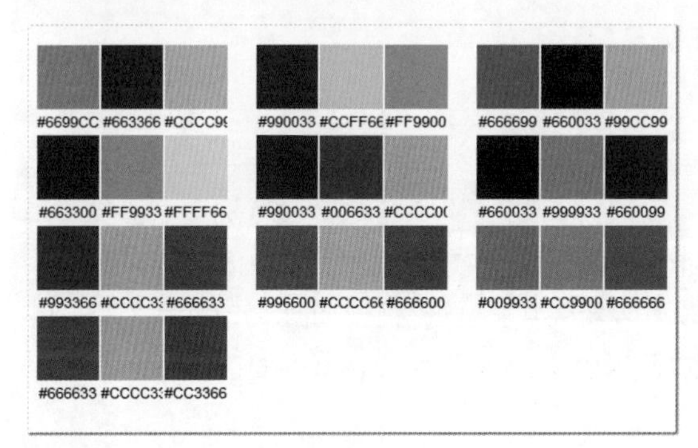

图6-17

忠厚、稳重、有品位

亮度和饱和度偏低的色彩会给人以忠厚、稳重和有品位的印象，这样的搭配可以避免色彩过于保守，图像画面过于消极或僵化，该种印象需要注重冷暖结合和明暗对比，如图6-18所示。

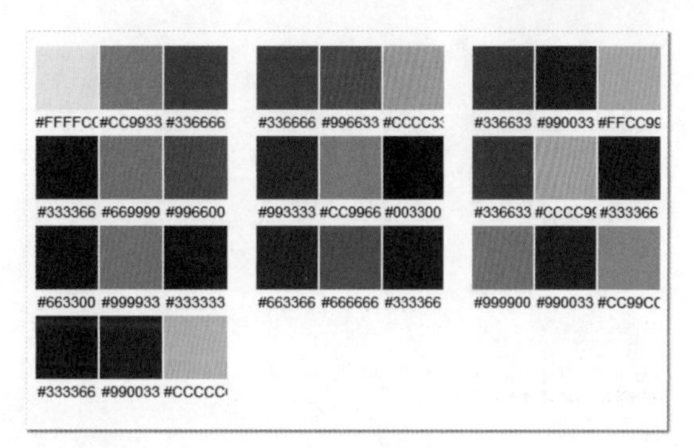

图6-18

简单、洁净、进步

简单和洁净的色彩印象，在色相上可以用蓝色和绿色来表现，并且存有大面积的留白。而进步的印象则可以通过多用蓝色，并搭配低饱和颜色，甚至灰色来处理，如图6-19所示。

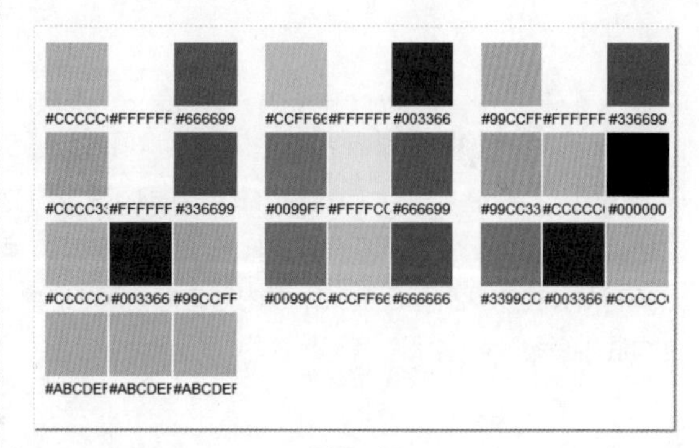

图6-19

简单、时尚、高雅

在所有色彩中，灰色是最为平衡的色彩，而且是塑料、金属质感的主要色彩之一，因而要表达简单、高雅、时尚印象时，可以适当使用，如图6-20所示。

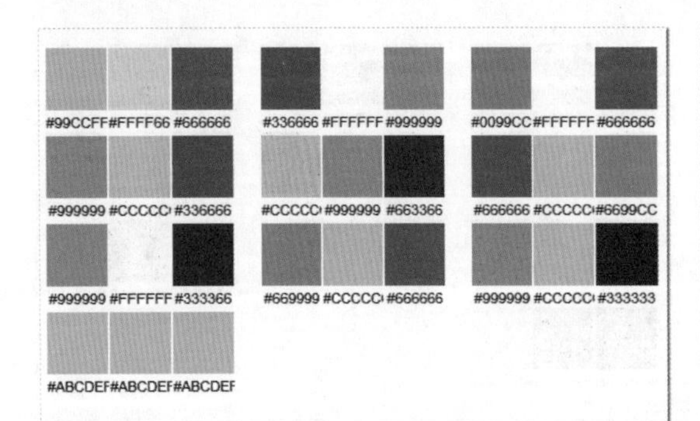

图6-20

白色、黑色和灰色的特点

黑色和白色是最简单、最基础的搭配，常见的白字黑底、白底黑字等，都非常的清晰明了。同时，灰色也是万能色彩，可以与任何颜色搭配，也可以帮助相对立的颜色制造过渡效果。

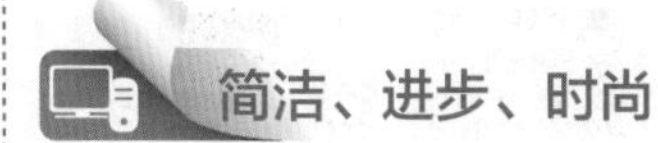

简洁、进步、时尚

表现进步的色彩印象时，主要以蓝色为主，同时搭配灰色。而色彩的明度统一、色相相邻，在色彩上会显得简洁，如图6-21所示。

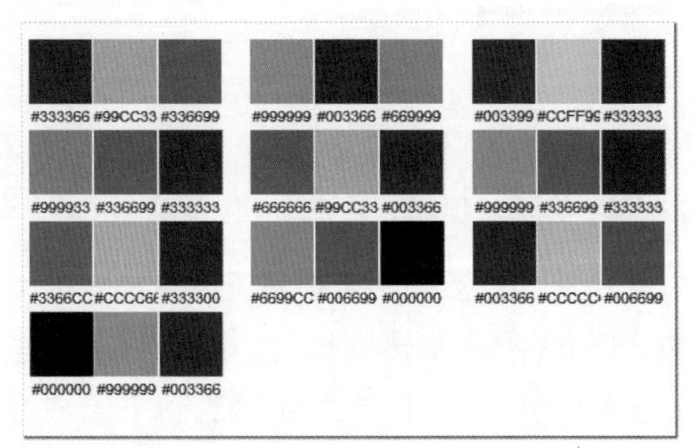

图6-21

使用色系表

为了便于用户查看颜色，一般将12色相环中用得到的颜色通过颜色编号来表示，用户可以对照编号来查看颜色。其中CMYK四色用于印刷，RGB三色用于网页制作，“#”栏中为16进制值，如图6-22所示（由于篇幅有限，图中只列出部分色系表内容，感兴趣的用户可以在http://www.mydiyclub.com/color/2_2.htm页面中查看）。

编号	C	M	Y	K	R	G	B	#
1	0	100	100	45	139	0	22	8B0016
2	0	100	100	25	178	0	31	B2001F
3	0	100	100	15	197	0	35	C50023
4	0	100	100	0	223	0	41	DF0029
5	0	85	70	0	229	70	70	E54646
6	0	65	50	0	238	124	107	EE7C6B
7	0	45	30	0	245	168	154	F5A89A
8	0	20	10	0	252	218	213	FCDAD5
9	0	90	80	45	142	30	32	8E1E20
10	0	90	80	25	182	41	43	B6292B
11	0	90	80	15	200	46	49	C82E31
12	0	90	80	0	223	53	57	E33539
13	0	70	65	0	235	113	83	EB7153
14	0	55	50	0	241	147	115	F19373
15	0	40	35	0	246	178	151	F6B297
16	0	20	20	0	252	217	196	FCD9C4
17	0	60	100	45	148	83	5	945305
18	0	60	100	25	189	107	9	BD6B09

图6-22

6.2 转换图像的颜色模式

阿智：小白，你知道图像有多少种颜色模式吗？

小白：图像不都是RGB颜色模式的嘛，还有其他颜色模式吗？

阿智：当然有，RGB颜色模式只是我们创建图像的默认颜色模式，其他的还有位图模式、灰度模式、双色调模式等。下面我给你普及一下。

颜色模式是将某种颜色表现为数字形式的模型，或者说是一种记录图像颜色的方式。在Photoshop CS6中主要有8种颜色模式，分别是位图模式、灰度模式、双色调模式、索引模式、RGB颜色模式、CMYK颜色模式、Lab颜色模式和多通道模式。

6.2.1 位图模式

位图模式用两种颜色（黑色和白色）来表示图像中的像素，位图模式的图像也叫作黑白图像。由于位图模式只用黑白色来表示图像的像素，在将彩色图像转换为该模式后，色相和饱和度信息都会删除，只保留亮度信息，其具体操作如下。

本节素材	/素材/Chapter05/模特.psd
本节效果	/效果/Chapter05/模特.psd
学习目标	掌握位图模式的转换方法
难度指数	★★

步骤01 打开“模特.psd”素材文件，❶在菜单栏中单击“图像”菜单项，❷选择“模式”|“灰度”命令，如图6-23所示。

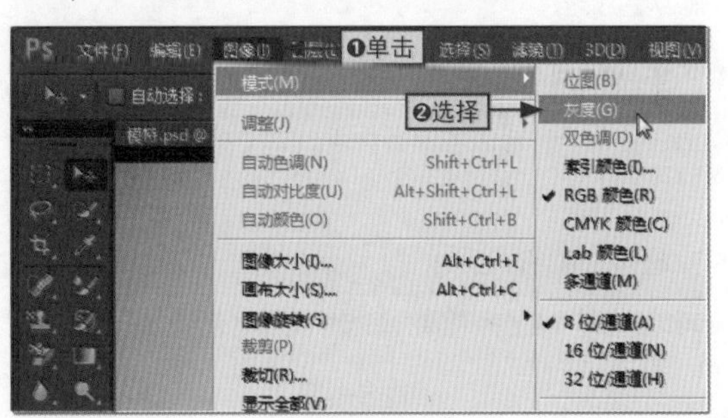

图6-23

步骤02 打开“信息”对话框，在其中单击“扔掉”按钮确认扔掉的颜色信息，如图6-24所示。

图6-24

步骤03 ❶单击“图像”菜单项，❷选择“模式”|“位图”命令，如图6-25所示。

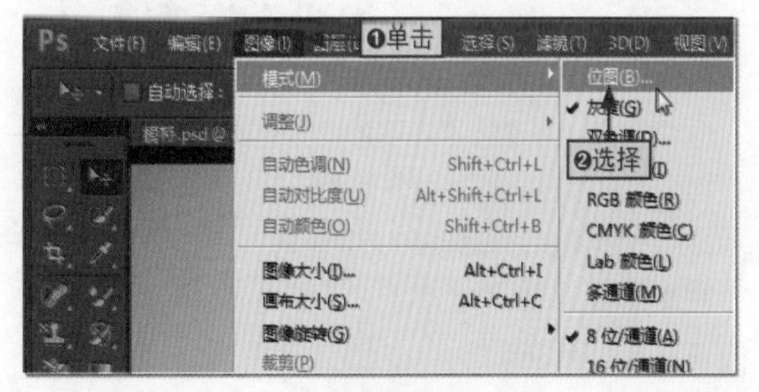

图6-25

步骤04 打开“位图”对话框后，❶在“输出”文本框中输入分辨率，❷在“使用”下拉列表中选择“半调网屏”选项，❸单击“确定”按钮，如图6-26所示。

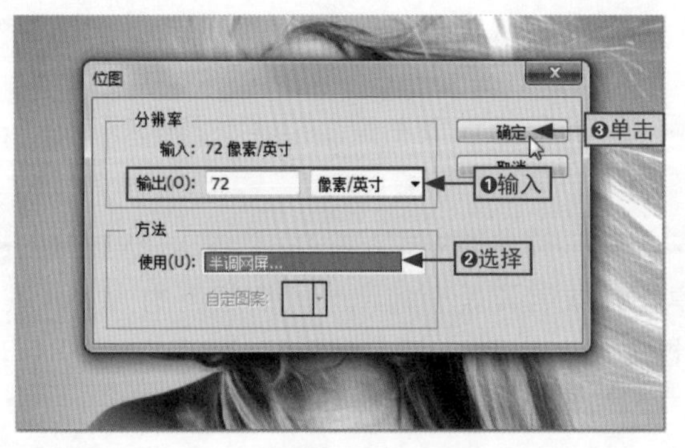

图6-26

步骤05 打开“半调网屏”对话框，❶分别输入频率和角度，❷在“形状”下拉列表中选择“椭圆”选项，❸单击“确定”按钮，如图6-27所示。

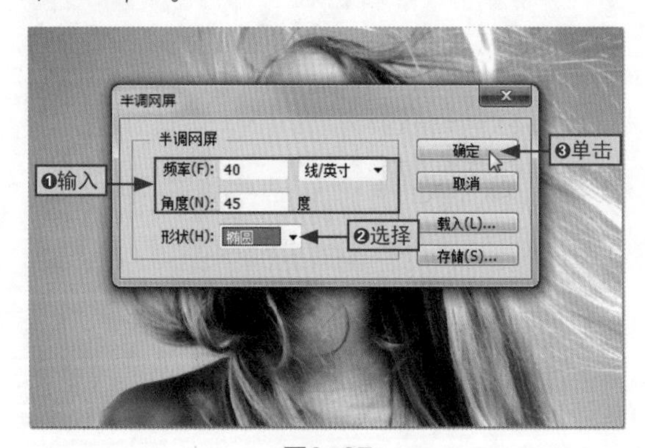

图6-27

小绝招　为什么不能直接转换位图模式

从例子中可以看出，RGB 颜色模式的图像要转换为位图模式，首先需要转换为灰度模式，然后才能转换为位图模式。这主要是因为只有灰度模式和双色调模式的图像才能转换为位图模式，因此想要将其他颜色模式转换为位图模式，要先将其转换为灰度模式或双色调模式。

步骤06 此时，用户即可查看到原为RGB颜色模式图像的图像转换为了位图模式，如图6-28所示。

图6-28

小绝招　5种转换方案的含义

在“位图”对话框的“使用”下拉列表中有 5 种图像模式转换方案，分别是“50% 阈值”、“图案仿色”、“扩散仿色”、“半调网屏”和“自定义图案”，如图 6-29 所示。

50%阈值

将50%色调作为分界点，灰色值高于中间色阶（128）的像素转换为白色，反之则转换为黑色。

图案仿色

图案仿色是用黑白点的图案来模拟色调。

扩散仿色

扩散仿色是通过从图案左上角的误差开始扩散的过程来转换图像，由于在转换过程中存在误差，所以会产生颗粒状的纹理。

半调网屏

半调网屏主要被用于模拟日常的平面印刷中使用到的半调网屏的外观。

自定义图案

可以选择一种图案来模拟图像中的某些色调。

图6-29

6.2.2 灰度模式

灰度模式下的图像不包含色彩，且彩色模式下的图像转换为灰色模式时，色彩信息会被删除。用户可以使用多达256级灰度来表现图像，使图像的过渡更加平滑细腻。

灰度图像的每个像素有一个0（黑色）到255（白色）之间的亮度值，灰度值也可以用黑色油墨覆盖的百分比来表示（0%等于白色，100%等于黑色）。

想要将其他颜色模式的图像转换为灰度模式，可以直接在“图像”下拉菜单中选择“模式”|“灰度”命令即可，如图6-30所示为将RGB颜色模式的图像转换为灰度模式后的效果。

图6-30

6.2.3 双色调模式

双色调模式采用2～4种颜色来创建由双色调（2种颜色）、三色调（3种颜色）和四色调（4种颜色）混合其色阶来组成图像。在将灰度图像转换为双色调模式的过程中，用户可以对色调进行编辑，从而产生特殊效果。

在“图像”下拉菜单中选择“模式”|“双色调”命令后，可打开“双色调选项”对话框，在其中的“类型”下拉列表中可以选择双色调的类型。如图6-31所示为双色调和三色调的图像效果。

图6-31

小绝招 **双色调模式的用途**

使用双色调模式最主要的作用，是使用尽量少的颜色表现尽量多的颜色层次，这对于减少印刷成本是很重要的，因为在印刷时，每增加一种色调就需要支付更大的成本。

6.2.4 索引颜色模式

索引就是使用256种或更少的颜色替代全彩图像中的上百万种颜色的过程，索引颜色模式是网络上和动画中最常用的图像模式。

索引颜色图像包含一个颜色表，如果原图像中颜色不能用256色表现，则Photoshop会从可使用的颜色中选出最相近颜色来模拟这些颜色，这样可以减小图像文件的尺寸。

在“图像”下拉菜单中选择“模式”|“索引颜色”命令后，可打开“索引颜色”对话框，如图6-32所示。

学习目标 掌握索引颜色模式的使用方法

难度指数 ★★

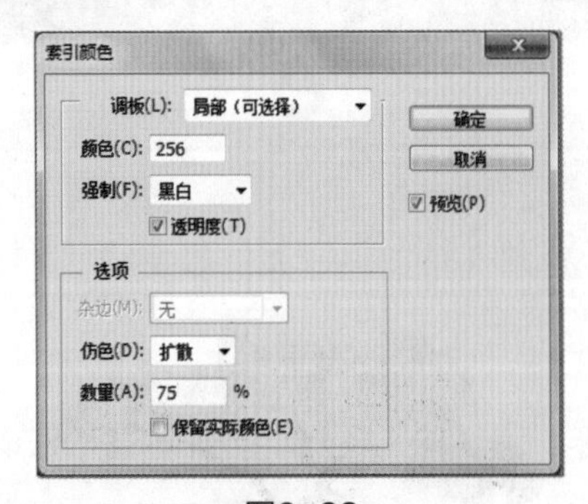

图6-32

在“索引颜色”对话框中有多个选项。下面我们就来看看各选项的含义，如图6-33所示。

“调板”下拉列表

在“调板”下拉列表中可以选择转换为索引颜色后所使用的调板类型，如Web、“平均”、“可感知”、“可选择”以及“随样性”等，它决定了可以使用哪些颜色。

“颜色”文本框

在“颜色”文本框中可输入相应的颜色值，从而指定要显示的实际颜色数量（最多可达256种）。

“强制”下拉列表

在“强制”下拉列表中可以选择将某些颜色强制包含在颜色表中。如果选择“黑白”选项，则可以将黑色和白色添加到颜色表中；如果选择“三原色”选项，则可以将黑色、白色、红色、蓝色、绿色、青色、黄色和洋红添加到颜色表中；如果选择Web选项，则可以添加216种Web安全色到颜色表中；如果选择“自定...”选项，则允许定义要添加的自定颜色。

“杂边”下拉列表

选择“杂边”下拉列表中的选项，可以指定用于填充与图像透明区域相邻的消除锯齿边缘的背景色。

“仿色”下拉列表

在“仿色”下拉列表中可以选择是否使用仿色，如果用户要模拟颜色表中没有的颜色，则可以选择使用仿色。在设置仿色值时，值越大所仿颜色就越多，但也使文档图像占据更大的存储空间。

图6-33

6.2.5 RGB颜色模式

RGB颜色模式是一种加色混合模式，通过对红(R)、绿(G)和蓝(B)3个颜色通道的变化以及它们相互之间的叠加来得到各式各样的颜色，如图6-34所示。

RGB几乎包括了人类视力所能感知的所有颜色，是目前运用最为广泛的颜色系统之一。计算机显示器、数码相机、电视机、幻灯片以及多媒体等，都采用了这种颜色模式。在24位图像中，RGB颜色模式可以构成约1677万种颜色。

学习目标 掌握RGB颜色模式的使用方法

难度指数 ★★

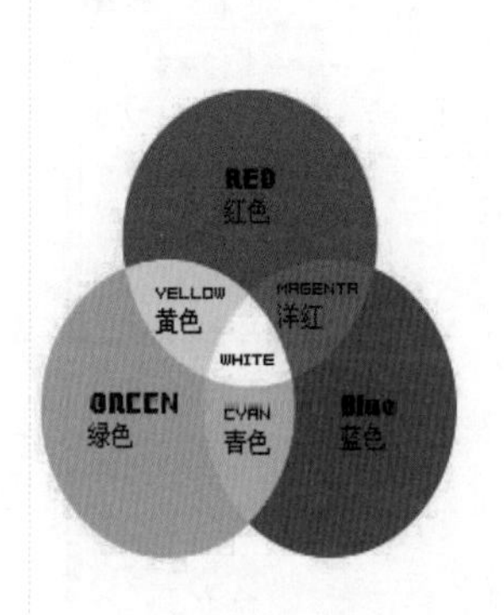

红色+绿色=黄色
绿色+蓝色=青色
蓝色+红色=洋红
红色+绿色+蓝色=白色

图6-34

CMYK模式与RGB模式的区别

在本质上，CMYK 颜色模式与 RGB 颜色模式没有什么区别，只是产生色彩的原理不同。在 RGB 颜色模式中由光源发出的色光混合生成颜色，而在 CMYK 颜色模式中由光线照到有不同比例 C、M、Y、K 油墨的纸上，部分光谱被吸收后，反射到人眼中的光产生的颜色。

6.2.6 CMYK颜色模式

CMYK颜色模式恰好与RGB颜色模式相反，它是一种减色混合模式，如图6-35所示。CMYK颜色模式也被称为印刷模式，其中4个字母分别指青（C）、洋红（M）、黄（Y）、黑（B），在印刷中就代表着4种颜色的油墨。在CMYK颜色模式下，可以为每个像素的每种印刷油墨指定一个百分比值。

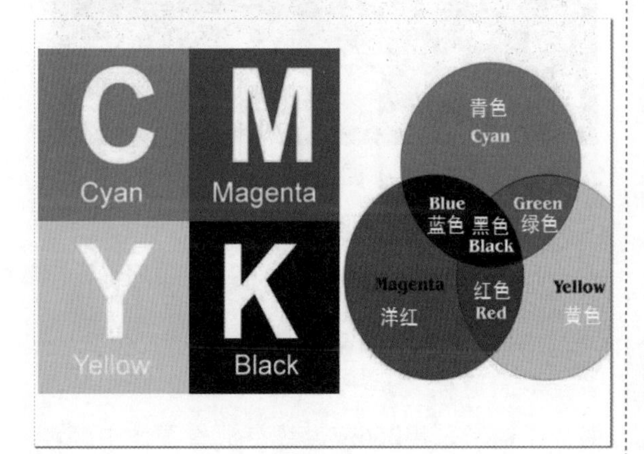

图6-35

6.2.7 Lab颜色模式

Lab颜色模式是由RGB三基色转换而来的，它是Photoshop进行颜色模式转换时使用的中间模式。如将RGB颜色模式转换为CMYK颜色模式时，需要先将其转换为Lab颜色模式，再将其转换为CMYK颜色模式。

在该模式中，L表示亮度分量，其范围为0～100；a表示由绿色到红色的光谱变化；b表示由蓝色到黄色的光谱变化；其中a和b的范围都为+127～-128。

Lab颜色模式在处理照片时具有优势，因为在处理照片的明度时，可以在不影响色相和饱和度的情况下轻松修改图像的明暗程度；而在处理a和b通道时，也可以在不影响色调的情况下调整照片颜色。

对a通道进行处理

在“图像”下拉菜单中选择“调整”|“曲线”命令，可打开“曲线”对话框。

在“通道”下拉列表中选择a选项，将曲线向上拖动，如图6-36（上图）所示，即可查看到如图6-36（下图）所示的效果。

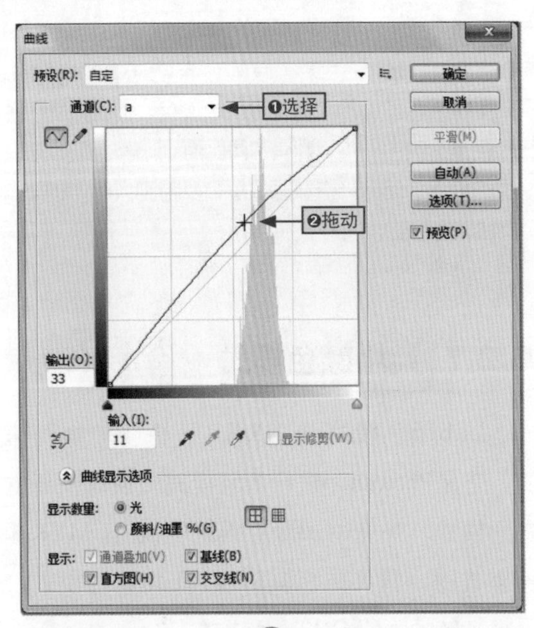

图6-36

对b通道进行处理

打开“曲线”对话框，在“通道”下拉列表中选择b选项，将曲线向上拖动，如图6-37（上图）所示，即可查看到如图6-37（下图）所示的效果。

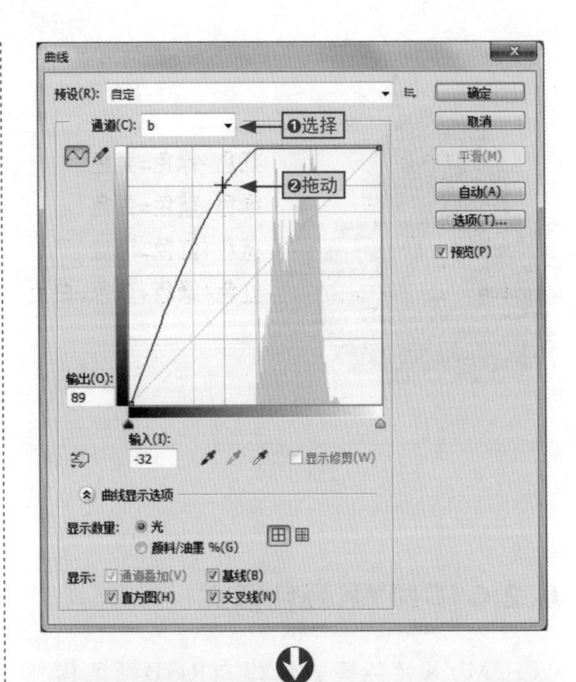

图6-37

6.2.8 多通道模式

多通道模式是一种减色，在该模式中，每个通道都采用256灰度级存放着图像中颜色元素的信息，多通道模式多用于特定的打印或输出。

如果删除RGB、CMYK或Lab颜色模式中的某个颜色通道，图像就会自动转换为多通道

模式，如图6-38所示为删除“黄色”通道后的对比效果。

图6-38

多通道模式的转换原则

当将图像转换为多通道模式时，可以使用以下几个原则。

颜色原始图像中的颜色通道，在转换后的图像中变为专色通道；将CMYK模式的图像转换为多通道模式，可以创建青色、洋红、黄色和黑色专色通道；将RGB模式的图像转换为多通道模式，可以创建青色、洋红和黄色专色通道。

6.2.9 位深度

计算机能够显示颜色，是因为采用了一种被称作“位”(bit)的记数单位来记录所表示颜色的数据。

“位”是计算机存储器里的最小单元，它用来记录每个像素颜色的值。图像的色彩越丰富，“位”就越多，每个像素在计算机中所使用的这种位数就是“位深度”。

打开一个文档图像后，在“图像/模式”命令的子菜单中，可以选择“8位/通道”、“16位/通道”或“32位/通道”命令，以此来改变图像的位深度，那么这些命令表示什么意思呢？如图6-39所示。

8位/通道

位深度为8位，因为每个通道中可以支持256种颜色，所以图像可以有1600万个以上的颜色值。

16位/通道

位深度为16位，因为每个通道中可以支持65000种颜色。不管是通过数码相机拍摄得到的16位/通道的文档图像，还是通过扫描得到的16位/通道文档图像，其颜色都要比8位通道的颜色丰富。因此，16位图像相比8位图像有更好的色彩过渡，更加细腻，这也是16位图像可表现的颜色数目大大多于8位图像的原因。

32位/通道

位深度为32位，32位/通道的图像也叫作高动态范围（HDR）图像，该种文档图像的颜色和色调比16位通道的文档图像更胜一筹。我们可以有选择地对文档图像的部分进行动态范围的扩展，不必担心对其他区域的可打印和可显示的色调产生影响。当前，HDR图像主要应用于3D设计、特殊效果以及影片等领域。

图6-39

6.3 快速调整图像色彩

阿智：小白，我教你几个快速调整图像色彩的小诀窍如何？

小白：当然好呀，我正愁不知道怎么调整图像的色彩呢？

阿智：其实这几个小诀窍都是Photoshop为用户预设的命令，它们分别是“自动色调”、“自动对比度”和“自动颜色”命令，你只需要选择相应命令，即可快速调整图像的色彩，而不需要进行多余的设置。

使用“自动色调”、“自动对比度”或“自动颜色”命令时，就可以在不设置其他参数的情况下，自动调整图像色调、对比度和颜色，这对于不熟悉各种调色工具的初学者来说既方便又快捷。

6.3.1 “自动色调”命令的使用

“自动色调”命令可以自动调整图像中的暗部和亮部，该命令会对每个颜色通道都进行调整，将每个颜色通道中最亮和最暗的像素调整为纯白和纯黑，中间像素值按比例重新分布，从而使图像的对比度增强。由于“自动色调”命令是单独调整每个通道的，所以可能会移去某些颜色或引入色偏。

打开一张颜色偏暗的图像，如图6-40（上图）所示。在菜单栏中选择“图像”|“自动色调”命令或按Shift+Ctrl+L组合键后，Photoshop就会自动对图像的色调进行调整，从而使其色调变得更加清晰，如图6-40（下图）所示。

图6-40

6.3.2 “自动对比度”命令的使用

使用“自动对比度”命令可以自动调整图像中颜色的对比度，由于该命令不会单独调整通道，所以不会出现增加或消除色偏等情况。“自动对比度”命令可以将图像中最亮和最暗的像素映射到白色和黑色中，从而使高光显得更亮而暗调显得更暗。

打开一张颜色偏暗的图像，如图6-41（上图）所示。在菜单栏中选择“图像/自动对比度”命令后，Photoshop就会自动对图像的对比度进行调整，从而使其明度变亮，如图6-41（下图）所示。

图6-41

6.3.3 “自动颜色”命令的使用

使用“自动颜色”命令可以通过搜索实际像素来标识阴影、中间调和高光，从而调整图像的对比度和颜色，使图像的颜色更为鲜艳。由于“自动颜色”命令可将128级亮度的颜色纠正为128级灰色，所以使用该命令既可能修正偏色，也可能引起偏色。

打开一张颜色偏黄的图像，如图6-42（上图）所示。在菜单栏中选择“图像/自动颜色”命令后，Photoshop会自动对图像的颜色进行调整，从而修正偏色，如图6-42（下图）所示。

图6-42

6.4 色彩调整命令使图像更完美

小白：阿智，你给我介绍的几个快速调整图像颜色的诀窍帮我解决了不少问题，但是我现在需要调整一些复杂的图像颜色，就显得有些“力不从心”。

阿智：不用担心，还有很多色彩调整命令没有给你介绍呢！它们相对于自动调整色彩的命令更为复杂一些，但功能却更强大。下面我就来教你怎样使用它们。

Photoshop CS6为用户提供了非常全面的色彩调整与修正工具，在选择“图像/调整”命令后，即可在弹出的子菜单中查看到这些命令工具。使用它们就可以对图像的亮度、对比度、饱和度和色相等进行调整。

6.4.1 亮度和对比度

“亮度/对比度”命令可以提高或降低图像的亮度与对比度。对于不熟悉“色阶”和“曲线”命令的新手来说，在处理色彩与饱和度时，通过“亮度/对比度”命令进行操作是个很好的选择。

在“图像/调整”子菜单中选择“亮度/对比度”命令，即可对打开的“亮度/对比度”对话框中的选项进行设置，如图6-43所示。

亮度/对比度
亮度： 20
对比度： -7
确定
取消
自动(A)
使用旧版(L)
预览(P)

图6-43

如果在“亮度/对比度”对话框中，选中“使用旧版”复选框，则可以查看到Photoshop CS3及其以前版本的调整效果，如图6-44所示。

图6-44

Photoshop CS6与旧版本的差别

从图 6-44 中可以看出，Photoshop CS6 和旧版本调整了相同的亮度和对比度，而旧版本显示的图像效果更强，但 Photoshop CS6 中显示的图像却保留了更多的效果。

6.4.2 色阶

色阶用于表示图像中暗调、中间调和高光强的分布情况，当一张图像中的明暗效果过黑或过亮时，用户可以使用“色阶”命令来对图像的明暗程度进行调整。

在“图像”|“调整”子菜单中选择“色阶”命令，即可打开“色阶”对话框，如图6-45所示。用户通过拖动“输入色阶”滑块位置来进行图像的调整，从而将暗淡的图像调整到明亮的效果。

图6-45

在“输入色阶”栏中，左侧的黑色滑块用于调整阴影色调，中间的灰色滑块用于调整中间调，右侧的白色滑块用于调整高光调，如图6-46所示为调整这3个滑块后的对比效果。

图6-46

6.4.3 曲线

曲线是指通过调整一条曲线的斜率和形状，精准地调整图像的明暗度和色调，从而使图像的色彩更加协调，如图6-47所示为“曲线”对话框。

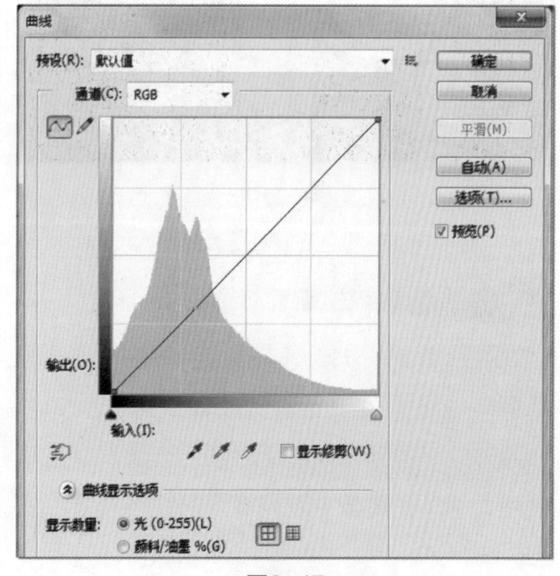

图6-47

提亮图像

在“曲线”对话框中，将曲线向上或向下弯曲，会使图像变亮或者变暗。

对于一些偏暗的图像，用户可以在曲线上单击并向上拖动曲线，此时图像会被提亮。如图6-48所示为图像提亮后的前后对比效果。

图6-48

更改图像色调

在“曲线”对话框中，用户可以通过选择颜色通道来改变图像的色调效果。例如在“通道”下拉列表中选择“红”选项，并拖动曲线，即可在图像中看到增强的红色效果，如图6-49所示。

图6-49

通道曲线的划分

在“曲线”对话框中，用户可以将通道曲线划分为3个部分，如图6-50所示。

在曲线图中，右上方的A部分用于控制图像画面的亮调区域；中间的B部分用于控制图像画面的中间调区域；左下方的C部分，用于控制图像画面的暗调区域。将曲线向上拖动就会增强图像画面的明亮程度，反之则增强图像的暗调效果。如果需要调整图像画面的明亮对比度，可以将亮调区域的曲线向上拖动，同时将暗调区域的曲线向下拖动。

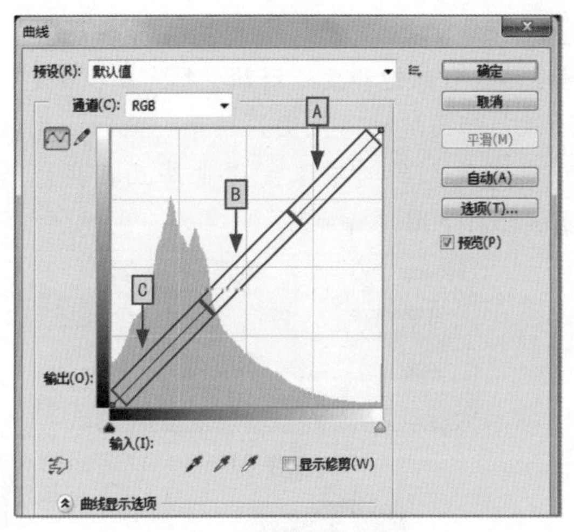

图6-50

6.4.4 曝光度

曝光度就是图像的曝光效果，特别是在处理一些照片时，会发现因为某些曝光不正确，导致照片中出现一些过亮或过暗的情况。而使用“曝光度”命令则可以增强或减少曝光量，从而对图像起到修复的作用。

在“图像/调整”子菜单中选择“曝光度”命令，即可打开“曝光度”对话框，如图6-51所示。在“曝光度”对话框中可以设置曝光量、位移以及灰度系数校正等参数值，从而达到调整图像明暗度的目的。

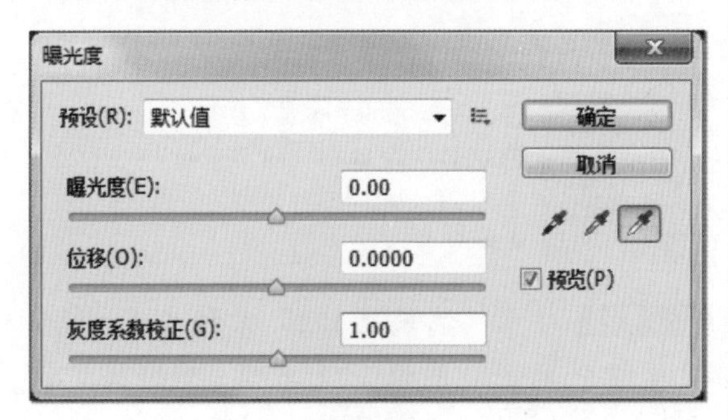

图6-51

对于因曝光度不足而出现图像画面较暗的情况，用户可以在“曝光度”对话框中对参数进行调整。如图6-52所示为调整曝光度的前后对比效果。

图6-52

6.4.5 自然饱和度

使用“自然饱和度”命令可以调整色彩的饱和度，它主要的特点是在增加图像饱和度时，自动控制颜色不会因为过于饱和而溢出，该命令非常适合用来对人物照片进行处理。

本节素材	/素材/Chapter06/广告模特.jpg
本节效果	/效果/Chapter06/广告模特.jpg
学习目标	掌握“自然饱和度”命令的使用方法
难度指数	★★★

步骤01 打开“广告模特.jpg”素材文件，❶在菜单栏中单击“图像”菜单项，❷选择“调整”|“自然饱和度”命令，如图6-53所示。

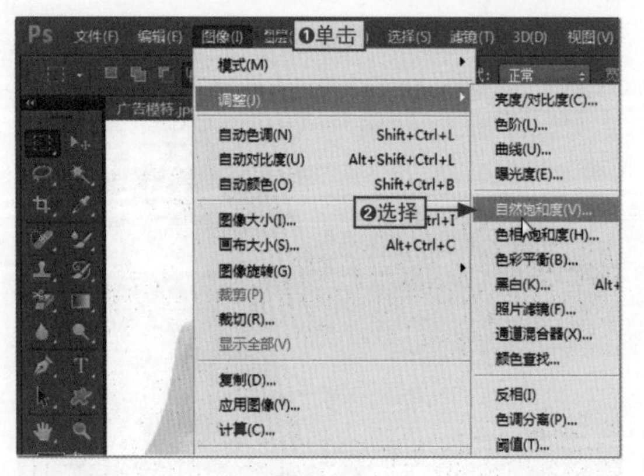

图6-53

步骤02 在打开的“自然饱和度”对话框中有两个滑块选项，首先保持“自然饱和度”滑块不变，拖动“饱和度”滑块，如图6-54（上图）所示。用户可以发现整个图像的色彩过于艳丽，而人物的肤色显得不自然，如图6-54（下图）所示。

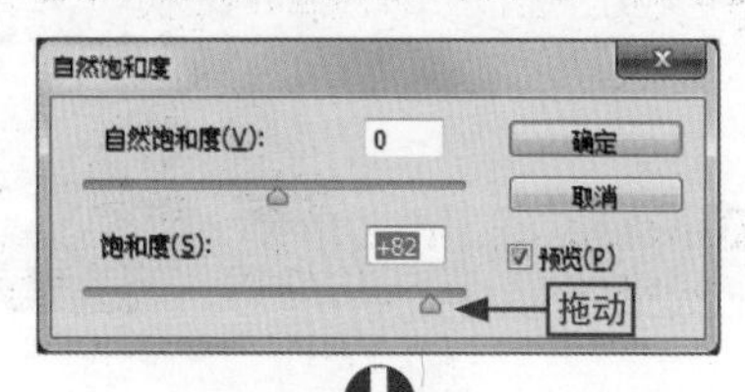

图6-54

步骤03 此时，将“饱和度”滑块还原，❶拖动“自然饱和度”滑块，❷单击“确定”按钮，如图6-55（上图）所示。此时，用户可以发现人物的图像变得自然且真实，如图6-55（下图）所示。

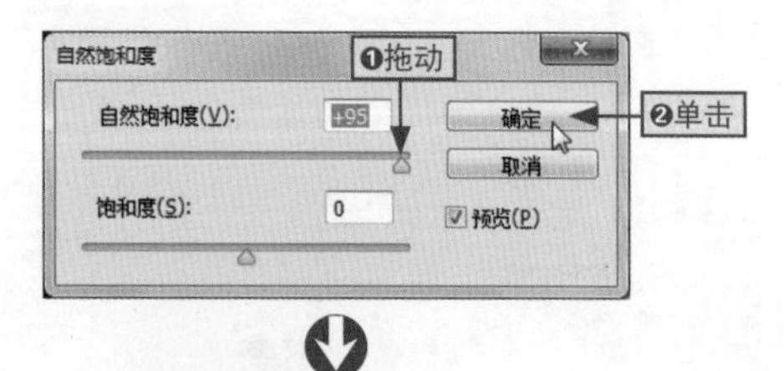

图6-55

6.4.6 色相/饱和度

使用“色相/饱和度”命令可以调整图像全图，或者某个颜色的色相、饱和度和明度，其具体操作如下。

本节素材	/素材/Chapter06/油菜花.jpg
本节效果	/效果/Chapter06/油菜花.jpg
学习目标	掌握“色相/饱和度”命令的使用方法
难度指数	★★★

步骤01 打开“油菜花.jpg”素材文件，❶在菜单栏中单击“图像”菜单项，❷选择“调整”|“色相/饱和度”命令，如图6-56所示。

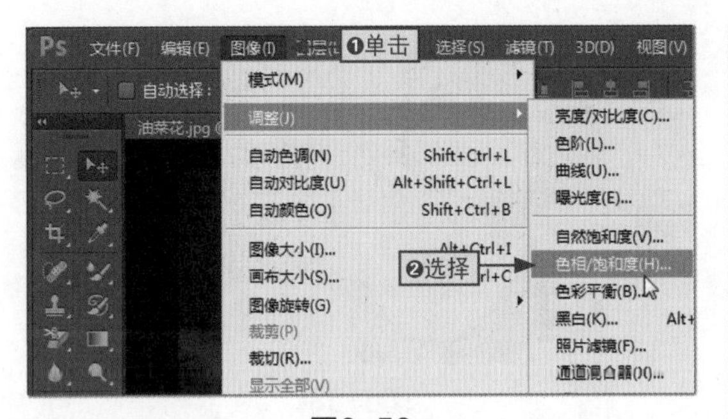

图6-56

步骤02 打开“色相/饱和度”对话框后，❶依次设置色相、饱和度和明度为“-9”、“+5”和“+23”，❷单击“确定”按钮，如图6-57所示。

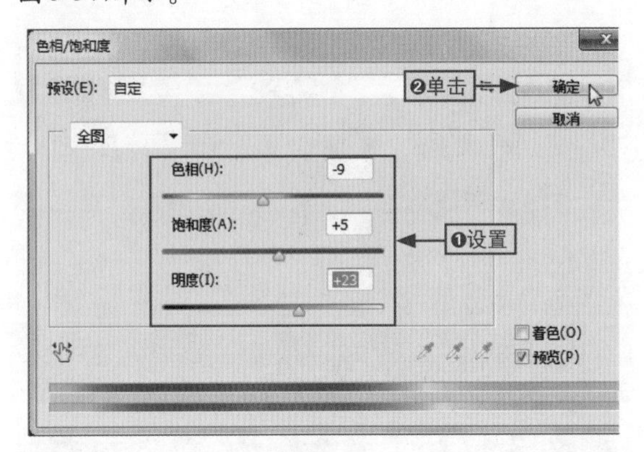

图6-57

步骤03 返回到文档图像窗口中，用户即可查看到应用了色相、饱和度和明度的图像效果，如图6-58所示。

图6-58

小绝招 **隔离颜色范围**

在“色相/饱和度”对话框的底部有两个颜色条，上面的颜色条代表调整前的颜色，下面的颜色条表示调整后的颜色。如果用户在“编辑”下拉列表中选择了一种颜色选项，两个颜色条之间就会出现4个滑块，如图6-59所示。此时，中间两个内部滑块定义了将要修改的颜色范围，调整所影响的区域会由此逐渐向两端的外部滑块处衰减，而外部滑块以外的颜色不会受到影响。

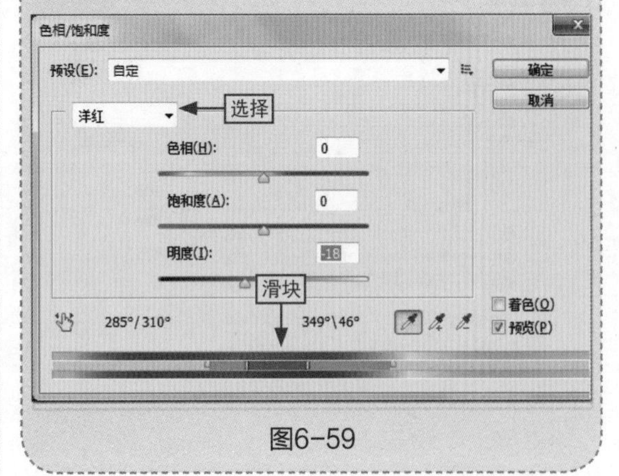

图6-59

6.4.7 色彩平衡

色彩平衡是指图像整体的平衡性，使用“色彩平衡”命令可以改变彩色图像颜色的混合，从而校正图像中比较明显的偏色问题，其具体操作如下。

本节素材	/素材/Chapter06/玫瑰花.jpg
本节效果	/效果/Chapter06/玫瑰花.jpg
学习目标	掌握“色彩平衡”命令的使用方法
难度指数	★★★

步骤01 打开“玫瑰花.jpg”素材文件，❶在菜单栏中单击“图像”菜单项，❷选择“调整”|“色彩平衡”命令，如图6-60所示。

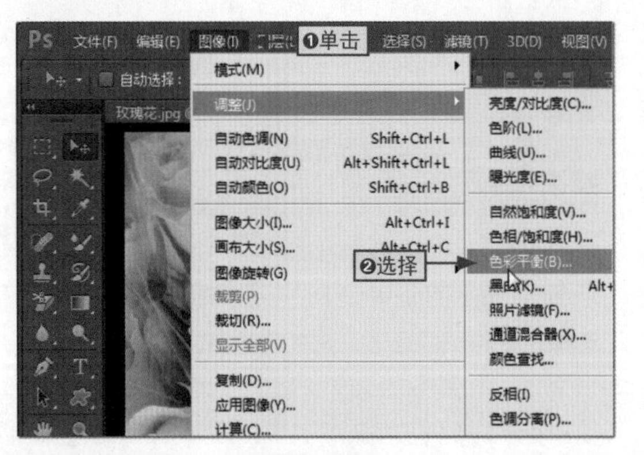

图6-60

步骤02 打开“色彩平衡”对话框，在“色调平衡”栏中选中“高光”单选按钮，如图6-61所示。

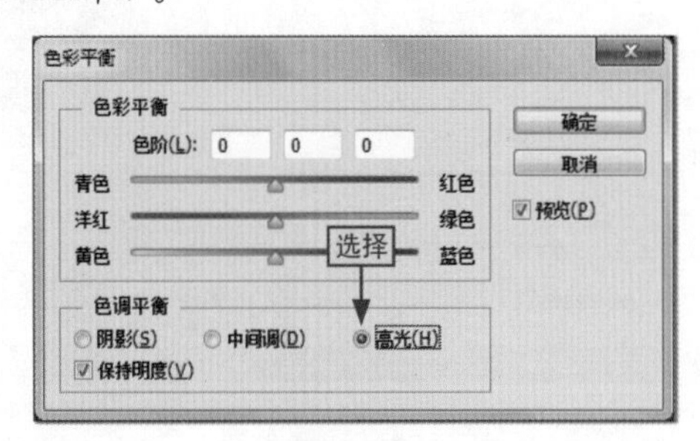

图6-61

步骤03 ❶在“色彩平衡”栏的“色阶”文本框中依次输入“57”、“45”和“46”，调整图像高光的色彩，❷单击“确定”按钮，如图6-62所示。

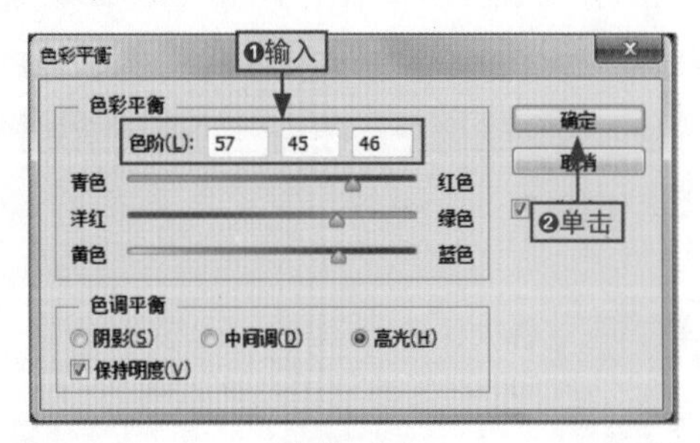

图6-62

步骤04 返回到文档图像窗口中，用户即可查看到调整色彩平衡后的图像效果，如图6-63所示。

图6-63

小绝招

色调平衡选项

在“色调平衡”栏中有3个色调，分别是“阴影”、“中间调”和“高光”，如图6-64所示为向阴影（上图）、中间调（中图）和高光中（下图）添加洋红的效果。

图6-64

6.4.8 黑白和去色

“黑白”和“去色”命令都可以将彩色图像转变为黑白图像，但这两个命令也存在一些差异。其中“黑白”命令可以利用设置其对话框中的选项对黑白的亮度进行控制，调整出黑白对比度很强的图像；而“去色”命令只能将图像中的彩色清除，经处理后的黑白图像并没有改变亮度。

1. 黑白

用户使用“黑白”命令调整图像颜色，可以选择“图像”|“调整”|“黑白”命令，打开“黑白”对话框，在其中可对各个选项进行设置，如图6-65所示。

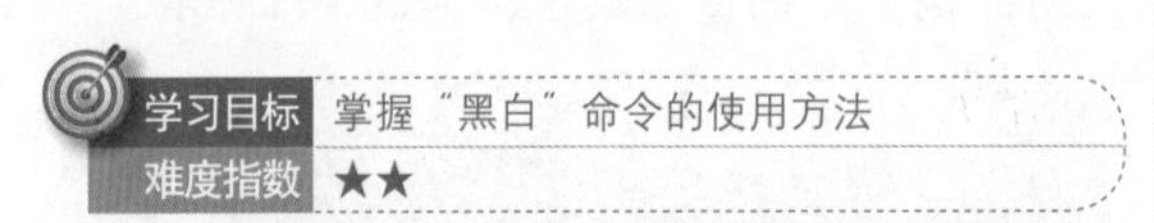

黑白
预设(E)：默认值
确定
取消
自动(A)
预览(P)
红色(R)：40 %
黄色(Y)：60 %
绿色(G)：40 %
青色(C)：60 %
蓝色(B)：20 %
洋红(M)：80 %
色调(T)
色相(H) °
饱和度(S) %

图6-65

在“黑白”对话框中调整图像颜色后，图像就会立即被转换为黑白效果，如图6-66所示为转换前后的对比效果。

图6-66

2. 去色

使用“去色”命令可以快速制作出黑白图像，在菜单栏中选择“图像”|“调整”|“去色”命令，即可直接对图像去色，如图6-67所示。

图6-67

6.4.9 通道混合器

使用“通道混合器”命令可通过颜色通道的混合来修改颜色通道，从而产生图像合并效果，或设置出单色调的图像效果。其具体操作如下。

本节素材	/素材/Chapter06/水果沙拉.jpg
本节效果	/效果/Chapter06/水果沙拉.jpg
学习目标	掌握“通道混合器”命令的使用方法
难度指数	★★★

步骤01 打开“水果沙拉.jpg”素材文件，❶在菜单栏中单击“图像”菜单项，❷选择“调整”|“通道混合器”命令，如图6-68所示。

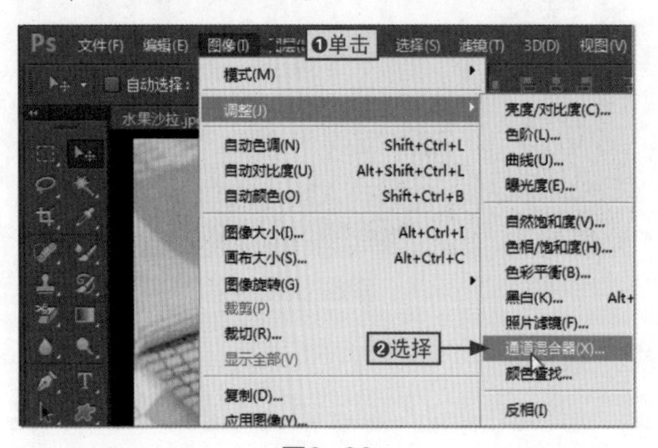

图6-68

步骤02 打开“通道混合器”对话框，❶单击“输出通道”下拉按钮，❷选择“绿”选项，如图6-69所示。

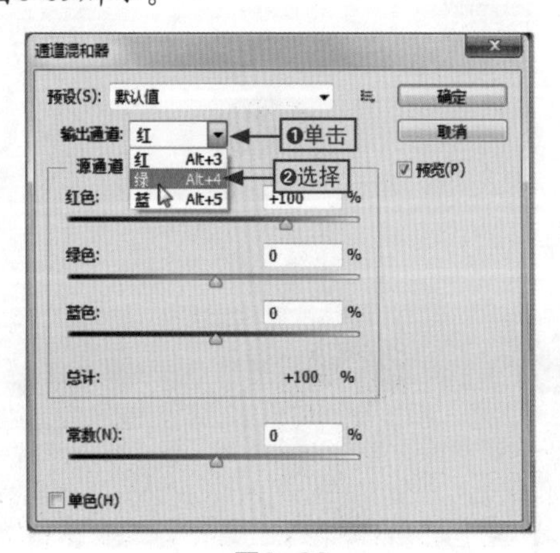

图6-69

步骤03 ❶在“源通道”栏中调整源通道在输出通道中的百分比，❷单击“确定”按钮，如图6-70所示。

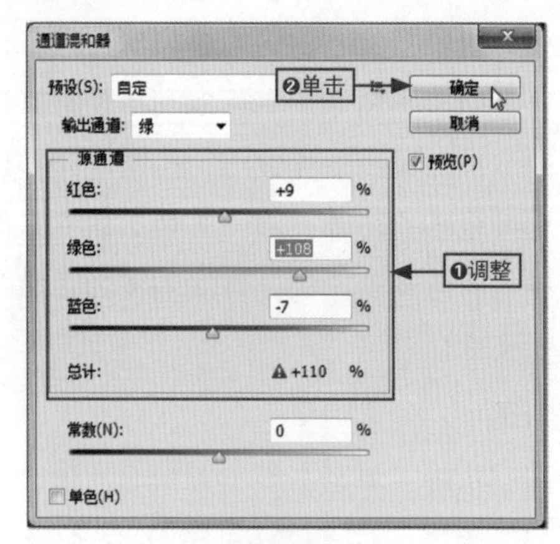

图6-70

步骤04 返回到文档图像窗口中，用户即可查看到调整后的图像效果，如图6-71所示。

图6-71

小绝招 **“常数”文本框介绍**

在“通道混合器”对话框中，“常数”文本框用于改变输出通道的不透明度，其取值范围为-200%～+200%。当输入正值时，通道的颜色偏向白色；当输入负值时，通道的颜色偏向黑色。

6.4.10 其他色彩调整命令

除了前面讲解的一些常见的色彩调整命令外，Photoshop CS6还为用户提供了一些特殊的色彩调整命令。下面我们就来简单认识一下。

学习目标	掌握其他色彩调整命令的使用方法
难度指数	★★

阴影/高光

“阴影/高光”命令可被用来调整图像的阴影部分和高光部分，不能被用于修复图像中的部分区域过亮或过暗的问题。选择“图像”|“调整”|“阴影/高光”命令，可打开“阴影/高光”对话框，在其中可以对阴影和高光效果进行设置，如图6-72为图像调整前后的对比效果。

图6-72

反相

“反相”命令可以将图像颜色更改为它们的互补色，如黑色改为白色、蓝色改为黄色等。对图像进行反相处理后，可制作出类似于底片的特殊效果，如图6-73为图像调整前后的对比效果。

图6-73

阈值

使用“阈值”命令可以将图像转换为对比度较高的黑白图像，该命令会根据图像的亮度值，将较亮的像素以白色表示，将阴暗的像素以黑色表示，如图6-74所示为图像调整前后的对比效果。

图6-74

渐变映射

使用“阴影/高光”命令可以将一张图像中最阴暗的部分映射为一组渐变的阴暗色调，而图像中最明亮的部分会被映射为一组渐变的明亮色调，从而使图像体现出渐变效果。

选择“图像”|“调整”|“渐变映射”命令可打开“渐变映射”对话框，在其中可以选择渐变的预设颜色，也可以通过“渐变编辑器”自定义渐变颜色，如图6-75为图像调整前后的对比效果。

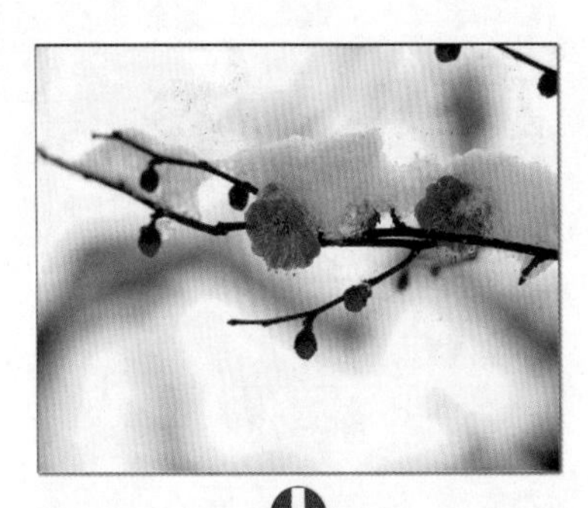

图6-75

小绝招

“渐变编辑器”对话框

单击“渐变映射”对话框的“灰度映射所用的渐变”栏中的色条，就可以打开“渐变编辑器”对话框，在其中可以按照实际需求调整渐变颜色，如图 6-76 所示。

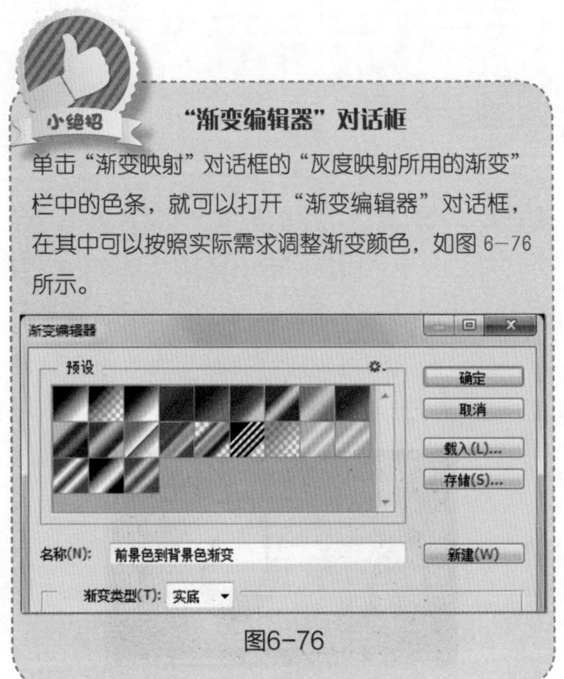

图6-76

给你支招 | 如何将曝光的照片恢复到正常效果

小白：阿智，我拍了一张照片，但是照片的颜色偏暗，里面的内容不能很清楚地被识别，但这张照片又非常珍贵，有没有什么办法可以对其进行处理？

阿智：使用Photoshop CS6就能轻松解决，当照片曝光不足时，整体的效果就会偏暗，这样就不能清楚地展现其中的内容。若使用Photoshop的“曝光度”命令来恢复照片效果，再对其进行一些细节的处理，就能让其变成一张完美的照片。

步骤01 打开图像文件，按Ctrl+J组合键，复制背景图层得到“图层1”，如图6-77所示。

图6-77

步骤02 在菜单栏上选择“图像”|“调整”|“曝光度”命令打开“曝光度”对话框，❶在其中分别设置曝光度、位移和灰度系数属性，❷单击“确定”按钮，如图6-78所示。

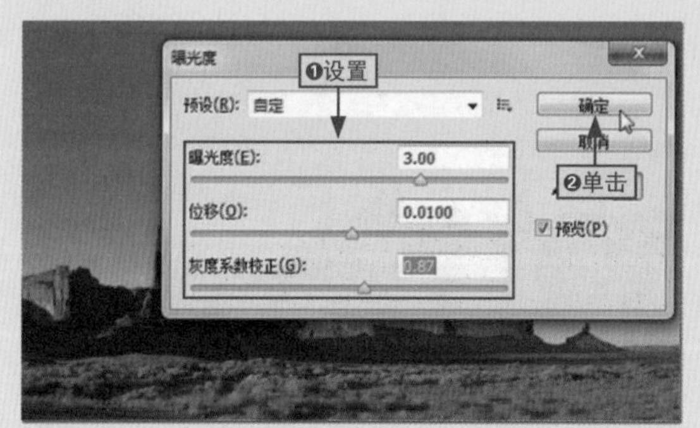

图6-78

步骤03 打开“通道”面板，单击“将通道作为选区载入”按钮，在图像窗口中可以看到高光调区域被创建为选区，如图6-79所示。

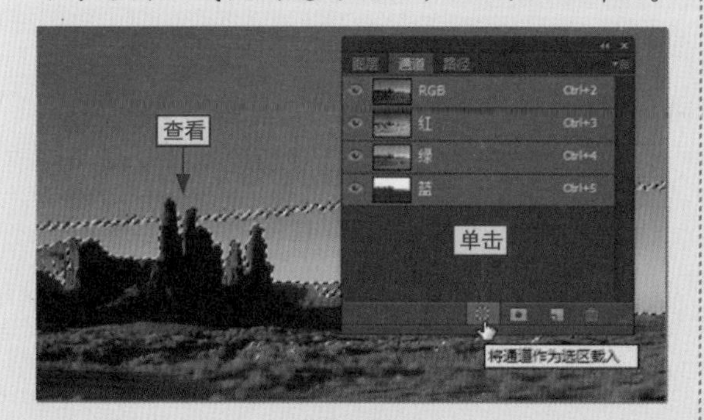

图6-79

步骤04 按Ctrl+J组合键复制选区内的图像到“图层2”中，在图层面板中将其混合模式设置为“滤色”，在图像窗口中可以看到图像增加了高光效果，如图6-80所示。

图6-80

步骤05 按Ctrl+Alt+Shift+E组合键盖印图层（盖印图层就是将所有可见图层的操作合并到一个新的图层中）得到“图层3”，如图6-81所示。

图6-81

步骤06 在菜单栏上选择“图像”|“调整”|“可选颜色”命令打开“可选颜色”对话框，❶在“颜色”下拉列表中选择“黄色”选项，❷将下方的各参数设置为“-40”、“+25”、“+40”和“+20”，如图6-82所示。

图6-82

步骤07 ❶在“颜色”下拉列表中选择“蓝色”选项，❷将下方的各参数设置为“+20”、“+40”、“0”和“-10”，如图6-78所示。

图6-83

步骤08 ❶在“颜色”下拉列表中选择“白色”选项，❷将下方的各参数设置为“0”、“0”、“-10”和“-40”，❸单击“确定”按钮，如图6-84所示。

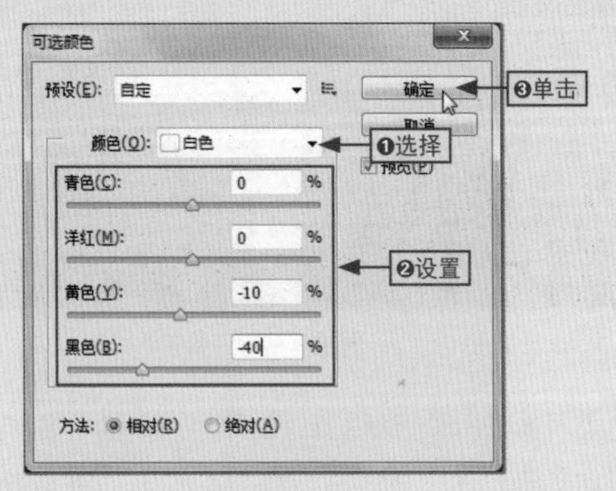

图6-84

步骤09 返回到图像窗口中，用户即可查看到恢复到正常的图像效果，如图6-85所示。

图6-85

给你支招 | 如何制作具有意境效果的黑白图像

小白：阿智，我看到很多人通过单反相机拍摄出的黑白照片非常有意境，那么我可不可以将图像制作成具有意境的黑白色呢？

阿智：当然可以，彩色图像是通过色彩来丰富画面的，而黑白图像则只能采用黑色、白色和灰色来诠释。此时，我们可以通过Photoshop的色彩调整功能，将彩色图像制作出经典的黑白效果。

步骤01 打开图像文件，按Ctrl+J复制图层得到“图层1”，然后按Alt+Shift+ Ctrl+B组合键，如图6-86所示。

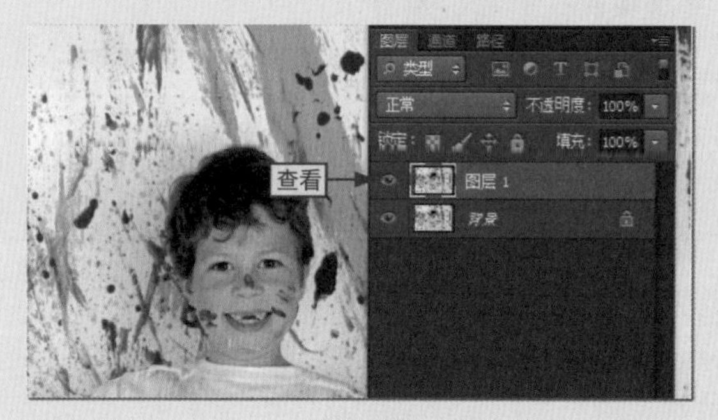

图6-86

步骤02 打开“黑白”对话框，❶在其中对各选项参数进行设置，❷单击“确定”按钮，如图6-87所示。

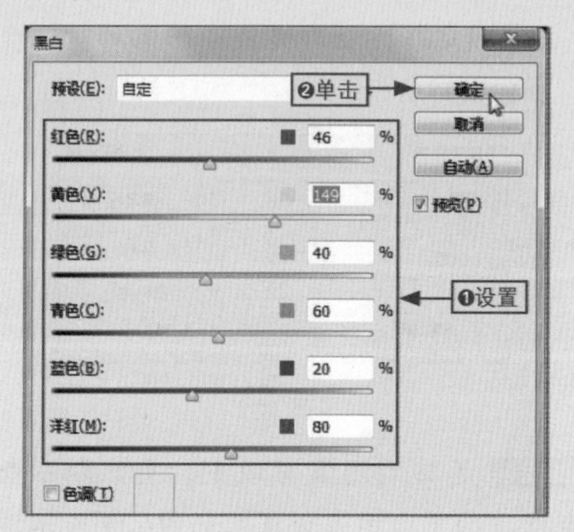

图6-87

步骤03 返回到图像窗口中，用户可以看到图像已经去除了彩色效果，如图6-88所示。

图6-88

步骤04 选择“椭圆选框工具”选项，并在其工具选项栏中设置羽化为“50像素”，使用该工具在小男孩面部区域创建选区，按Ctrl+J组合键复制选区得到“图层2”，如图6-89所示。

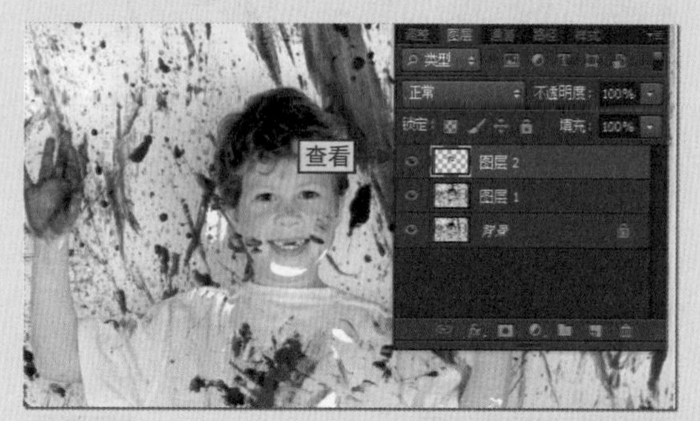

图6-89

步骤05 按Ctrl+L组合键，打开“色阶”对话框，❶在“输入色阶”文本框中输入“23”、“1.8”和“240”，❷单击“确定”按钮，如图7-90所示。

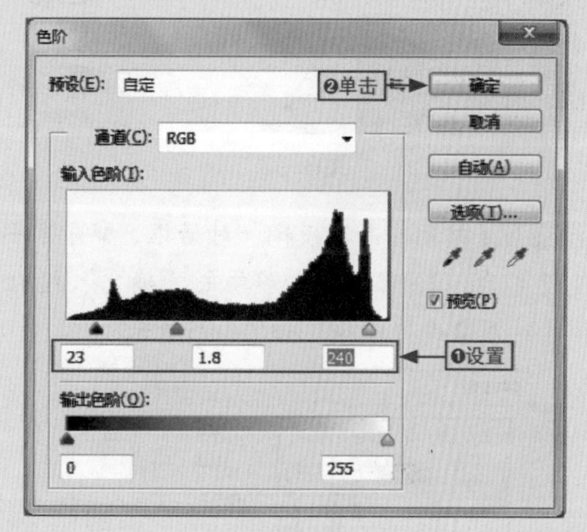

图6-90

步骤06 返回到图像窗口中，用户可以发现图像中人物面部被提亮的效果，如图6-91所示。

步骤07 按Ctrl+Alt+Shift+E组合键盖印图层得到“图层3”，然后在菜单栏中选择“滤镜”|“模糊”|“高斯模糊”命令（后面章节会详解滤镜的知识），如图6-92所示。

图6-91

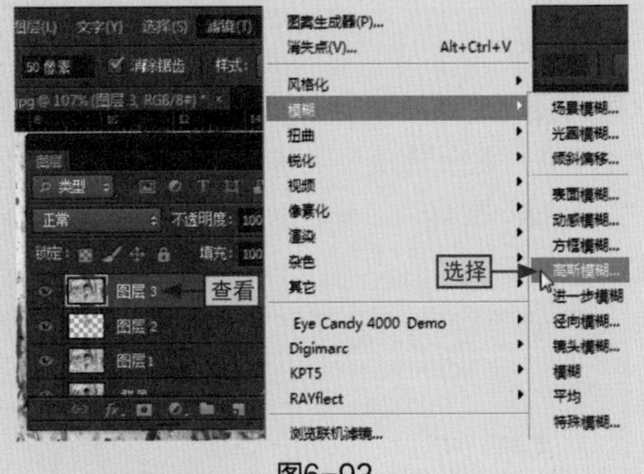

图6-92

步骤08 打开“高斯模糊”对话框，❶将其半径设置为“2.0像素”，❷单击“确定”按钮即可对图像进行模糊，如图6-93所示。

图6-93

步骤09 在“图层”面板中设置“图层3”的图层混合模式为“柔光”，从而使图像变得更加柔和，如图6-94所示。

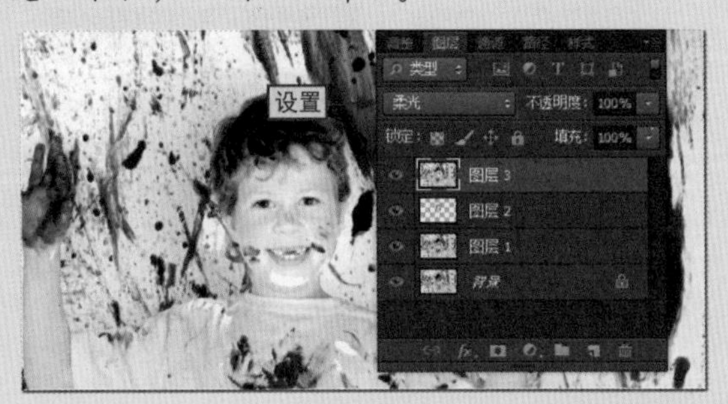

图6-94

步骤10 通过“图像”|“调整”|“亮度/对比度”命令打开“亮度/对比度”对话框，❶将亮度和对比度分别设置为“-10”和“60”，❷单击“确定”按钮即可提高图像的对比度效果，如图6-95所示。

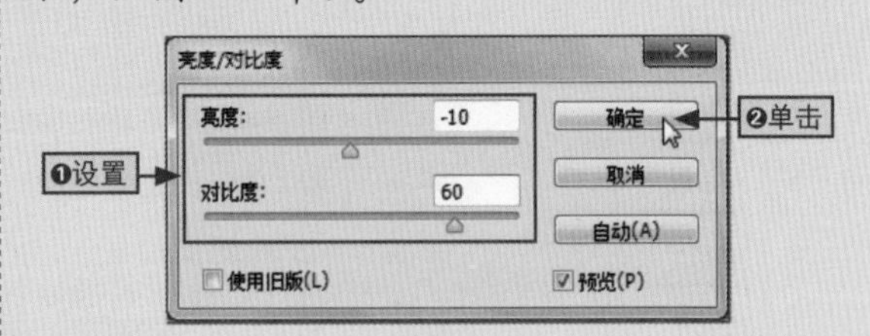

图6-95

步骤11 返回到图像窗口中，用户即可查看到有意境的黑白图像效果，如图6-96所示。

图6-96

学习目标

在Photoshop CS6中，蒙版和通道是非常重要的图像处理工具。在实际的应用中，蒙版可以用来指定或选取固定区域，不被其他操作影响，而起到遮盖图像的作用；通道则用来记录图像中的颜色信息、选区内容等，这样可以更加精确的选取图像，本章主要介绍蒙版与通道的具体使用方法。

本章要点

- 蒙版的作用
- 认识“属性”面板
- 图层蒙版
- 矢量蒙版
- 剪贴蒙版
- 快速蒙版
- “通道”面板
- 通道的类型
- 通道的基本操作
- 复制通道

知识要点	学习时间	学习难度
蒙版的概况	30 分钟	★★
认识不同类型的蒙版	60 分钟	★★★★
通道的概念与编辑通道	50 分钟	★★★

7.1 蒙版概况

阿智：小白，你接触Photoshop有一段时间了，知道什么是蒙版吗？

小白：我知道蒙版源自摄影，它是不是就是曝光呀？

阿智：蒙版确实源自于摄影，指的是控制照片不同区域的曝光的传统暗房技术，但Photoshop中的蒙版却与摄影中的曝光无关，它只是利用了照片区域处理的原理。下面我就带你来认识一下蒙版。

蒙版是Photoshop中一种独特的图像处理方式，主要用于隔离和保护图像中的特定区域。当需要对图像中的指定区域进行颜色调整和滤镜处理等操作时，被蒙版蒙住的区域将不会受到影响。

7.1.1 蒙版的作用

在Photoshop CS6中，蒙版就是一种遮盖图像指定区域的工具，它可以为图像添加遮罩效果，控制图像区域的显示或隐藏。因此，蒙版最主要的作用就是合成图像。如图7-1所示为使用蒙版合成的图像效果。

学习目标 了解蒙版的作用

难度指数 ★

图7-1

在对图像的某一特定区域运用颜色变化、滤镜和其他效果时，没有被选择的区域会受到保护和隔离而不被编辑。

蒙版和选区在使用和效果上有相似之处，但蒙版可以利用Photoshop的大部分功能，甚至其滤镜更为详细地描述出具体想要操作的区域，而选区的功能有限。Photoshop中蒙版有3个主要的作用，分别是抠图、作图的边缘淡化效果以及图层间的融合。

7.1.2 认识蒙版“属性”面板

在Photoshop CS6中，“属性”面板主要用于调整所选图层中的图层蒙版和矢量蒙版的不透明度、羽化范围以及颜色范围等属性。在创建了图层蒙版或矢量蒙版后，“属性”面板中就会显示出蒙版的设置选项，如图7-2所示为“属性”面板。

同时，在使用“光照效果”滤镜创建图层时（后面会详解滤镜），也会使用到“属性”面板。

学习目标 认识蒙版“属性”面板

难度指数 ★

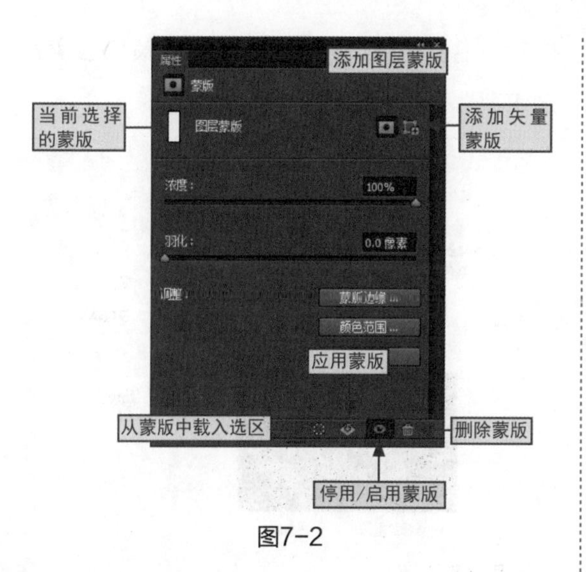

图7-2

当前选择的蒙版

当前选择的蒙版显示出了在“图层”面板中所选择的蒙版类型。此时，用户可以在“属性”面板中对其进行编辑，如图7-3所示。

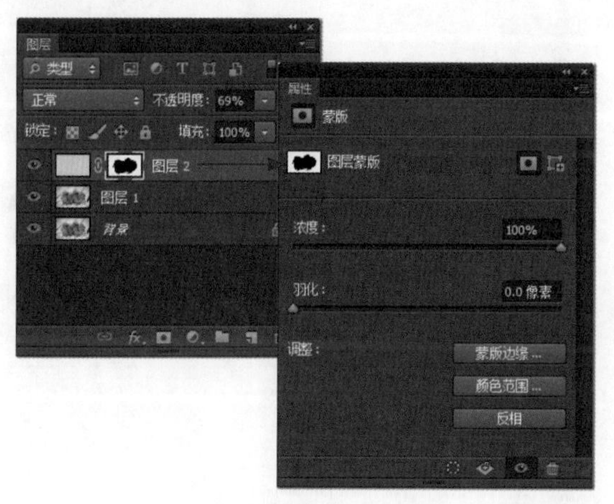
图7-3

添加图层蒙版

单击“添加图层蒙版”按钮，用户可以为当前图层添加一个图层蒙版。

添加矢量蒙版

单击“添加矢量蒙版”按钮，用户可以为当前图层添加一个矢量蒙版。

“浓度”滑块

拖动“浓度”滑块，可以调整蒙版的不透明度，也就是蒙版的遮盖程度，如图7-4（上图）所示浓度为50%的图像效果，图7-4（下图）所示浓度为100%的图像效果。

图7-4

“羽化”滑块

拖动“羽化”滑块，可以柔化蒙版的边缘，如图7-5所示。

图7-5

“蒙版边缘”按钮

单击“蒙版边缘”按钮会打开“调整蒙版”对话框，如图7-6所示。在其中可以修改蒙版边缘，并针对不同的背景查看蒙版，其操作与调整选区边缘非常相似。

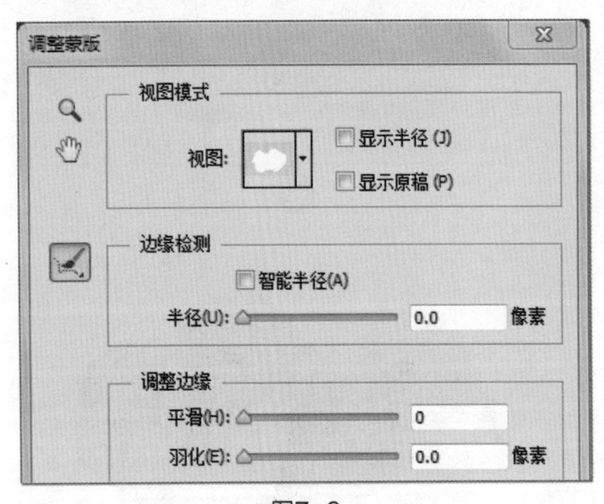

图7-6

“颜色范围”按钮

单击“颜色范围”按钮会打开“色彩范围”对话框，如图7-7所示。然后在其中就可以对图像进行取样，并通过调整颜色容差来修改蒙版范围。

图7-7

“反相”按钮

单击“反相”按钮可以翻转蒙版的遮挡区域，处理后的效果如图7-8所示。

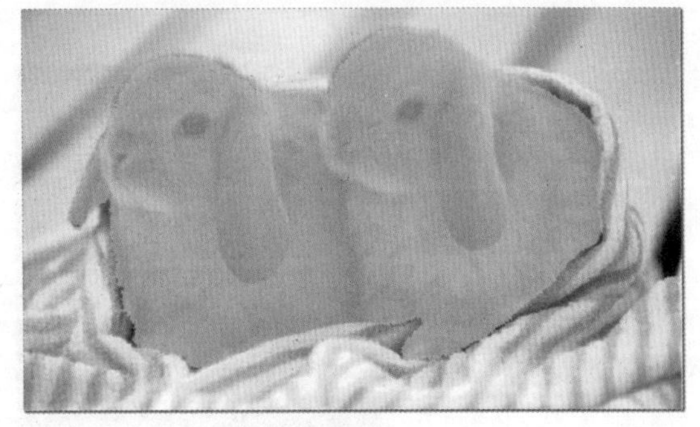

图7-8

“从蒙版中载入选区”按钮

单击“从蒙版中载入选区”按钮可以载入蒙版中包含的选区，效果如图7-9所示。

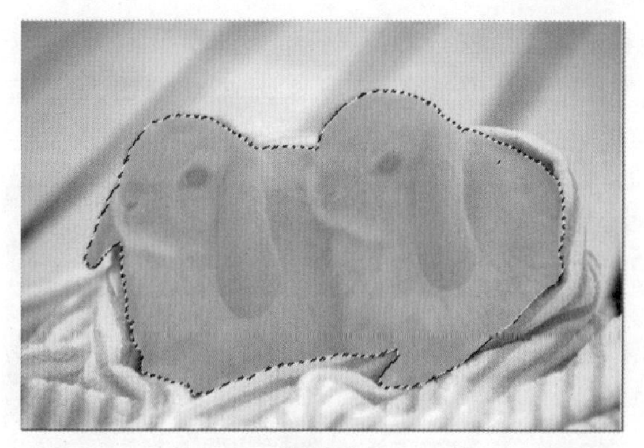

图7-9

“应用蒙版”按钮

单击“应用蒙版”按钮可以将蒙版应用到图像中，同时也会删除被蒙版所遮盖的图像。

“停用/启用蒙版”按钮

单击“停用/启用蒙版”按钮可以停用或重新启用蒙版。当蒙版被停用时，在蒙版缩略图上就会出现一个红色“×”，如图7-10所示。

图7-10

“删除蒙版”按钮

单击“删除”按钮可删除当前图层上的蒙版。手动将蒙版缩略图拖动到“图层”面板上的“删除图层”按钮上，也可以删除蒙版，如图7-11所示。

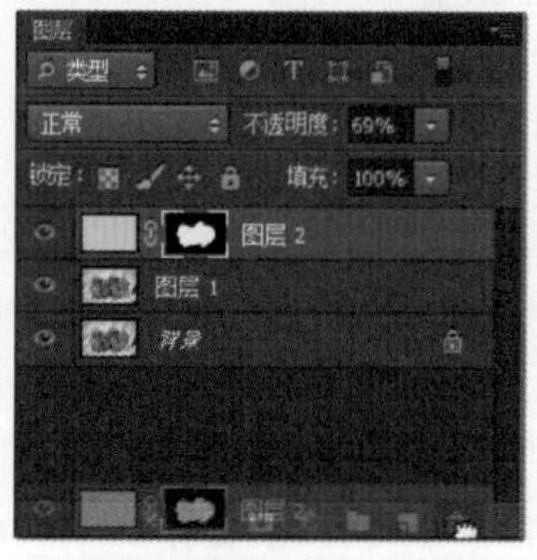

图7-11

7.2 认识不同类型的蒙版

小白：阿智，我看你前面介绍“属性”面板时，提到了图层面板和矢量面板的添加，那么蒙版到底有哪些类型呢？

阿智：其实在Photoshop中，总共有4种蒙版，分别是图层蒙版、矢量蒙版、剪贴蒙版和快速蒙版，各个蒙版都具有各自的特色。下面我就来给你具体介绍一下。

在Photoshop CS6中，蒙版的功能就是将不同的灰度色值转化为不同的透明度，并将其作用在图层上，从而使图层的透明度发生变化。不同类型的蒙版具有不同的特点，掌握它们的使用方法，就可以满足各种编辑需求。

7.2.1 图层蒙版

图层蒙版也称为像素蒙版，是最常见的蒙版类型，主要作用是蒙在图层上边，起到遮盖图层的作用，而图层蒙版本身却不可见。图层蒙版主要用于合成图像，其利用填充工具，可填充不同灰度的颜色，其中白色为显示部分；黑色为隐藏部分；灰色为半透明显示部分。

1. 创建图层蒙版

在我们需要遮盖图像的部分区域时，用户可以先为其添加一个图层蒙版，然后再调整该蒙版的颜色即可。下面我们就来看看如何创建图层蒙版。

本节素材	/素材/Chapter07/红花.jpg、蜂鸟.jpg
本节效果	/效果/Chapter07/红花.psd
学习目标	掌握创建图层蒙版的方法
难度指数	★★★

步骤01 打开“红花.jpg”和“蜂鸟.jpg”素材文件，在“蜂鸟”图像窗口中按Ctrl+A组合键全选图像，然后按Ctrl+C组合键复制图像，如图7-12所示。

图7-12

步骤02 切换到“红花”图像窗口中，按Ctrl+V组合键粘贴图像，此时“图层”面板中添加了“图层1”，如图7-13所示。

图7-13

步骤03 将“图层1”的不透明度设置为“40%”（便于对其进行变形操作时能更清楚地看到图像的位置），如图7-14所示。

图7-14

步骤04 按Ctrl+T组合键显示定界框，将鼠标光标移动到定界框的控制点上，调整图像的大小与方向，然后调整图像的位置，完成后按Enter键退出定界框，图像效果如图7-15所示。

图7-15

步骤05 ❶在“图层”面板上将“图层1”的不透明度设置为“100%”，❷单击“添加图层蒙版”按钮，如图7-16所示。

图7-16

步骤06 选择画笔工具（前景色为黑色），在图像中进行涂抹，清除图层蒙版中不需要的图像部分，如图7-17所示。

图7-17

步骤07 此时，在图像中可以看到图像的合成效果，如图7-18所示。

图7-18

小绝招

3种类型的图层蒙版

在“图层”下拉菜单中选择“图层蒙版”|“显示全部”命令可以创建一个显示图层内容的白色蒙版。在“图层”下拉菜单中选择“图层蒙版/隐藏全部”命令，可以创建一个隐藏图层内容的黑色蒙版。在“图层”下拉菜单中选择“图层蒙版/从透明区域”命令，可以创建一个显示图层中透明内容的灰色蒙版。

2. 调整图层蒙版

在Photoshop CS6中，如果对图像创建了调整图层后，系统都会自动创建一个图层蒙版，以便于用户编辑图像应用区域。

学习目标 熟悉调整图层蒙版的应用

难度指数 ★★

打开“调整”面板，在其中创建调整图层，根据图层蒙版的功能，系统会自动在“图层”面板中创建一个图层蒙版，如图7-19所示。

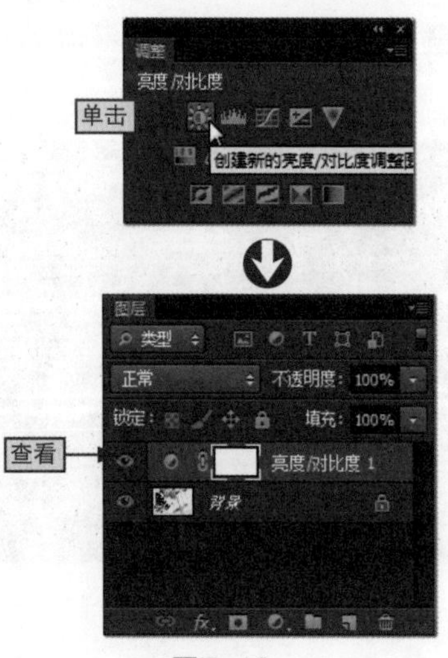

图7-19

3. 链接与取消链接图层蒙版

图层蒙版成功创建后，在图像缩略图与图层蒙版缩略图中会出现一个链接图标。链接图标表示图像与蒙版正处于链接状态，此时如果对图像进行变换操作，蒙版也会跟着一起发生变换。

如果要取消与蒙版之间的链接，用户可直接在“图层”面板中单击“链接”图标，如图7-20所示，或者在“图层”下拉菜单中选择“图层蒙版”|“取消链接”命令，如图7-21所示。

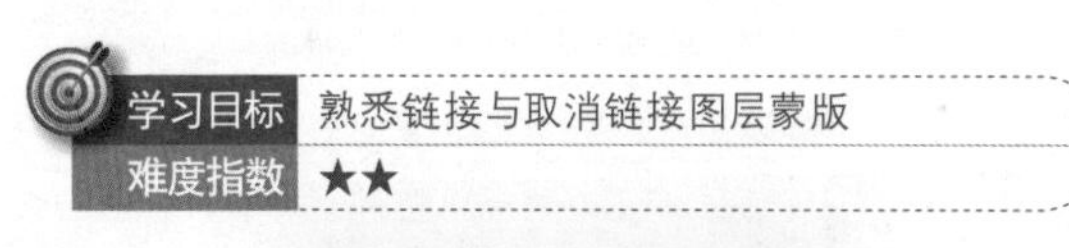

学习目标	熟悉链接与取消链接图层蒙版
难度指数	★★

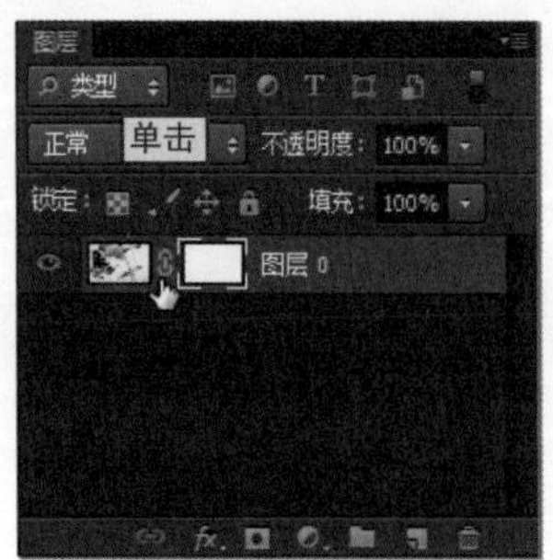

图7-20

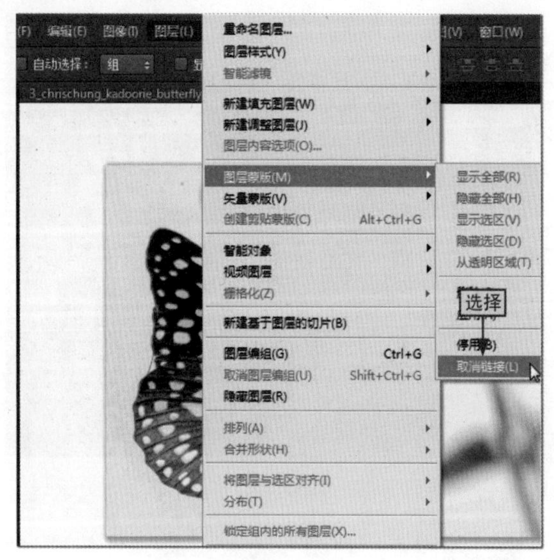

图7-21

7.2.2 矢量蒙版

矢量蒙版是指通过矢量图形控制图像的显示与隐藏，在对图像进行编辑的过程中，其不会受到像素的影响，从而可以随意地缩放图像尺寸，而不会影响到图像的清晰度。

1. 创建矢量蒙版

矢量蒙版是由钢笔工具和自定形状等矢量工具创建的蒙版，而且蒙版创建好以后，还可以利用这些矢量工具对其进行编辑，其具体的创建操作如下。

本节素材	⊙/素材/Chapter07/海豚.psd
本节效果	⊙/效果/Chapter07/海豚.psd
学习目标	掌握创建矢量蒙版的方法
难度指数	★★★

步骤01 打开“海豚.psd”素材文件，❶在工具箱中选择“自定形状工具”选项，❷在自定形状工具选项栏中选择“路径”选项，如图7-22所示。

图7-22

步骤02 ❶单击“形状”下拉按钮，❷在打开的“形状”面板中选择“红心形卡”选项，如图7-23所示。

图7-23

步骤03 在图像窗口中，❶按住鼠标左键并拖动来绘制路径，❷在“图层”下拉菜单中选择“矢量蒙版”|“当前路径”命令，如图7-24所示。

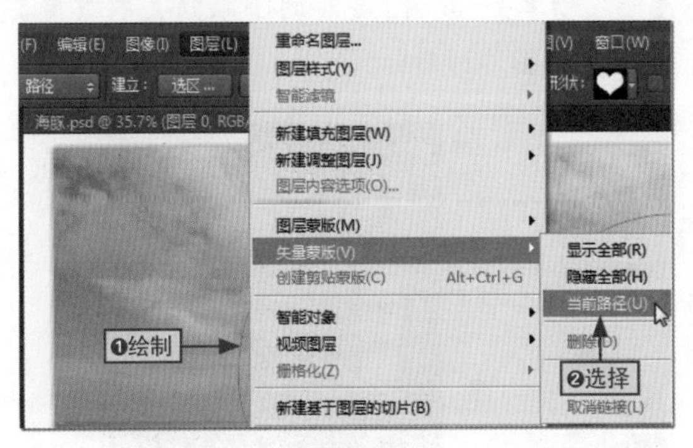

图7-24

步骤04 此时，在图像窗口中可以看到基于当前路径创建矢量蒙版，路径外的图像已经被蒙版遮住，如图7-25所示。

图7-25

通过“图层”面板创建矢量蒙版

除了可以通过在“图层”下拉菜单中选择“矢量蒙版”|“当前路径”命令，创建矢量蒙版以外，还可以通过“图层”面板来创建。在“图层”面板中，首先按住 Ctrl 键，同时单击按钮即可快速创建矢量蒙版，如图 7-26 所示。

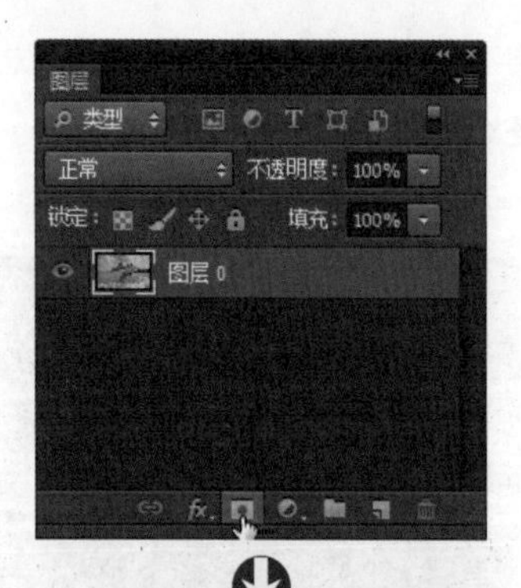

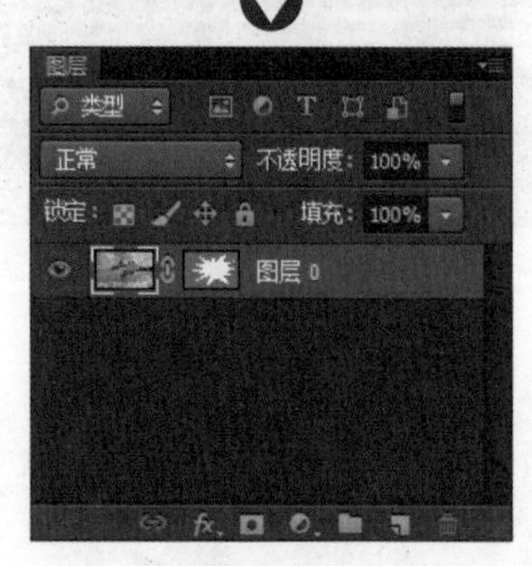

图7-26

2. 将矢量蒙版转换为图层蒙版

在成功创建矢量蒙版之后，用户可根据实际的图像编辑需要，将其转换为图层蒙版。

选择矢量蒙版所在的图层，在“图层”下拉菜单中选择“栅格化”|“矢量蒙版”命令，将矢量蒙版栅格化，将其转换为图层蒙版，如图7-27所示为矢量蒙版，如图7-28所示为转换后的图层蒙版效果。

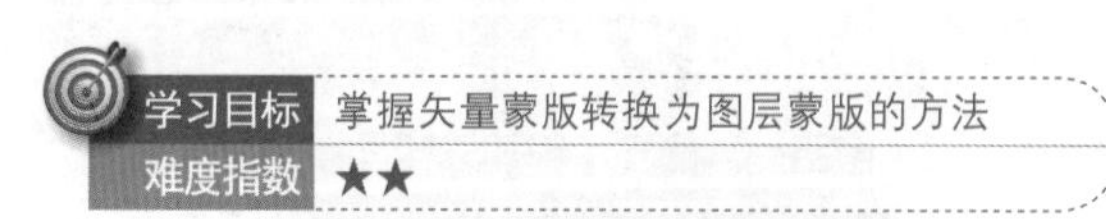

学习目标	掌握矢量蒙版转换为图层蒙版的方法
难度指数	★★

图7-27

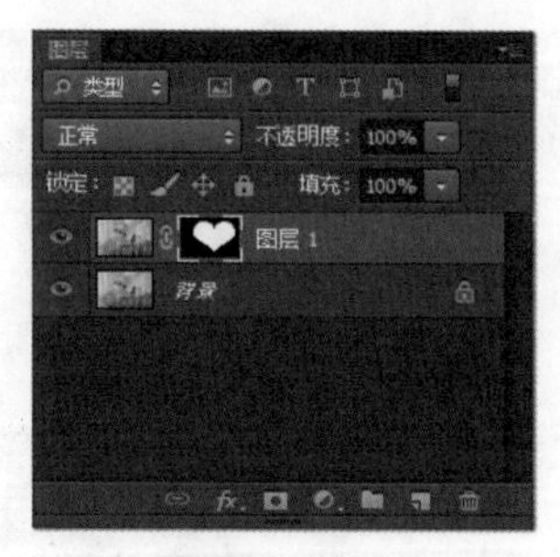

图7-28

7.2.3 剪贴蒙版

剪贴蒙版可以用一个图层中包含的形状来显示上方图层的显示状态，因此想要创建剪贴蒙版，图像中至少需要拥有两个图层。由于创建剪贴蒙版需要对两个及两个以上的图层进行操作，因此，它相对于图层蒙版与矢量蒙版，操作更为复杂一些。其具体操作如下。

本节素材	⊙/素材/Chapter07/宝贝.psd
本节效果	⊙/效果/Chapter07/宝贝.psd
学习目标	掌握创建剪贴蒙版的方法
难度指数	★★★

步骤01 打开“宝贝.psd”素材文件，❶在“图层”面板的“背景”图层上方新建一个图层，❷单击baby图层前的小眼睛，将其隐藏起来，如图7-29所示。

图7-29

步骤02 ❶在工具箱中选择自定形状工具，❷在工具选项栏中选择“像素”选项，如图7-30所示。

图7-30

步骤03 在“形状”面板中选择“红心形卡”选项，然后在图像窗口中绘制形状，如图7-31所示。

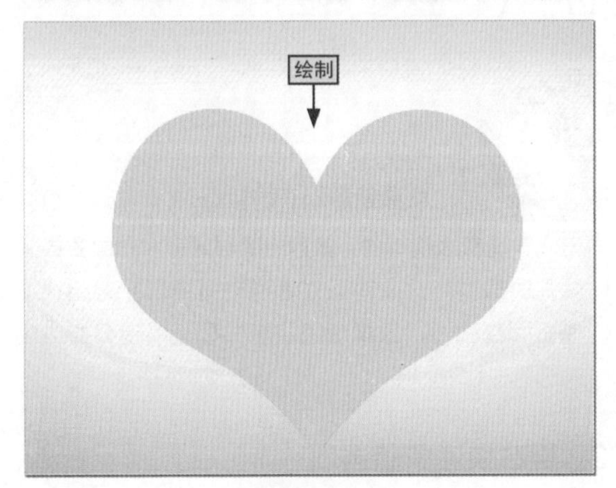

图7-31

步骤04 ❶单击baby图层前的按钮，将其显示出来，❷在“图层”下拉菜单中选择“创建剪贴蒙版”命令或按Alt+Ctrl+G组合键，将baby图层与其下方的图层创建为一个剪贴蒙版组，如图7-32所示。

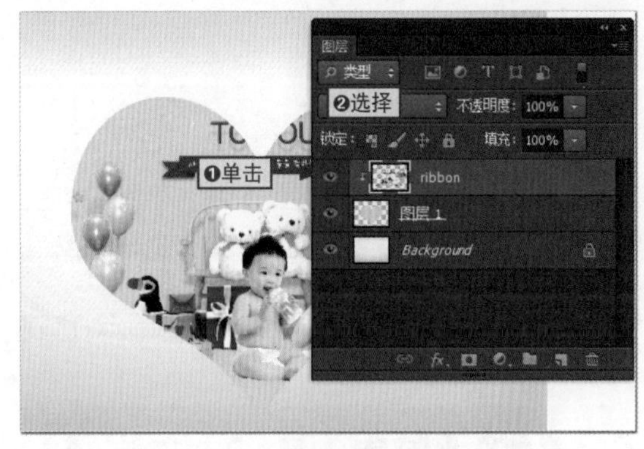

图7-32

步骤05 双击新建的“图层1”，打开“图层样式”对话框，❶选择“描边”选项，❷在右侧的“描边”栏中进行相应的设置，然后单击“确定”按钮即可添加图层效果，如图7-33所示。

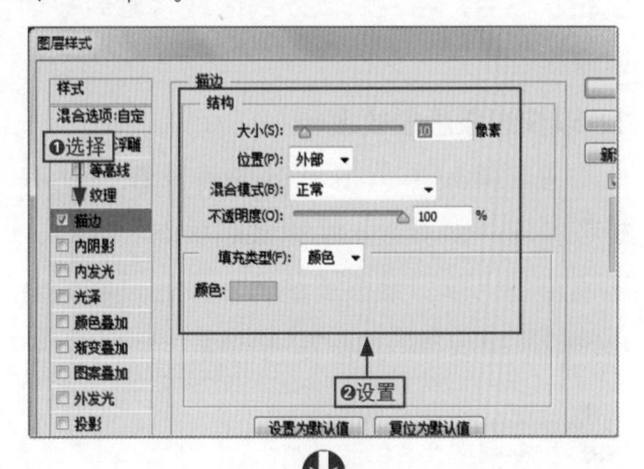

图7-33

基底图层和剪贴图层

位于最下方的图层叫基底图层，它决定了蒙版的显示形态；位于基底图层上方的图层叫作剪贴图层，基底图层只有一个，而剪贴图层可以有多个。

7.2.4 快速蒙版

快速蒙版主要用于在图像窗口中快速选取需要的图像区域，以此来创建需要的选区。使用画笔工具在蒙版中进行绘制时，在默认情况下以半透明红色显示，退出蒙版编辑状态后，在蒙版以外的区域将自动被创建为选区。

1. 以快速蒙版模式编辑

在工具箱中单击“以快速蒙版模式编辑”按钮，即可进入快速蒙版状态。同时，再次单击“以标准模式编辑”按钮，将会退出快速蒙版状态，如图7-34所示。

学习目标 掌握以快速蒙版模式编辑图像的方法

难度指数 ★★

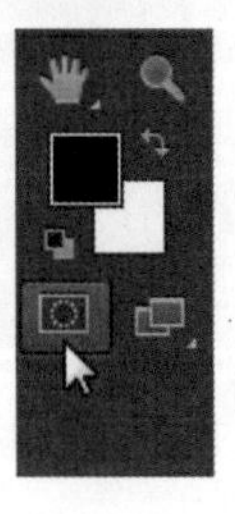

图7-34

进入快速蒙版状态后，用户可以使用画笔工具在蒙版中进行编辑，最终将蒙版外的区域创建为选区，如图7-35所示为通过快速蒙版创建选区。

图7-35

快速蒙版模式的特点

进入快速蒙版模式时，会产生临时通道（后面会详解临时通道），此时可对通道进行编辑；退出快速蒙版模式后，原蒙版里原图像显现的部分便成为选区。

2. 更改快速蒙版选项

在工具箱中双击“以快速蒙版模式编辑”按钮，即可打开“快速蒙版选项”对话框。在“快速蒙版选项”对话框的“色彩指示”栏中选中“所选区域”单选按钮，即可将绘制的蒙版区域创建为选区，如图7-36所示为更改快速蒙版选项，并查看效果。

学习目标 掌握更改快速蒙版选项的方法

难度指数 ★★

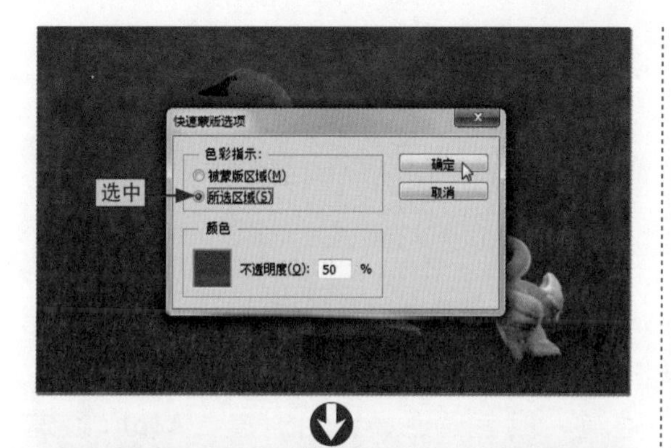

图7-36

如何修改快速蒙版的颜色

快速蒙版的颜色默认为红色，如果想要修改快速蒙版的颜色，可以在“快速蒙版选项”对话框中单击颜色色块，即可打开“快速蒙版颜色”拾色器，在其中即可修改颜色，如图7-37所示。

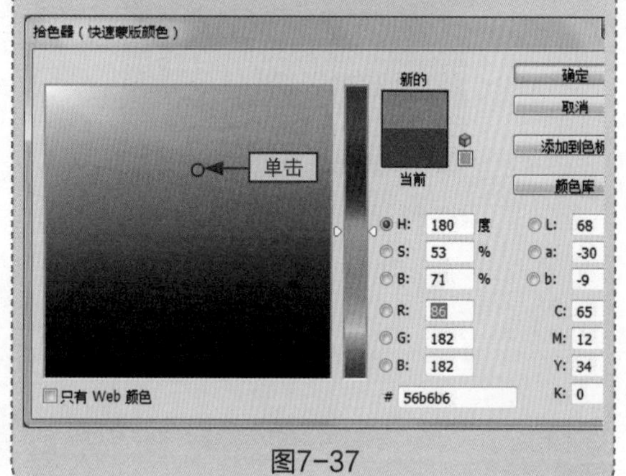

图7-37

7.3 通道的概念

小白：阿智，你在前面介绍其他知识时，讲解到了通道，感觉它对处理图像颜色信息非常有用，那么通道到底是什么呢？

阿智：其实，在使用Photoshop处理图像的过程中，了解和掌握通道的使用方法至关重要，因为它是学习Photoshop的必经之路。下面我就先给你介绍一下“通道”面板与通道的分类。

通道是由遮板演变而来的，从狭义上来说通道就是选区。在通道中，白色表示要处理的区域；黑色表示不需处理的区域。通道没有独立的意义，而是依附于图像体现其功能。

7.3.1 “通道”面板

“通道”面板主要用于创建、保存和管理通道。当打开任意一幅图像时，Photoshop会自动创建该图像的颜色信息通道，此时在“通道”面板中即可查看到图像的通道信

息。如图7-38所示为“通道”面板。

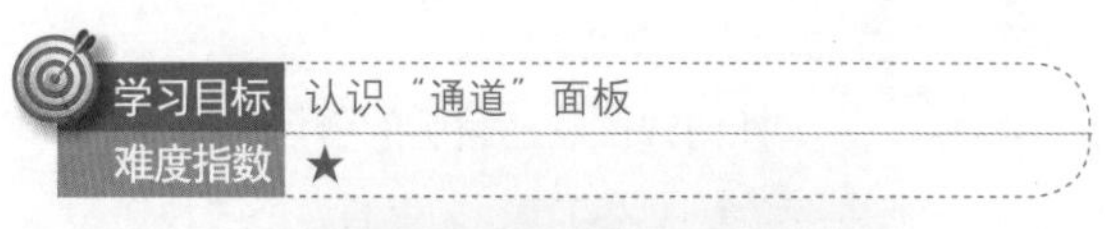

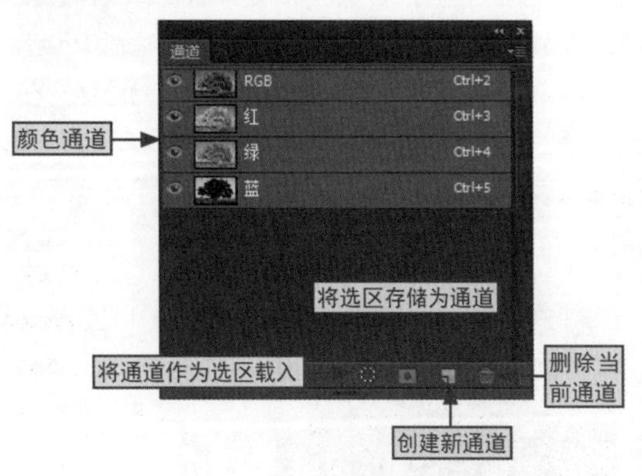

图7-38

在“通道”面板中有多个选项，下面我们就来看看这些选项的含义，如图7-39所示。

颜色通道

颜色通道是用于记录图像颜色信息的通道。

将通道作为选区载入

单击“将通道作为选区载入”按钮可以载入所选通道内的选区。

将选区存储为通道

单击“将选区存储为通道”按钮可以将图像中选择的区域保存为通道。

创建新通道

单击“创建新通道”按钮，则可以创建出一个Alpha通道。

删除当前通道

单击“删除当前通道”按钮，即可删除当前所选择的通道。

图7-39

7.3.2 通道的类型

通道作为图像的组成部分，与图像的格式密不可分，图像颜色和格式的不同决定了通道的数量和模式，在“通道”面板中可以非常直观地查看到这些效果。

根据通道的用途，可以将其分为复合通道、颜色通道、专用通道、Alpha通道和临时通道。下面就来对它们进行详细的介绍。

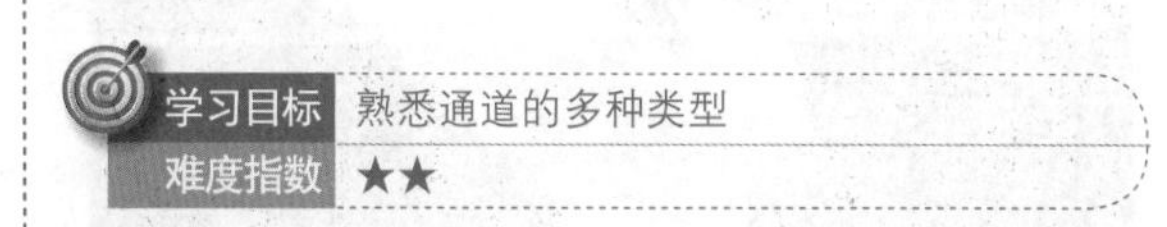

复合通道和颜色通道

在“通道”面板中，最先列出的通道是复合通道，在复合通道下可以同时预览和编辑所有的颜色通道。

根据图像颜色模式可以决定复合通道和颜色通道的名称，如图7-40所示为RGB颜色模式。在“通道”面板中可以看到RGB复合通道以及红、绿、蓝的颜色通道。

图7-40

专色通道

专色通道是一种特殊的颜色通道，它可以使用除了青色、洋红、黄色和黑色以外的颜色来绘制图像。在印刷中为了让印刷作品与众不同，往往要做一些特殊处理。

在“通道”面板中，单击右上角的■按钮，在打开的下拉菜单中选择“新建专色通道”命令，即可打开“新建专色通道”对话框。在对话框中设置通道的名称和油墨颜色。返回到“通道”面板中即可得到一个专色通道，如图7-41所示。

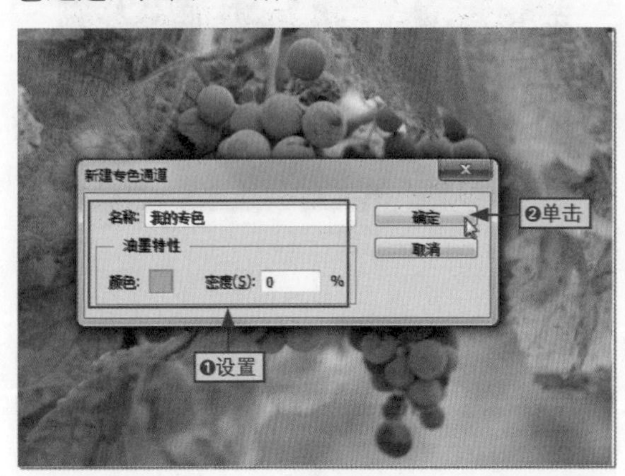

图7-41

Alpha通道

Alpha通道在图像中有3个作用，一是保存选区范围，且不会影响图像的显示和印刷效果；二是可以将选区存储为灰度图像，这样就可以使用画笔和渐变等工具通过Alpha通道来更改选区；三是可以直接通过Alpha通道载入选区。

在“通道”面板中，单击“创建新通道”按钮，即可创建一个Alpha通道；也可以在创建选区后，单击“将选区创建为通道”按钮新建Alpha通道，如图7-42所示。

图7-42

小绝招　Alpha通道与快速蒙版的联系

在实际处理图像的过程中，快速蒙版可以说是Alpha 通道的一个延伸，它也经常被用于建立和编辑选区。在保存一个图像文件时，有不少图像格式可以支持同时保存 Alpha 通道，以便下次打开文件后随时载入 Alpha 通道中的选区信息。而快速蒙版只是一种临时的选区，退出快速蒙版状态后，选区的操作不会保留在“通道”面板中。

临时通道

临时通道是指临时存在的通道，用于暂时保存图像选区信息，在调整了图层，创建了图层蒙版或进入快速蒙版状态后，“通道”面板上都会产生一个临时通道。

此时，在“通道”面板中即可查看到名为“曲线 1蒙版”的临时通道，如图7-43所示。

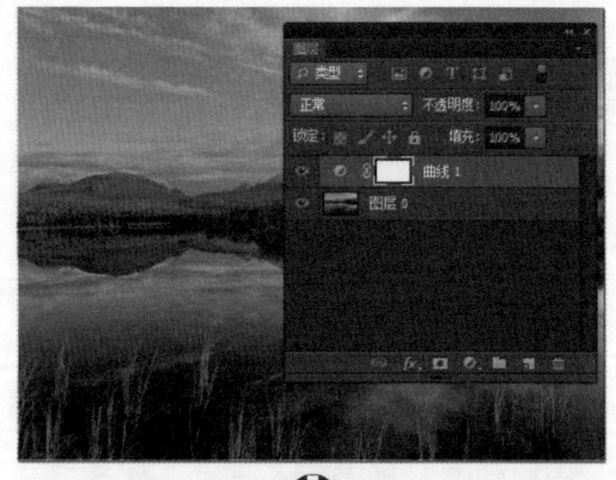

图7-43

7.4 编辑通道

小白：阿智，既然通道如此重要，那它能不能像图层一样进行编辑，如复制和重命名等。

阿智：当然可以，不过除了这些简单的编辑操作外，通道还有许多高级的编辑操作，如通道与选区的转换、应用图像、编辑和修改专色、同时显示通道和图像等，下面我来给你介绍一下。

在Photoshop CS6中，与通道有关的选项和命令非常多，如创建通道、复制通道和删除通道等。这些操作通过“通道”面板即可实现。下面就来对它们进行详细介绍。

7.4.1 通道的基本操作

在“通道”面板中最基本的操作就是选择通道，因为想要对通道进行操作，首先需要选择通道。选择通道的方式有两种，分别是选择单个通道和选择多个通道。

学习目标 掌握通道的基本操作方法

难度指数 ★

选择单个通道

只要在“通道”面板中选择一个通道选项，即可选中该通道，在图像窗口中就会显示所选通道的灰色图像，如图7-44所示。

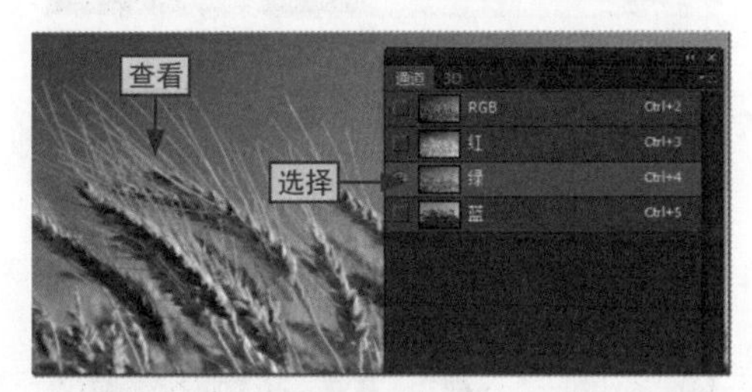

图7-44

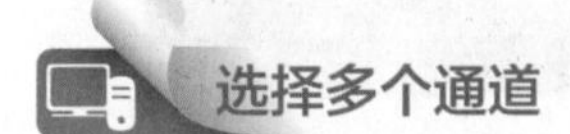

选择多个通道

在“通道”面板中按住Shift键，然后依次选择其他多个通道，此时图像窗口中会显示多个颜色通道的复合信息，如图7-45所示。

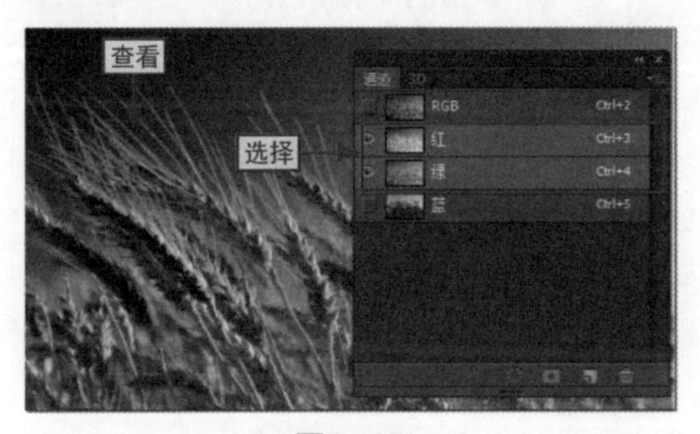

图7-45

7.4.2 复制通道

如果在“通道”面板中直接对颜色通道进行编辑，则会改变图像的色彩效果。但要使用颜色通道创建选区时，则可以复制颜色通道，然后对复制的副本进行编辑。

在“通道”面板中，选择需要复制的颜色通道，并在其上右击，在弹出的快捷菜单中选择“复制通道”命令，即可打开“复制通道”对话框，在其中设置通道的名称，单击“确定”按钮即可复制所选颜色的通道，如图7-46所示。

学习目标 掌握复制通道的方法

难度指数 ★★

图7-46

7.4.3 通道与选区的转换

在Photoshop CS6中，通道和选区可以相互转换，只需要通过“通道”面板中的两个功能按钮即可实现。

学习目标 掌握通道与选区的转换方法

难度指数 ★★

将选区转换为通道

如果在图像中创建了选区，则可以在“通道”面板中单击“将选区存储为通道”按钮，将选区保存到通道中，如图7-47所示。

图7-47

将通道转换为选区

在“通道”面板中，选择要载入选区的通道，单击面板底部的“将通道作为选区载入”按钮或按住Ctrl键，同时单击通道，如图7-48所示。

图7-48

小绝招 **选区的加载技巧**

如果当前图像中含有选区，那么按住 Ctrl 键，同时单击“图层”、“路径”或“通道”面板中的缩略图，则可以进行选区的运算。例如，按住 Ctrl 键同时单击面板中的缩略图可以载入选区；按住 Ctrl+Shift 组合键单击缩略图，则可将其添加到现有选区中。

给你支招 | 如何通过编辑颜色通道更改图像色调

小白：在Photoshop CS6中，利用颜色通道可以制作出具有艺术性的画面效果吗？具体应该怎么操作呢？

阿智：当然可以，因为通道中存储了所有的颜色信息，在调整图像色调时，可以通过对不同颜色通道的复制与粘贴而快速改变图像色调，再填充一些柔和的白色晕影效果，就可以制作出你需要的效果了，其具体操作如下。

步骤01 打开图像文件，在“图层”面板中按Ctrl+J组合键复制背景图层，如图7-49所示。

图7-49

步骤02 在“通道”面板中选择“绿”通道，按Ctrl+A组合键全选图像，按Ctrl+C组合键复制图像，如图7-50所示。

图7-50

步骤03 ❶在“通道”面板中选择“蓝”通道，按Ctrl+V组合键粘贴“绿”通道，❷选择RGB通道，如图7-51所示。

图7-51

步骤04 取消图像的选区，选择椭圆选框工具，设置羽化值为“100px”，在图像中绘制出椭圆选区，如图7-52所示。

图7-52

步骤05 按Shift+Ctrl+I组合键反选选区，新建图层并为其填充白色，从而制作出白色晕影效果，按Ctrl+D取消选区，如图7-53所示。

图7-53

步骤06 打开“调整”面板，在其中单击“自然饱和度”按钮。在打开的“属性”面板中调整自然饱和度和饱和度，如图7-54所示。

图7-54

步骤07 设置完成后，在文档窗口中即可查看到具有艺术性的图像，如图7-55所示。

图7-55

给你支招 | 如何通过合并通道创建彩色图像

小白：阿智，我有几个不同颜色状态的灰度图像，我想将它们合并到一起，但不知道如何实现？实现后会变成彩色图像吗？

阿智：在Photoshop中，多个灰度图像可以合并成一个图像，合并后最终会形成彩色图像，不过合并后的几个图像的颜色模式都必须是灰度模式，其具体操作如下。

步骤01 打开需要进行排列的多张灰度图像，❶在“通道”面板中单击下拉按钮，❷选择“合并通道”命令，如图7-56示。

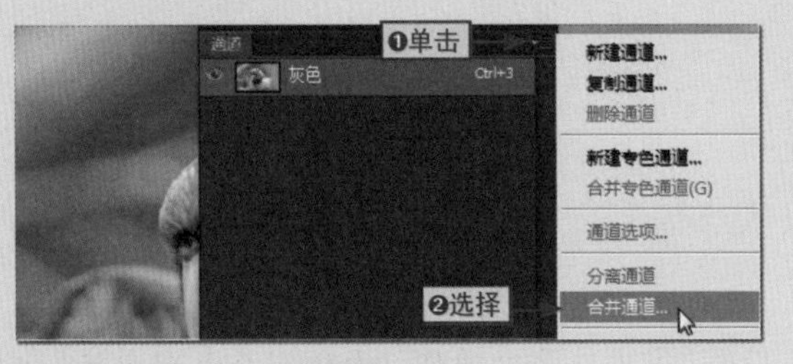

图7-56

步骤02 打开“合并通道”对话栏，❶单击“模式”下拉按钮，❷选择“RGB颜色”选项，❸单击“确定”按钮，如图7-57所示。

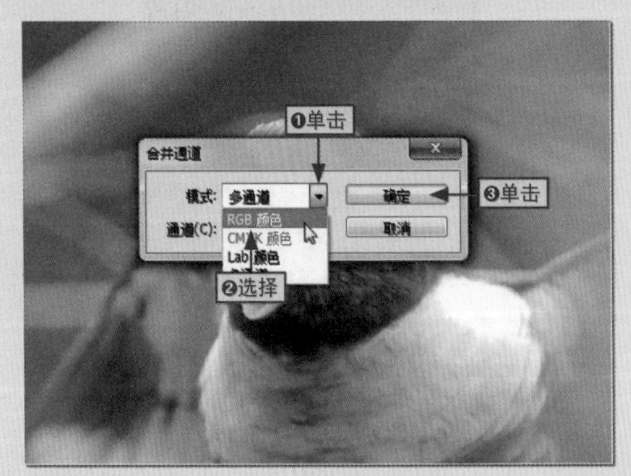

图7-57

步骤03 打开“合并RGB通道”对话框，❶设置指定的多个通道，❷单击“确定”按钮，如图7-58所示。

图7-58

步骤04 返回到文档窗口中，用户即可查看到合并的彩色图像，如图7-59所示。

图7-59

Chapter 08 矢量图像的创建与编辑

学习目标

在Photoshop CS6中，使用系统提供的图像绘制工具，可以创建出任意形态的矢量图像，包括规则的几何图形以及其他形态的图像。而路径可以精确地绘制和调整图像区域，让创建及修改矢量图像变得更简单更方便，从而制作出各种漂亮，且具有艺术效果的图像。

本章要点

- 了解绘图模式
- 路径
- 锚点
- 钢笔工具
- 自由钢笔工具
- 选择锚点和路径
- 添加与删除锚点
- 转换锚点的类型
- 路径的运算方法
- 将路径转换成选区

知识要点	学习时间	学习难度
了解矢量图像的基础知识	40 分钟	★★
创建矢量图像与编辑路径	60 分钟	★★★★
“路径”面板的应用	50 分钟	★★★

8.1 了解矢量图像的基础知识

小白：阿智，我要使用PPT制作一份年终报告，其中会使用到一些矢量图像的小图标来丰富页面，那么该如何制作矢量图像呢？

阿智：想要制作出矢量图像，首先需要对它的一些基础知识进行了解，如绘图模式、路径和像素等。下面我就来为你介绍一下。

矢量图是由数学定义的矢量形状组成的，所以使用矢量工具创建的图像由路径和锚点组成。同时，在选择一个矢量工具后，首先需要在其工具栏中选择绘图模式，才能开始绘图，下面我们就来对这些基础知识进行讲解。

8.1.1 了解绘图模式

矢量工具的绘图模式有3种，分别是形状、路径和像素。在选择某个矢量工具后，单击工具栏中的路径下拉按钮，即可对绘图模式进行选择，如图8-1所示。

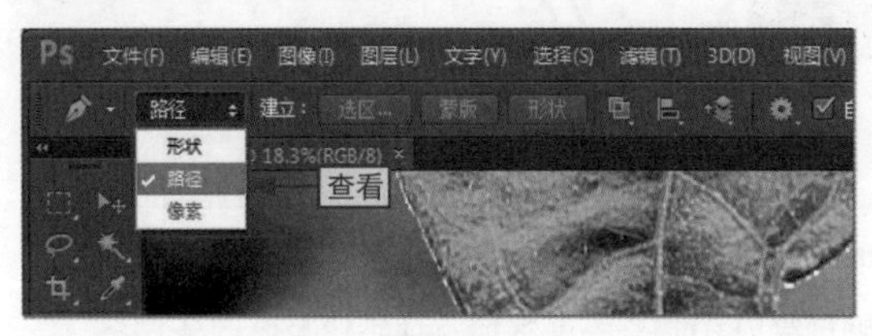

图8-1

1. 形状绘图模式

形状绘图模式可以在单独的形状图层中创建形状，形状图层由填充图层和形状两部分组成，如图8-2（上图）所示。

填充区域为形状定义了颜色、图案和图层的不透明度，而形状则是一个矢量图形，其同时还会出现在“路径”面板中，如图8-2（下图）所示。

学习目标 认识形状绘图模式

难度指数 ★

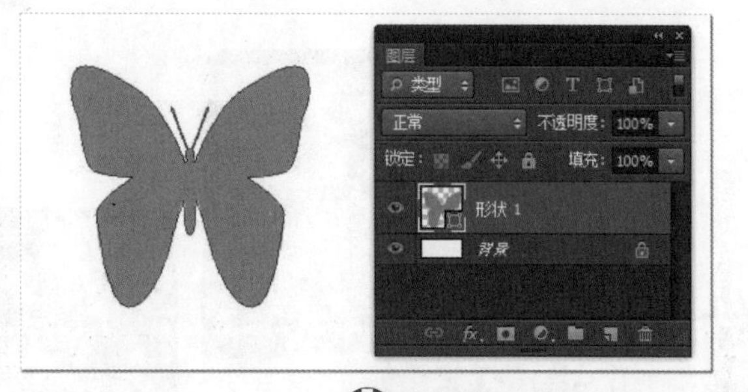

图8-2

2. 路径绘图模式

路径绘图模式可以创建工作路径，创建后其会出现在“路径”面板中，如图8-3所示。路径可以创建矢量蒙版或转换为选区，也可以对其进行填充和描边以此创建光栅化的图像。

图8-3

3. 像素

像素绘图模式可以在当前图层上绘制栅格化的图形，而创建的图形会自动使用前景色进行填充。由于像素绘图模式不能创建矢量图形，所以在绘制图形后，“路径”面板中不会显示工作路径，如图8-4所示。

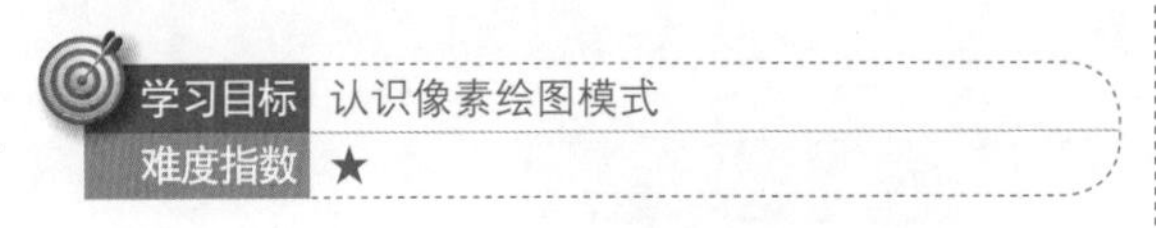

图8-4

8.1.2 路径

路径是由贝塞尔曲线构成的图形，简单地理解它就是使用路径绘制工具绘制的路径线段，其作用是对要选择的图像区域进行精确定位和调整，特别适用于创建复杂的和不规则的图像区域，这是其他工具无法做到的。如图8-5（上图）所示为使用磁性套索工具创建路径的效果，图8-5（下图）所示为使用路径工具创建路径的效果。

图8-5

8.1.3 锚点

锚点是指与路径相关的点，因为路径是由直线路径段或曲线路径段组成的，而它们又是通过锚点链接的，所以锚点标记着组成路径各线段的端点。另外，锚点又分为平滑点和角点两种。

学习目标 认识锚点

难度指数 ★

平滑点

平滑点在进行连接时，可以形成平滑的曲线，如图8-6所示。

图8-6

角点

角点在进行连接时，可以形成直线，如图8-7所示。

图8-7

小绝招 **什么是方向线**

曲线路径线段上的锚点存在方向线，方向线的端点叫作方向点，它们的主要作用是调整曲线的形状。

8.2 创建矢量图像

小白：阿智，我已经掌握了你前面介绍的矢量图像的基本知识了，在开始创建矢量图像前，我还需要学习什么呢？

阿智：现在就可以开始认识两种创建矢量图像的工具了，它们分别是钢笔工具和自由钢笔工具。如果能善用它们，则可以创建出非常有个性的矢量图像。

在Photoshop CS6中，用户可以利用矢量工具创建出任意矢量路径组成的图像，同时也可以选择系统预设的各种形状直接绘制图像，然后再对绘制的图形进行填充、描边等操作。在创建矢量图像的过程中，结合矢量工具进行绘制可以获得更好的矢量图像效果。

8.2.1 钢笔工具

钢笔工具是Photoshop CS6中最强大的绘图工具之一，不仅可以绘制矢量图形，还是选取对象的好帮手。在使用钢笔工具选取对象时，它可以绘制出轮廓精确、光滑的效果，将路径转换为选区可以更加精准地选择到对象。

1. 绘制直线

绘制直线是钢笔工具在绘图时最常见的操作，其具体操作如下。

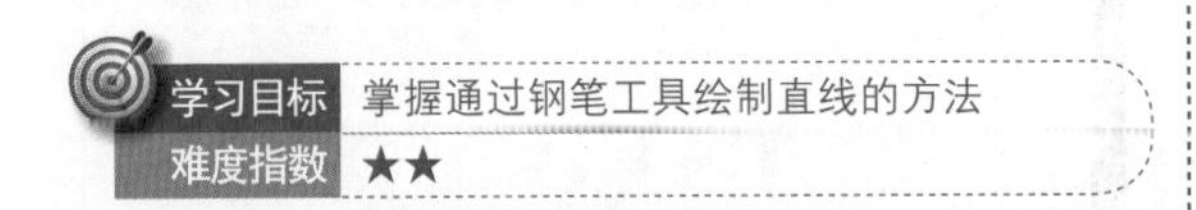

步骤01 ❶在工具箱中选择“钢笔工具”选项，❷在工具选项栏的绘图模式列表中选择“路径”选项，如图8-8所示。

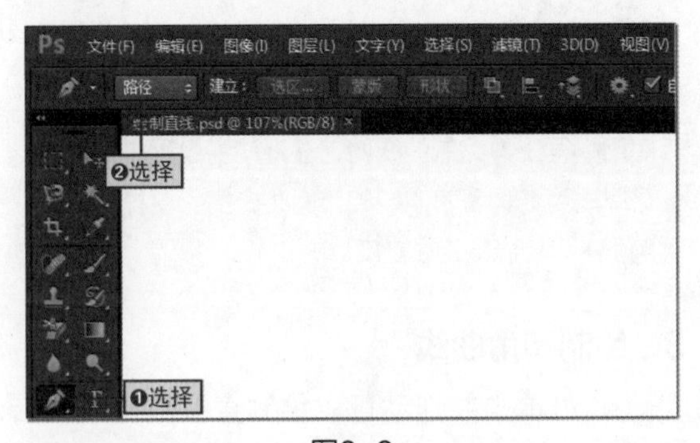

图8-8

步骤02 将鼠标光标移动到图像中，此时鼠标光标成状，单击创建第一个锚点，如图8-9所示。

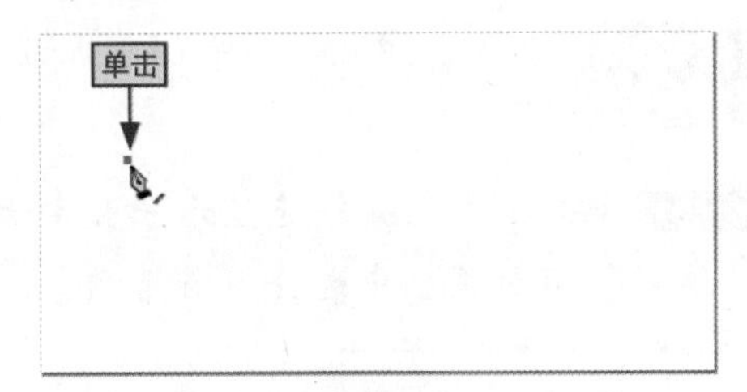

图8-9

步骤03 释放鼠标，将鼠标光标移动到下一个位置处，单击创建第二个锚点，此时可以看到两个锚点会连接成一条由角点定义的直线路径，然后以相同的方法创建多个锚点，如图8-10所示。

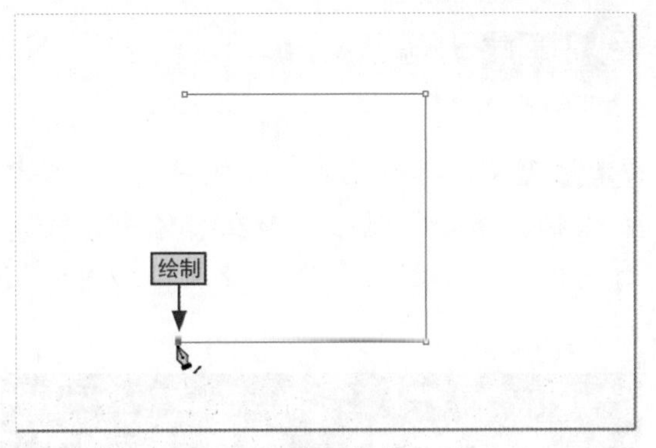

图8-10

步骤04 如果要使路径闭合，则需要将鼠标光标移动到路径的起始锚点处，当鼠标光标成状时，单击即可闭合路径，如图8-11所示。

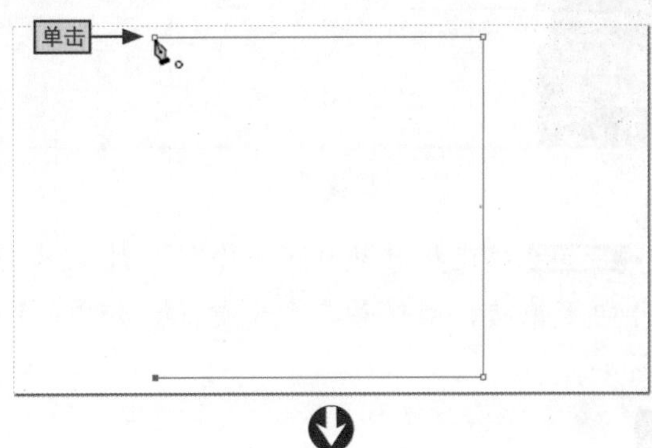

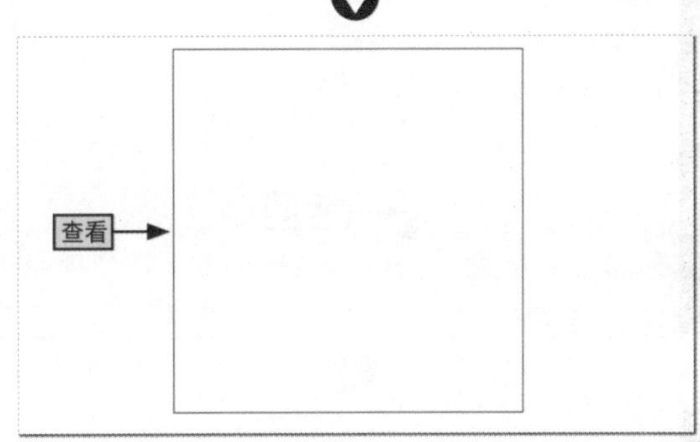

图8-11

2. 绘制曲线

使用钢笔工具绘制曲线选取对象时，其具体使用方法如下。

学习目标 掌握通过钢笔工具绘制曲线的方法

难度指数 ★★

步骤01 ❶选择钢笔工具，❷在工具选项栏中选择“路径”选项，❸在图像中单击并向上拖动，绘制第一个平滑点，如图8-12所示。

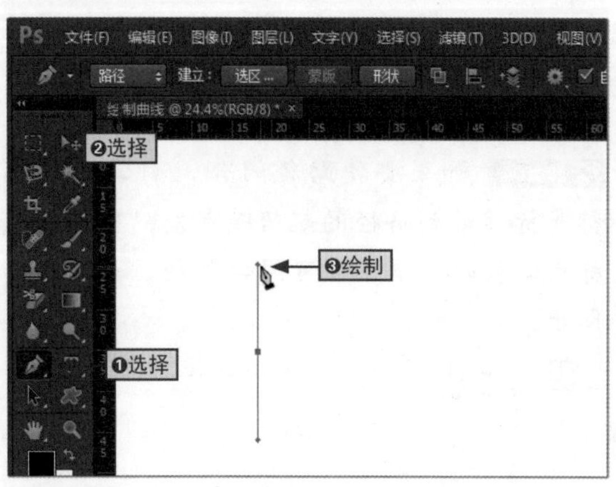

图8-12

步骤02 将光标移动到下一个位置处，单击并向下拖动，创建第二个平滑点，如图8-13所示。

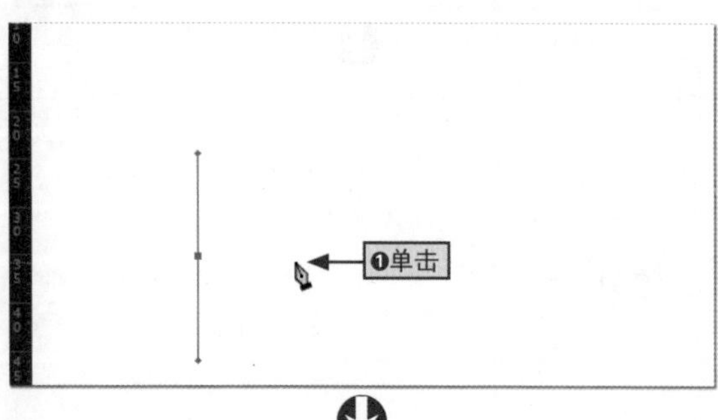

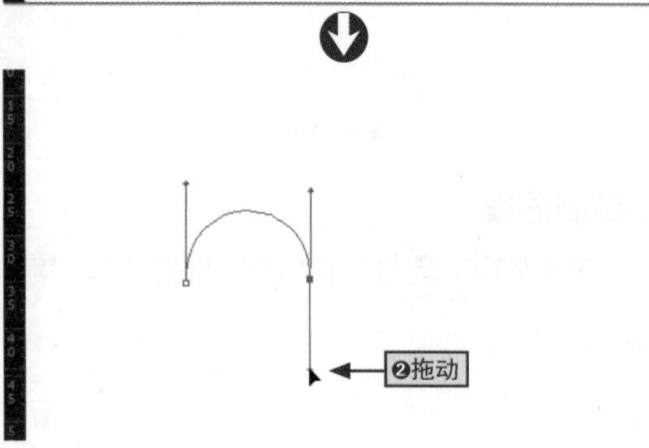

图8-13

步骤03 继续创建多个平滑点，即可生成一条流畅的、平滑的曲线，如图8-14所示。

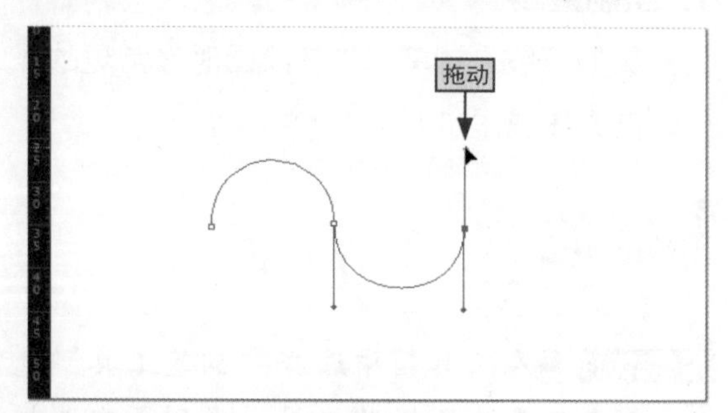

图8-14

小绝招 **控制好方向线的目的**

使用钢笔工具绘制曲线时，在拖动的过程中，用户可以适当地调整方向线的方向和长度，这样可以影响下一个锚点的路径走向。

3. 绘制转角曲线

通过单击并拖动可以绘制直线或曲线，若想要绘制出有转角的曲线，就需要通过改变方向线的方向并配合网格线来实现了。其具体操作如下。

学习目标 掌握通过钢笔工具绘制转角曲线的方法

难度指数 ★★

步骤01 按Ctrl+’组合键显示出网格线，在“编辑”下拉菜单中选择“首选项”|“常规”命令，如图8-15所示。

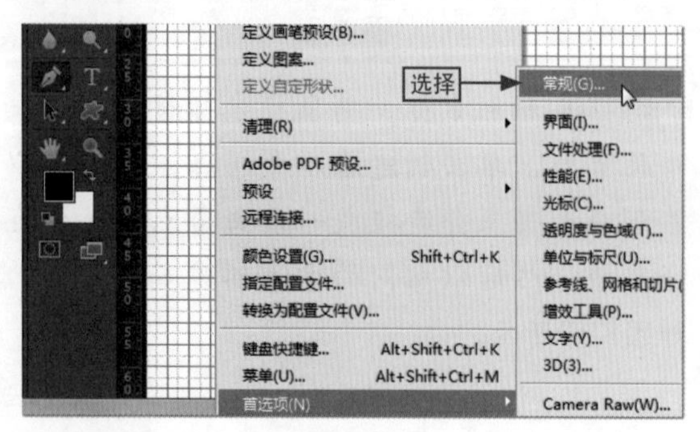

图8-15

步骤02 在打开的“首选项”对话框中，❶单击“参考线、网格和切片”选项卡，❷在“网格”栏的“颜色”下拉列表中选择“浅灰色”选项，然后单击“确定”按钮即可修改网格颜色，如图8-16所示。

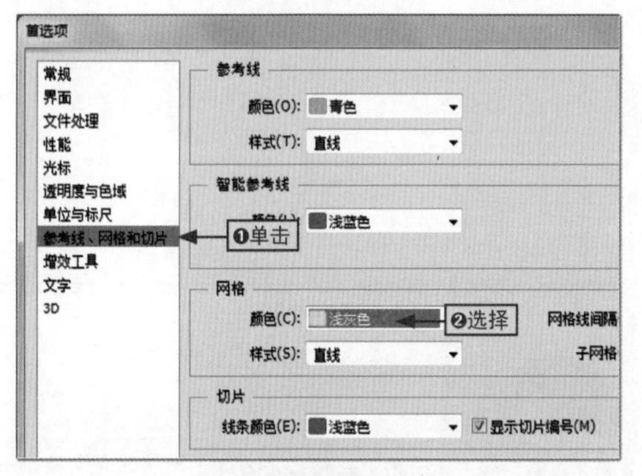

图8-16

步骤03 选择钢笔工具，并在工具选项栏中选择“路径”选项，在图像中的网格点上单击并向右上方拖动，绘制第一个平滑点，如图8-17所示。

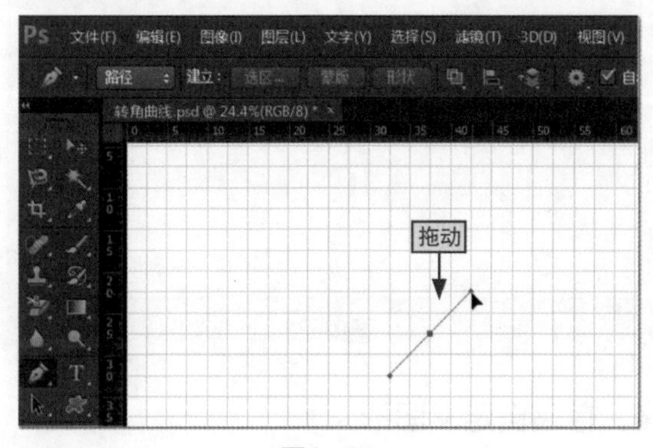

图8-17

步骤04 将鼠标光标移动到下一个锚点处，单击并向下拖动，绘制出第二个平滑点，如图8-18（上图）所示。将鼠标光标移动到下一个锚点处，单击创建一个角点，如图8-18（下图）所示。

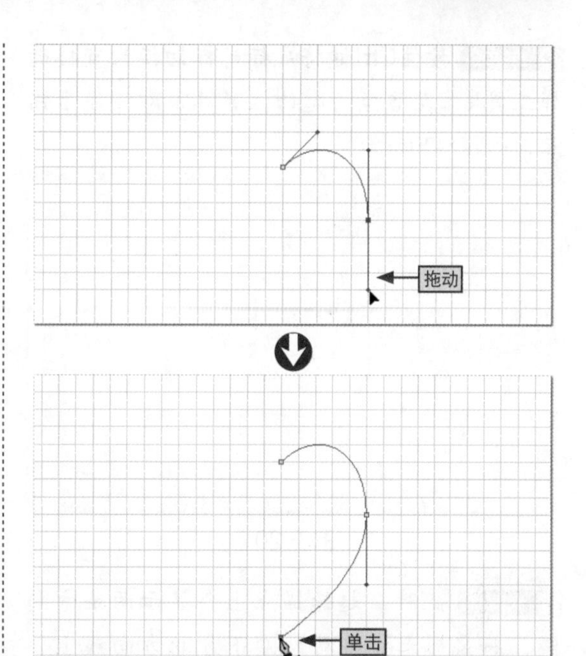

图8-18

步骤05 在第二平滑点所对称的位置，单击并向上拖动，创建出曲线，如图8-19（上图）所示。将鼠标光标移动到路径的起始点，单击闭合路径，如图8-19（下图）所示。

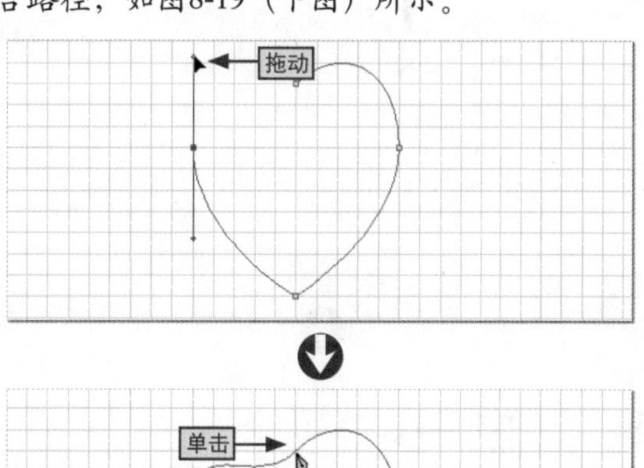

图8-19

步骤06 按住Ctrl键将鼠标光标切换为直接选择工具，在路径的起始位置单击即可显示锚点，如图8-20所示。

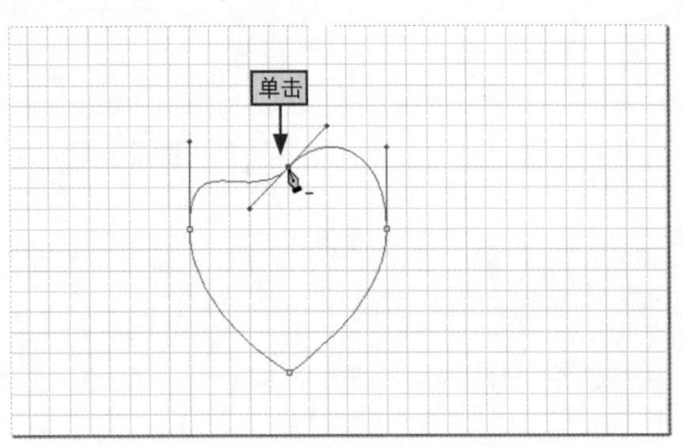

图8-20

步骤07 此时，起始锚点上会显示两条方向线，将鼠标光标移动到左下方的方向线上，按住Alt键将鼠标光标切换为转换点工具，如图8-21（上图）所示。单击并向上拖动该方向线，使其与右上角的方向线对称，如图8-21（下图）所示。

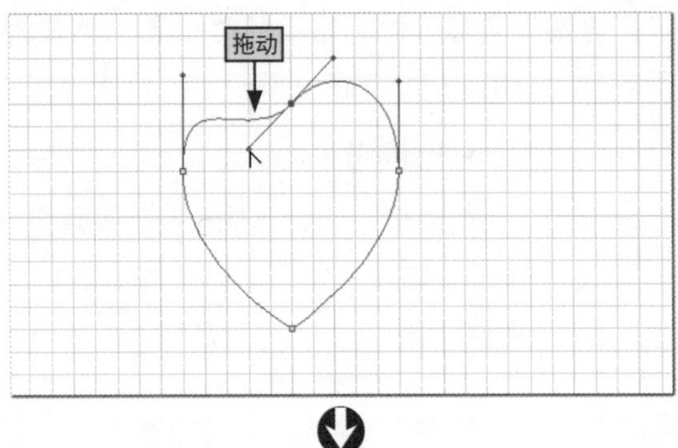

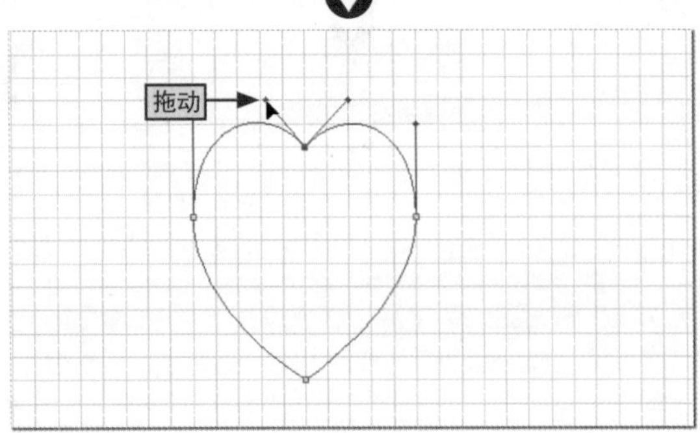

图8-21

步骤08 按Ctrl+’组合键，即可将网格线隐藏起来，如图8-22所示。

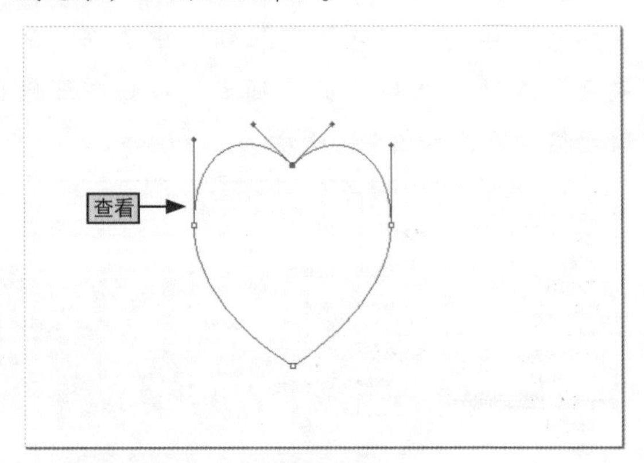

图8-22

如何结束路径的绘制

在一段开放式的路径绘制完成后，可以按住 Ctrl 键将鼠标光标转换为直接选择工具，然后单击图像中的任意空白处或选择其他工具，即可结束该段路径的绘制。如图 8-23 所示为上例中结束路径绘制的效果。

图8-23

4. 存储自定义图形

对于我们使用钢笔工具绘制好的图形，可以将其保存到“形状”面板中，以便下次可以直接使用，其具体操作如下。

学习目标	掌握存储自定义图形的方法
难度指数	★★

步骤01 ❶在菜单栏上单击“编辑”菜单项，❷选择“定义自定形状”命令，如图8-24所示。

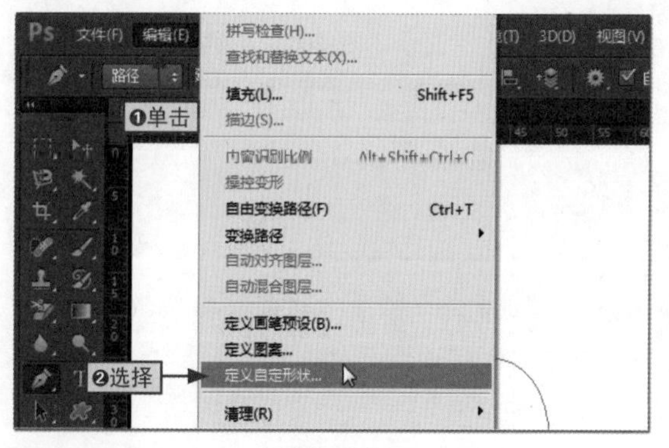

图8-24

步骤02 打开“形状名称”对话框，❶在“名称”文本框中输入名称，❷单击“确定”按钮，如图8-25所示。

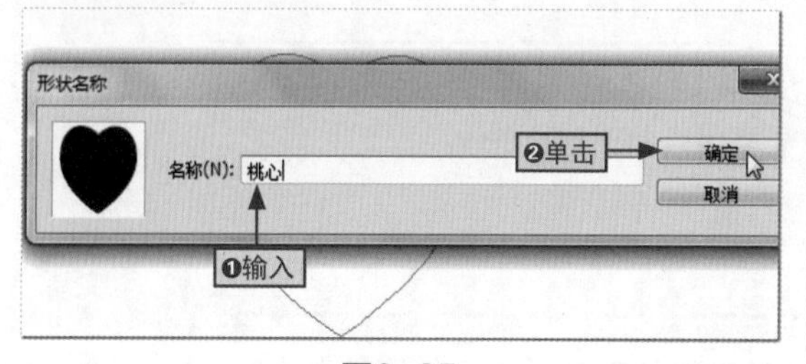

图8-25

步骤03 选择自定形状工具，在其工具栏中单击“形状”下拉按钮，即可查看到添加的形状选项，如图8-26所示。

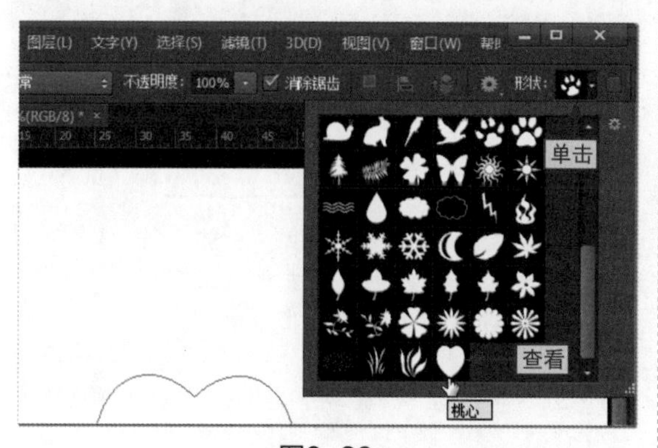

图8-26

8.2.2 自由钢笔工具

在绘制图形时，不需要事先确定锚点的位置，只需要在选择自由钢笔工具后，在图像中通过移动光标位置进行绘制，即可创建出路径的形态，从而获得各种具有艺术效果的图像。

使用自由钢笔工具绘制图像时，在其工具选项栏中选中了“磁性的”复选框，则可以将其转换为磁性钢笔工具。磁性钢笔工具与磁性套索工具非常相似。

在使用磁性钢笔工具时，只需要在要圈选的对象边缘单击，然后释放鼠标并沿着对象边缘拖动，此时Photoshop就会紧贴对象边缘生成相应的路径，图像对比效果如图8-27所示。

图8-27

钢笔工具的多种使用技巧

我们在使用钢笔工具绘制图像或创建选区时，鼠标光标在锚点与路径上会显示不同的状态，通过对鼠标光标所显示的状态，我们可以判断出此时钢笔工具所具有的功能，从而可以更加灵活地使用钢笔工具，如图 8-28 所示。

技巧一

当鼠标光标在图像上显示为状时，单击就可以创建一个角点；单击并向某个方向拖动则可以创建一个平滑点。

技巧二

如果在钢笔工具的工具选项栏中，选中了“自动添加/删除”复选框，那么将鼠标光标移动到路径上就会成状，单击路径可在其上添加一个锚点。

技巧三

如果在钢笔工具的工具选项栏中，选中了“自动添加/删除”复选框，那么将鼠标光标移动到锚点上就会成状，单击锚点可以删除该锚点。

技巧四

在使用钢笔工具绘制路径的过程中，将鼠标光标移动到路径起始位置的锚点上，鼠标光标会成状，此时单击可以闭合路径。

技巧五

将鼠标光标移动到一个开放式路径的端点上，鼠标光标会变成状，然后单击，此时，就可以继续绘制该路径。

技巧六

如果在绘制路径时，将鼠标光标移动到了另一个开放式路径的端点上，那么鼠标光标就会变成状，单击可以将两段开放式路径连接成一条开放式路径。

图8-28

8.3 编辑路径

小白：阿智，我在使用钢笔工具和自由钢笔工具绘制矢量图像时，由于使用不熟练，经常绘错位置，这该怎么办呢？需要重新绘制吗？

阿智：不用重新绘制，你只需要再对已经绘制好的锚点和路径进行相应的编辑即可。

利用Photoshop CS6提供的绘制工具绘制图像时，常常会出现不能一次性准确绘制的情况，此时就可以通过编辑锚点或路径来解决。下面我们就来看看如何对锚点和路径进行编辑。

8.3.1 选择锚点和路径

想要对锚点和路径进行编辑，首先需要选择它们，而选择锚点和路径的方式存在着差别。

学习目标　了解选择锚点和路径的方法

难度指数　★

在工具箱上选择直接选择工具，然后单击一个锚点，即可选择该锚点。其中未选中的锚点为空心方块，选中的锚点为实心方块，如图8-29所示。

图8-29

选择路径线段

选择直接选择工具后，在路径线段上单击可以选择相应路径线段，如图8-30所示。

图8-30

选择路径

在工具箱中选择路径选择工具，然后单击路径即可选中路径，如图8-31（上图）所示。如果按Ctrl+T组合键，即可显示出所选路径的定界框，如图8-31（下图）所示。

图8-31

同时选择路径段和锚点

如果先按住 Alt 键，同时在一个路径段上单击，则可以选择该路径段以及路径段上所有的锚点。

8.3.2 添加与删除锚点

在选择路径或形状所在的图层后，可以使用添加锚点工具和删除锚点工具在路径上添加或删除锚点，以此可以调整路径的形态。使用“添加锚点工具”在路径上单击可以添加锚点，而使用“删除锚点工具”在路径中的锚点上单击则可以删除锚点。

添加锚点

在工具箱中选择添加锚点工具，然后将鼠标光标移动到路径中需要添加锚点的位置上，单击即可在路径上添加一个锚点。

路径的形态不会因为添加锚点而改变，如果需要调整添加的锚点，可以直接选择锚点或其控制手柄进行调整，如图8-32所示。

图8-32

删除锚点

在工具箱中选择删除锚点工具，然后将鼠标光标移动到路径的锚点上，单击可以删除路径上的该锚点，如图8-33所示。当然，如果锚点出现删除错误，那么路径的形态将会发生调整。

图8-33

8.3.3 转换锚点的类型

使用转换点工具可以转换锚点的类型，从而改变锚点控制路径的形态。

将角点转换为平滑点

在工具箱中选择“转换点工具”选项，❶在直线锚点上单击，❷按住鼠标左键并且拖动，可以将该锚点转换为带有控制手柄的曲线锚点，如图8-34所示。

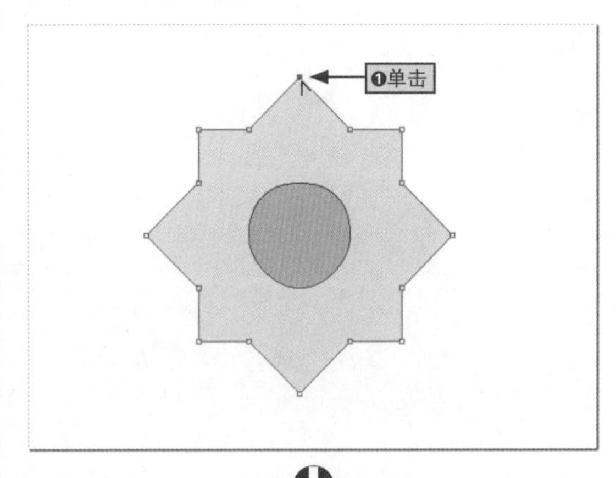

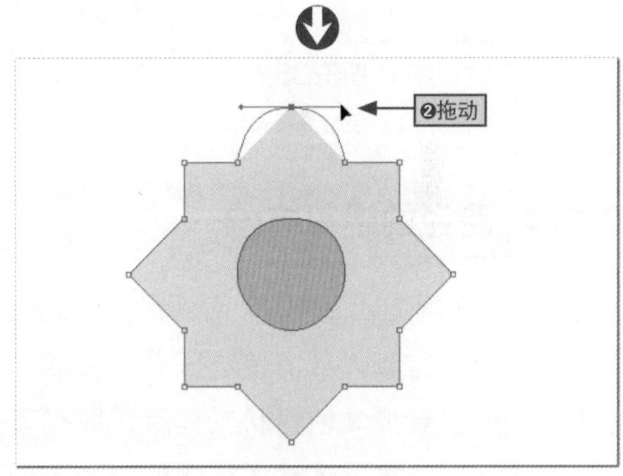

图8-34

将平滑点转换为角点

在工具箱中选择“转换点工具”选项，在曲线锚点上单击，则可以将锚点转换为带有控制手柄的直线锚点，如图8-35所示。

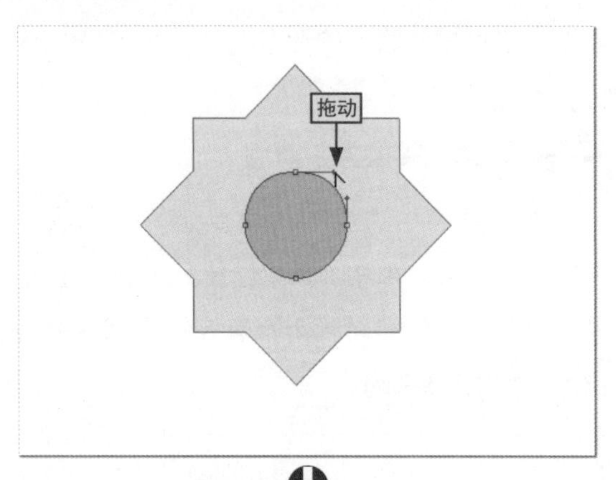

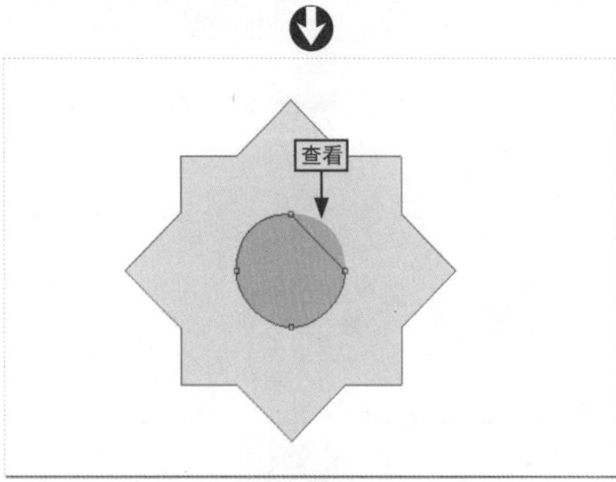

图8-35

8.3.4 路径的运算方法

在前面讲解选区工具时，介绍到了选区的相加和相减等运算，从而使选区更加精准。在使用钢笔工具或其他形状工具时，同样可以对路径进行运算，这样才能使绘制的图像更加精准。

在选择钢笔工具或其他形状工具后，在其工具选项栏中单击按钮，即可在其打开的下拉菜单中选择需要的路径运算方式，如图8-36所示。

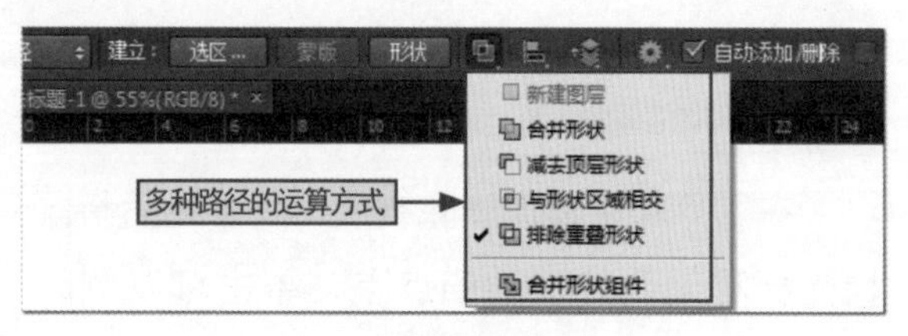

图8-36

由于路径的运算方式不同，所得到的路径效果就不同。下面来看看这些路径运算方式的含义，如图8-37所示。

新建图层

选择"新建图层"选项后可以创建新的路径图层。

合并形状

选择"合并形状"选项后，可以将新绘制的图形与现有的图形合并。

减去顶层形状

选择"减去顶层形状"选项后，可以从现有的图形中减去新绘制的图形，从而得到一个新的图形。

与形状区域相交

选择"与形状区域相交"选项后，得到的图形是现有图形与新绘制图形的相交区域。

排除重叠形状

"排除重叠形状"选项为默认选项，最终得到的图形是合并路径中排除重叠的区域。

合并形状组件

选择"合并形状组件"选项后，可以使路径组件进行合并重叠。

图8-37

对路径重新选择运算方式

路径是矢量对象，相对于光栅图像来说，修改起来更加容易。即便是已经使用路径制作好了完成的图像，也可以对其进行重新编辑，修改它的运算方式。

8.4 “路径”面板的应用

阿智：小白，你在干什么呢？

小白：我在找使用钢笔工具绘制图像时生成的所有路径和保存的位置，我想对它进行操作。

阿智：你直接打开“路径”面板不就可以看到所有的路径了，我来教教你如何对“路径”面板进行操作。

“路径”面板用于保存和管理路径，并显示了所有存储的路径，便于我们对路径进行选择和编辑。

8.4.1 认识“路径”面板

通过“窗口”|“路径”命令可以打开隐藏的“路径”面板。如图8-38所示为“路径”面板。

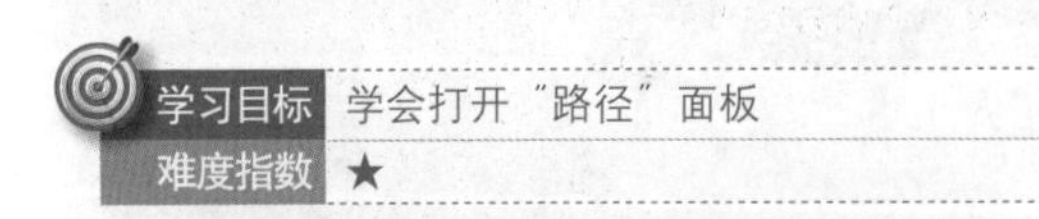

图8-38

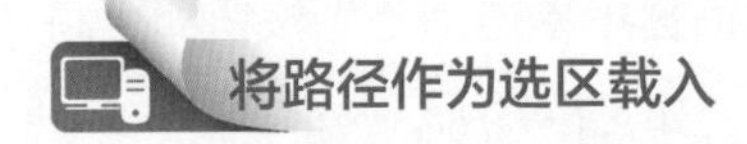

将路径作为选区载入

在图像中创建工作路径以后，可以将该路径作为选区载入。在“路径”面板中单击“将路径作为选区载入”按钮即可将路径载入到选区中，如图8-39所示。

图8-39

从选区中生成工作路径

使用任意选区工具在图像中创建选区以后，就可以将创建的选区转化为工作路径。

使用椭圆工具在图像中创建选区，然后在“路径”面板中单击“从选区生成工作路径”按钮生成工作路径，如图8-40所示。

图8-40

新建路径

在“路径”面板中，用户可以快速创建新的工作路径，直接单击“路径”面板底部的“创建新路径”按钮，即可创建出一个空白的工作路径，如图8-41所示。

图8-41

将工作路径转换为路径

如果将原有的“工作路径”选项拖动到“创建新路径”按钮上，则可以将“工作路径”转换为“路径 1”，如图 8-42 所示。

图8-42

删除路径

在不需要某个路径时，用户可以将该路径删除。选择“路径”面板中需要删除的工作路径，单击面板底部的“删除当前路径”按钮，在打开的提示对话框中单击“是”按钮即可将该工作路径删除，如图8-43所示。

图8-43

图8-44

8.4.2 将路径转换为选区

在Photoshop中，用户不仅可以从选区中生成工作路径，还可以将任何路径创建为选区。将路径转换为选区有两种方式，其具体内容如下。

通过载入选区进行转换

在图像窗口中创建路径后，在“路径”面板中直接单击“将路径作为选区载入”按钮，即可快速将路径转换为选区，如图8-44所示。

通过命令进行转换

创建路径后，在“路径”面板中的工作路径上右击，在弹出的快捷菜单中选择“建立选区”命令，如图8-45所示。在打开的“建立选区”对话框中，用户可以对选区的范围和操作方式等进行设置，如图8-46所示。

图8-45

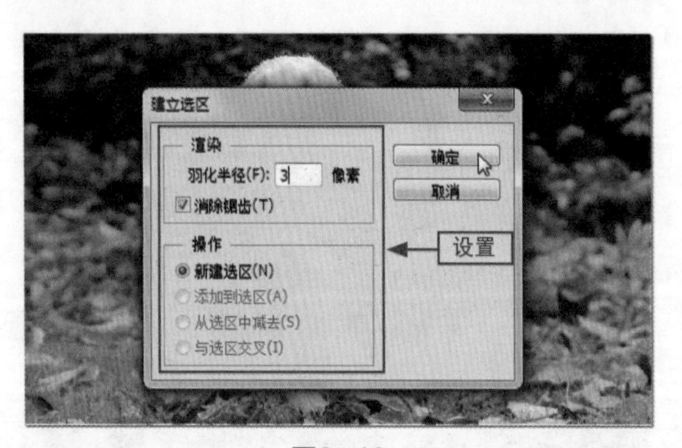

图8-46

8.4.3 通过历史记录填充路径

路径不仅可以使用前景色进行填充，还可以运用各种图案和历史记录进行填充等。下面就来介绍一下通过历史记录对路径进行填充。

本节素材	/素材/Chapter08/小狗.jpg
本节效果	/效果/Chapter08/小狗.psd
学习目标	掌握通过历史记录填充路径的方法
难度指数	★★★

步骤01 打开“小狗.jpg”素材文件，在菜单栏中选择“滤镜”|“模糊”|“径向模糊”命令，打开“径向模糊”对话框，❶在“数量”文本框中输入“10”，❷单击“确定”按钮，如图8-47所示。

图8-47

步骤02 打开“历史记录”面板，单击其底部的“创建新快照”按钮，为当前的画面状态创建一个快照，如图8-48所示。

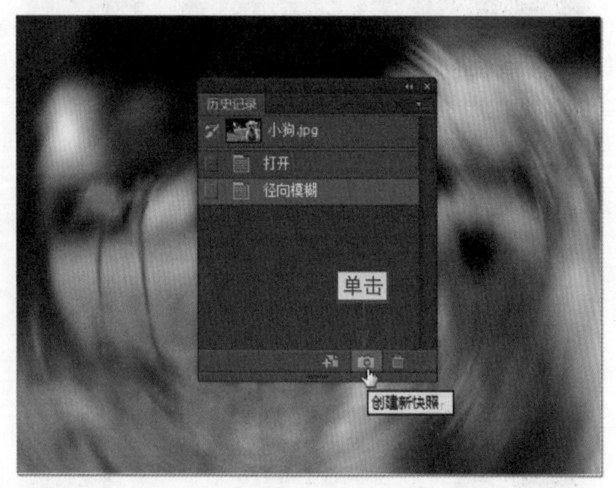

图8-48

步骤03 ❶单击“快照1”选项前的按钮，将历史记录的源设置为“快照1”，❷选择“打开”选项，将图像恢复到打开时的状态，如图8-49所示。

图8-49

步骤04 打开“路径”面板，❶选择“工作路径”选项，❷单击面板右上角的菜单按钮，❸在打开的下拉菜单中选择“填充路径”命令，如图8-50所示。

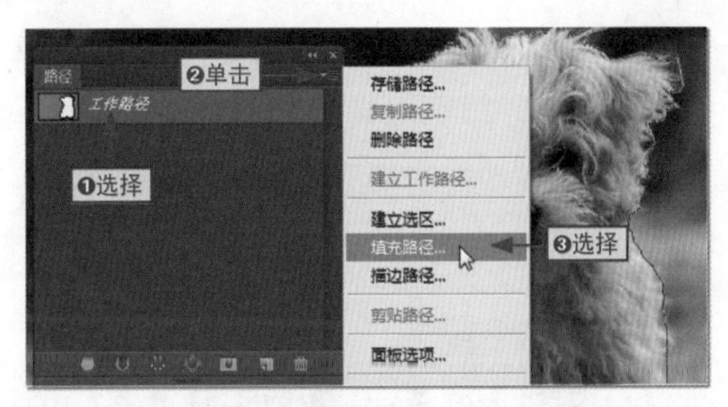

图8-50

步骤05 打开“填充路径”对话框，❶在“使用”下拉列表中选择“历史记录”选项，❷设置羽化半径为“6”，❸单击“确定”按钮，如图8-51所示。

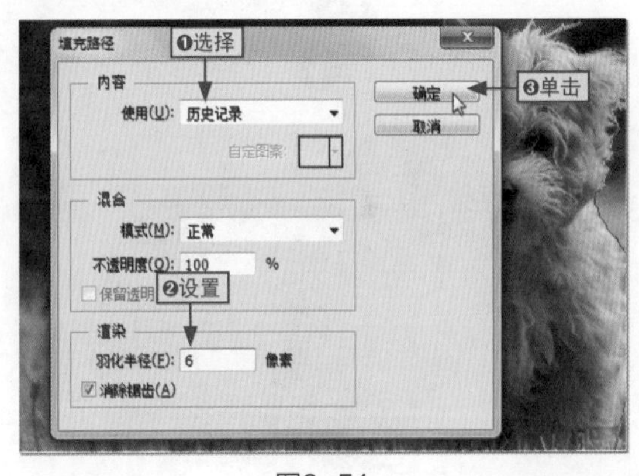

图8-51

步骤06 返回到“路径”面板中，单击面板中的空白位置隐藏图像中的路径。此时，即可看到图像中的路径被填充后的效果，如图8-52所示。

图8-52

羽化填充效果

在“填充路径”对话框中，通过“羽化”选项可以设置羽化路径边缘的填充效果，羽化值越大，路径边缘的填充效果就越柔和，如图 8-53 所示是羽化值分别为“20 像素”和“50 像素”的路径边缘效果。

图8-53

8.4.4 描边路径

利用“路径”面板中的“描边路径”命令，用户可以为路径绘制边框，也就是沿着路径边缘创建描边效果。在Photoshop中，用户可以通过设置画笔形态来描绘路径边缘，然

后通过在“路径”面板的“工作路径”选项上右击，选择“描边路径”命令，打开“描边路径”对话框，在其中对描边路径属性进行设置。如图8-54所示为“描边路径”对话框。

学习目标 掌握描边路径的方法

难度指数 ★★

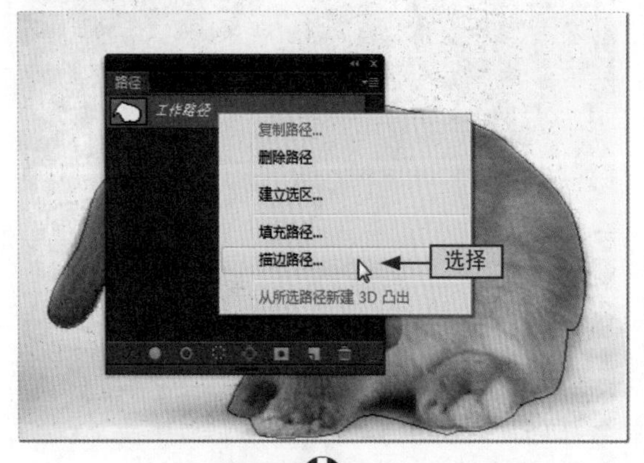

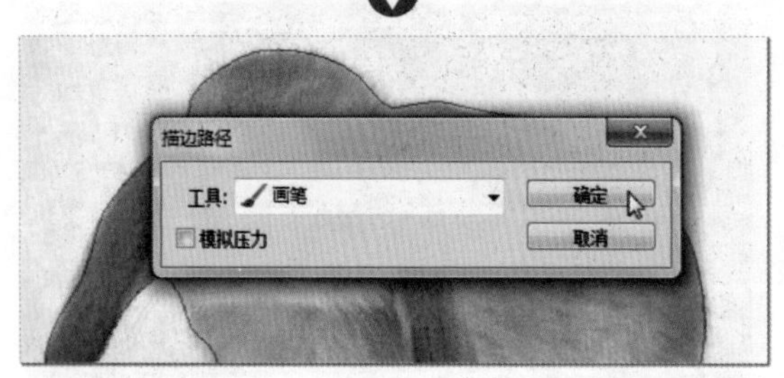

图8-54

在“描边路径”对话框中有多个工具选项，如画笔、铅笔、橡皮擦和仿制图章等工具。如图8-55所示为添加画笔描边的前后对比效果。

图8-55

给你支招 | 如何使用钢笔工具精准地抠取图像

阿智：小白，让你合成一张图像这么久还没弄好？

小白：我按照你前面教我的方式进行抠图，为了让合成效果更好，需要花很多时间处理边缘的细节问题。

阿智：不用那么麻烦。下面我来教你如何使用钢笔工具进行抠图操作，它可以更加精准地抠出你想要的图像区域。

步骤01 打开图像文件，在工具栏中选择钢笔工具，沿着任务图像边缘单击并拖动，开始绘制路径，如图8-56所示。

图8-56

步骤02 外部轮廓绘制完成后，在路径的起点开始处单击，将路径封闭，完成路径的绘制，如图8-57所示。

图8-57

步骤03 ❶在工具选项栏中单击“路径操作”下拉按钮，❷在打开的下拉列表中选择“减去顶层形状”选项，如图8-58所示。

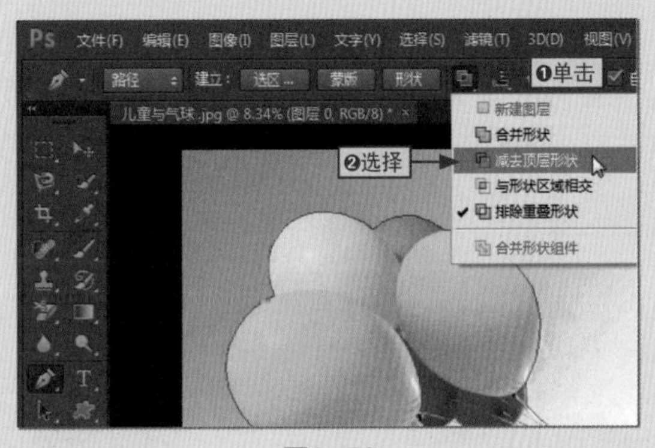

图8-58

步骤04 在一些图像相交的空隙处绘制路径，用来删除这部分区域，如气球与绳子之间，如图8-59所示。

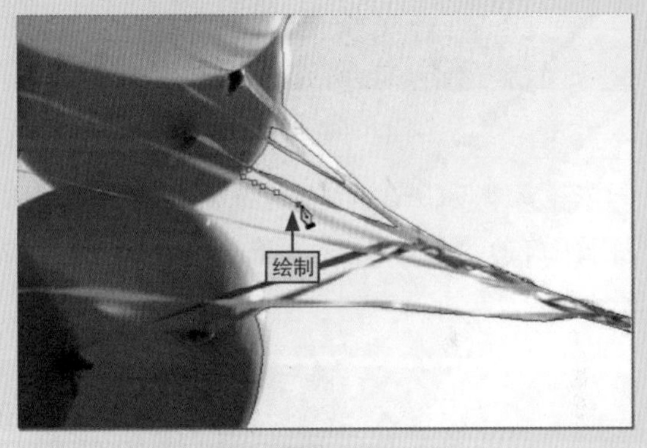

图8-59

步骤05 路径绘制完成后，打开“路径”对话框，❶在“工作路径”选项上右击，❷在弹出的快捷菜单中选择“创建选区”命令，如图8-60所示。

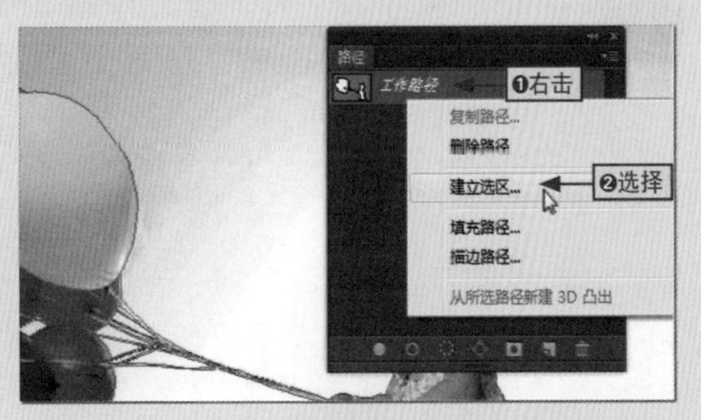

图8-60

步骤06 打开“建立选区”对话框后，❶在“羽化半径”文本框中设置“羽化半径”为“2”，❷单击“确定”按钮，如图8-61所示。

图8-61

步骤07 ❶按Ctrl+J组合键复制图层，❷单击图层0前的按钮，将其隐藏起来，如图8-62所示。

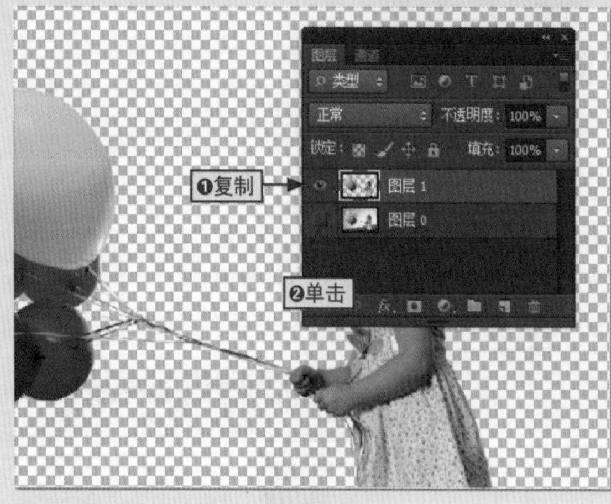

图8-62

步骤08 选择移动工具，将图像移动到背景图像中，按Ctrl+T组合键显示边界框，再调整图像的大小与位置，如图8-63所示。

图8-63

步骤09 当人物图像的变形操作完成以后，按Ctrl+Enter组合键即可隐藏边界框，如图8-64所示为最终的图像效果。

图8-64

给你支招 | 如何通过画笔工具设置描边路径

小白：在Photoshop CS6中，使用钢笔工具或形状工具可以直接绘制出路径，但是该路径既不美观也不实用，我应该如何让它有意义一些呢？

阿智：想要让钢笔工具或形状工具绘制出的路径有意义，就需要配合其他工具一起使用。一般，绘制出来的路径，常常需要对其进行描边处理，让描出来的边沿着路径显示，其具体操作如下。

步骤01 新建一个空白文档图像，❶在工具箱中选择自定形状工具，❷在工具选项栏中选择"路径"选项，如图8-65所示。

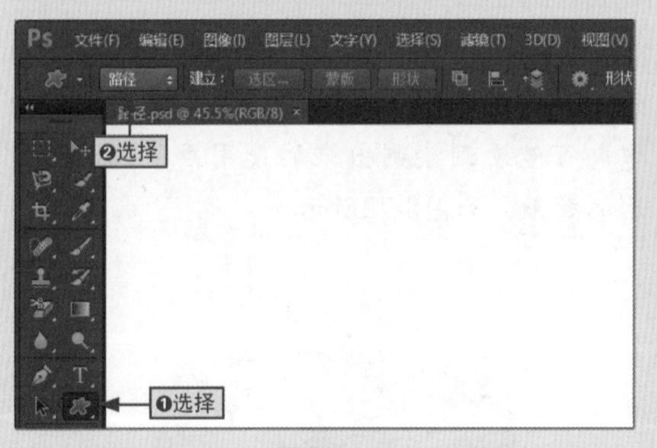

图8-65

步骤02 ❶单击"形状"下拉按钮，❷在打开的面板中单击"设置"按钮，❸选择"全部"命令，如图8-66所示。

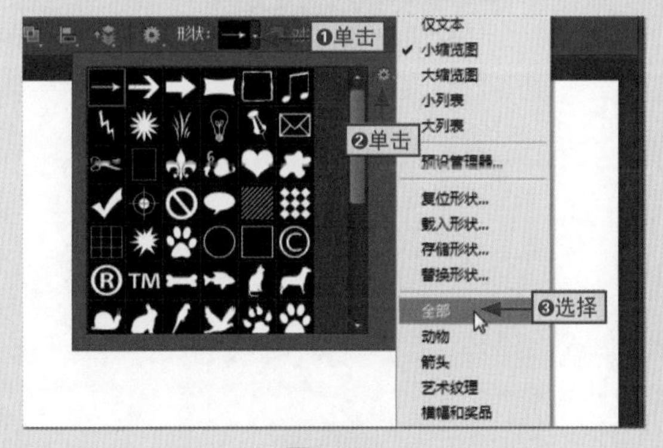

图8-66

步骤03 在打开的提示对话框中单击"追加"按钮，然后在"形状"面板中选择"阴阳符号"选项，如图8-67所示。

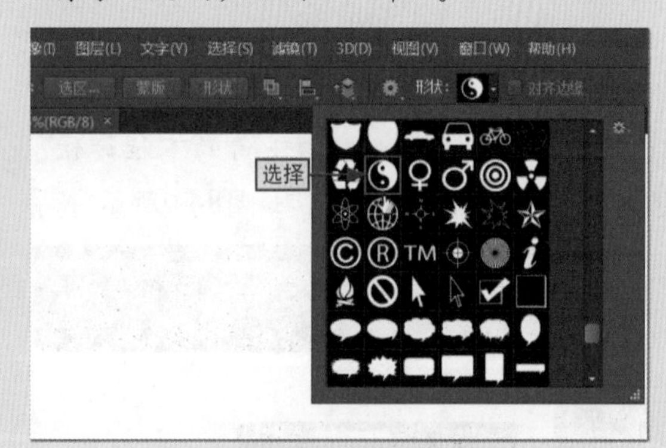

图8-67

步骤04 ❶按住Shift键绘制形状，选择画笔工具并打开"画笔预设"面板，❷单击其右上角的▤按钮，❸选择"特殊效果画笔"命令，如图8-68所示。

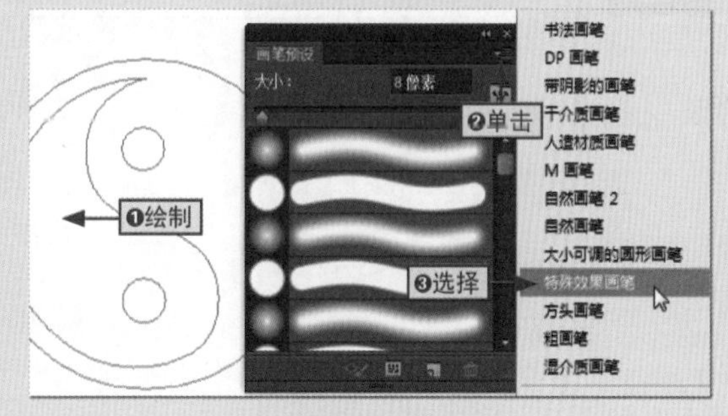

图8-68

步骤05 在打开的提示对话框中单击“追加”按钮，❶在“画笔预设”面板中选择一种画笔样式，❷在“大小”文本框中输入“44像素”，如图8-69所示。

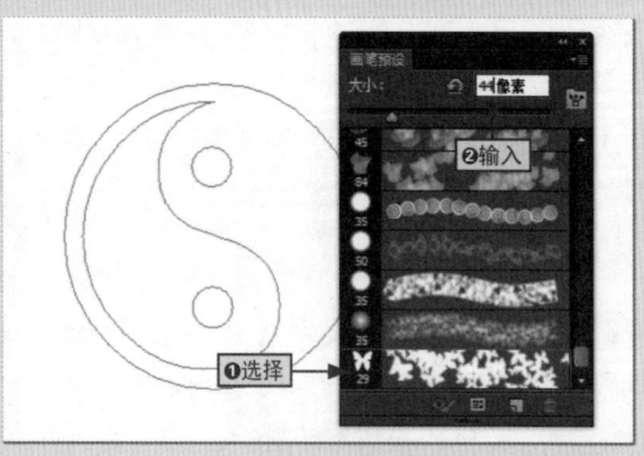

图8-69

步骤06 ❶分别设置前景色和背景色，❷在“路径”面板中单击其右上角的下拉按钮，❸选择“描边路径”命令，如图8-70所示。

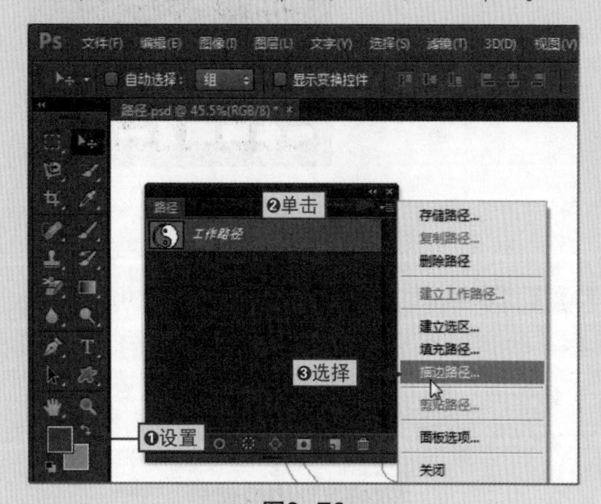

图8-70

步骤07 打开“描边路径”对话框，❶在“工具”下拉列表中选择“画笔”选项，❷单击“确定”按钮，如图8-71所示。

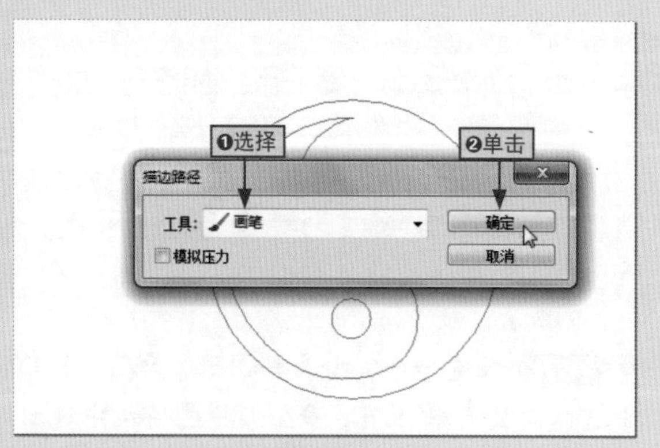

图8-71

步骤08 在“路径”面板中单击任意空白处，隐藏图像中的路径。此时，在文档窗口中即可查看到绘制出来的使用画笔工具描边后的效果，如图8-72所示。

图8-72

学习目标

在平面设计中，有一个非常重要的组成部分，那就是文字。文字不仅可以传递绘图者想要表达的信息，还能够美化整个版面。不管文字想要表现出哪种艺术效果，都可以可以通过Photoshop CS6来轻松实现。

本章要点

- 文字的类型
- 文字工具选项栏
- 点文字的创建
- 段落文字的创建
- 对段落文字进行编辑
- 点文字与段落文字的转换
- 创建变形文字
- 文字变形的重置和取消
- 创建路径文字
- 栅格化文字图层

知识要点	学习时间	学习难度
认识文字与创建常见文字	50 分钟	★★★
变形文字和路径文字的创建	50 分钟	★★★
格式化字符和段落	40 分钟	★★

9.1 认识 Photoshop 中的文字

阿智：小白，你知道Photoshop中的文字是怎样的吗？

小白：难道它还有什么奇特之处？不就是我们平时在Word中使用到的文字么？

阿智：当然不一样，虽然Word文字中的艺术字也有美化页面和传递信息的效果，但Photoshop中的文字更为复杂。下面我就带你来认识一下。

文字是最能直观表达图像信息的工具，在Photosho CS6中为图像添加和编辑文字都是非常方便的。但在我们使用文字创建各种特殊效果时，首先需要对其非常了解，以便于后期使用文字更好地服务图像。

9.1.1 文字的类型

在编辑图像时，使用Photoshop中的文字工具，可以通过添加文字来丰富和介绍图像，还可以使用Photoshop中的文字工具来为文字添加一些特殊效果。

由于这些文字都是以数学方式定义的形状组成，所以在栅格化之前，它们基于矢量的文字轮廓会被Photoshop保留下来。简单理解为，我们在缩放这些文字时，它们不会出现锯齿状态。

在Photoshop CS6中，系统为用户提供了3种创建文字的方式，分别是在点上创建文字、在段落中创建文字和沿路径创建文字。同时，系统还为用户提供了4种文字创建工具，如图9-1所示。

其中创建点文字、段落文字和路径文字可以使用横排文字工具和直排文字工具；创建文字状选区可以使用横排文字蒙版工具和直排文字蒙版工具。

学习目标 了解Photoshop中文字的类型

难度指数 ★

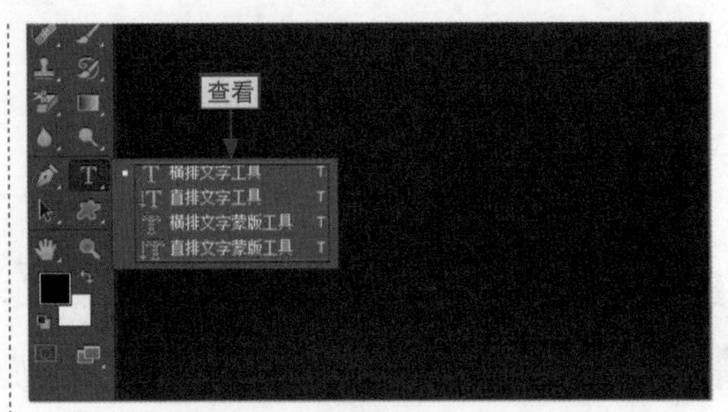

图9-1

9.1.2 文字工具选项栏

我们在使用文字工具输入文字之前，首先需要在其工具选项栏或“字符”面板中对其进行设置，如文字字体、字符大小和文字颜色等，如图9-2所示为文字工具选项栏。

学习目标 认识文字工具选项栏

难度指数 ★★

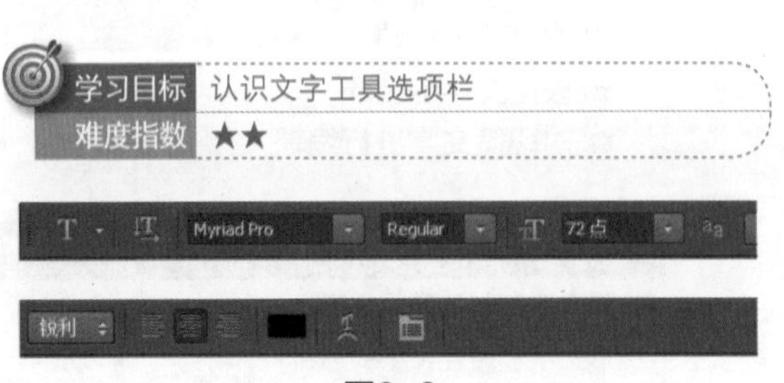

图9-2

在选择了任意文字工具后，其工具选项栏中就会出现多个选项。下面我们就来看看这些选项的含义。

更改文本方向

如果当前输入的文字是横排文字，那么单击“更改文本方向”按钮，则可以将其转换为直排文字；如果当前是直排文字，则可以将其转换为横排文字。

同时，用户也可以在菜单栏中选择“文字”|“取向”命令，然后在其子菜单中选择相应的命令进行转换，如图9-3所示。

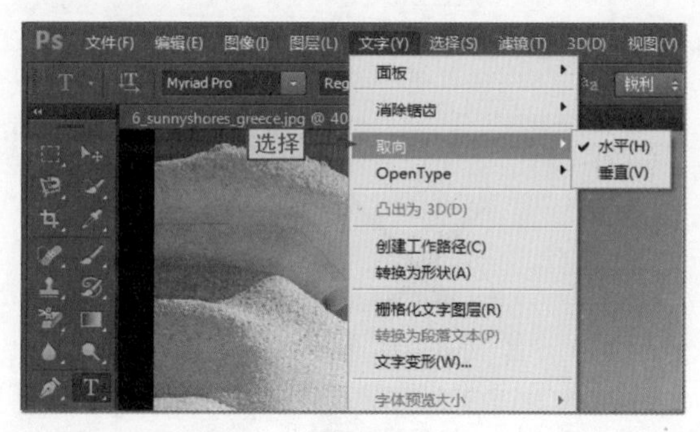

图9-3

设置文字字体

在文字工具选项栏中单击“字体”下拉按钮，在打开的下拉列表中即可查看到多种字体，如图9-4所示。

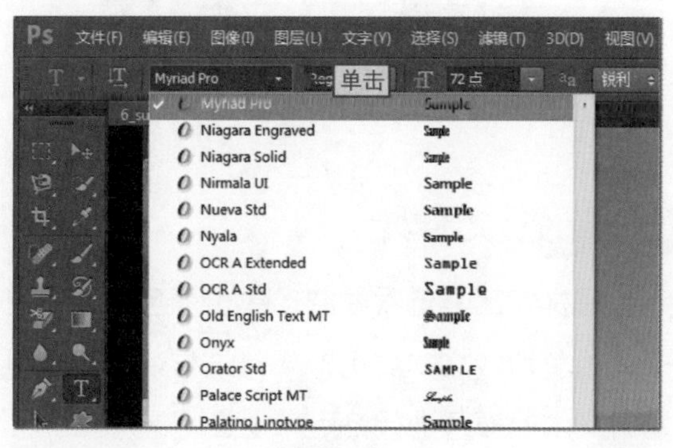

图9-4

设置文字字体样式

文本的字体样式就是单个文字的变形方式，在Photoshop CS6中为用户提供了多种字体样式，如Regular（规则的）、Italic（斜体）、Bold（粗体）以及Bold Italic（粗斜体）等，如图9-5所示为这几种字体样式的效果。

值得注意的是，不是所有的字体都可以应用所有的文本样式，文本样式只针对特定的英文字体。

图9-5

设置字体大小

在“设置字体大小”下拉列表中可以选择字体大小选项，但最大只能选择“72点”。如果想要将文字的字体设置得更大，则需要在数值框中输入数值，并按Enter键确认设置，如图9-6所示。

图9-6

消除锯齿

Photoshop中的文字边缘会产生硬边和锯齿，为了不使其影响到文字的美观，Photoshop为文字提供了多种消除锯齿的方法，但其都是通过填充文字边缘的像素，使其混合到背景中。

用户可以直接在文字工具选项栏中进行操作，也可以在“文字”|“消除锯齿”子菜单中选择相应的命令进行操作，如图9-7所示。

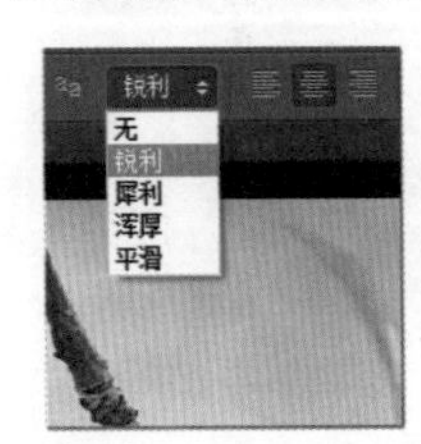

图9-7

对齐文本

在使用文字工具输入文字时，单击对齐方式按钮，可以将文字按相应的对齐方式进行输入，Photoshop CS6中的对齐方式共3种，分别是左对齐文本、居中对齐文本和右对齐文本，如图9-8所示为3种对齐方式的效果。

图9-8

设置文本颜色

在文字工具选项栏中，单击颜色块即可打开“拾色器（文本颜色）”对话框，在其中可以对文本的颜色进行自定义设置。

创建变形文字

在文字工具选项栏中单击“创建变形文字”按钮，即可打开“变形文字”对话框，在其中可以为文字添加变形样式，从而创建出变形文字，如图9-9所示。

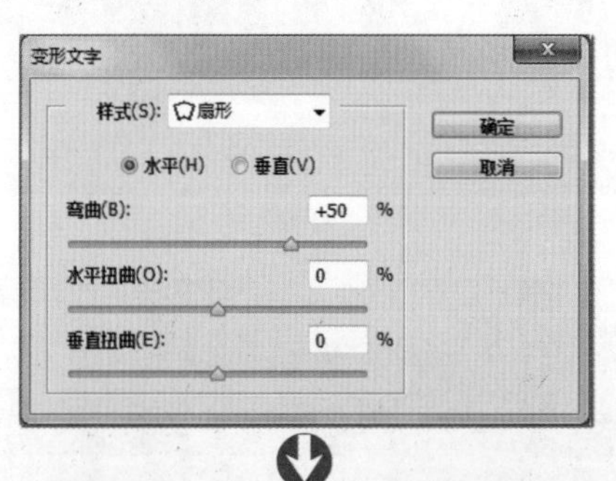

图9-9

切换字符段落面板

在文字工具选项栏中单击“切换字符段落面板”按钮可以显示或隐藏“字符”面板或“段落”面板，如图9-10所示。

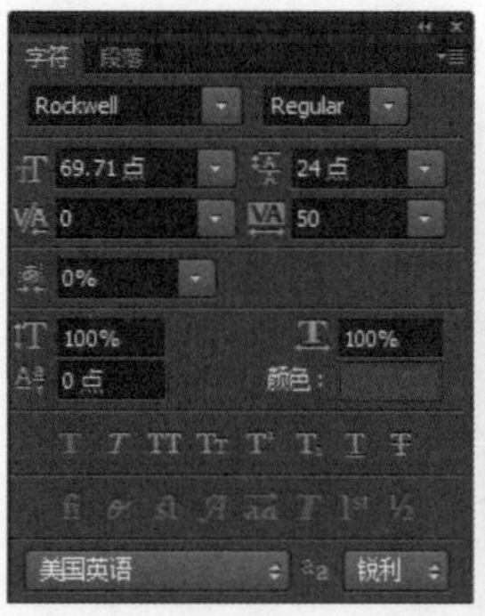

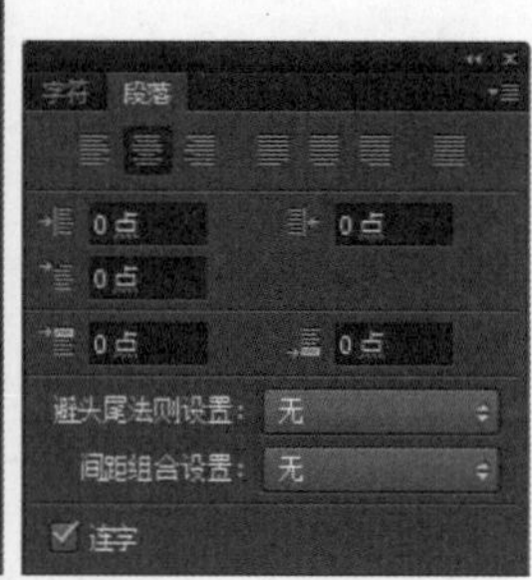

图9-10

9.2 点文字与段落文字的创建

阿智：小白，你知道如何使用Photoshop CS6在图像上创建点文字和段落文字吗?

小白：我知道，直接使用文字工具创建不就好了，还分什么点文字和段落文字。

阿智：当然要分，它们还是存在很大的差异，下面我就来给你介绍一下。

Photoshop为用户提供了多种创建文字的工具，但真正要创建的文字只有两种，那就是点文字和段落文字。下面我们就来看看这如何创建这两种文字。

9.2.1 点文字的创建

点文字就是一个水平或者垂直的文本行，一般在处理标题和名称等字数较少的文字时，会选择使用点文字来完成，点文字的创建方法具体如下。

本节素材	⊙/素材/Chapter09/银杏.jpg
本节效果	⊙/效果/Chapter09/银杏.psd
学习目标	掌握点文字的创建方法
难度指数	★★★

步骤01 打开“银杏.jpg”素材文件，❶在工具箱中选择“横排文字工具”选项，❷分别设置文字字体、大小与颜色，如图9-11所示。

图9-11

步骤02 在图像中需要插入文字的位置单击，此时画面中就会出现一个闪烁的文本插入点，如图9-12所示。

图9-12

步骤03 此时，❶在文本插入点处输入相应文字，选择移动工具，❷将鼠标光标移动到文字上，并按住鼠标左键调整文字的位置，如图9-13所示。

图9-13

步骤04 此时，在“图层”面板中会生成一个文字图层，如图9-14所示。

图9-14

小绝招 **通过按钮结束文字的输入**

在文本输入好以后，用户可以直接单击文字工具选项栏中的“提交所有当前编辑”按钮，结束文字的输入操作。

9.2.2 段落文字的创建

段落文字就是在定界框中输入的文字，它具有自动换行和可随意调整文字区域大小等特点。当需要输入大量文字时，就可以选择使用段落文字，其具体操作如下。

本节素材	/素材/Chapter09/农场.psd
本节效果	/效果/Chapter09/农场.psd
学习目标	掌握段落文字的创建方法
难度指数	★★★

步骤01 打开“农场.psd”素材文件，❶选择“横排文字工具”选项，❷分别设置文字字体、大小与颜色，如图9-15所示。

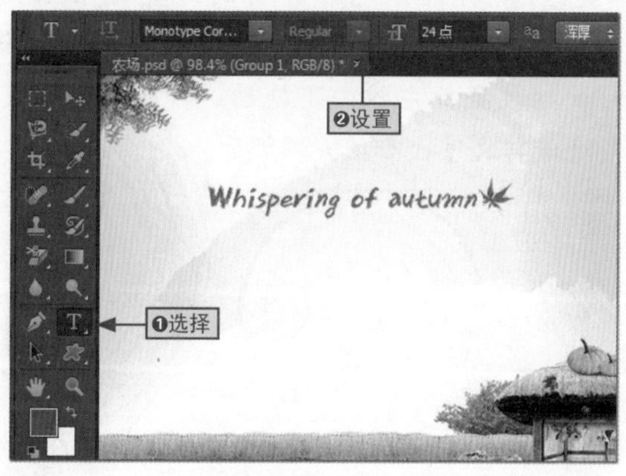

图9-15

步骤02 在图像中的相应位置，按住鼠标左键并拖动，即可绘制出定界框，如图9-16所示。

图9-16

步骤03 绘制完成后释放鼠标，用户可以查看到定界框中的文本插入点，然后在其中输入文本，此时可以看到文本出现了自动换行，如图9-17所示。

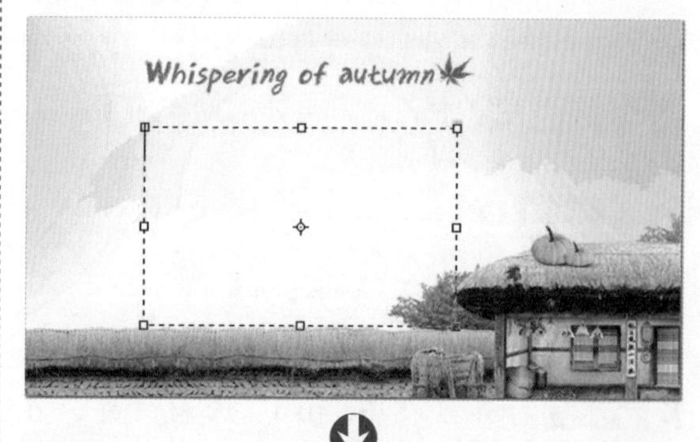

图9-17

步骤04 继续输入文字，完成后单击工具选项栏中的“提交所有当前编辑”按钮，即可完成段落文字的创建，其效果如图9-18所示。

图9-18

9.2.3 对段落文字进行编辑

段落文字创建好以后，若需要对其进行修改，如添加文字、调整文字排列以及旋转文字等，用户可以通过对定界框进行调整，以达到编辑段落文字的目的。其具体的操作如下。

本节素材	/素材/Chapter09/农场1.psd
本节效果	/效果/Chapter09/农场1.psd
学习目标	掌握编辑段落文字的方法
难度指数	★★★

步骤01 打开“农场1.psd”素材文件，在“图层”面板中单击文字图层前的缩略图，进入段落文字的编辑状态，如图9-19所示。

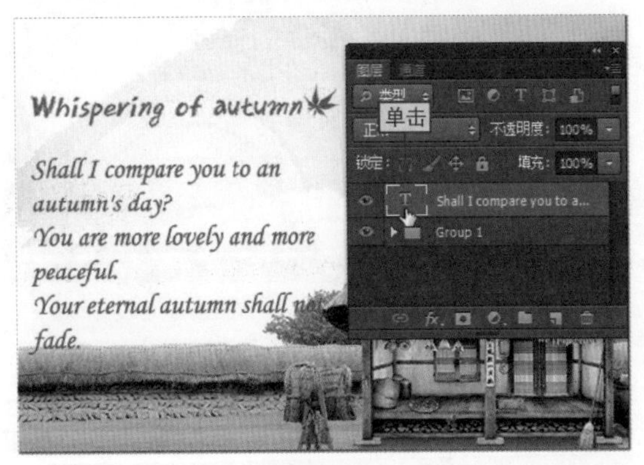

图9-19

步骤02 此时，段落文字四周会显示出定界框，将鼠标移动到定界框的控制点上，按住鼠标并拖动调整定界框的大小，而文字会随着定界框重新排列，如图9-20所示。

图9-20 定位文本插入点

步骤03 以相同的方法拖动定界框下方的控制点，并在定界框中添加相应的文字，如图9-21所示。

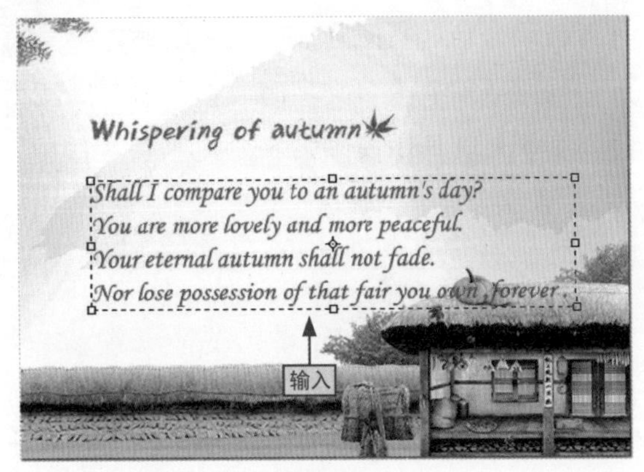

图9-21

步骤04 将鼠标光标移动到边界框右上角的控制点外，当鼠标光标变成双向弯曲箭头时，按住鼠标左键向下拖动，即可按照一定角度旋转文字，如图9-22所示。

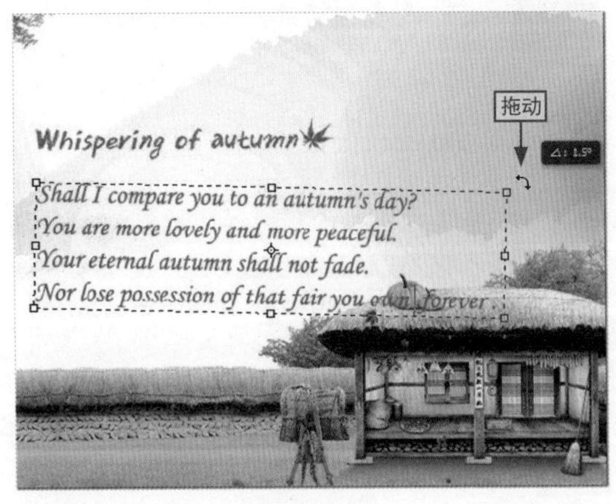

图9-22

步骤05 在工具箱中选择移动工具，将鼠标光标移动到段落文字上，按住鼠标左键并拖动，即可调整段落文字的位置，如图9-23所示。

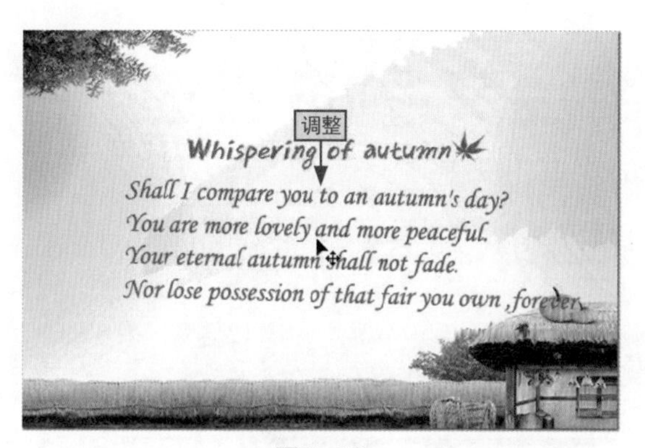

图9-23

9.2.4 点文字与段落文字的转换

在点文字或段落文字创建好以后，根据实际的操作需求用户可以将它们进行相互转换。其具体介绍如下。

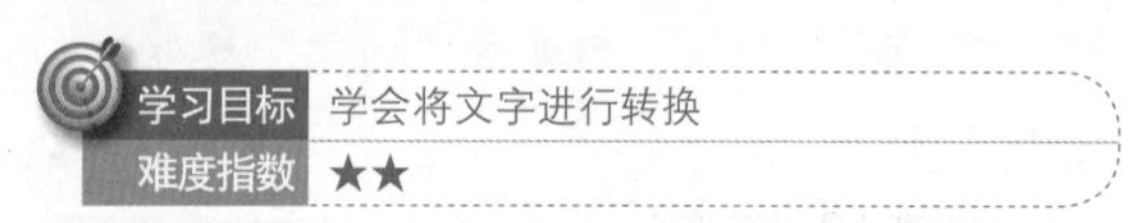

将点文字转换为段落文字

如果开始创建的为点文字，要将其转换为段落文字，❶需要先选择点文字图层，❷单击"文字"|"转换为段落文本"命令即可，如图9-24所示。

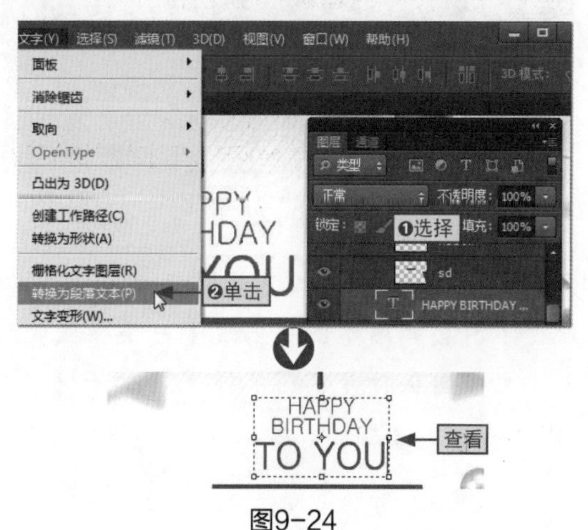

图9-24

将段落文字转换为点文字

如果要将段落文字转换为点文字，❶同样需要先选择段落文字图层，❷单击"文字"|"转换为点文本"命令即可，如图9-25所示。

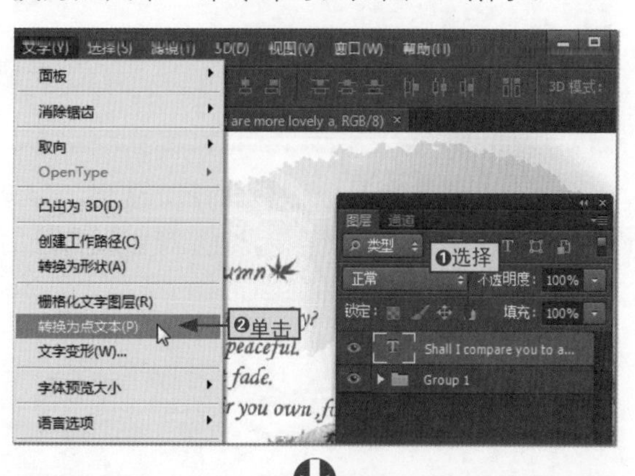

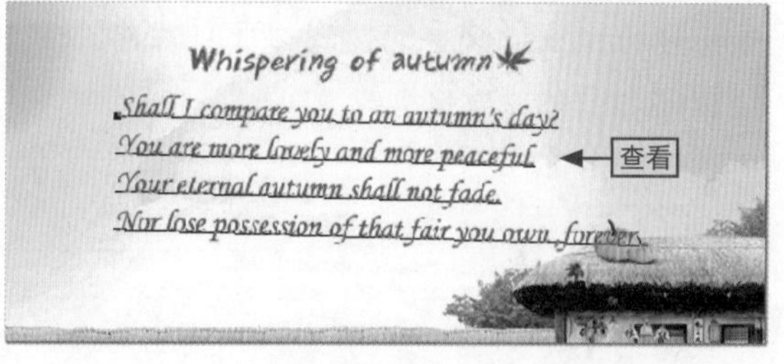

图9-25

将段落文字转换为形状

为了使段落文字更加有特色，用户还可以将其转换为形状，只需要选择"文字/转换为形状"命令即可。如图9-26所示为将段落文字转换为形状的效果。

图9-26

9.3 变形文字与路径文字的创建

小白：阿智，我想让自己输入的文字更加个性化，具有更好的艺术效果，应该如何对其进行处理呢？

阿智：你只需要掌握了变形文字和路径文字的创建方法，就可以创建出符合你要求的文字啦。下面我向你介绍一下如何创建出具有这些特殊效果的文字。

为了使文字产生更加特别的艺术效果，用户可以对文字进行特殊的编辑，如设置文字的变形样式和调整文字的排列路径等，让文字按照自己的需求进行创建，从而使其更富有创意。

9.3.1 创建变形文字

在9.1.2节中介绍到使用“变形文字”对话框可以设置变形文字的样式。下面就通过例子来讲解如何创建变形文字。

本节素材	/素材/Chapter09/跑车.psd
本节效果	/效果/Chapter09/跑车.psd
学习目标	掌握创建变形文字的方法
难度指数	★★★

步骤01 打开“跑车.psd”素材文件，❶在“图层”面板中选择文字图层，❷在菜单栏中选择“文字”|“文字变形”命令，如图9-27所示。

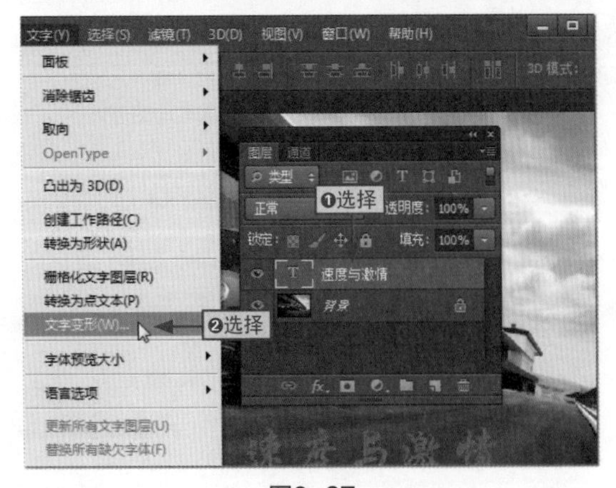

图9-27

步骤02 打开“变形文字”对话框，❶在“样式”下拉列表中选择“波浪”选项，❷分别设置弯曲、水平扭曲和垂直扭曲为“+40”、“+22”和“+10”，❸单击“确定”按钮，如图9-28所示。

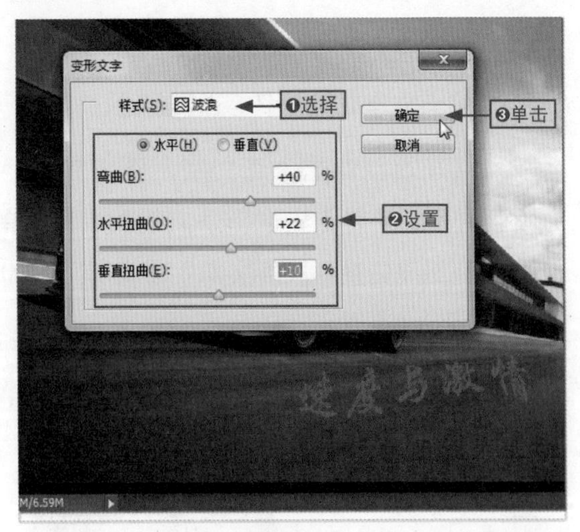

图9-28

步骤03 此时，在“图层”面板中可以看到文字图层的缩略图中出现了一条弧线，双击该文字图层打开“图层样式”对话框，如图9-29所示。

图9-29

步骤04 ❶选择“描边”选项，❷在“描边”栏中设置大小、位置和混合模式等参数，然后单击“确定”按钮为文字添加描边样式，如图9-30所示。

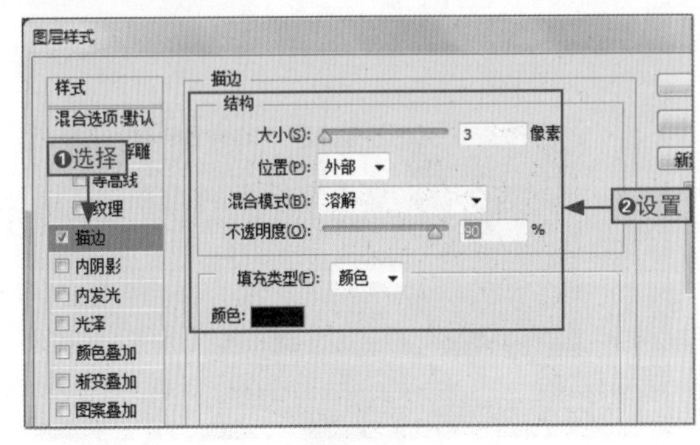

图9-30

步骤05 返回到图像窗口中，用户即可查看到文字发生变形后的效果，如图9-31所示。

图9-31

9.3.2 文字变形的重置和取消

对于创建了变形文字来说，只要没有将其转换为形状或栅格化，可以对其进行重置变形或取消变形。

学习目标 掌握重置和取消文字变形的方法

难度指数 ★★

文字的重置变形

选择任意文字工具，在菜单栏中选择“文字”|“变形工具”命令或在工具选项栏中单击“变形工具”按钮，打开“文字变形”对话框，在其中修改各选项即可为文字应用另一种样式。如图9-32所示为重置了样式后的文字效果。

图9-32

文字的取消变形

如果想要取消文字的变形样式，则可以打开“变形文字”对话框，❶在“样式”下拉列表中选择“无”选项，❷单击“确定”按钮，即可将文字恢复到变形前的状态，如图9-33所示。

图9-33

9.3.3 创建路径文字

使用文字工具可以创建出水平或者垂直方向排列的文字，若想要让文字的排列效果更加灵活，可以借助钢笔工具绘制出曲线路径，然后将文字创建到路径上，从而形成路径文字。

如果路径形状被改变了，文字的排列方式也会随之改变，创建路径文字的具体操作如下。

本节素材	/素材/Chapter09/笔和咖啡.jpg
本节效果	/效果/Chapter09/笔和咖啡.psd
学习目标	掌握创建路径文字的方法
难度指数	★★★

步骤01 打开“笔和咖啡.jpg”素材文件，❶在工具箱中选择钢笔工具，❷在工具选项栏中选择“路径”选项，❸在图像中绘制路径，如图9-34所示。

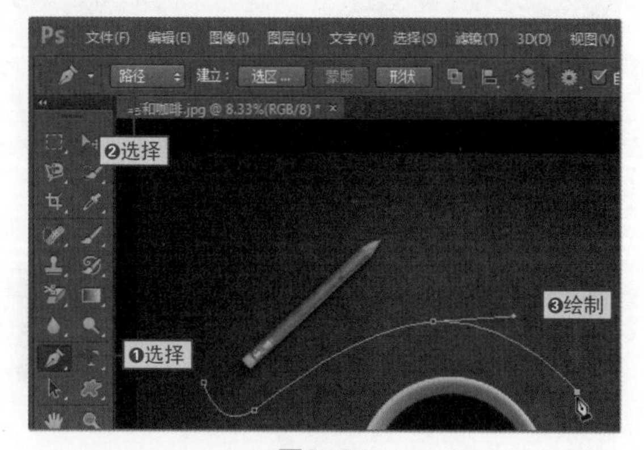

图9-34

步骤02 退出路径绘制状态，❶在工具箱中选择横排文字工具，❷在工具选项栏中分别设置文字字体、大小和颜色，如图9-35所示。

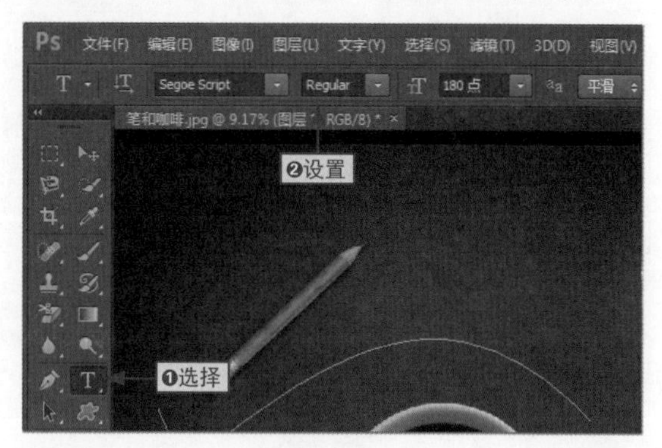

图9-35

步骤03 将鼠标光标移到路径上，此时鼠标成⌶状，单击在路径上定位文本的插入点，如图9-36所示。

图9-36

步骤04 此时，在路径上可以看到闪烁的文本插入点，输入文字后文字即可沿着路径排列，按Ctrl+Enter组合键可结束操作，如图9-37所示。

图9-37

步骤05 在“路径”面板中单击空白位置隐藏路径，此时在文档窗口中可查看到如图9-38所示的图像效果。

图9-38

9.3.4 栅格化文字图层

在图像中输入文字后，“图层”面板中会自动创建对应的文字图层。文字图层是一种特殊的图层，虽然可以保留文字的基本信息和属性，但在编辑时还存在一些限制，如不能应用滤镜效果、不能填充渐变颜色等。

此时，用户可以将文字图层栅格化为普通图层，这样就可以对文字进行更多的编辑与应用了。

选择需要栅格化的文字图层，在菜单栏中选择“文字”|“栅格化文字图层”命令，即可将文字图层转化为普通的像素图层，如图9-39所示。

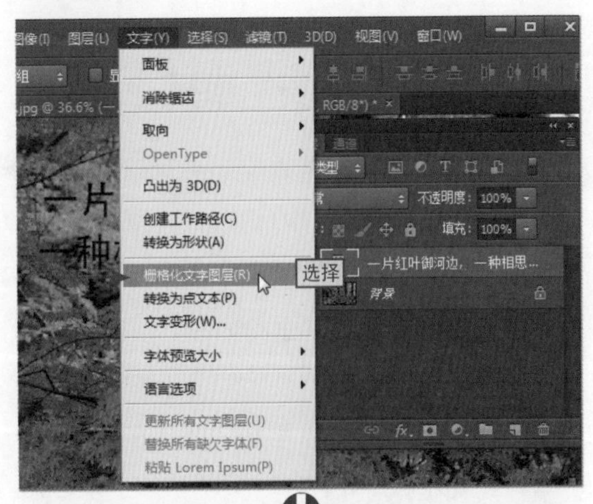

图9-39

9.4 格式化字符

小白：阿智，我在图像中输入文字后，想要为其重新设置文字属性，应该怎么做?

阿智：你只要对字符进行相应的格式化操作即可，如修改文字的字体、大小和颜色等，此时你同样可以使用文字选项工具栏和“字符”面板来实现。

在Photoshop CS6中，使用文字工具输入文字以后，用户还可以对文字进一步编辑，从而获得更好的文字效果，我们可以通过文字工具选项栏或在“字符”面板中来实现。

9.4.1 认识“字符”面板

在使用文字工具输入文字前可以利用“字符”面板设置文字的字体、大小和颜色等属性，文字创建完成后，用户还可以利用“字符”面板对文字的属性进行修改。

在菜单栏中选择“窗口”|“字符”命令，即可打开“字符”面板，如图9-40所示为“字符”面板。

学习目标 认识“字符”面板

难度指数 ★

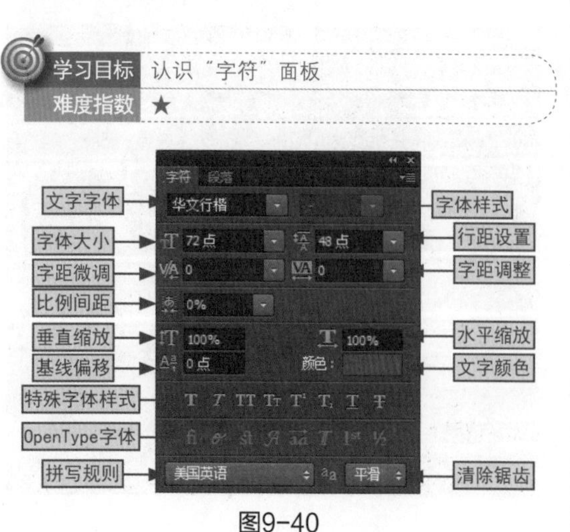

图9-40

小绝招 文字基线的含义

选择文字工具后，在图像中单击出现文本插入点时，就可以看到基线了（文字下的水平线），如图9-41所示。而基线偏移是用来控制文字与基线的距离，它可以升高或降低所选文字的位置。

图9-41

9.4.2 设置字体和大小

如果文字创建好以后，对文字的字体和大小不满意，则可以在“字符”面板中对其进行修改，从而获得更好的文字效果。

学习目标 掌握设置文本字体格式和大小的方法

难度指数 ★★

更改字体

使用“字符”面板设置了文字格式并输入文字后，用户可以选择输入的文字图层，然后在“字符”面板中更改字体选项。如图9-42所示为文字字体更改前后的对比效果。

图9-42

更改字符大小

文字的大小显示效果可以通过“字符”面板中的字符大小选项来调整，在“字符大小”下拉列表中有多种预设的大小可以选择。如图9-43所示调整字符大小前后的对比效果。

图9-43

小绝招 **字符大小的调整技巧**

在调整字符大小时，用户可以在选择文字后，按住Ctrl+Shift组合键，同时连续按>键，就能以两点为增量将文字增大；按住Ctrl+Shift组合键，同时连续按<键，则能以两点为缩量将文字缩小。

9.4.3 更改字体颜色

在输入文字时，默认前景色为文字颜色。用户可以在输入文字前修改前景色，也可以在文字输入后，通过“字符”面板中的颜色选项进行设置。其具体操作如下。

本节素材	/素材/Chapter09/银杏1.psd
本节效果	/效果/Chapter09/银杏1.psd
学习目标	掌握更改字体颜色的方法
难度指数	★★★

步骤01 打开“银杏1.psd”素材文件，在“图层”面板中选择文字图层，在“字符”面板中单击“颜色”选项后的色块，如图9-44所示。

图9-44

步骤02 打开“拾色器（文本颜色）”对话框，❶拖动滑块调整色域，❷在色域中单击选择颜色，❸单击“确定”按钮，如图9-45所示。

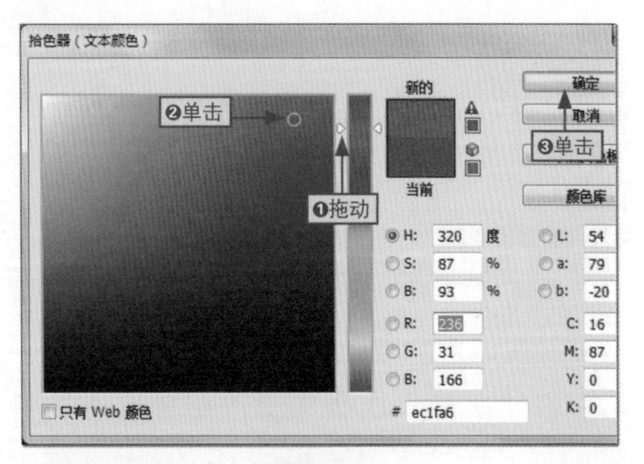

图9-45

步骤03 返回到图像窗口中，用户即可查看到文字的颜色已经发生改变，如图9-46所示。

图9-46

9.5 段落的调整

小白：阿智，我需要使用文字工具在图像中输入几段文字，但不知道如何调整段落格式，文字输入完成后，整个画面就非常不美观了。

阿智：你只需要对段落属性进行格式化即可，如设置段落对齐方式、缩进和文字间距等。下面我就来讲解一下。

在Photoshop CS6中，用户使用文字工具不仅可以创建单行或单列的文字，还能创建多行的段落文字。为了便于查看段落文本和美化图像，用户可以通过“段落”面板对其属性进行设置。

9.5.1 应用“段落”面板

段落文字创建好以后，用户可以通过“段落”面板，调整段落文字的对齐方式、首行缩进和左右移动等。

在菜单栏中选择“窗口”|“段落”命令，即可打开“段落”面板。如果要将输入的段落文字设置为居中显示，则可以先选择文字图层，然后在“段落”面板中单击■按钮即可。如图9-47所示为设置段落居中对齐前后的对比效果。

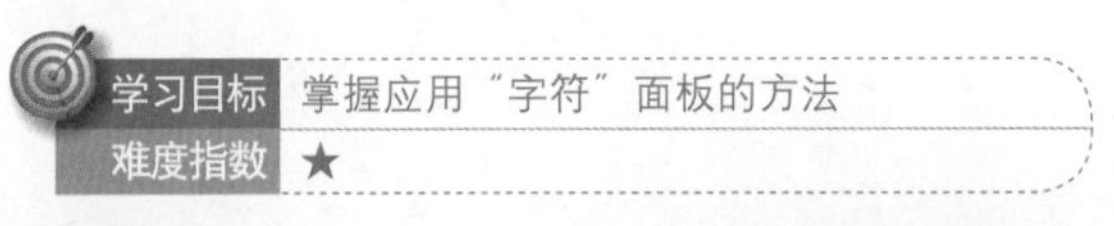

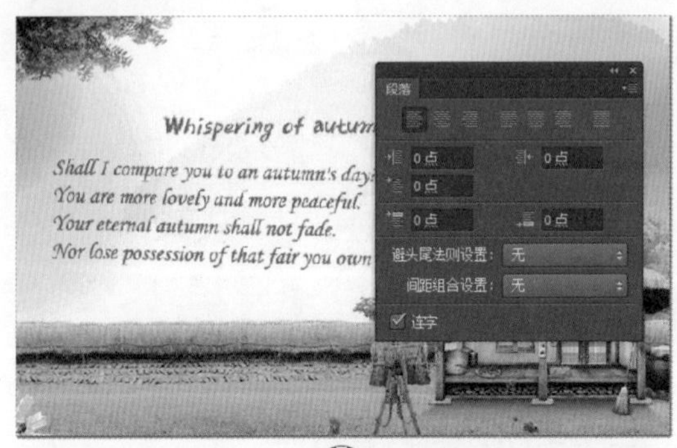

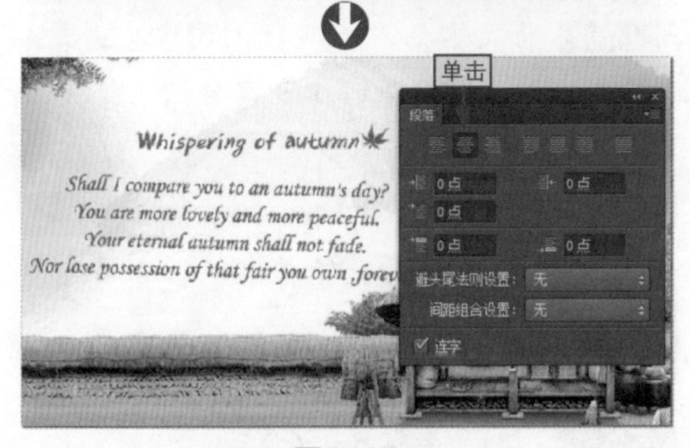

图9-47

9.5.2 创建段落样式

在Photoshop CS6中新增了“段落样式”面板，在其中不仅可以保存段落样式，还能应用其他文字的段落样式，从而极大地提高了处理图像的工作效率。

步骤01 打开“诗歌.psd”素材文件，在“图层”面板中选择段落文字的图层，如图9-48所示。

图9-48

步骤02 在菜单栏中选择“窗口”|“段落样式”命令，打开“段落样式”面板，❶单击面板右上角的■按钮，❷在弹出的快捷菜单中选择“新建段落样式”命令，如图9-49所示。

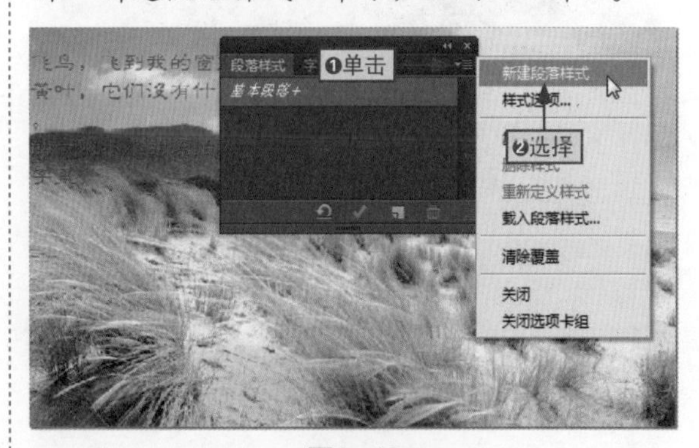

图9-49

步骤03 此时，在“段落样式”面板中即可查看到新建的段落样式，如图9-50所示。

图9-50

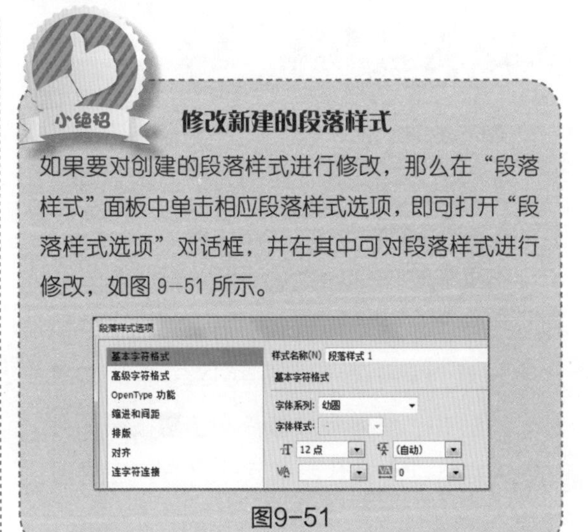

小绝招 **修改新建的段落样式**

如果要对创建的段落样式进行修改，那么在“段落样式”面板中单击相应段落样式选项，即可打开“段落样式选项”对话框，并在其中可对段落样式进行修改，如图 9-51 所示。

图9-51

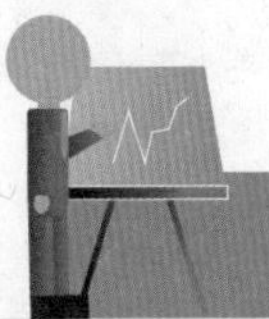

给你支招 | 如何设置特殊的字体样式

小白：阿智，我要为朋友的面店制作一份有特色的菜单，要怎么处理菜单上的价格，才能更吸引人呢?

阿智：想要吸引顾客的眼球，就需要设置出有个性的字体样式，此时可以通过“字符”面板来实现，其具体操作如下。

步骤01 选择横排文字工具，在“字符”面板中分别设置文字字体、大小和颜色，如图9-52所示。

图9-52

步骤02 将文本插入点定位到图像中并切换到英文状态，按Shift+4组合键输入“$”，如图9-53所示。

图9-53

步骤03 继续输入其他文字，❶选择“$”字符，❷在“字符”面板中单击“上标”按钮，如图9-54所示。

图9-54

步骤04 ❶选择“.00”字符，❷在“字符”面板中单击“上标”按钮，❸然后单击“下划线”按钮，如图9-55所示。

图9-55

步骤05 在“图层”面板中双击文字图层，打开“图层样式”对话框，在其中分别设置“描边”和“外发光”图层样式，然后单击“确定”按钮，如图9-56所示。

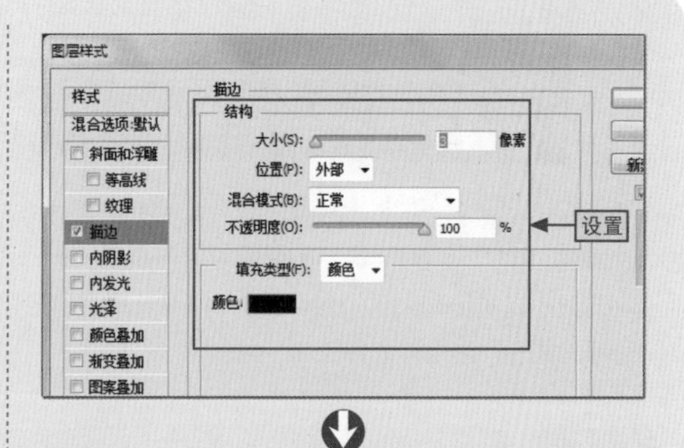

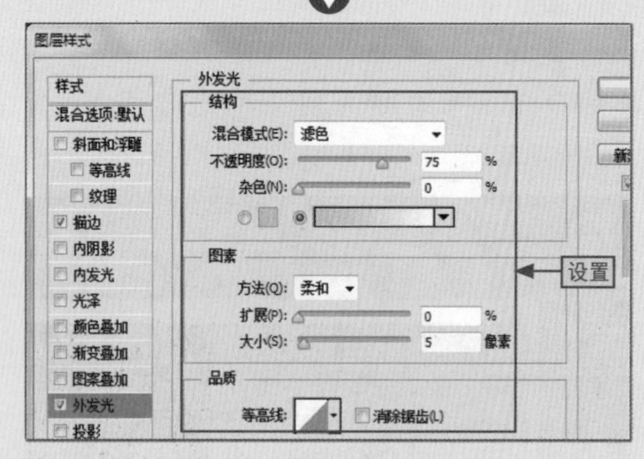

图9-56

步骤06 返回到图像窗口中，用户即可查看到图像中字体被设置成特殊字体样式，如图9-57所示。

图9-57

给你支招 | 如何制作具有发光特效的文字

小白：阿智，我看到别人制作的文字非常有个性，还能发光，他是怎么做出来的？

阿智：其实想要制作出具有发光特效的文字并不难，你只需要对文字添加图层样式，然后叠加一些绚丽的色彩，就可以制作出来，其具体操作如下。

步骤01 新建一个空白图像文件，❶将前景色设置为“黑色”，❷创建新图层，按Alt+Delete组合键为图层填充前景色，如图9-58所示。

图9-58

步骤02 选择横排文字工具，❶在“字符”面板中设置文字属性，❷输入文字，如图9-59所示。

图9-59

步骤03 按住Ctrl键，并单击文字图层，载入文本选区。打开“边界选区”对话框，❶在“宽度”文本框中输入“3”，❷单击“确定”按钮，如图9-60所示。

图9-60

步骤04 ❶新建图层，❷设置图层混合模式为“溶解”，设置前景色为“白色”，按Alt+Delete组合键填充选区，如图9-61所示。

图9-61

步骤05 选择文字图层，在“字符”面板中设置颜色为黑色。在“图层”面板中选择文字图层和“图层2”，❶按Ctrl+Alt+E组合键盖印图层，❷按Ctrl+J组合键复制盖印图层，如图9-62所示。

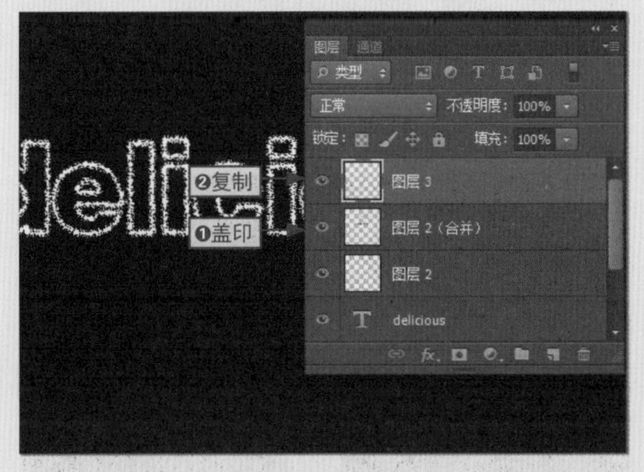

图9-62

步骤06 在菜单栏中单击“滤镜/模糊/径向模糊”命令打开“径向模糊”对话框，❶在其中设置相应参数，❷调整模糊中心的位置，❸单击“确定”按钮，如图9-63所示。

图9-63

步骤07 按Ctrl+T组合键进入变形编辑状态，对模糊后的图像进行适当的变形设置，如图9-64所示。

图9-64

步骤08 在“图层”面板中双击文字图层打开“图层样式”对话框，❶选中“外发光”和“投影”复选框，❷选择“内发光”选项，❸在其中设置相应的参数，如图9-65所示。

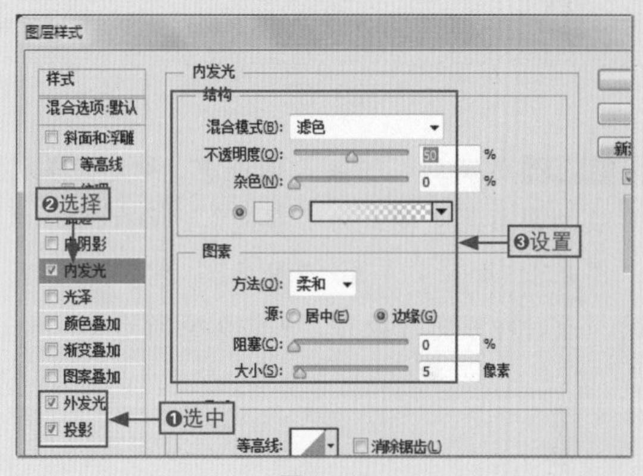

图9-65

步骤09 ❶选择“斜面和浮雕”选项，❷在其中设置相应参数，如图9-66所示。

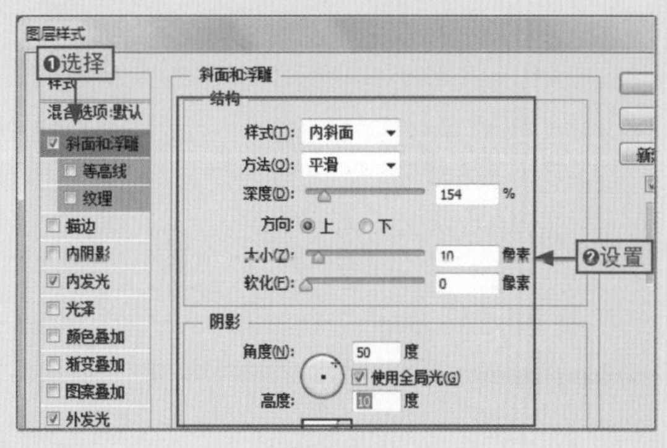

图9-66

步骤10 ❶在“斜面和浮雕”栏中选择“纹理”选项，❷单击“图案”下拉按钮，❸在打开的下拉列表中选择一种图案样式，然后单击“确定”按钮，如图9-67所示。

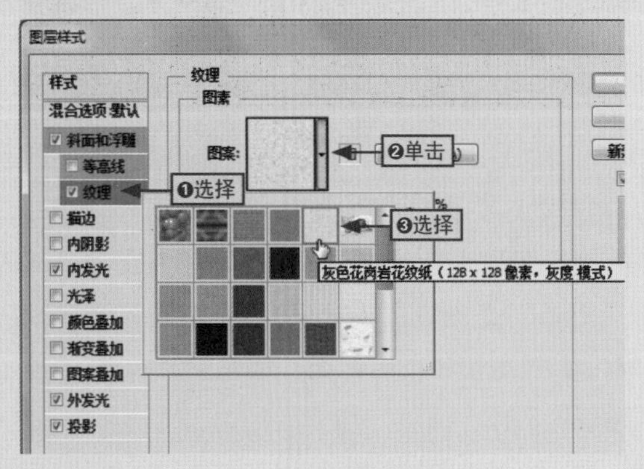

图9-67

步骤11 返回到“图层”面板中，❶设置当前图层的图层混合模式为“强光”，❷取消选中“图层2（合并）”和“图层2”前面的小眼睛，此时即可完成操作，如图9-68所示。

图9-68

学习目标

在Photoshop CS6中，使用滤镜可以为图像制作出各种特殊的艺术效果，而这些滤镜都存放在菜单栏的“滤镜”菜单项中，其中包括独立滤镜和其他滤镜组，而滤镜组中又包含多个滤镜命令。本章将介绍如何使用这些滤镜制作出更具特色的艺术效果。

本章要点

- 滤镜的作用
- 滤镜的分类
- 认识“滤镜”下拉菜单
- 镜头校正滤镜
- 液化滤镜
- 油画滤镜
- 消失点滤镜
- 风格化滤镜组
- 模糊滤镜组
- 扭曲滤镜组

知识要点	学习时间	学习难度
初识滤镜与独立滤镜的运用	50 分钟	★★★
其他滤镜组的运用	60 分钟	★★★
Photoshop 的外挂滤镜	40 分钟	★★

10.1 初识滤镜

小白：我看到一些"大师"制作的图像，上面含有许多的特殊效果，我也想制作出这些特殊效果，但是感觉很难做到。

阿智：这个其实不难，这些特殊效果都是通过滤镜来实现的，你只需要为图像应用合适的滤镜即可。下面我先给你介绍一下滤镜的基础知识，为以后使用滤镜打下基础。

Photoshop CS6为用户提供了多种滤镜，使用这些滤镜可以为图像添加各式各样的特殊效果。下面我们就先来认识一下滤镜。

10.1.1 滤镜的作用

滤镜在图像处理中起着至关重要的作用，它不仅可以对图像的像素进行分析，还能进行色彩、亮度等调整，从而对图像的部分或整体的像素参数进行控制。

滤镜不仅包括自适应广角、镜头校正、液化以及油画等独立滤镜，还包括风格化、模糊、扭曲以及锐化等滤镜组。如图10-1所示为图像原图。如图10-2所示为几种不同的滤镜效果。

学习目标 了解滤镜的作用

难度指数 ★

图10-1

图10-2

10.1.2 滤镜的分类

在Photoshop CS6中，滤镜主要分为两大类，分别是Photoshop系统自带的内部滤镜和外挂滤镜。

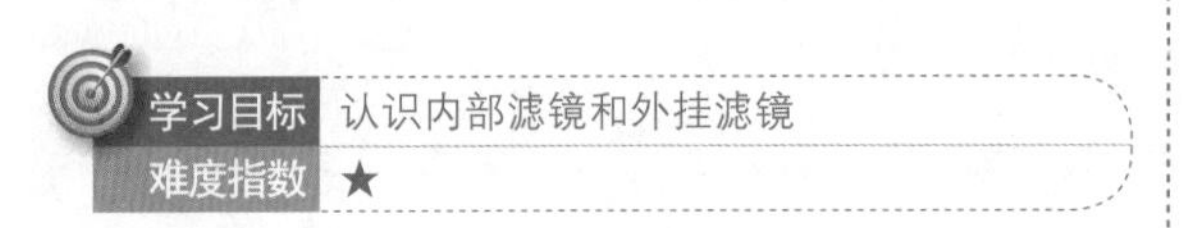

内部滤镜

内部滤镜是指集成在Photoshop CS6软件中的滤镜，其中滤镜组中的自定义滤镜的功能非常强大，它们允许用户根据实际需要自定义个人滤镜，操作过程简单、方便。

外挂滤镜

外挂滤镜需要用户手动安装，常见的外挂滤镜有Nik Color Efex Pro、KPT和Eye等，它们可以制作出更多的特殊效果。

滤镜的应用特点

在一般情况下，滤镜命令只能对当前正在编辑的可见图层或图层中的选区起作用。如果没有创建选区，系统会自动将整个图层作为当前的选区；同时，也可以对整幅图像应用滤镜。

10.1.3 认识“滤镜”下拉菜单

Photoshop CS6为用户提供的所有滤镜都存放在“滤镜”下拉菜单中，而该下拉菜单中的滤镜又可分为5个部分，如图10-3所示。

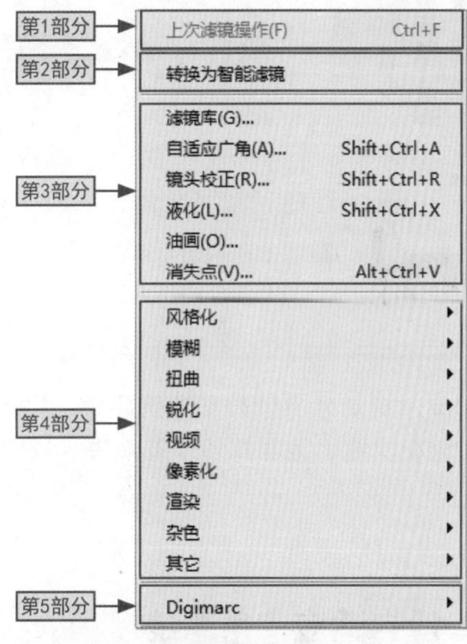

图10-3

每个部分的滤镜都不相同，如图10-4所示为各个部分滤镜的含义。

第1部分

用于显示最近使用过的滤镜，当最近没有使用过滤镜时，会呈灰色显示。

第2部分

使用“转换为智能滤镜”命令，可以将图像转换为智能化的格式，整合多个不同的滤镜，使图像更加有创意。

第3部分

这是Photoshop CS6中的独立滤镜，用户可以直接将其应用到图像中。

第4部分

这是Photoshop CS6中的滤镜组，每个滤镜组中又包含多个滤镜子菜单命令。

第5部分

这是Photoshop CS6中的外挂滤镜，当没有安装外挂滤镜时，该部分会呈灰色显示。

图10-4

10.2 独立滤镜的运用

小白：既然Photoshop CS6要将独立滤镜和滤镜组分开，那么独立滤镜有什么作用呢？

阿智：在Photoshop CS6中，为我们提供了5种独立滤镜，我们可以直接应用它们。下面我来为你介绍一下如何使用独立滤镜。

独立滤镜是具有独特功能的滤镜，Photoshop CS6中的独立滤镜有自适应广角滤镜、镜头校正滤镜、液化滤镜、油画滤镜以及消失点滤镜等，每种独立滤镜的应用效果不同。

10.2.1 自适应广角滤镜

“自适应广角”滤镜是Photoshop CS6中新增的滤镜命令，该命令可以处理广角镜头拍摄的照片，对镜头缩放时所产生的变形进行处理，从而得到一张完全没有变形的照片。

在菜单栏中选择“滤镜”|“自适应广角”命令，即可打开“自适应广角”对话框。在其中可以选择校正的方式为鱼眼、透视或自动，并且可以利用左侧的工具绘制校正的透视角度、区域等，从而达到调整图像广角的目的，如图10-5所示。

学习目标	掌握自适应广角滤镜的使用方法
难度指数	★★

小绝招

启用Open GL功能

在选择“自适应广角”命令前，需要先启用 Open GL 功能。其方法是：在菜单栏中选择“编辑”|“首选项”|“性能”命令，打开“首选项”对话框，在“性能”选项卡的右下方选中“启用 Open GL”复选框即可。

图10-5

10.2.2 镜头校正滤镜

“镜头校正”命令是可以校正图像的透视效果、边缘色差以及拍摄角度等情况的滤镜。在菜单栏中选择“滤镜”|“镜头校正”命令，即可打开“镜头校正”对话框。在其中可以选择“自动校正”和“自定”命令两种方式来设置图像，如图10-6所示为使用“自定”来调整图像的扭曲画面。

图10-6

10.2.3 液化滤镜

“镜头”命令主要用于对图像进行扭曲变形，从而得到需要的液化效果的滤镜。在菜单栏中选择“滤镜”|“液化”命令。在该对话框右侧可以选择各种工具，然后在图像预览框中对图像进行旋转、推拉以及折叠等操作，如图10-7所示为使用“液化”滤镜来调整婴儿的眼睛，得到的变化效果。

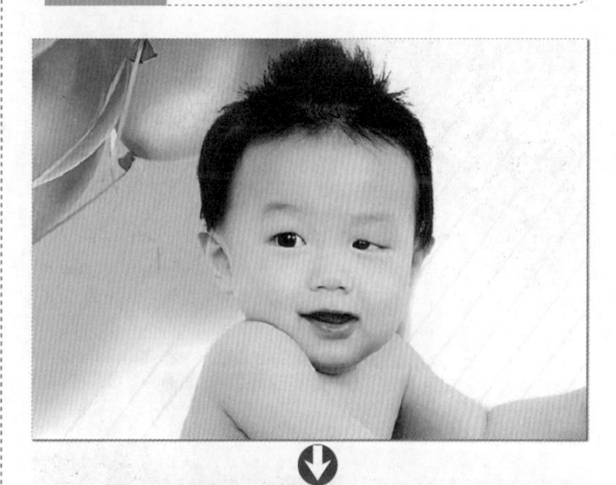

图10-7

10.2.4 油画滤镜

“油画”命令是新增的滤镜，它能快速让图像呈现出油画效果。在菜单栏中选择“滤镜”|“油画”命令，即可打开“油画”对话框。在该对话框中可以设置笔画样式以及光线的方向和亮度，从而使图像产生更出色的效果。如图10-8所示是为图像应用了油画滤镜后的效果。

学习目标	掌握油画滤镜的使用方法
难度指数	★★

图10-8

10.2.5 消失点滤镜

“消失点”命令是用于改变平面角度、校正透视角度等的滤镜，使用消失点滤镜来修饰、添加或移去图像中的内容时，效果将更加逼真。

下面通过将一幅平面图像合成到一幅立体图像中为例来讲解消失点滤镜的使用方法。其具体操作如下。

本节素材	/素材/Chapter10/白砖.jpg
本节效果	/效果/Chapter10/白砖.jpg
学习目标	掌握消失点滤镜的使用方法
难度指数	★★★

步骤01 打开“白砖.jpg”和“荷花.psd”素材文件，在“荷花.psd”文档窗口中按Ctrl+A组合键全选图像，按Ctrl+C组合键复制图像，如图10-9所示。

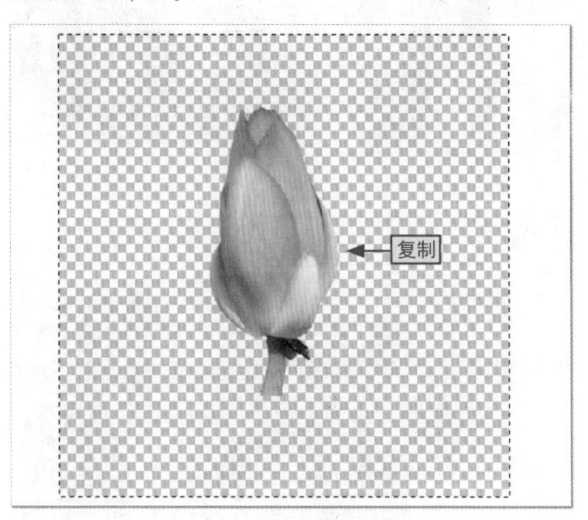

图10-9

步骤02 切换到“白砖.jpg”文档窗口中，在菜单栏中选择“滤镜”|“消失点”命令，打开“消失点”对话框。此时，对话框中默认选择“创建平面工具”选项，在“网格大小”下拉列表框中输入数值，如图10-10所示。

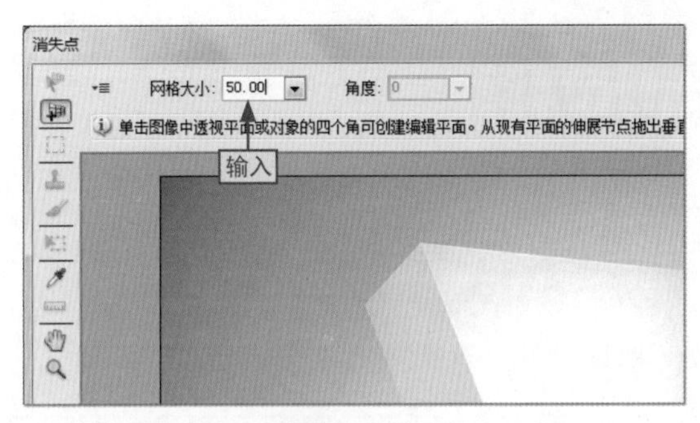

图10-10

步骤03 将鼠标光标移动到白砖的一个顶点上，❶单击定位一个点，依次在其他几个顶点上单击，❷绘制出一个平面，如图10-11所示。

图10-11

步骤04 按Ctrl+V组合键粘贴之前复制的图像，然后在其上按住鼠标将其拖动到创建的平面中，如图10-12所示。

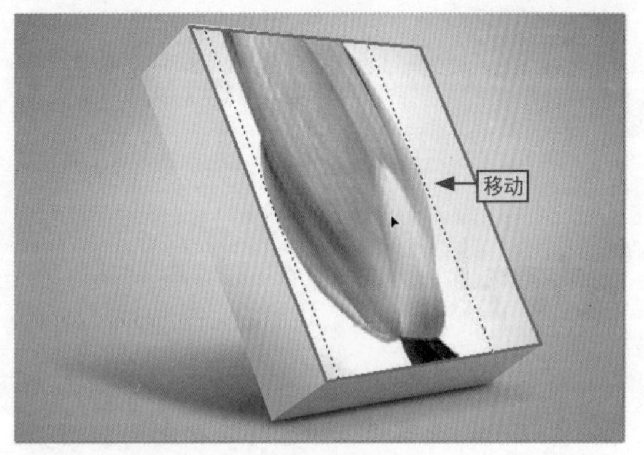

图10-12

步骤05 按Ctrl+T组合键进入变形状态，调整图像的大小、位置和方向，按Enter键完成操作，如图10-13所示。

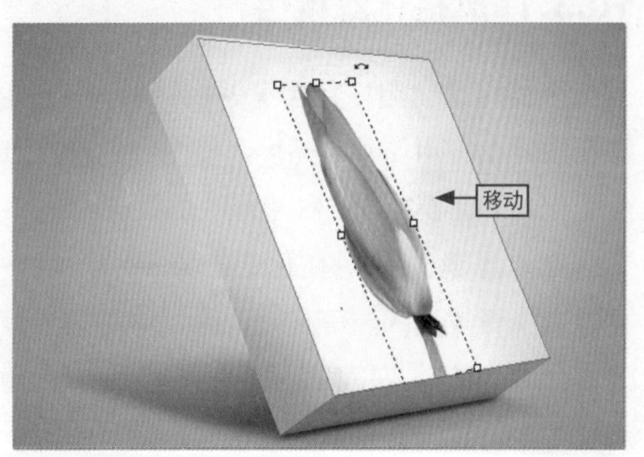

图10-13

步骤06 返回到文档窗口中，即可查看到最终的效果，如图10-14所示。

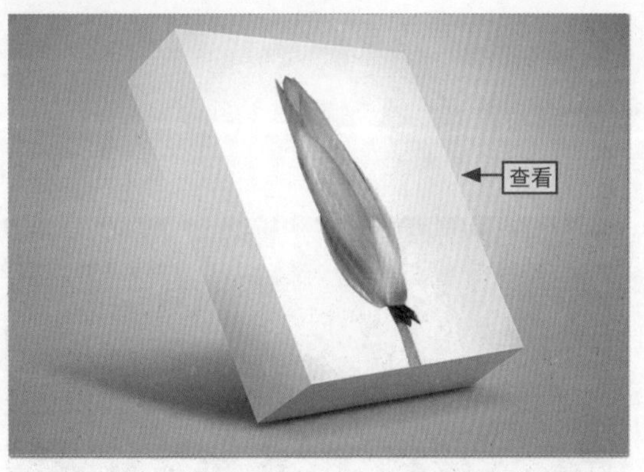

图10-14

10.3 其他滤镜组的应用

小白：既然独立滤镜功能已经这么强大了，那么其他滤镜组又有什么特别之处呢？

阿智：虽然独立滤镜已经可以为图像制作出许多的特殊效果，但是要使用其他滤镜组中的命令，可以自定义滤镜选项，使图像具有更漂亮的艺术效果。

在“滤镜”下拉菜单中罗列了多种滤镜组，它们是根据功能进行划分的，如风格化、模糊、扭曲、锐化、视频以及像素化等。这些滤镜组可以为图像设置艺术化、扭曲变形等效果，从而使图像更加有特色。

10.3.1 风格化滤镜组

风格化滤镜组中包含有9种滤镜，它们能够在图像上应用质感或亮度，使图像的样式产生变化，从而模拟出一种被风吹的效果。

在“滤镜”|“风格化”子菜单中，用户可以选择查找边缘、等高线、风、浮雕效果等滤镜命令。选择滤镜命令后会自动为图像应用滤镜效果，或打开相应的对话框，在其中可以手动设置滤镜效果。

如图10-15所示为图像原图，如图10-16所示为应用“查找边缘”和“拼贴”滤镜后的效果。

学习目标	掌握风格化滤镜组的使用方法
难度指数	★★

图10-15

图10-16

10.3.2 模糊滤镜组

模糊滤镜组中包含有14种滤镜，它们可以将图像像素的边线设置为模糊状态，使图像产生模糊的感觉。在突出部分图像、去除杂色或者创建特殊效果时会使用到这些滤镜。

在模糊滤镜组中提供了场景模糊、光圈模糊、倾斜模糊以及表面模糊等效果。如图10-17所示为图像应用了“光圈模糊”滤镜，根据光圈中心点位置，对光圈外的图像进行模糊处理的效果。

学习目标 掌握模糊滤镜组的使用方法
难度指数 ★★

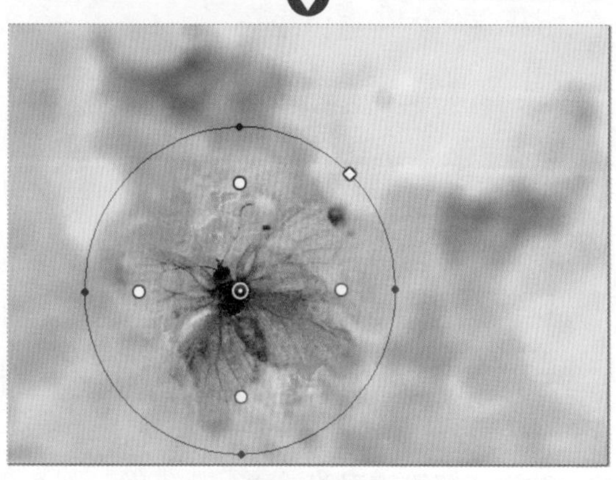

图10-17

10.3.3 扭曲滤镜组

扭曲滤镜组中包含有12种滤镜，这些滤镜可以移动、扩展或缩小构成图像的像素，将原图像进行几何扭曲，从而出现水纹、玻璃以及球面化等效果。

在扭曲滤镜组中提供了波浪、波纹、极坐标、挤压、切变等滤镜。如图10-18所示为图像应用了“波浪”滤镜的效果，使用波浪滤镜可以模拟出真的波浪。

图10-18

10.3.4 锐化滤镜组

锐化滤镜组中包含有5种滤镜，它们可以通过增加相邻像素的对比度，使模糊的图像具有清晰的轮廓，从而达到锐化图像的目的。

在锐化滤镜组中包含的滤镜有USM锐化、进一步锐化、锐化、锐化边缘和智能锐化，它们可以通过提高像素之间的对比度，使模糊的图像变得清晰。如图10-19所示为应用了“智能锐化”滤镜的图像效果。

学习目标	掌握锐化滤镜组的使用方法
难度指数	★★

图10-19

10.3.5 视频滤镜组

视频滤镜组中包含有两种滤镜，这两种滤镜是用于控制视频工具的滤镜，它能将普通图像转换为视频设备可以接收的图像，从而解决视频图像交换时系统所存在的差异问题。

学习目标	掌握视频滤镜组的使用方法
难度指数	★★

NTSC颜色滤镜

“NTSC颜色”滤镜可以将色彩表现范围缩小，将某些饱和过度的图像转换为临近的图像。

逐行滤镜

逐行滤镜可以在视频图像输出时，消除混杂信号的干扰，使视频图像被修改；还能移除视频图像中的奇数或偶数行线，从而使视频捕捉到的运动图像更加平滑。如图10-20所示为“逐行”对话框。

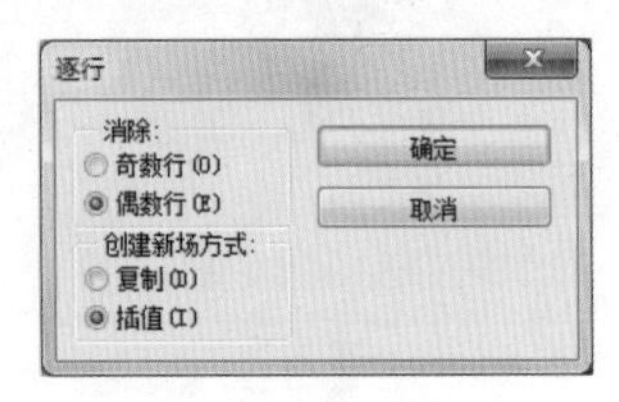

图10-20

10.3.6 像素化滤镜组

视频滤镜组中包含有7种滤镜，这些滤镜可以让图像的像素效果发生很大的变化，主要是将相邻颜色值中的相近像素结合成块来制作点状、马赛克以及晶状体等特殊效果。

像素化滤镜组中的滤镜有彩块化、彩色半调、点状化、晶格化、马赛克、碎片和铜版雕刻效果。如图10-21所示应用了“晶格化”滤镜的效果，使图像的像素发生改变，从而产生如同晶状体的图像效果。

学习目标	掌握像素化滤镜组的使用方法
难度指数	★★

图10-21

图10-22

10.3.7 渲染滤镜组

渲染滤镜组中包含有5种滤镜，这些滤镜作用于图像上，可以使图像产生不同程度的灯光效果、3D形状、云彩图案、折射图案和模拟光反射效果，它们是为图像制作特殊效果的重要滤镜。

渲染滤镜组中包含的滤镜有分层云彩、光照效果、镜头光晕、纤维和云彩效果。如图10-22所示为图像应用了“镜头光晕”滤镜的效果，为图像添加耀眼的光晕效果，使其更加漂亮。

学习目标	掌握渲染滤镜组的使用方法
难度指数	★★

10.3.8 杂色滤镜组

杂色滤镜组中包含有5种滤镜，在打印输出图像时会经常用到该滤镜组，因为它们可在图像中删除由于扫描而产生的杂点。同时，在图像中添加杂色滤镜还可以制作出有怀旧感的图像效果。

杂色滤镜组中包含的滤镜有减少杂色、蒙尘与划痕、去斑、添加杂色和中间值效果。如图10-23所示为图像应用了“添加杂色”滤镜的效果，从而为图像添加杂色效果，增强照片旧的质感。

学习目标	掌握杂色滤镜组的使用方法
难度指数	★★

图10-23

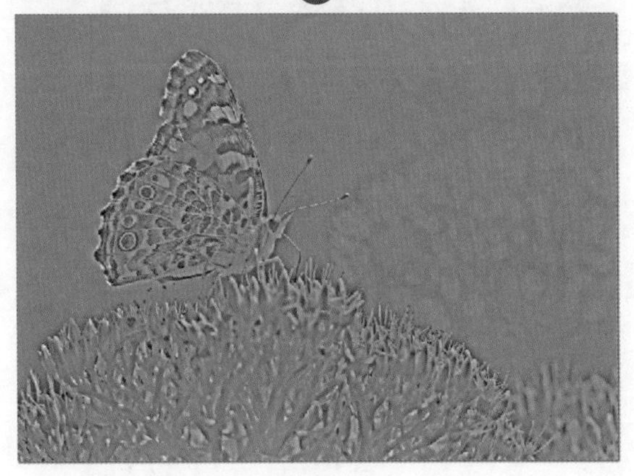

图10-24

10.3.9 其他滤镜组

其他滤镜组中包含有5种滤镜，在这些滤镜中，有的允许用户自定义特殊滤镜效果，有的可以修改蒙版，还有的可以使图像中选区发生位移或快速调整图像的颜色。

其他滤镜组中包含的滤镜有高反差保留、位移、自定、最大值和最小值。如图10-24所示为图像应用了“高反差保留”滤镜的效果，该滤镜调整了图像的亮度，从而展示出了图像的轮廓效果。

学习目标 掌握其他滤镜组的使用方法

难度指数 ★★

小绝招

“自定”滤镜

“自定”滤镜是Photoshop CS6为用户提供的可以自定义滤镜效果的滤镜，它可以存储创建的自定义滤镜，并将其应用到指定的图像中。如图10-25所示为“自定”对话框。

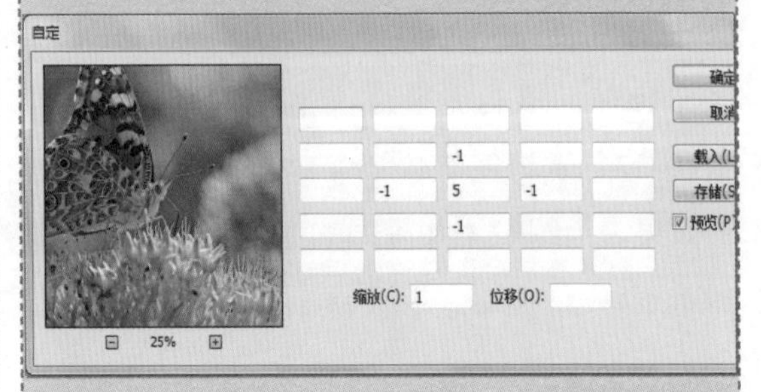

图10-25

滤镜库

滤镜库是一个整合了“风格化”、“画笔描边”、“扭曲”、“素描”、“纹理”和“艺术效果”多个滤镜组的对话框。在该对话框中可以将同一滤镜多次应用到同一图像中，或者将多个滤镜应用于同一图像上，如图 10−26 所示为在滤镜库中为图像应用“画笔描边”滤镜组中的“墨水轮廓”滤镜 。

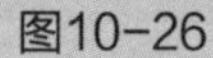

图10−26

10.4 Photoshop 的外挂滤镜

小白：除了Photoshop CS6为我们提供的独立滤镜和滤镜组之外，我可以在网上下载一些不一样的滤镜吗?

阿智：当然可以，这些第三方的滤镜被称作为“外挂滤镜”，不过在使用之前需要将其安装到Photoshop程序中，这样才能使用。

Photoshop针对滤镜提供了一个开放式平台，用户可以将第三方开发的滤镜以插件的形式安装到Photoshop中，这样就可以为图像应用更多的滤镜特效，从而创建出系统滤镜所不能制作出的图像效果。

10.4.1 安装外挂滤镜

外挂滤镜的安装比较简单，只需要将下载的外挂滤镜安装包解压，并将其复制到Photoshop安装软件所在文件夹中即可。

下面通过安装KPT 5外挂滤镜为例，讲解在Photoshop CS6中安装外挂滤镜的具体操作。

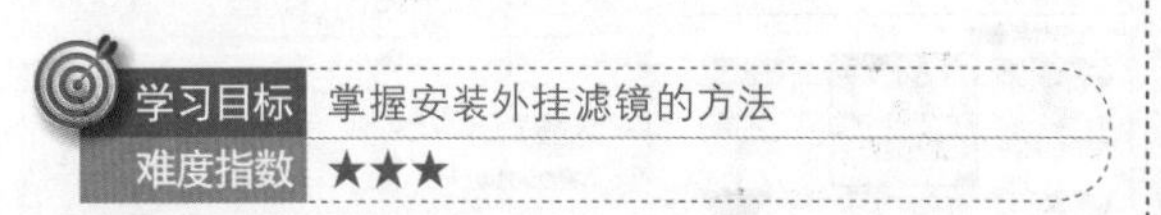

步骤01 在网上下载KPT 5外挂滤镜文件，并将其解压。❶在桌面上的Photoshop CS6应用程序启动图标上右击，❷选择“属性”命令，如图10-27所示。

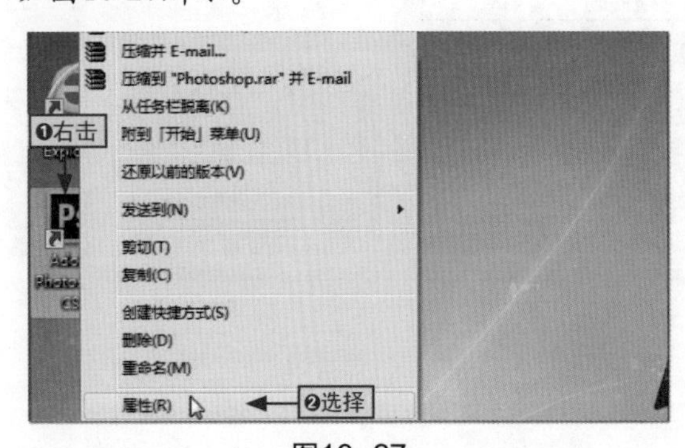

图10-27

步骤02 进入Photoshop CS6属性对话框中，❶复制“起始位置”文本框中双引号内的内容，❷关闭对话框，如图10-28所示。

图10-28

步骤03 进入计算机窗口，❶将Photoshop软件安装的地址粘贴到地址栏中，按Enter键，❷在Photoshop软件的安装文件夹中双击Plug-ins文件夹，如图10-29所示。

图10-29

步骤04 进入到Plug-ins文件夹中，将解压的KPT 5滤镜安装文件夹复制并粘贴到该文件夹中，如图10-30所示。

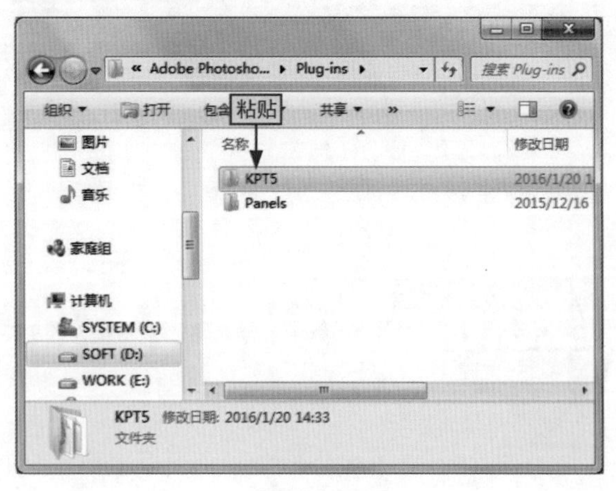

图10-30

步骤05 此时，在Photoshop CS6应用程序的菜单栏中，单击“滤镜”菜单项，在其下拉菜单中即可看到已经安装的KPT5滤镜组，该组中有多个KPT5滤镜，如图10-31所示。

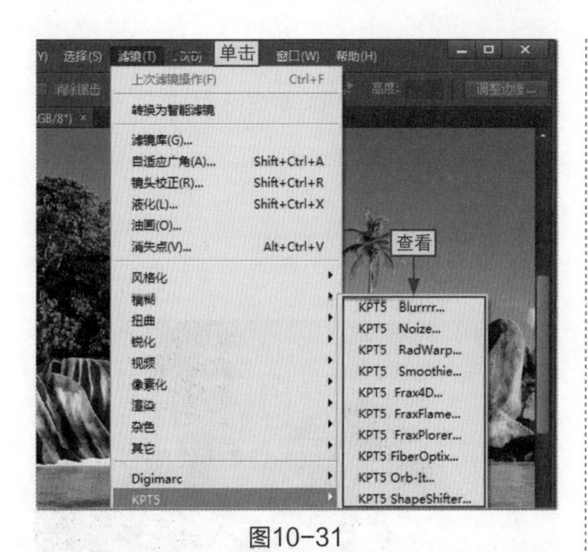

图10-31

10.4.2 常见外挂滤镜介绍

当前，已经有许多外挂滤镜受到了Photoshop爱好者的青睐，某些外挂滤镜的使用程度甚至超过了Photoshop为用户提供的内部滤镜。下面就来介绍一些常用的外挂滤镜。

1. Digimarc滤镜组

Digimarc滤镜组中有“读取水印”和“嵌入水印”两种滤镜，它们可以读取和嵌入数字水印，保护图像的版权信息。而数字水印是一种添加到图像中的代码，肉眼无法识别到这些代码，不管对图像进行何种操作，数字水印都不会改变或消失。

“读取水印”滤镜

“读取水印”滤镜主要用于读取图像中的数字水印信息，当其读取到一个图像中含有数字水印时，会在文档窗口的标题栏和状态栏中显示C符号，如图10-32所示。

图10-32

“嵌入水印”滤镜

“嵌入水印”滤镜可以在图像中加入图像作者的版权信息，不过在嵌入水印前，需要先在Digimarc Corporationa公司注册，取得一个合法的Digimarc ID，这样就可以将ID号与图像版权信息嵌入到图像中。如图10-33所示为“嵌入水印”对话框。

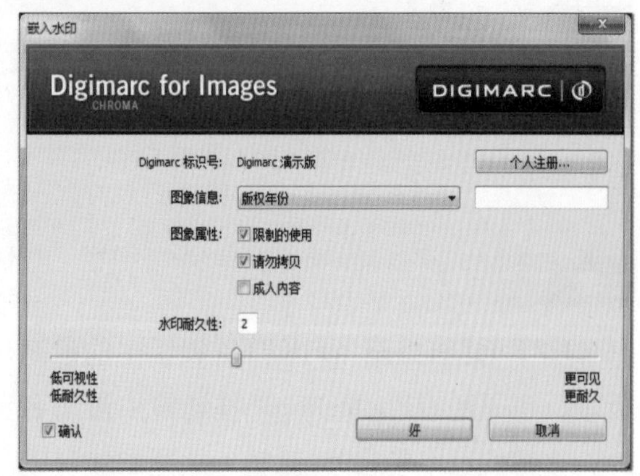

图10-33

2. KPT滤镜组

KPT是一系列滤镜组，它有很多个版本，而且每个版本与软件的升级版本不同，因为它的每个版本都是一个滤镜组，其中包含了多个功能强大的滤镜。下面来认识一下不同版本的KPT滤镜组。

学习目标 熟悉KPT滤镜组
难度指数 ★★

KPT 3

KPT 3滤镜组中包含有19种滤镜，使用该滤镜组可以创建三维图像、制作渐变图像效果以及为图像添加杂质效果等。同时，KPT还可以为图像制作各种材质效果。

KPT 5

KPT 5滤镜组是继KPT 3滤镜组后推出的另一个强力的滤镜集合，其中包含10种滤镜，不仅可以在图像上生成多种球体、创建3D按钮，还能制作出逼真的羽毛效果等。

KPT 6

KPT 6滤镜组中包含了10种特效滤镜，如天空特效、投影机、均衡器、凝胶以及场景建立等。

KPT 7

KPT 7滤镜组是当前KPT滤镜组中的最高版本，也是所有Photoshop外挂滤镜中最出名的。该滤镜组中包含9种滤镜，这些滤镜可以创建闪电、墨水滴、渐变以及流动等视觉效果超级炫酷的特效。

3. Xenofex滤镜组

Xenofex是一款可以制作出玻璃、墙、拼图、闪电等多种效果的滤镜组，其中包含有14种滤镜，如触电、电视、粉碎、卷边以及经典马赛克等。如图10-34所示为应用了“折皱”滤镜的前后对比效果。

学习目标 熟悉Xenofex滤镜组
难度指数 ★★

图10-34

4. Four Seasons滤镜

如果在处理图像时，需要使用到日出日落、天空、阳光以及四季变换等大自然的效果，除了寻找这类图像进行合成外，还可以利用滤镜进行制作。此时，就无须手动去描绘或者处理，直接使用Four Seasons滤镜即可实现。如图10-35所示为Four Seasons对话框。

学习目标 熟悉Four Seasons滤镜对话框
难度指数 ★★

图10-35

5. Eye Candy 4000滤镜组

Eye Candy 4000是AlienSkin公司出口的一组极为强大的photoshop外挂滤镜组。它的功能千变万化，拥有极为丰富的特效，包含有反相、铬合金、闪耀、发光、阴影以及HSB噪点等23个特效滤镜。如图10-36所示为给图像应用了“星星”滤镜。

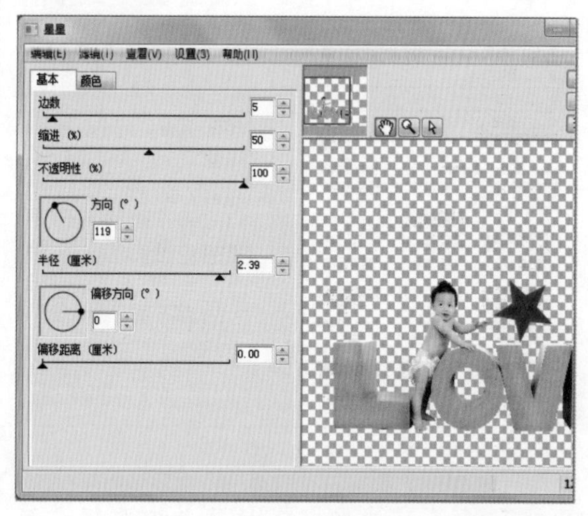

图10-36

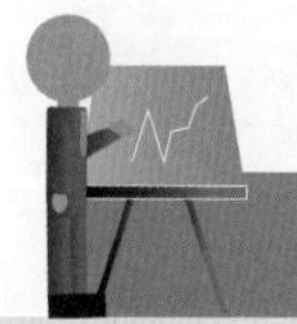

给你支招 | 如何使用滤镜制作网点图像

小白：前面你介绍了那么多种滤镜效果，我想制作一个具有网点特效的人物照片，应该怎么做呢?

阿智：你只需要将智能滤镜、素描滤镜与USM锐化滤镜结合即可，其具体操作如下。

步骤01 在菜单栏中选择“滤镜”|“转换为智能对象”命令，在打开的提示对话框中单击“确定”按钮，如图10-37所示。

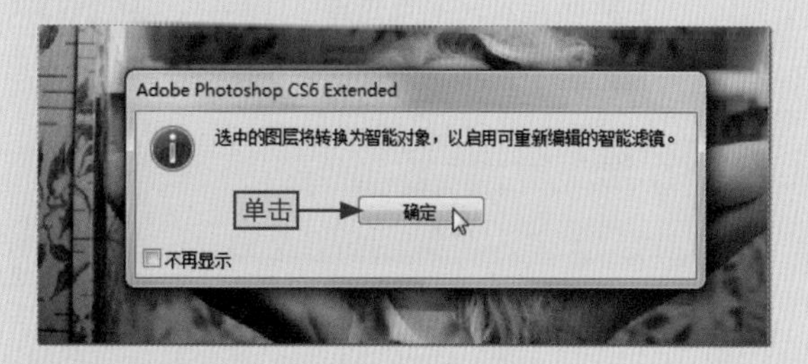

图10-37

步骤02 此时，“背景”图层被转换为智能对象，按Ctrl+J组合键复制图层，将前景色调整为蓝色（R0，G150，B250），如图10-38所示。

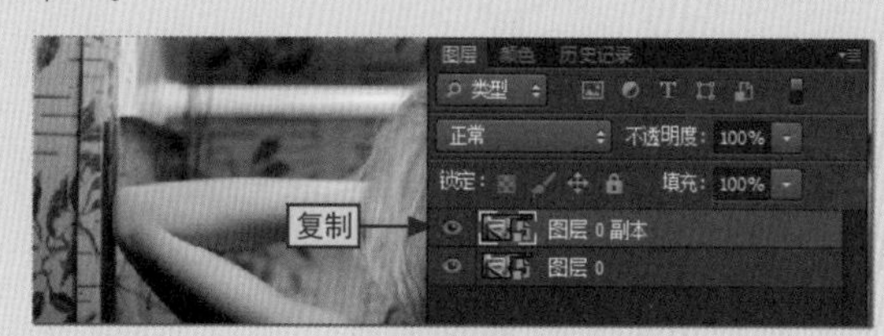

图10-38

步骤03 打开“滤镜库”对话框，❶在“素描”滤镜组中选择“半调图案”选项，❷分别设置大小、对比度和图案类型等属性，❸单击“确定”按钮，如图10-39所示。

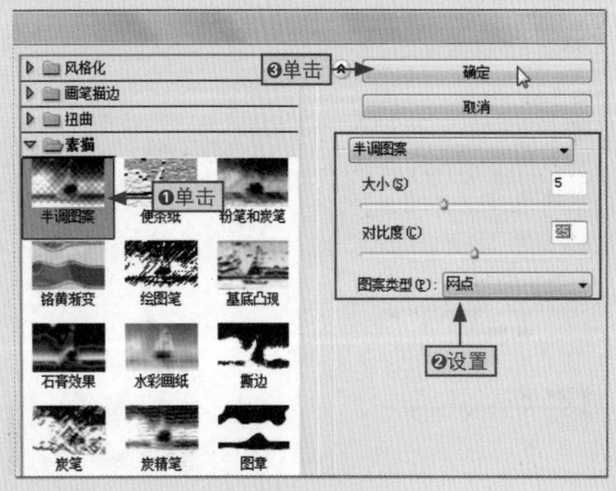

图10-39

步骤04 在“滤镜”下拉菜单中选择“锐化”|“USM锐化”命令，打开“USM锐化”对话框，❶对其中的参数进行设置，❷单击“确定”按钮使网点变得清晰，如图10-40所示。

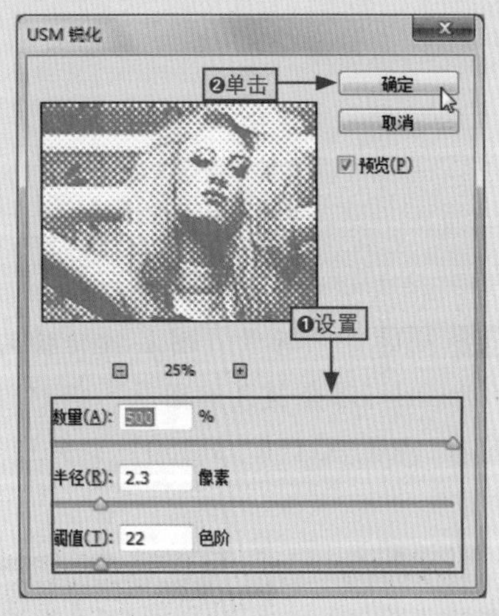

图10-40

步骤05 在“图层”面板中将“图层0 副本”的图层混合模式设置为“正片叠底”，选择“图层0”图层，如图10-41所示。

图10-41

步骤06 将前景色设置为洋红色（R173，G95，B198），打开“滤镜库”对话框，保持默认设置，单击“确定”按钮即可为图层0应用网点效果，如图10-42所示。

图10-42

步骤07 再次打开“USM锐化”对话框，保持默认设置，单击“确定”按钮即可锐化网点，如图10-43所示。

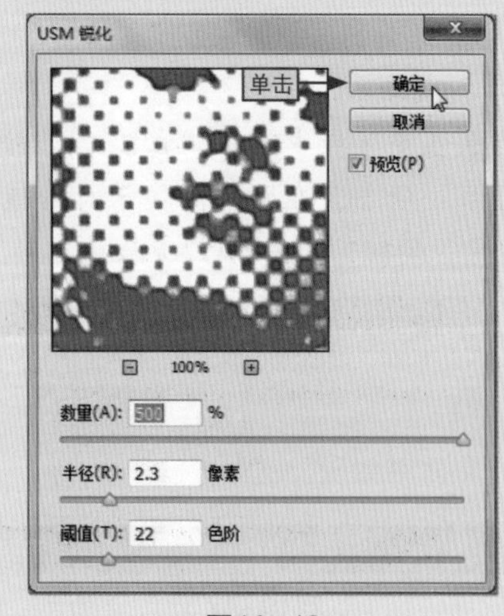

图10-43

步骤08 选择移动工具，通过按【↑】、【↓】、【←】和【→】键微调图层，使两个图层中的网点错开，最后选择裁剪工具裁剪图像边缘，其效果如图10-44所示。

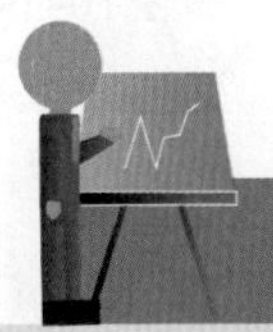

图10-44

给你支招 | 如何下载和安装 Photoshop 增效工具

小白：我想要使用Photoshop的增效工具处理图像，可在Photoshop CS6中却找不到，这是为什么呢?

阿智：默认安装的Photoshop CS6中已经不含增效工具了，因为Adobe公司对Photoshop CS6的某些功能进行了精简，将以前版本中的Web照片画廊、抽出滤镜以及图像包等增效工具独立了出来，并以插件的形式提供给用户，如果你要使用它们，就需要下载并安装这些增效工具。

步骤01 在增强工具官方下载页面（http://www.adobe.com/support/downloads/detail.jsp?ftpID=4830）中手动下载增效工具，下载完成后可以看到一个压缩包，双击压缩包解压，如图10-45所示。

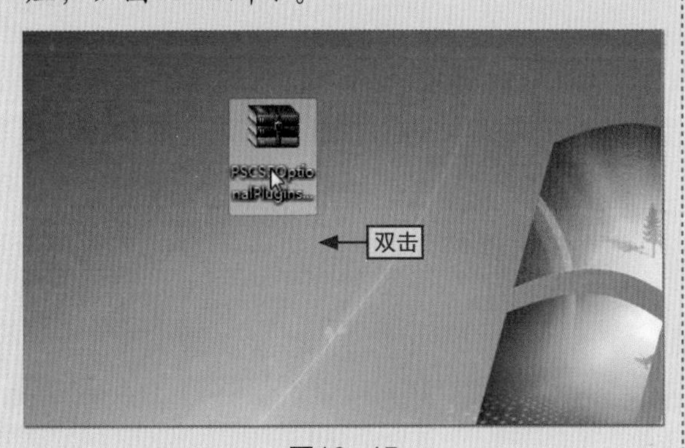

图10-45

步骤02 在打开的解压文件夹中，进入到“可选增效工具”文件夹中，此时可以看到有32位和64位两种Photoshop增效工具，这里复制32位增效工具，如图10-46所示。

图10-46

步骤03 打开并复制到Photoshop CS6应用程序安装文件夹内，❶进入到Plug-ins文件夹，❷粘贴增效工具文件，其效果如图10-47所示。

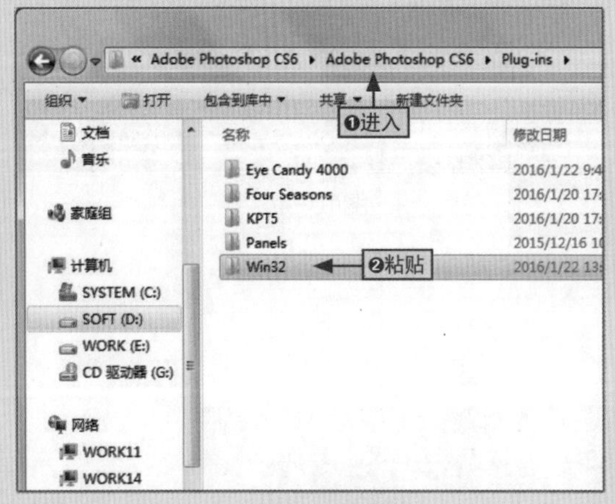

图10-47

步骤04 此时，重启Photoshop CS6应用程序，在“滤镜”下拉菜单中我们可以看到安装的增效工具，如抽出、图案生成器等，选择“抽出”命令，如图10-48所示。

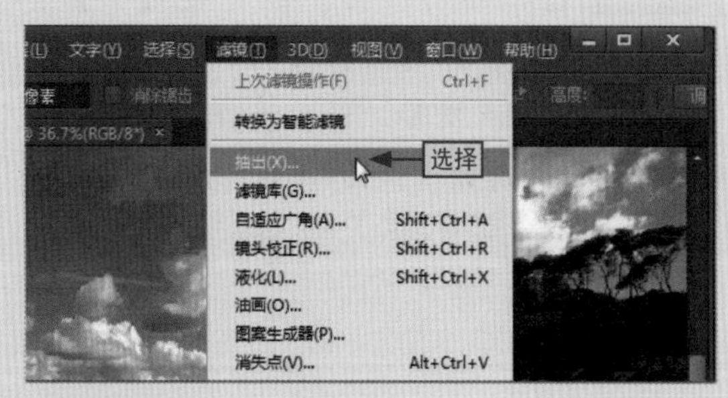

图10-48

步骤05 此时，即可打开“抽出”对话框，在其中可以设置相应的抠图操作，如图10-49所示。

图10-49

Chapter 11 Web图形处理与自动化操作

学习目标

在图像处理的最后操作中，我们可以通过Web图形处理与自动化操作对单个或多个图像进行编辑，并利用切片工具、输出功能与“动作”面板，将图像输入为网页或者快速应用动作，从而让用户获取更高级别的图像编辑效果。

本章要点

- 切片的分类
- 使用切片工具创建切片
- 选择、移动和调整切片
- 组合和删除切片
- 转换为用户切片
- 优化图像
- Web图形的输出
- 选择系统预设动作
- 记录新动作
- 批量处理图像文件

知识要点	学习时间	学习难度
创建与编辑切片	50 分钟	★★★
Web 图形输出	40 分钟	★★
文件的自动化操作与批量处理	60 分钟	★★★★

11.1 创建与编辑切片

阿智：在最开始的时候，我给你介绍了Photoshop CS6的应用领域，其中的一个领域就是网页设计，那你知道Photoshop在网页设计中主要做什么吗？

小白：就是对图像进行美化、合成等处理，然后上传到网页中吧？

阿智：这只是其中一个很小的部分，其实Photoshop在网页设计中主要是对页面进行分割，也就是切片。下面就来给你详细讲解一下创建与编辑切片的具体操作。

在网页设计时，常常需要使用Photoshop对网页进行切片，也就是将网页分割成许多不同的小块。通过优化切片可以将分割的图像进行压缩，从而减少下载时间。同时，还可以将切片链接到URL地址中或制作成动画。

11.1.1 切片的分类

在Photoshop CS6中，用户可以使用切片工具来定义图像的指定区域，这些指定区域用于模拟动画或其他图像效果。

切片是图像中的一块矩形区域，可以在Web页面中创建链接、动画或翻转。而切片可分为3种类型，如图11-1所示。

学习目标	了解切片的3种类型
难度指数	★

用户切片

用户切片是指用户使用切片工具创建出来的切片。

基于图层的切片

基于图层的切片是指从图层中创建出来的切片。

自动切片

创建新的用户切片或者基于图层的切片时，将会生成占据图像其余区域的附加切片，这就是自动切片。

图11-1

11.1.2 使用切片工具创建切片

在Photoshop中可以使用切片工具创建切片，也可以通过图层创建切片。下面就以使用切片工具创建切片为例，讲解创建切片的具体操作。

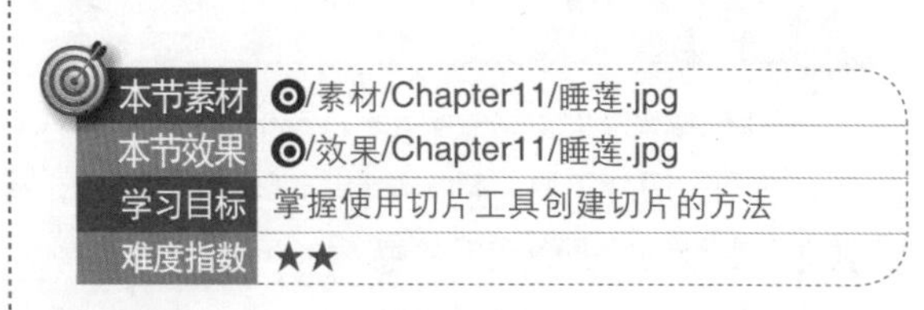

本节素材	/素材/Chapter11/睡莲.jpg
本节效果	/效果/Chapter11/睡莲.jpg
学习目标	掌握使用切片工具创建切片的方法
难度指数	★★

步骤01 打开“睡莲.jpg”素材文件，❶在工具箱的裁剪工具组上右击，❷选择“切片工具”命令，如图11-2所示。

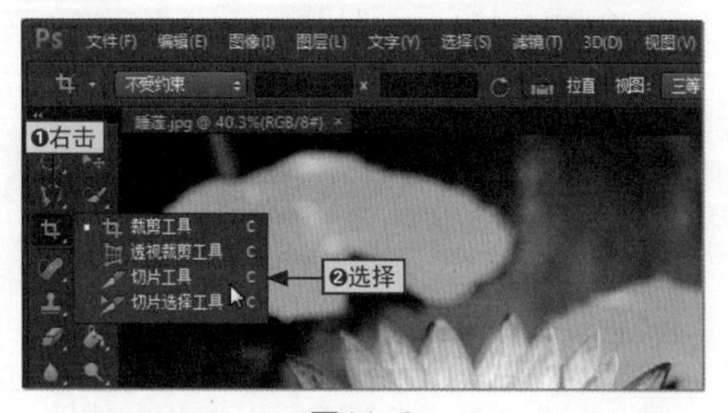

图11-2

步骤02 在图像中按住鼠标左键，并拖动选择目标图像区域，释放鼠标即可创建切片，如图11-3所示。

图11-3

11.1.3 选择、移动和调整切片

切片创建完成后，可以通过切片选择工具对切片进行选择、移动和调整，具体操作如下。

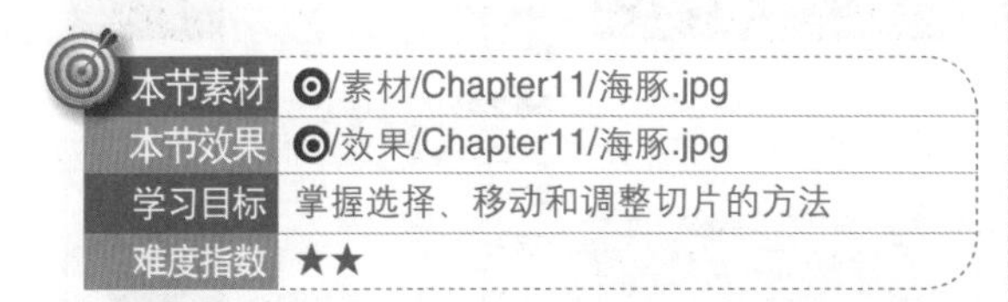

本节素材	/素材/Chapter11/海豚.jpg
本节效果	/效果/Chapter11/海豚.jpg
学习目标	掌握选择、移动和调整切片的方法
难度指数	★★

步骤01 打开"海豚.jpg"素材文件，❶在工具箱的裁剪工具组中右击，❷选择"切片选择工具"命令，如图11-4所示。

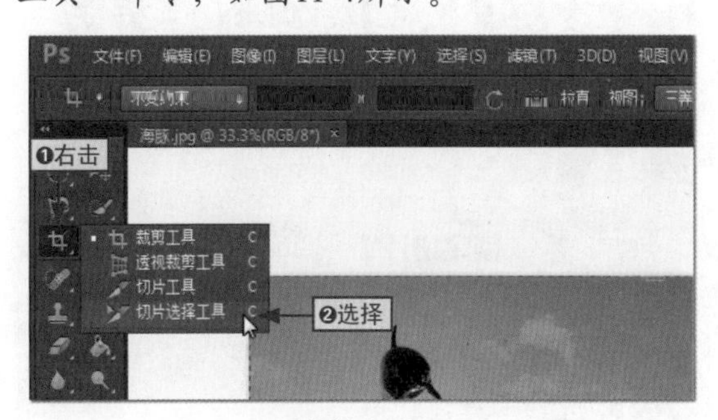

图11-4

步骤02 在图像中单击一个切片，即可将其选中或按住Shift键同时单击其他切片，可以选择多个切片，如图11-5所示。

图11-5

步骤03 将鼠标光标置于切片定界框的控制点上，按住鼠标左键并拖动，即可调整切片的大小，如图11-6所示。

图11-6

步骤04 将鼠标光标置于切片定界框中，按住鼠标左键并拖动，即可移动切片的位置。若按住Shift键，可以控制切片垂直、水平或在45°对角线上进行移动，如图11-7所示。

图11-7

11.1.4 组合和删除切片

在Photoshop CS6中，用户可以将两个或多个切片组合到一起，也可根据实际需求，将创建的切片删除。

学习目标 掌握组合和删除切片的方法

难度指数 ★★

组合切片

使用切片选择工具同时选择两个或多个切片，如图11-8所示。然后在所选择的切片上右击，选择“组合切片”命令，即可将所选切片组合成一个切片，如图11-9所示。

图11-8

图11-9

删除切片

使用切片选择工具同时选择两个或多个切片，按Delete键可以直接将其删除；如果要删除所有切片或基于图层创建的切片，则可以通过单击菜单栏中的“视图”|“清除切片”命令来实现该操作，如图11-10所示。

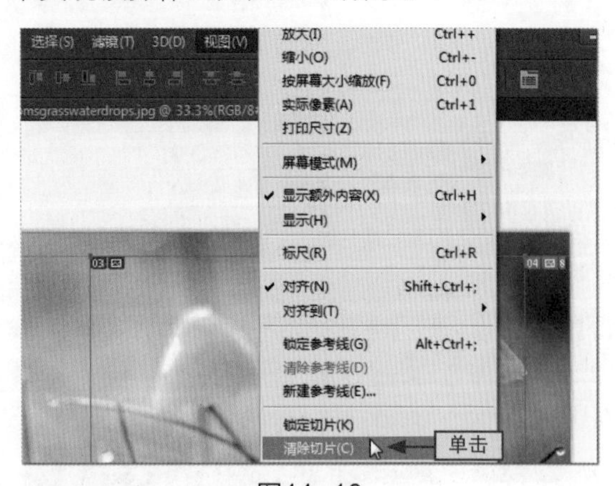

图11-10

小绝招 **锁定切片**

在菜单栏中选择“视图”|“锁定切片”命令，可以将所选切片锁定。被锁定后的切片，将不能进行移动、调整或组合等操作。

11.1.5 转换为用户切片

基于图层创建的切片与图层的像素有关，因此想要对这样的图层进行操作，首先需要将其转换为用户切片。

在通常情况下，创建用户切片时都会产生自动切片，而所有的自动切片都链接在一起共享相同的优化设置，若需要对它们进行单独设置，同样需要先将其转换为用户切片。

想要将基于图层创建的切片或自动切片转换为用户切片非常简单，只需使用切片选择工具选择需要转换的切片，然后在工具选项栏中单击“提升”按钮即可。如图11-11所示为将自动切片转换为用户切片的效果。

学习目标　掌握用户切片的转换方法

难度指数　★★

图11-11

11.2 Web 图形输出

小白：我们对图像进行了处理后，是不是就可以直接将其输出并使用呢？

阿智：当然不行，在图像处理好以后，需要对其进行相应地优化，以缩小图像的体积。在Web服务器上发布图像时，体积越小，就更容易上传和下载，从而提高网页的发布率与访问率。

在Photoshop CS6中制作出精美的图像后，用户可以通过多种方式输出为需要的格式，而网页文件则需要使用“存储为Web所用格式”命令进行输出，并需要在打开的“存储为Web所用格式”对话框中进行相关优化。

11.2.1 优化图像

优化图像可以选择菜单栏的“文件”|“存储为Web所用格式”命令打开“存储为Web所用格式”对话框，使用该对话框

的优化功能对图像进行优化，该对话框主要包含以下几个部分。

学习目标 熟悉图像的优化过程
难度指数 ★★

工具

在“存储为Web所用格式”对话框的工具栏中有6种工具，分别是抓手工具、切片选择工具、缩放工具、吸管工具、吸管颜色和切换切片可见性，如图11-12所示。

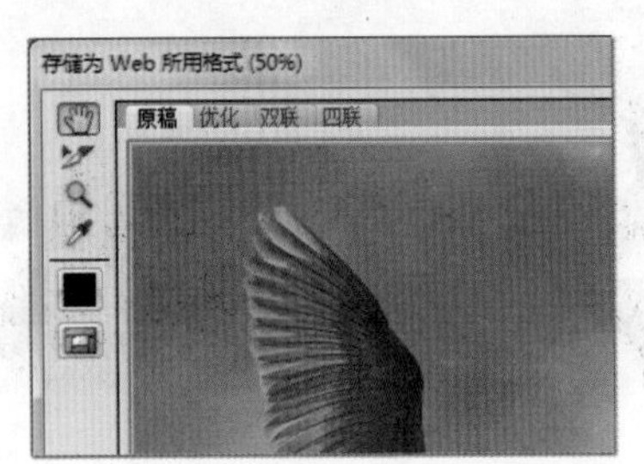

图11-12

显示选项

显示选项中有4个标签，“原稿”标签表示窗口中显示的是没有优化的图像；“优化”标签表示窗口中显示的是优化过的图像；还有“双联”与“四联”标签；其中“优化”标签如图11-13所示。

图11-13

“四联”标签

“四联”标签可显示除原稿外的其他3个可以进行不同优化的图像。每个图像下面都提供了优化信息，用户可以通过对比选择最佳优化方案，如图11-14所示。

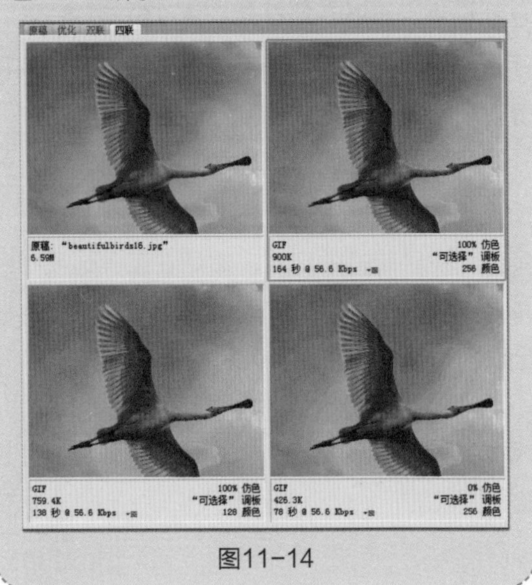

图11-14

状态栏

在状态栏中显示的是光标当前所在位置的图像信息，如颜色值、缩放比例等，如图11-15所示。

R: 102 G: 165 B: 208 | Alpha: 255 十六进制: 66A5D0 索引: 56

图11-15

在浏览器中预览图像

单击“浏览”按钮，可在预设的Web浏览器中浏览优化后的图像，如图11-16（上图）所示。在浏览器中还会列出图像的相关信息，如文件类型、文件大小等，如图11-16（下图）所示。

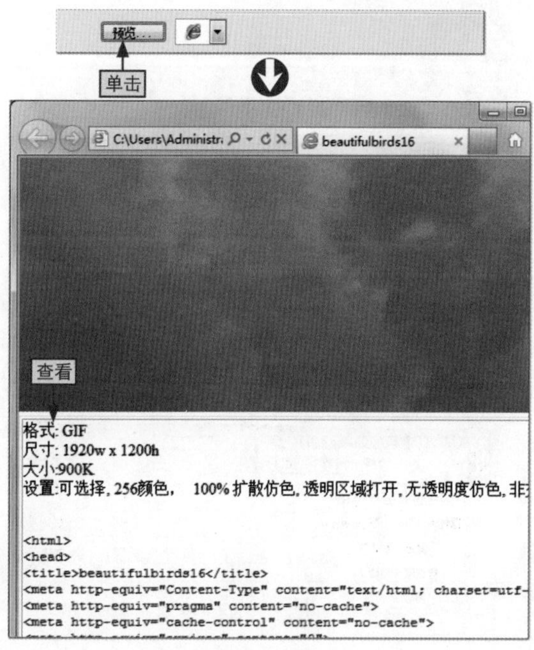

图11-16

优化的文件格式

该下拉菜单中有5种文件格式，每种文件格式都有相应的参数，通过设置其参数来优化图像，如图11-17所示。

图11-17

颜色表

颜色表中包含许多与颜色有关的命令，如新增颜色、删除颜色等，如图11-18所示。

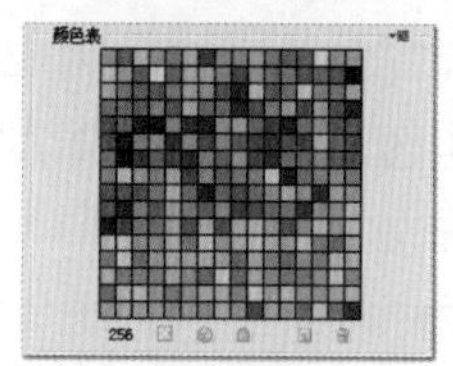

图11-18

图像大小

可以通过设置“图像大小”选项栏中的参数来调整图像的像素或相对于原稿大小的百分比，如图11-19所示。

图11-19

11.2.2 Web图形的输出

Web图像优化完成后，即可通过在“存储为Web所用格式”对话框中对Web图形的输出参数进行设置，其具体操作如下。

步骤01 在“存储为Web所用格式”对话框中，❶单击“优化菜单”下拉按钮，❷选择“编辑输出设置”选项，如图11-20所示。

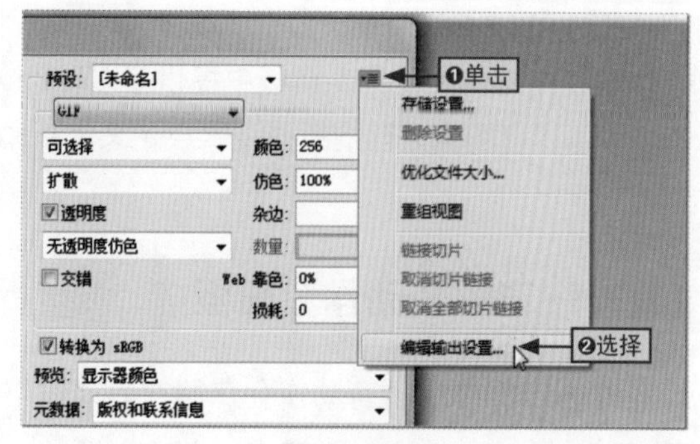

图11-20

步骤02 打开“输出设置”对话框，❶在其中设置相应的参数，❷单击“确定”按钮即可，如图11-21所示。

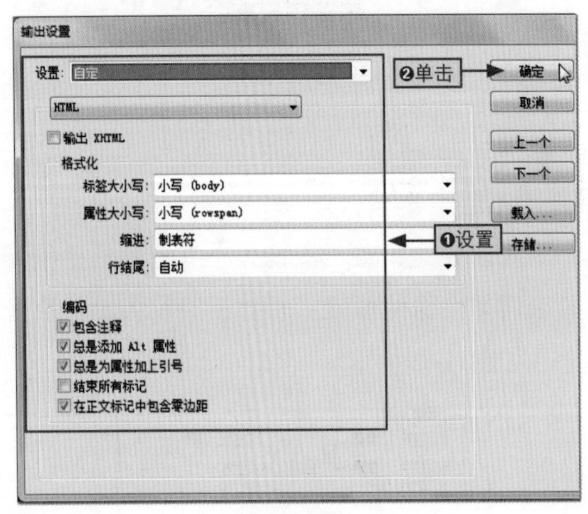

图11-21

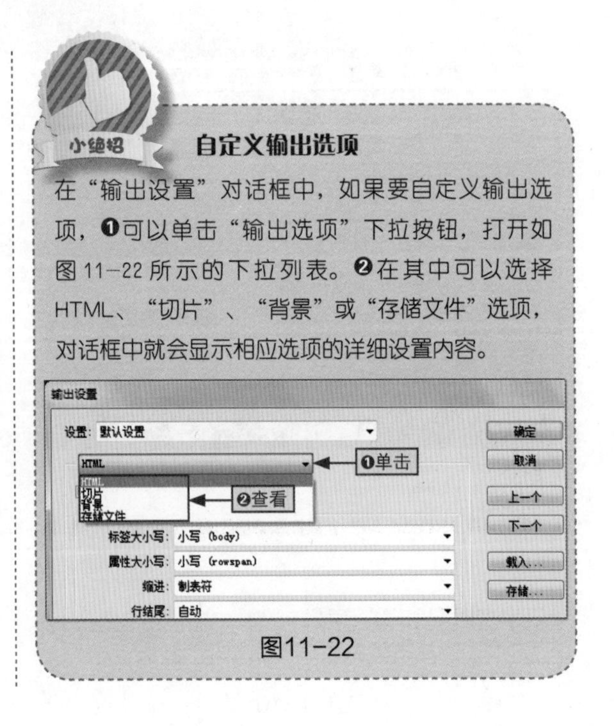

小绝招 自定义输出选项

在“输出设置”对话框中，如果要自定义输出选项，❶可以单击“输出选项”下拉按钮，打开如图11-22所示的下拉列表。❷在其中可以选择HTML、“切片”、“背景”或“存储文件”选项，对话框中就会显示相应选项的详细设置内容。

图11-22

11.3 文件的自动化操作

小白：我发现要制作出一张精美的图像，需要有许多操作步骤，我能不能将这些操作存储起来，以后可以直接应用到其他图像的处理上？

阿智：当然可以，此时只需要使用“动作”即可完成。因为“动作”可以将我们对图像的处理过程记录下来，如果以后对其他图像进行相同处理时，可以直接为其应用该“动作”，这样就能自动完成操作。

Photoshop CS6中的“动作”具有自动处理图像的能力，通过“动作”面板可以直接对动作进行管理和应用。“动作”面板中提供了多种Photoshop的预设动作，用户可以直接将其应用到图像中，也可以将图像处理的操作步骤自定义为新动作，存储到“动作”面板中。

11.3.1 了解“动作”面板

Photoshop中的所有动作会存储在“动作”面板上，使用“动作”面板可以创建、播放、修改和删除动作，所有的动作在面板中都是以动作组的形式进行归类。在“动作”面板中选择并播放动作，就能将相应动作的操作步骤应用到图像中，从而完成自动化操作。

查看并选择动作

通过“窗口”菜单项打开“动作”面板，用户可以看到名为“默认动作”的动作组。单击名称前面的三角按钮可以展开该组中的所有动作，如图11-23（上图）所示。

单击选择一个动作，并单击其名称前的三角按钮，在展开的内容中可以查看到该动作的具体操作内容，如图11-23（下图）所示。

图11-23

播放动作

在“动作”面板中选择动作后，单击面板底部的“播放动作”按钮，即可自动执行“动作”的操作内容，图像中就会应用“动作”的效果，如图11-24所示。

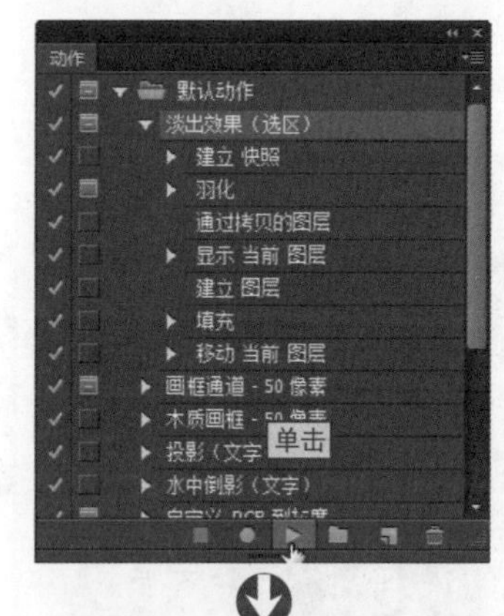

图11-24

11.3.2 选择系统预设动作

在“动作”面板中显示的是默认动作，为了让图像应用更多的“动作”效果，可以选择预设动作。在Photoshop中有9种预设“动作”，选择需要的预设动作后就可以直接将其显示在“动作”面板中，然后选择播放即可应用到图像中。

在“动作”面板中❶单击展开按钮，在打开的下拉列表中显示了各种预设动作组，❷这里选择“流星”选项，即可将“流星”动作组显示在“动作”面板中，如图11-25所示。

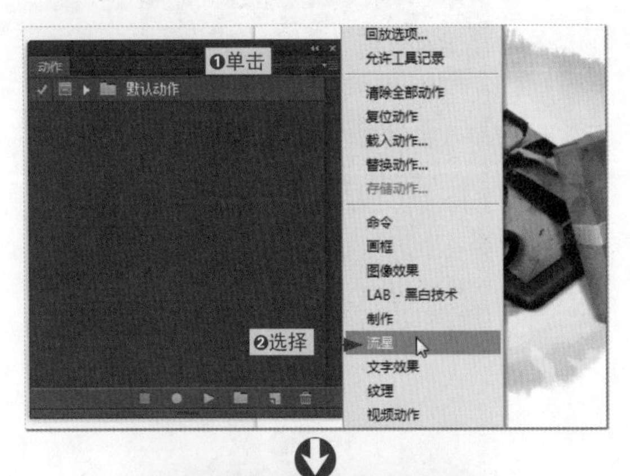

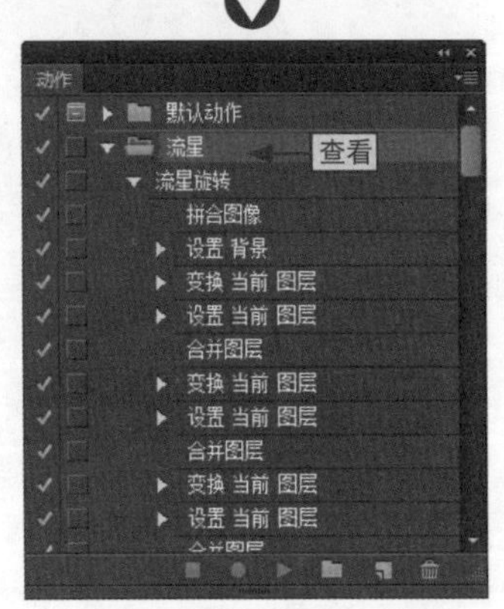

图11-25

11.3.3 记录新动作

在“动作”面板中，用户不仅可以直接使用其预设的动作，还可以将常使用的编辑操作步骤记录为新的动作。不过在记录新动作之前，需要先选择一个动作组或创建一个新的动作组，然后利用创建动作功能，即可创建一个新的动作，这样就可以记录图像处理的操作过程。

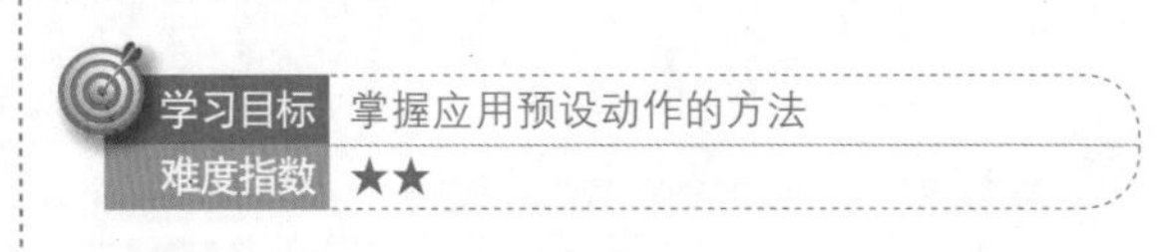

新建动作组

❶在“动作”面板中的底部单击“创建新组”按钮即可打开“新建组”对话框，❷在其中输入新组的名称，❸单击“确定”按钮，即可创建一个新的动作组，如图11-26所示。

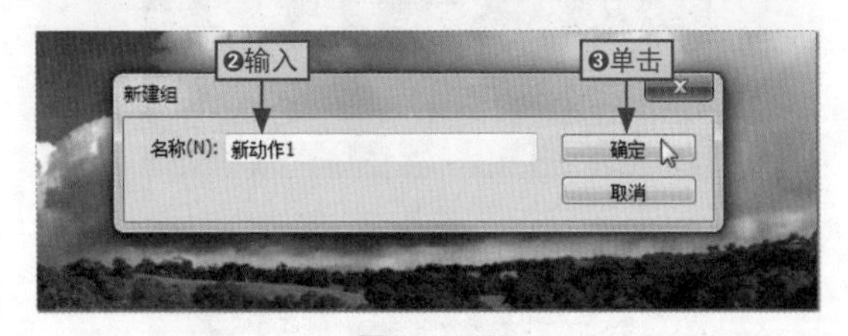

图11-26

新建并记录动作

❶在“动作”面板中的底部单击“创建新动作”按钮，可以打开“新建动作”对话框，❷在其中可以设置该动作的名称、所属组、功能键以及颜色属性，❸单击“记录”按钮，如图11-27所示。

图11-27

指定回放速度

在“动作”面板中单击右上角的按钮，选择“回放选项”命令即可打开“回放选项”对话框。在该对话框中可以设置动作的播放速度或直接将其暂停指定的时间，从而方便对动作进行调试，如图11-28所示。

图11-28

自动化处理大量文件

小白：动作可以让一个图像快速自动进行处理，那么我可以对多个图像文件进行快速处理吗？应该怎么操作呢？

阿智：当然可以，此时就可以利用“批处理”命令来实现，该命令可以对一个文件夹中的所有图像都应用Photoshop中的某个动作，从而实现批处理操作。

使用Photoshop CS6的批量处理功能，可以帮助我们完成大量的、重复性的操作，因为它能同时对多张图像进行编辑处理，为我们节约大量的时间与精力，从而提高工作效率。

11.4.1 批量处理图像文件

在Photoshop CS6中，使用“批处理”命令可以对一个文件夹中的所有图像文件应用某个指定的“动作”，同时对多个文件进行自动化处理。不过在进行批处理之前，需要将所有的图像文件保存到一个文件夹中。其具体操作如下。

本节素材	/素材/Chapter11/名车/
本节效果	/效果/Chapter11/名车/
学习目标	掌握批量处理图像文件的方法
难度指数	★★★

步骤01 打开“动作”面板，❶单击其右上角的菜单按钮，❷选择“流星”命令，如图11-29所示。

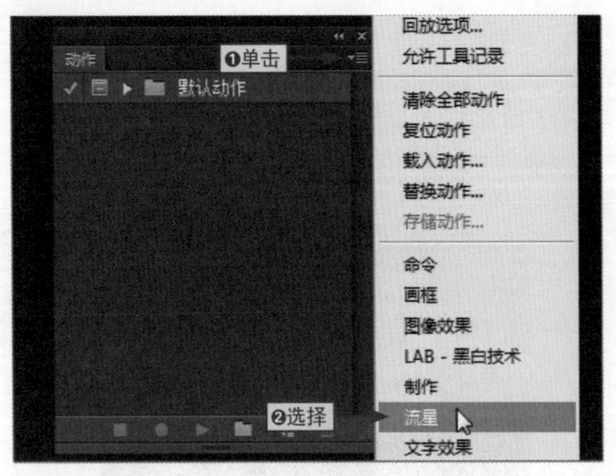

图11-29

步骤02 在菜单栏中选择“文件”|“自动”|“批处理”命令打开“批处理”对话框，❶在“组”下拉列表中选择“流星”选项，❷单击“选择”按钮，如图11-30所示。

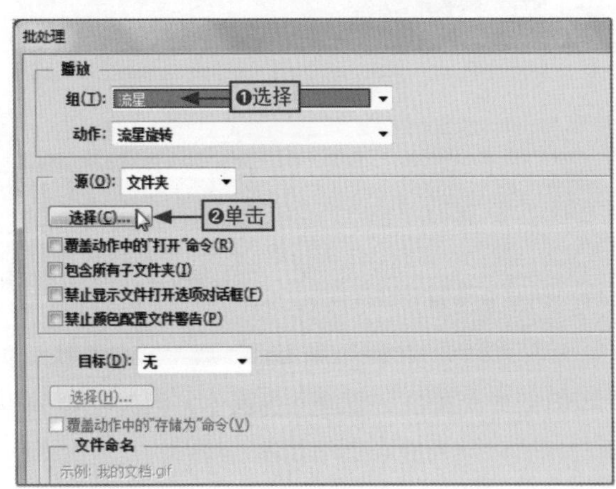

图11-30

步骤03 打开“浏览文件夹”对话框，❶在其中选择需要打开的目标文件夹，❷单击“确定”按钮，如图11-31所示。

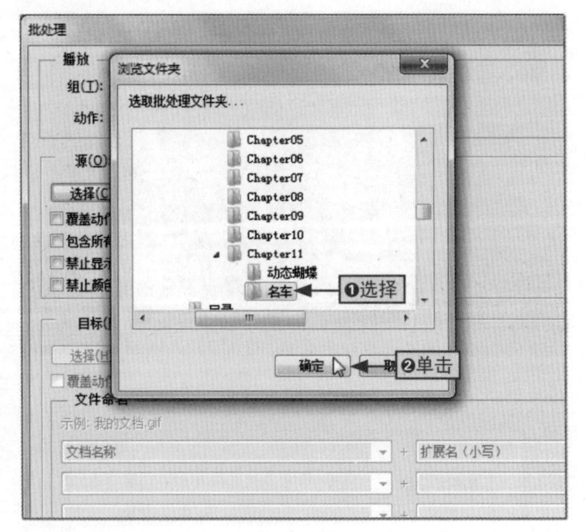

图11-31

步骤04 返回到“批处理”对话框中，❶在“目标”下拉列表中选择“文件夹”选项，❷单击其下的“选择”按钮，如图11-32所示。

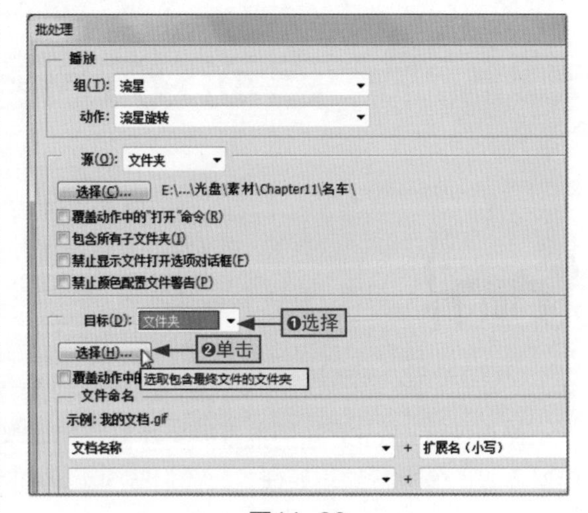

图11-32

步骤05 在打开的“浏览文件夹”对话框中选择处理后的文件需要保存的位置，确认后返回到“批处理”对话框中，按Enter键退出对话框，如图11-33所示。

图11-33

步骤06 返回到Photoshop主界面中，用户可以看到Photoshop会自动依次打开文件夹中的图像，并为其应用“流星”动作组中的动作，如图11-34所示。

图11-34

11.4.2 创建快捷批处理

快捷批处理是Photoshop中的一种批处理的快捷方式，通过“创建快捷批处理”命令即可创建一个与应用方式类似的快捷方式，并存放在指定位置。当需要为图像应用此动作时可以直接将图像或图像文件夹拖动到批处理快捷方式的图标上，即可快速实现自动化批处理。

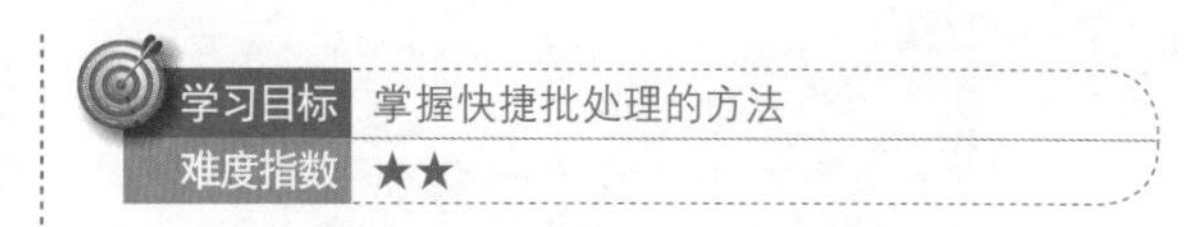

创建快捷批处理

在菜单栏中选择“文件”|“自动”|“创建快捷批处理”命令，即可打开“创建快捷批处理”对话框，在其中可设置快捷批处理存储位置、选择处理动作等，确认设置后即可在快捷批处理的存储位置查看到相应的图标，如图11-35所示。

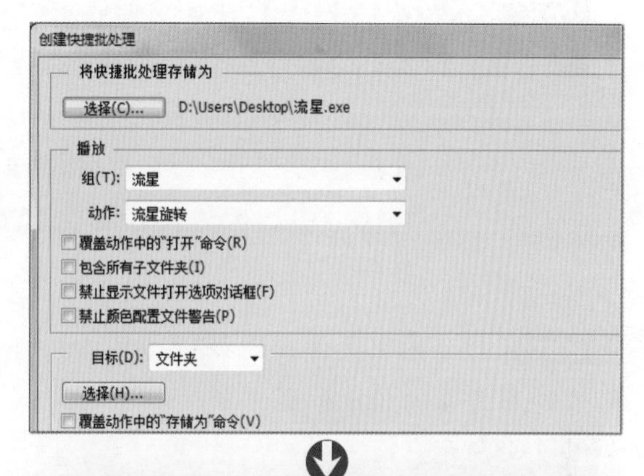

图11-35

应用快捷批处理

将需要处理的图像直接拖动到快捷批处理图标上，如图11-36所示。此时，Photoshop就会自动打开该图像，并快速为其应用快捷批处理中的动作，如图11-37所示。

图11-36

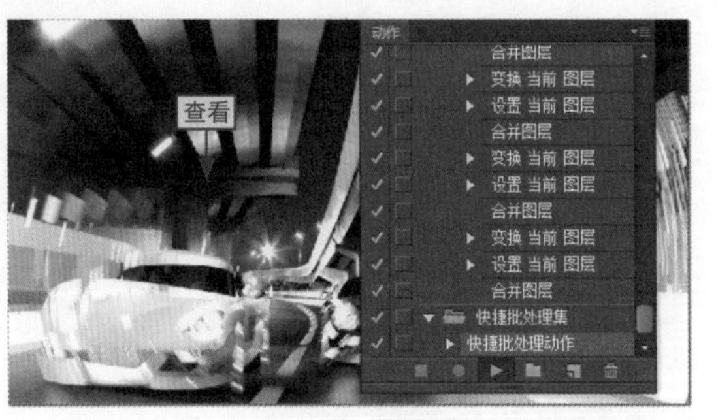

图11-37

给你支招 | 如何将切片输入到网页

小白：我通过Photoshop为图像创建了切片，应该如何将这些切片与网页联系起来呢？

阿智：在图像中创建并调整好需要的切片后，就可对其进行设置并将其输入到网页中，具体操作如下。

步骤01 打开图像文件，选择“切片工具”选项，在图像的相应位置中创建一个切片，如图11-38所示。

图11-38

步骤02 ❶在创建的切片上右击，❷在弹出的菜单中选择“编辑切片选项”命令，如图11-39所示。

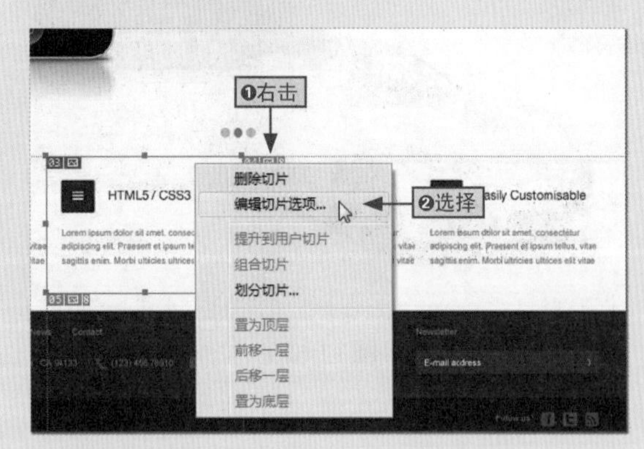

图11-39

步骤03 打开“切片选项”对话框，❶单击“切片类型”下拉按钮，❷选择“图像”选项，如图11-40所示。

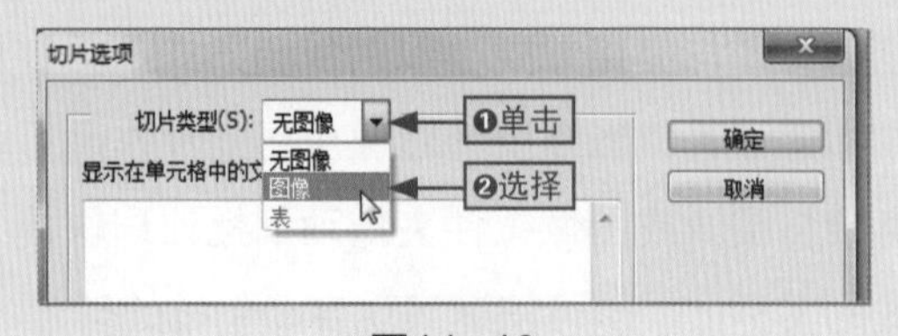

图11-40

步骤04 ❶依次设置名称、URL、目标以及Alt标记等参数，❷单击“确定”按钮，如图11-41所示。

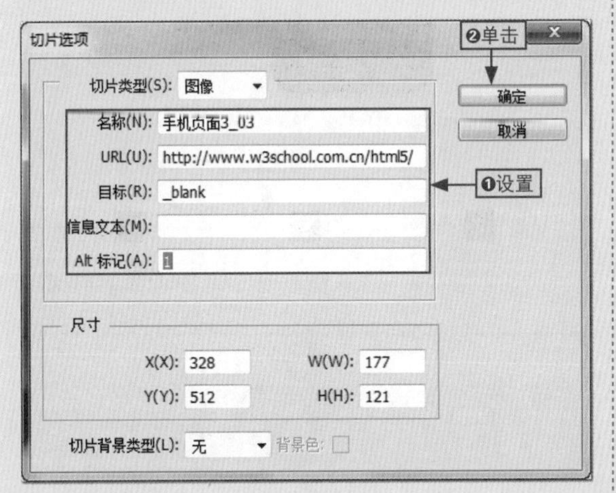

图11-41

步骤05 在菜单栏中选择“文件”|“存储为Web所用格式”命令，打开“存储为Web所用格式”对话框，❶单击“原稿”选项卡，❷选择创建的切片，如图11-42所示。

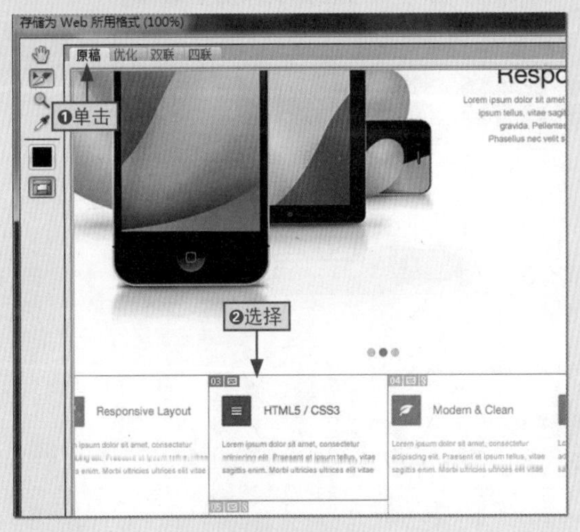

图11-42

步骤06 ❶在对话框的左侧单击“优化的文件格式”下拉按钮，❷选择JPEG选项，如图11-43所示。

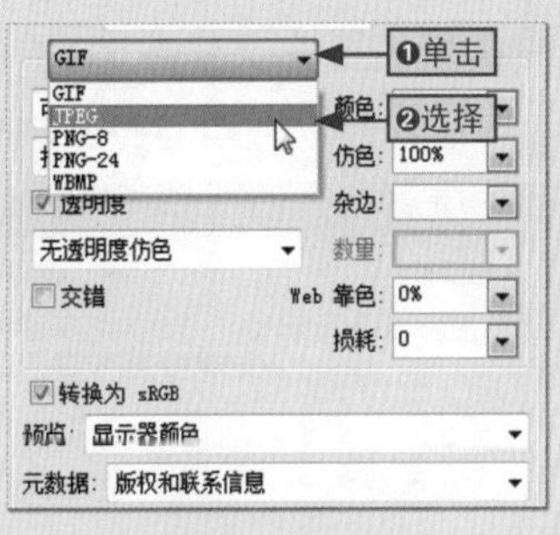

图11-43

步骤07 ❶依次设置图像参数，❷单击“存储”按钮，如图11-44所示。

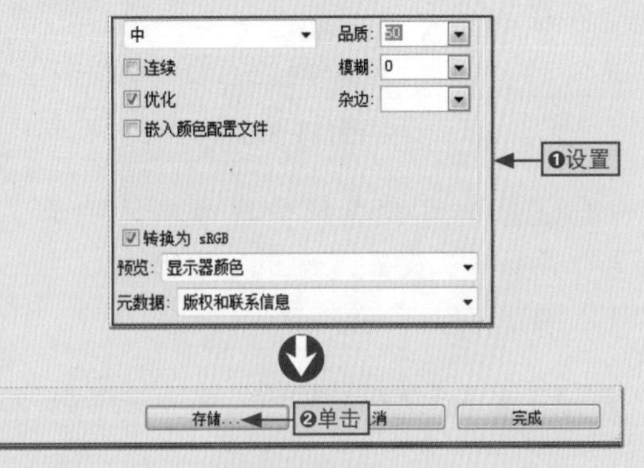

图11-44

步骤08 打开“将优化结果存储为”对话框，设置图像的存储路径，❶单击“格式”下拉按钮，❷选择“HTML和图像”选项，如图11-45所示。

图11-45

步骤09 ❶在“文件名”文本框中输入名称，❷单击“保存”按钮，如图11-46所示。

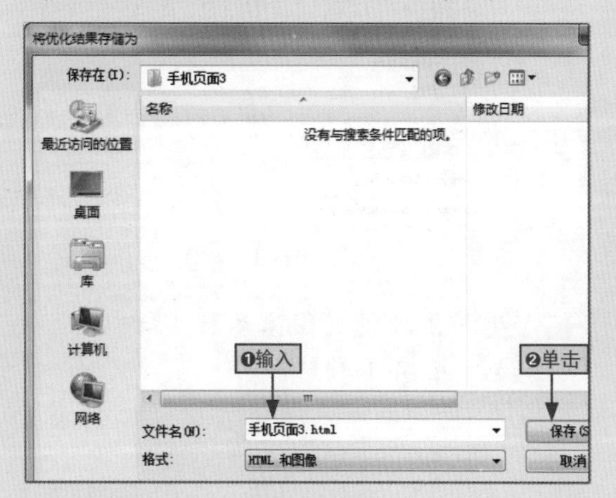

图11-46

步骤10 打开警告提示对话框，单击“确定”按钮确认设置，如图11-47所示。

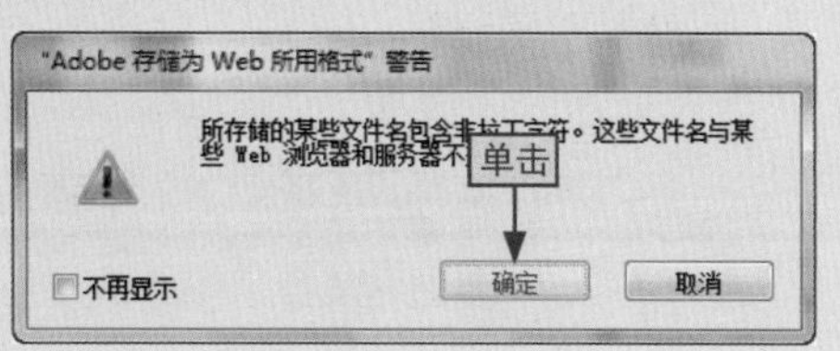

图11-47

步骤11 在浏览器中运行保存的图像文件，单击创建的切片部分，即可使其发生跳转，效果如图11-48所示。

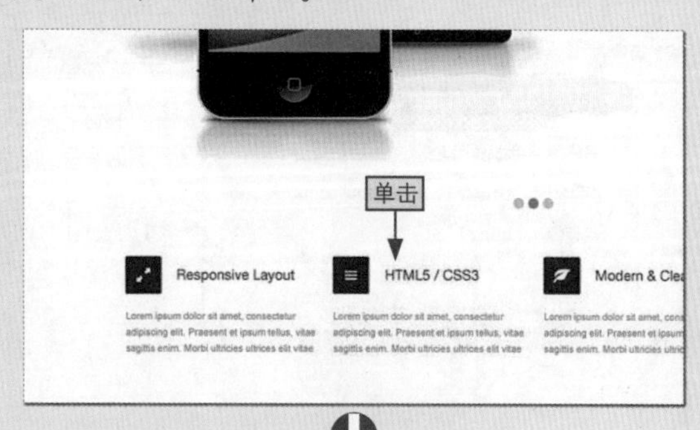

图11-48

给你支招 | 如何录制用于处理照片的动作

小白：我为一张照片设置了效果，但我想将这种效果保存起来，这样就可以在以后为其他照片也应用这种效果，应该怎么做呢？

阿智：你只需要录制处理照片效果的动作，然后为其他照片应用这个动作即可。下面我就给你介绍录制一个将照片处理为反冲效果的动作，并将该动作应用到其他照片上的操作。

步骤01 打开照片，并打开"动作"面板，在其底部单击"创建新组"按钮，如图11-49所示。

图11-49

步骤02 打开"新建组"对话框，❶在"名称"文本框中输入"反冲动作"，❷单击"确定"按钮，如图11-50所示。

图11-50

步骤03 ❶单击"动作"面板底部的"创建新动作"按钮打开"新建动作"对话框，❷输入动作名称，❸设置颜色为"红色"，❹单击"记录"按钮，如图11-51所示。

图11-51

步骤04 此时，返回到文档窗口中，用户可以看到"动作"已经进入录制状态，如图11-52所示。

图11-52

步骤05 按Ctrl+M组合键打开"曲线"对话框，❶单击"预设"下拉按钮，❷选择"反冲"选项，如图11-53所示。

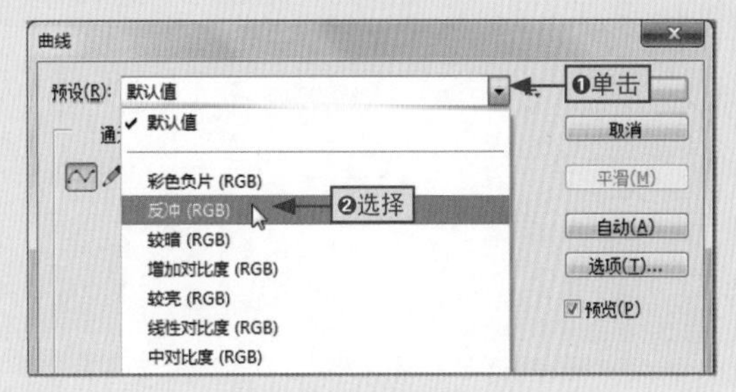

图11-53

步骤06 按Enter键关闭对话框，返回到文档窗口，用户可以查看图像应用曲线后的效果，而且该操作在“动作”面板中被记录为动作，如图11-54所示。

图11-54

步骤07 按Shift+Ctrl+S组合键，将图像另存为，然后关闭文档窗口。在“动作”面板中单击“停止播放/记录”按钮完成动作的录制，如图11-55所示。

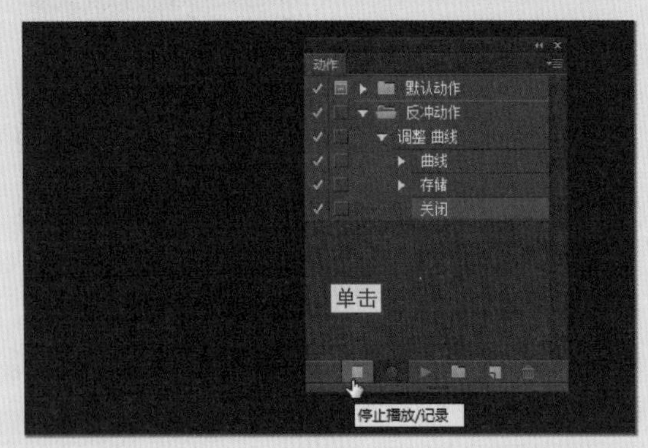

图11-55

步骤08 打开需要应用动作的图像，在“动作”面板中选择“调整 曲线”选项，单击底部的“播放”按钮，如图11-56所示。

图11-56

步骤09 此时，系统会自动为图像进行动作处理，如图11-57所示为应用了录制的动作后的图像效果。

图11-57

Chapter 12 动态图像处理与3D图像技术

学习目标

使用Photoshop CS6不仅可以对静态的图像进行编辑和处理，还能编辑和处理动态图像、三维图像。对视频图像操作，其实就是对各个帧进行操作，在各帧上同样可以进行绘图、使用蒙版、变换图形以及应用滤镜等。同时，对三维图像进行操作可以利用3D菜单和3D面板来实现。

本章要点

- 认识视频功能
- 打开与导入视频
- 创建视频文件与视频图层
- 校正视频中像素的长宽
- 认识视频“时间轴”面板
- 获取视频中的静帧图像
- 空白视频帧的简单编辑
- 对视频进行渲染
- 认识动画“时间轴”面板
- 创建动画

知识要点	学习时间	学习难度
创建和编辑视频图像	40 分钟	★★★
创建与编辑动画	50 分钟	★★★
创建和调整 3D 对象	60 分钟	★★★★

12.1 创建视频图像

小白：我想制作一个小视频，将一些照片整合到视频中，你给我推荐一个好用的视频软件吧。

阿智：不用安装其他视频处理软件了，使用Photoshop CS6就可以对一般的视频进行处理，不过需要使用Photoshop CS6的扩展版本，也就是Photoshop CS6 Extended，下面就给你介绍一下如何创建视频图像。

Photoshop CS6不仅可以创建和处理普通图像，还能打开和处理视频。下面就来看看如何创建视频图像。

12.1.1 认识视频功能

使用Photoshop CS6打开视频文件时，在"图层"面板中会自动创建一个视频组，视频组中包含了视频图层，如图12-1所示。

此时，用户可以在各帧上添加选区或应用蒙版限定编辑区域，也可以使用画笔工具或图章工具绘制图形图像。同时，还能像编辑图层一样为视频帧设置混合模式、样式等。

学习目标　认识视频功能

难度指数　★

图12-1

12.1.2 打开与导入视频

使用Photoshop处理图像，首先需要打开或者导入视频，它的操作与打开或导入图像类似，具体操作如下。

学习目标　掌握打开与导入视频的方法

难度指数　★★

打开视频文件

在菜单栏中选择"文件"|"打开"命令即可打开"打开"对话框，❶选择目标视频，❷单击"打开"按钮即可，如图12-2所示。

小绝招　Photoshop支持的视频格式

由于Photoshop只是专业的图像处理软件，对于视频处理就不是它的强项。因此，它所支持的视频格式也有限，主要有264、3GP、3GPP、AAC、AVC、AVI、F4V、FLV、M4V、MOV、MP4、MPE以及MPEG等视频文件格式。

图12-2

导入视频文件

如果在Photoshop中创建或打开一个图像文件后，用户可以在菜单栏中选择“图层”|“视频图层”|“从文件新建视频图层”命令即可将视频导入当前的图像中，如图12-3所示。

图12-3

小绝招 **视频图像中扫描线的处理方法**

由于某些视频文件采用隔行扫描的方式来实现流畅播放，因此播放的视频图像中可能出现扫描线，此时，用户可以通过“逐行”滤镜对该情况进行处理。

12.1.3 创建视频文件与视频图层

如果要在Photoshop中创建视频，首先需要创建一个空白视频文件或空白视频图层。

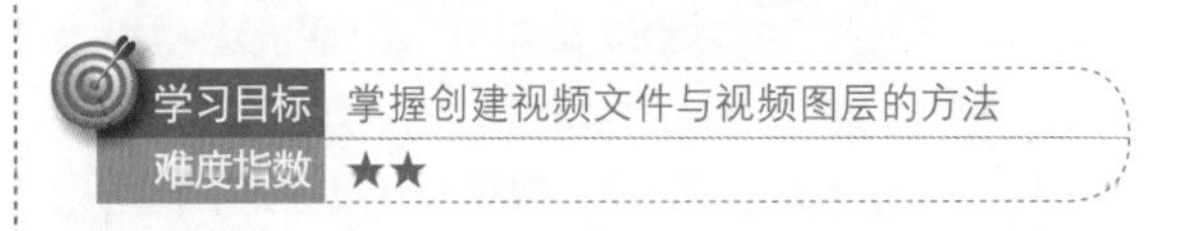

创建空白视频文件

在菜单栏中选择“文件”|“新建”命令，即可打开“新建”对话框。❶在其中的“预设”下拉列表中，选择“胶片和视频”选项，❷在“大小”下拉列表中，选择一个合适的视频大小选项，❸单击“确定”按钮即可，如图12-4所示。

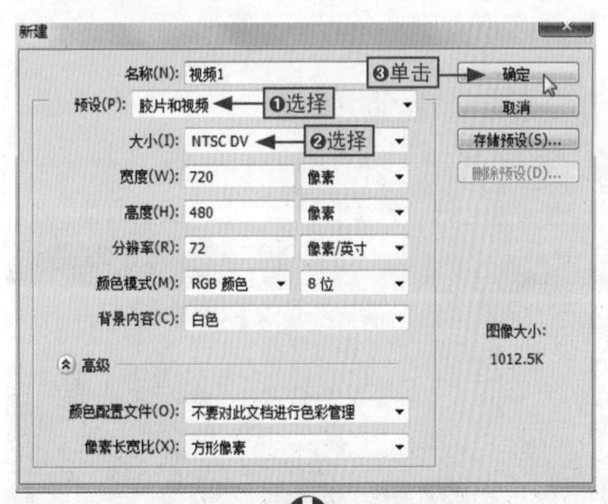

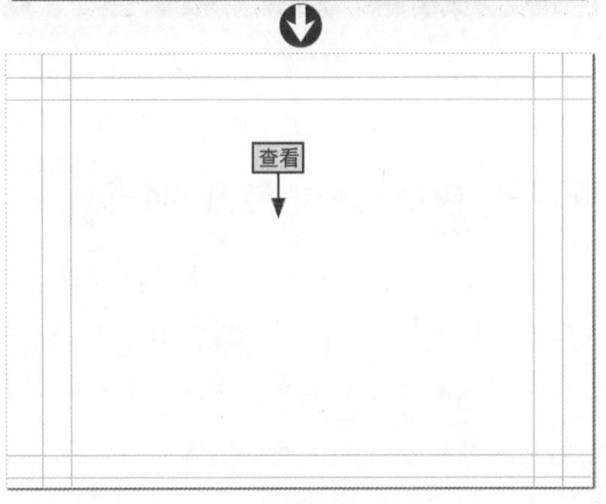

图12-4

小绝招 **动作安全区域与标题安全区域**

在创建的空白视频文件中，自动带有两组参考线，其中外矩形参考线是动作安全区域，内矩形参考线是标题安全区域。由于大多数的视频显示器都有一个图像外边缘的切除过程，被称为“过扫描”，所以视频画面中的重要细节最好包含在动作安全区域内。如果要保证视频画面中的文字清晰，那么就需要将其放在标题安全区域内。

创建空白视频图层

首先需要打开一个图像或视频文件，在菜单栏中选择“图层”|“视频图层”|“新建空白视频图层”命令，即可创建一个空白视频图层，如图12-5所示。

图12-5

12.1.4 校正视频中像素的长宽

一般情况下，计算机显示器中的图像像素都是呈方形进行显示的，而视频编码设备则可能是以其他形式显示像素。这就会出现由于两侧之间的像素差异而使视频图像发生变形，如图12-6（上图）所示。

此时，用户可以通过“视图”|“像素长宽比校对”命令来对视频画面进行校对，校对效果如图12-6（下图）所示。

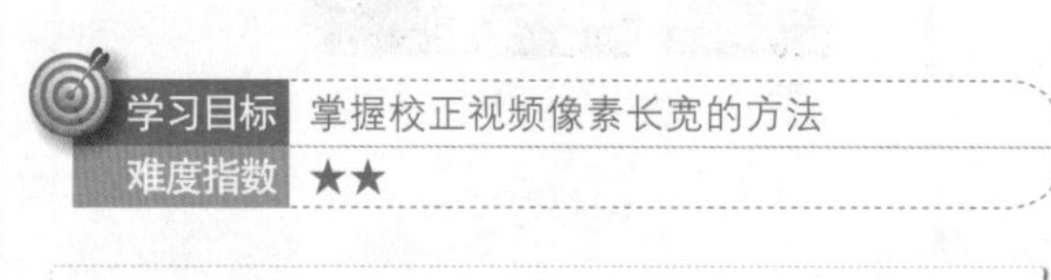

图12-6

小绝招 **自定义像素长宽比**

如果对视频图像的像素长宽比不是很满意，可以自定义调整像素长宽比。此时只需要选择“视图”|“像素长宽比”|“自定像素长宽比”命令，打开“存储像素长宽比”对话框，在其中进行相应的设置即可，如图 12–7 所示。

图12-7

12.2 在 Photoshop 中编辑视频

小白：我创建了一个空白视频，如何在其中制作视频呢？或者导入一个视频后，如何对其进行编辑呢？

阿智：在Photoshop CS6中，编辑视频需要在“时间轴”面板中进行，同时还需要将制作好的视频导出。

由于Adobe公司对Photoshop的“动画”面板进行了升级，在Photoshop CS6中以“时间轴”面板替换了“动画”面板，使其具有了强大的视频处理功能，从而可以制作出更加完美的视频效果。

12.2.1 认识视频“时间轴”面板

创建或打开视频文件后，在菜单栏中选择“窗口”|“时间轴”命令，即可打开“时间轴”面板，如图12-8所示。

在面板中用户可以查看到视频的播放时间，使用底部面板可以放大或是缩小时间轴、添加音频以及渲染视频等。

学习目标	认识“时间轴”面板
难度指数	★

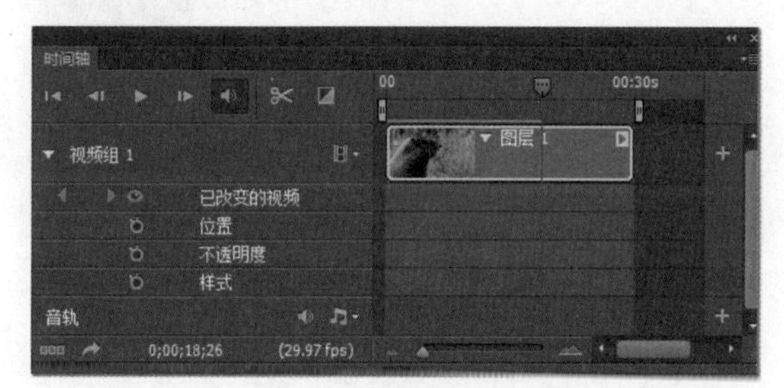

图12-8

12.2.2 获取视频中的静帧图像

静帧图像就是每帧保存为一张静帧图片，我们可以通过Photoshop获取视频中的静帧图像，从而将其应用到其他地方或者直接打印出来。

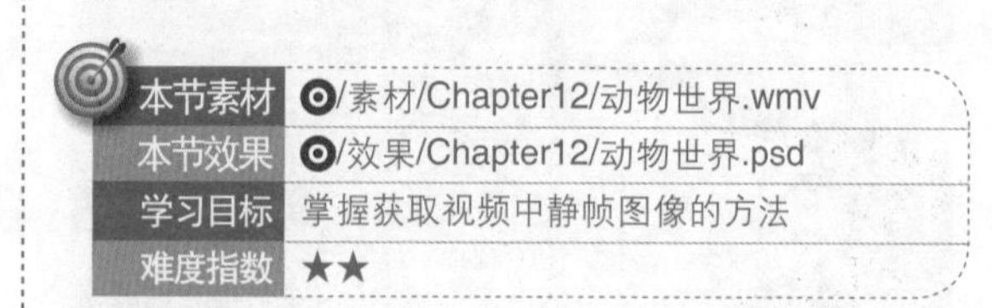

本节素材	/素材/Chapter12/动物世界.wmv
本节效果	/效果/Chapter12/动物世界.psd
学习目标	掌握获取视频中静帧图像的方法
难度指数	★★

步骤01 选择“文件”|“导入”|“视频帧到图层”命令，打开“打开”对话框，❶选择“动物世界.wmv”素材文件，❷单击“打开”按钮，如图12-9所示。

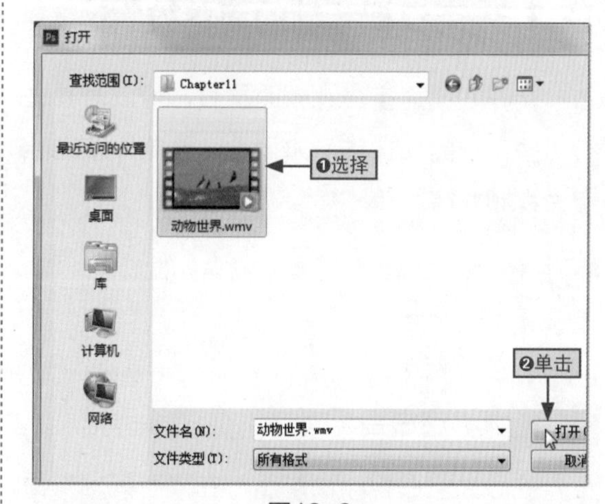

图12-9

步骤02 打开“将视频导入图层”对话框，❶选中“仅限所选范围”单选按钮，❷拖动滑块选择需要导入的帧范围，如图12-10所示。

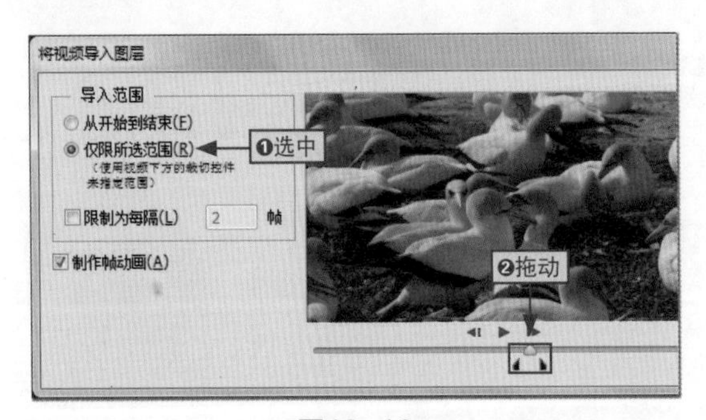

图12-10

步骤03 单击“确定”按钮即可将指定视频范围内的帧导入到图层中，在“图层”面板中即可查看到这些图层，如图12-11所示。

图12-11

12.2.3 空白视频帧的简单编辑

用户在创建空白视频图层后，可以对其进行一些简单的帧操作，如插入、复制以及删除空白视频帧等。

插入空白视频帧

在创建空白视频图层后，在“时间轴”面板中选择空白视频图层，将当前的时间指示器拖动到需要插入空白的视频帧处，在菜单栏中选择“图层”|“视频图层”|“插入空白帧”命令即可插入空白视频帧，如图12-12所示。

图12-12

复制空白视频帧

在菜单栏中选择“图层”|“视频图层”|“复制帧”命令，即可在“时间轴”面板上添加一个当前时间视频帧的副本。

删除空白视频帧

在菜单栏中选择“图层”|“视频图层”|“删除帧”命令即可删除“时间轴”面板上当前时间的视频帧。

12.2.4 对视频进行渲染

在Photoshop CS6中，使用“文件”|“导出”|“渲染视频”命令，可以打开“渲染视频”对话框，在其中可以对制作好的视频进行渲染，并将视频图层一起导出，如图12-13所示。

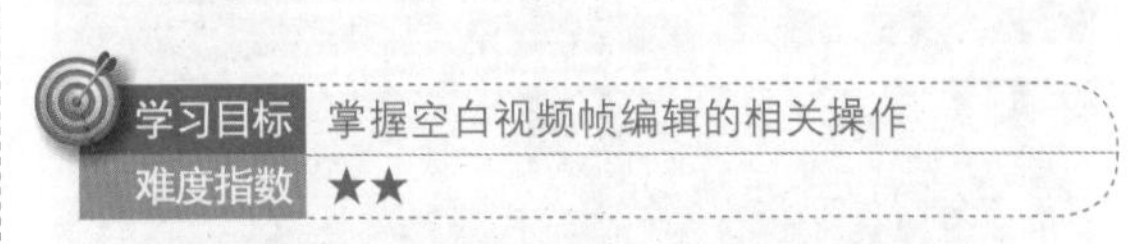

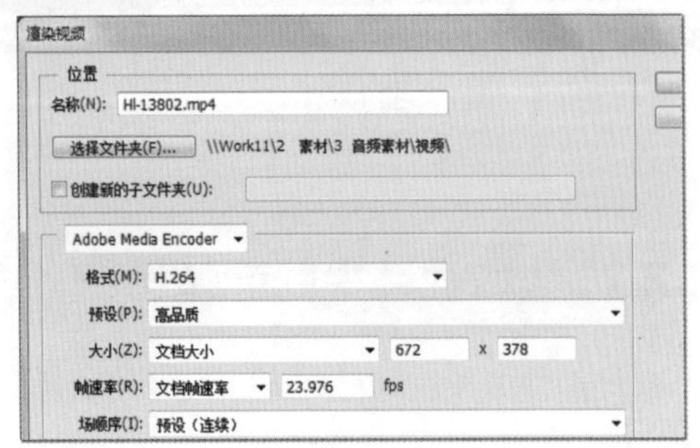

图12-13

12.3 创建与编辑动画

小白：既然Photoshop CS6可以制作视频，那么就能制作一些小动画了，你教我做吧！

阿智：动画与视频图像都属于动态图像，都是通过多个帧组合在一起的，下面我教你创建与编辑动画的操作。

动画是由一系列图像帧组成的，通过使每帧与其下一帧有稍微的不同，让人产生一种运动的错觉，在图像中构成动画的所有元素都放置在不同的图层中。在Photoshop CS6中，动画也是通过“时间轴”面板来制作的。

12.3.1 认识动画“时间轴”面板

创建或打开动画文件后，打开“时间轴”面板，其会以帧的模式出现，显示每帧的缩略图，它是Photoshop动画的主要编辑器。如图12-14所示为动画“时间轴”面板。

学习目标	了解动画“时间轴”面板的组成
难度指数	★★

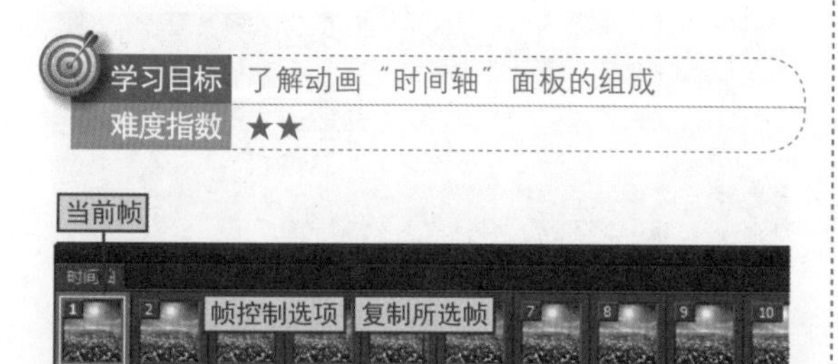

图12-14

12.3.2 创建动画

动画的原理和播放视频图像非常相似，就是将静止的平面图像以较快的速度播放出来，创建动画的具体操作如下。

本节素材	/素材/Chapter12/动态蝴蝶/
本节效果	/效果/Chapter12/动态蝴蝶.psd
学习目标	掌握创建动画的具体方法
难度指数	★★★

步骤01 打开“小菊花.jpg”素材文件，打开“时间轴”面板，❶在其上单击“创建视频时间轴”下拉按钮，❷选择“创建帧动画”选项，如图12-15所示。

图12-15

步骤02 此时，在“时间轴”面板上单击“创建帧动画”按钮，如图12-16所示。

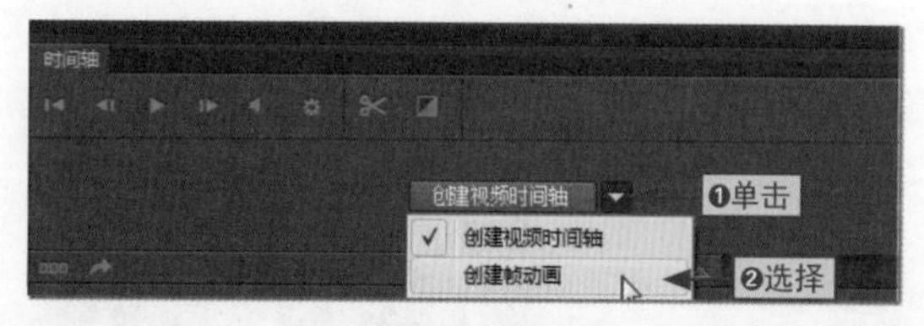

图12-16

步骤03 打开“图层”面板，然后打开hd1.png素材文件，如图12-17所示。

图12-17

步骤04 切换到“时间轴”面板中，然后单击面板底部的“复制所选帧”按钮，如图12-18所示。

图12-18

步骤05 将hd1.png素材文件中的图像拖入到设计文档中的相应位置，此时，“图层”面板中会自动增加一个图层，如图12-19所示。

图12-19

步骤06 在“时间轴”面板中，再次单击“复制所选帧”按钮，如图12-20所示。

图12-20

步骤07 打开hd2.png素材文件，将图像拖入到设计文档的相应位置，在“图层”面板中取消选中“图层 1”的“指示图层可见性”按钮，如图12-21（上图）所示，效果如图12-21（下图）所示。

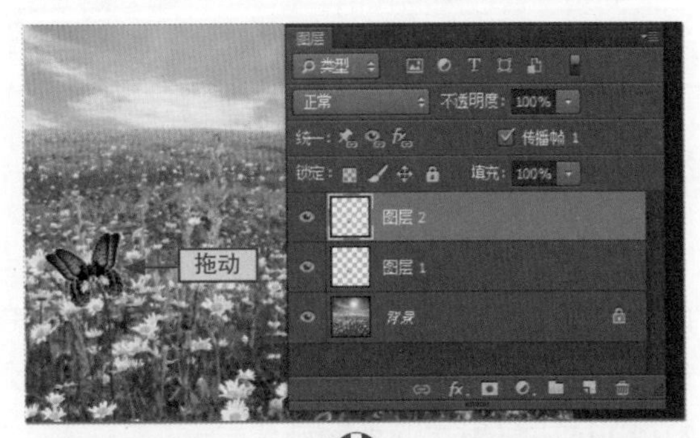

图12-21

步骤08 以相同的方法，❶添加动画帧，❷打开hd3.png素材文件并拖动图像到文档中，❸取消选中其他图层的“指示图层可见性”按钮，如图12-22所示。

图12-22

步骤09 以相同的方法，❶添加动画帧，❷打开hd4.png素材文件并拖动图像到文档中，❸取消选中其他图层的“指示图层可见性”按钮，如图12-23所示。

图12-23

步骤10 以相同方法，❶添加动画帧，❷打开hd5.png素材文件并拖动图像到文档中，❸取消选中其他图层的“指示图层可见性”按钮，如图12-24示。

图12-24

步骤11 在“时间轴”面板上选择“第一帧”选项，❶单击“帧延迟时间”下拉按钮，❷选择“0.2”选项，如图12-25所示。

图12-25

步骤12 用相同的方法，设置其他帧的“帧延迟时间”为“0.2”，如图12-26所示。

图12-26

步骤13 ❶单击“循环选项”下拉按钮，❷在弹出的下来列表中选择“永远”选项，如图12-27所示。

图12-27

步骤14 单击“播放动画”按钮，可以在文档

窗口中查看到蝴蝶开始运动，如图12-28所示。

图12-28

12.3.3 保存动画

在动画创建完成以后，用户还需要将它保存为GIF格式，这样才能形成最终的动画。其具体操作如下。

本节素材	/素材/Chapter12/动态蝴蝶.psd
本节效果	/效果/Chapter12/动态蝴蝶.gif
学习目标	掌握保存动画的具体方法
难度指数	★★★

步骤01 打开"动态蝴蝶.psd"素材文件，在菜单栏中选择"存储为Web所用格式"命令，如图12-29所示。

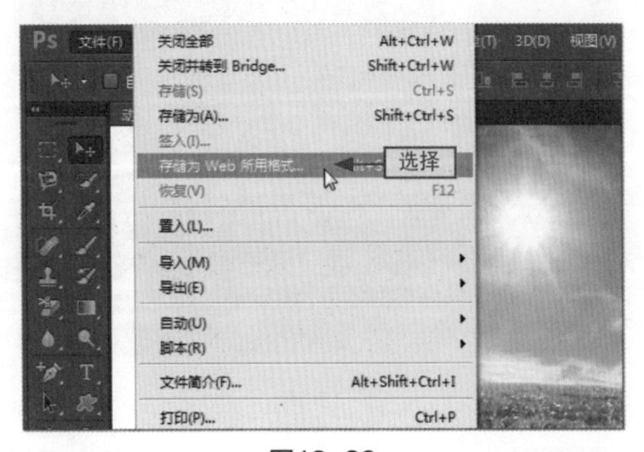

图12-29

步骤02 打开"存储为Web所用格式"对话框，❶在其右侧单击"优化的文件格式"下拉按钮，❷选择GIF选项，如图12-30所示。

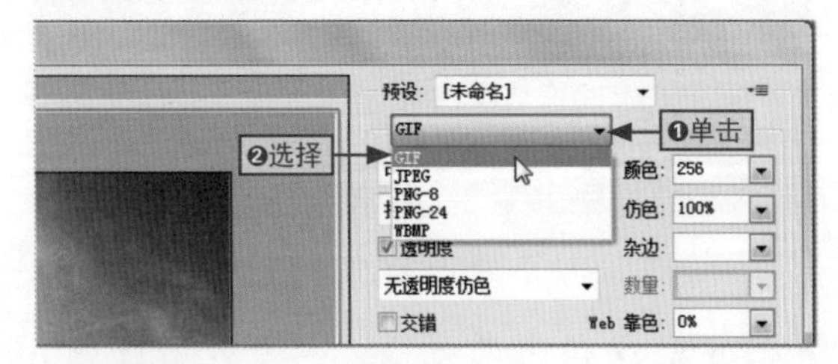

图12-30

步骤03 ❶在对话框底部单击"播放动画"按钮预览动画效果，❷单击"存储"按钮，如图12-31所示。

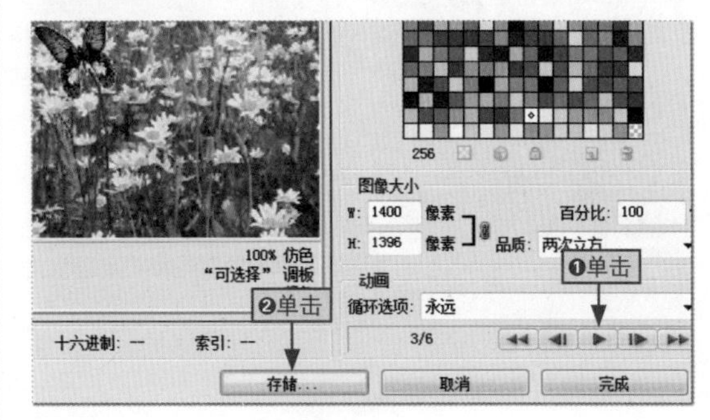

图12-31

步骤04 打开"将优化结果存储为"对话框，❶选择存储路径，❷输入动画名称，❸单击"保存"按钮即可保存动画，如图12-32所示。

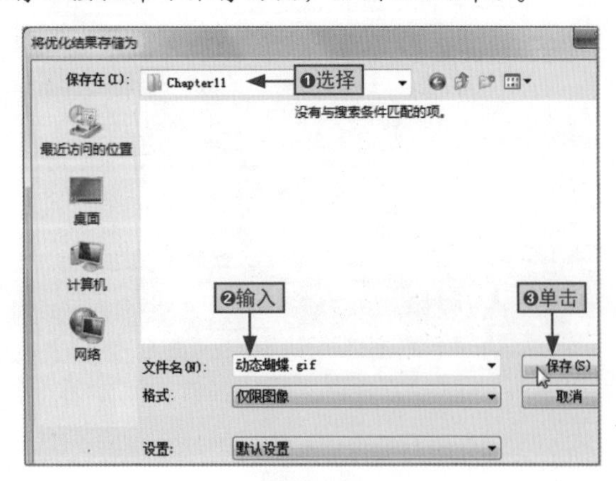

图12-32

12.4 创建 3D 对象

小白：我想要制作一些简单的3D图像，图像中有多个3D对象，要怎么来操作呢?

阿智：你可以直接使用Photoshop CS6来实现，因为Photoshop CS6不仅可以制作静态或动态的图像，还能创建3D对象。

使用Photoshop CS6可以创建多种3D对象。创建的方式共有两种，可以在3D面板上创建，也可以在3D菜单中选择对应的命令创建。在Photoshop CS6中创建或打开3D文件时，系统会自动切换到3D界面中，如图12-33所示为3D对象的操作界面。

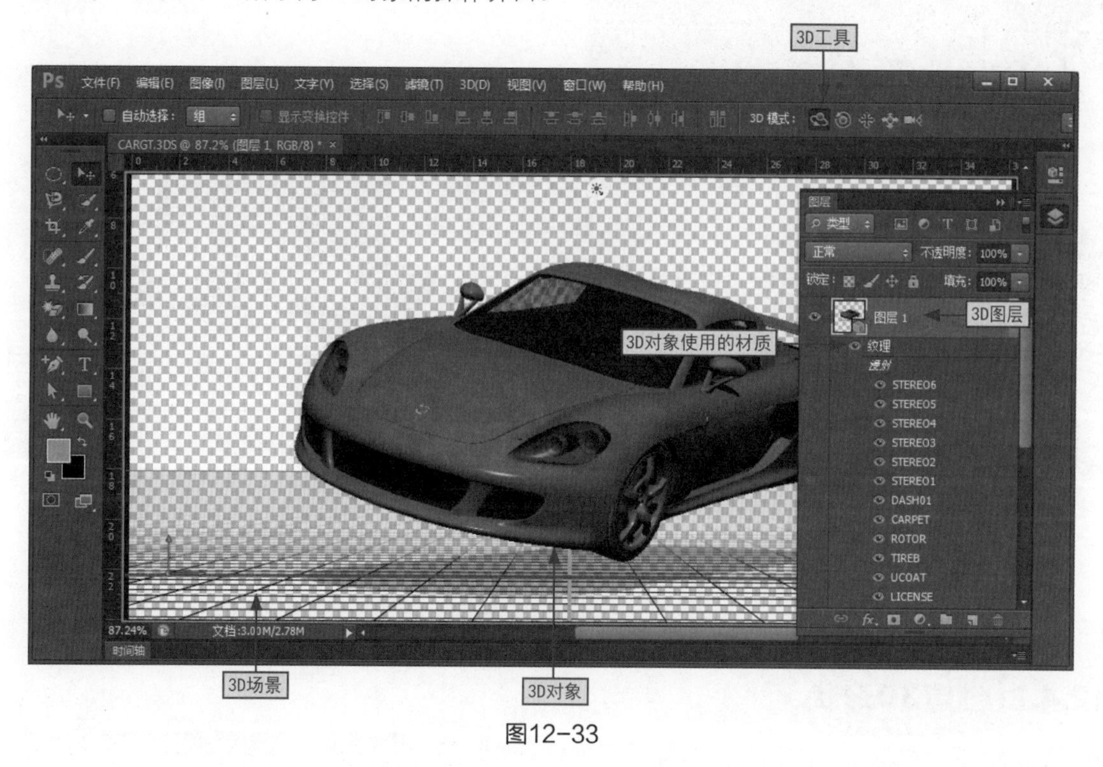

图12-33

12.4.1 创建3D明信片

3D明信片是具有3D属性的平面图，使用Photoshop CS6的3D明信片功能可以将图像中的2D图层转换为3D明信片。

此时只需要打开3D面板，在其中❶选中“3D明信片”单选按钮，❷单击“创建”按钮即可创建3D明信片，如图12-34所示

学习目标 掌握创建3D明信片的方法

难度指数 ★★

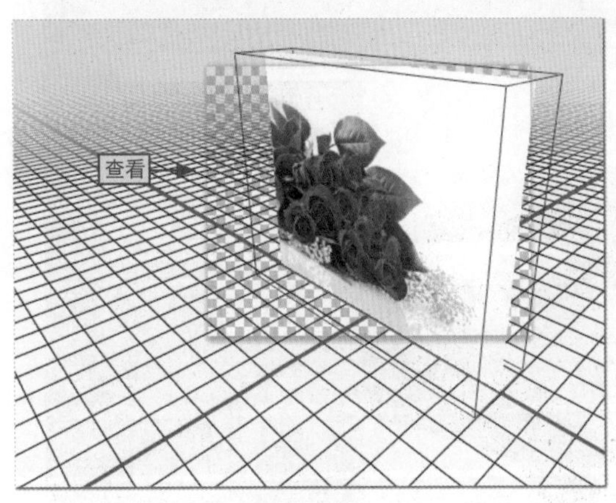

图12-34

12.4.2 创建3D形状

利用3D面板还可以直接创建出3D形状，只需要❶在“从预设创建网格”下拉列表中选择需要的形状，然后❷单击“创建”按钮即可创建出3D形状，如图12-35所示。

学习目标 掌握创建3D形状的方法

难度指数 ★★

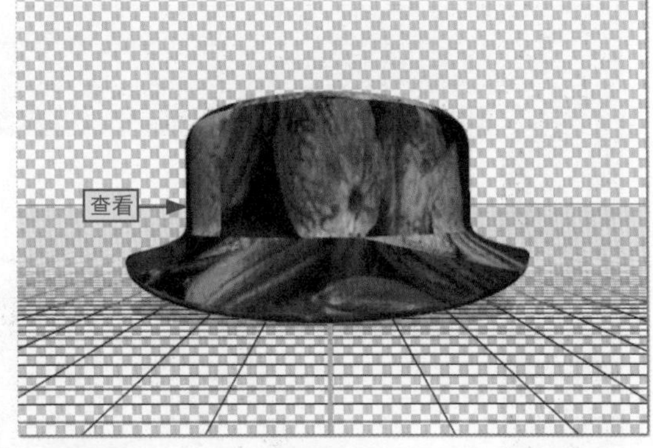

图12-35

小绝招 **旋转3D形状**

选择“移动工具”选项，在3D形状上单击并拖动，即可旋转该形状，如图12-36所示。

图12-36

12.4.3 创建3D凸出

利用3D面板可以创建出3D凸出，也就是将2D图像创建为3D凸出效果。此时只需要在3D面板中❶选中“3D凸出”单选按钮，❷单击“创建”按钮，即可将当前选中的图层创建为3D凸出对象，如图12-37所示。

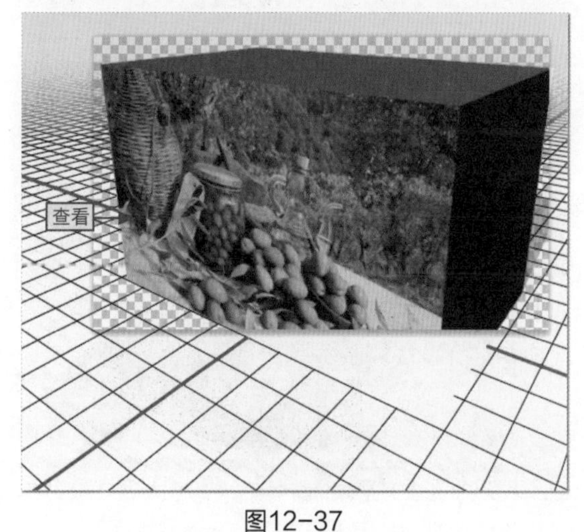

图12-37

12.4.4 创建深度映射的3D网格

Photoshop CS6可以将灰度图像转换为深度映射，它主要是通过图像的明度值转换出深度不同的表面来实现。较亮的明度值会呈现出凸起区域，较暗的明度值会呈现出凹下区域，进而可以产生出3D模型效果。

❶选中“从深度映射创建网格”单选按钮，❷单击“创建”按钮，即可基于该图像创建深度映射3D网格，如图12-38所示。

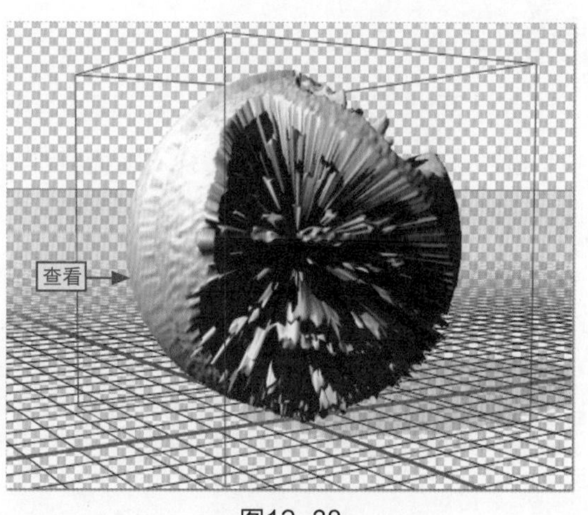

图12-38

12.5 调整 3D 对象

小白：我掌握了创建各种3D对象的方法，但是我想要对创建的3D对象进行调整，如平移3D对象、应用3D材质以及设置3D场景等，应该如何操作呢？

阿智：此时就需要掌握一些调整3D对象的工具和基础操作，下面我就给你介绍一些常见的方法。

在Photoshop CS6中创建或打开3D对象后，可对其进行进一步的调整，此时可以使用3D调整工具，对其进行移动，还可以利用3D面板对3D对象的材质、场景以及光源等进行调整，从而使其表现出更加特殊的效果。

12.5.1 滚动或滑动3D对象

在选择移动工具后，用户不仅可以旋转3D对象，还可以通过在工具选项栏选择3D模式，对3D对象进行滚动、平移以及滑动等操作。在选择3D模式后，在3D对象上单击并拖动，即可调整3D对象的位置、大小及角度。

学习目标 掌握滚动或滑动3D对象
难度指数 ★★

滚动3D对象

在“3D模式”栏中单击“滚动3D对象”按钮，即可在3D对象两侧拖动，从而使对象围绕Z轴滚动，如图12-39所示。

小绝招　Photoshop可编辑的3D格式

Photoshop CS6 可以打开与编辑多种格式的 3D 文件，它们分别是 3DS、U3D、OBJ、KMZ 和 DAE 等格式。

图12-39

滑动3D对象

在“3D模式”栏中单击“滑动3D对象”按钮，即可在3D对象两侧拖动，可沿水平方向移动对象，如图12-40所示。

图12-40

12.5.2 设置3D材质

在Photoshop CS6中，对3D材质功能进行了完善，为用户提供了多种材料来创建3D模型的外观。

单击“3D”面板顶部的“材质”按钮，面板中就会列出3D模型中所使用的材质，如图12-41所示。

学习目标　掌握设置3D材质的方法

难度指数　★★

图12-41

此时，用户可以通过“窗口”菜单项打开“属性”面板，在其中可以对3D模型的材质属性进行设置，如图12-42所示。

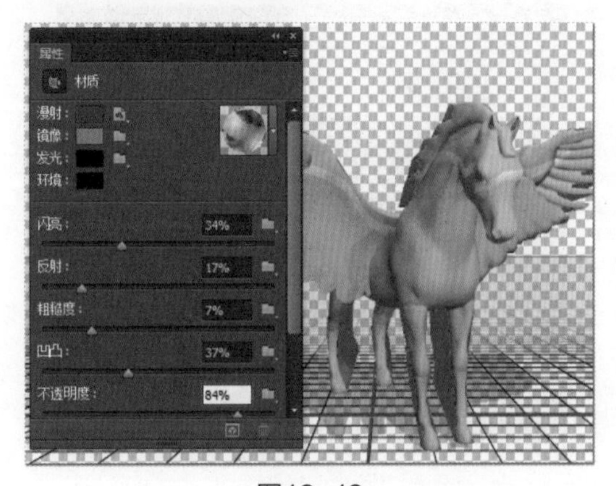

图12-42

12.5.3 设置3D场景

如果想要修改3D对象的渲染模式，可以对3D场景进行设置。同时，设置3D场景还能快速选择要在其上绘制的纹理或者创建3D对象的横截面。

在3D模型区域外的任意位置右击，可打开“图层1”面板，其中会显示3D场景的设置选项，如图12-43所示。

学习目标 掌握设置3D场景的方法
难度指数 ★★

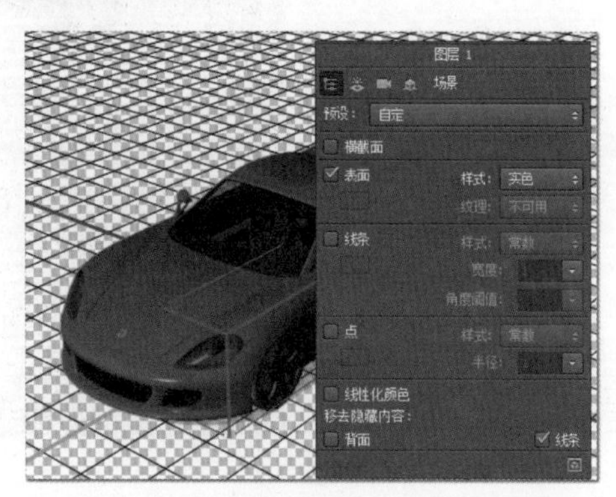

图12-43

打开3D面板，即可显示出当前图层的3D模型场景信息，如图12-44所示。

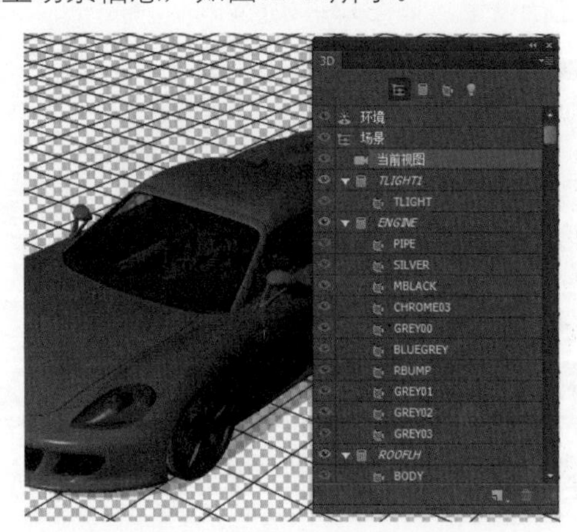

图12-44

12.5.4 设置3D光源

3D光源可以从不同的角度照亮模型，从而为3D模型添加更逼真的深度和阴影。Photoshop CS6为用户提供了3种光源，分别是点光、聚光灯和无线光。

打开3D面板后，在“3D”面板顶部单击“光源”按钮，即可显示出当前场景中所包含的全部光源，如图12-45所示。

学习目标 掌握设置3D光源的方法
难度指数 ★★

图12-45

在“3D”面板的下方单击“创建新光源”按钮，在打开的下拉菜单中可以选择新建的光源类型。如图12-46所示为新建聚光灯光源的效果。

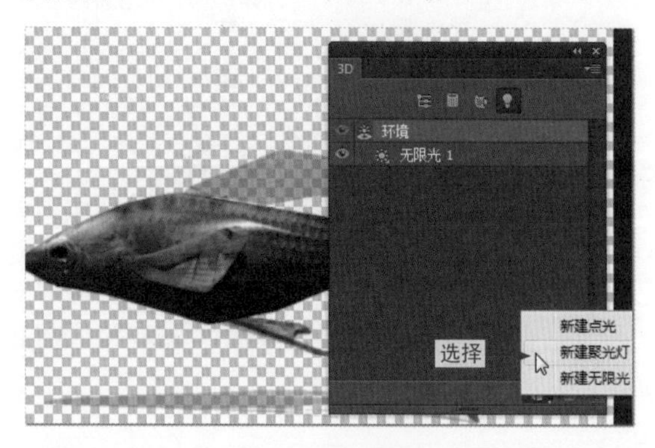

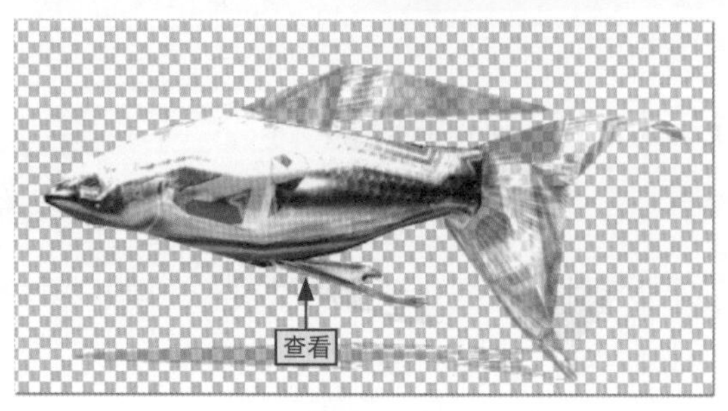

图12-46

给你支招 | 如何在视频中添加文字和特效

小白：我录制了一段视频，想要在开始和结尾处添加文字，并为其设置一些特效，我可不可以利用Photoshop来实现呢？

阿智：当然可以，在Photoshop CS6的"时间轴"面板中即可实现，其具体操作如下。

步骤01 打开视频文件，选择"横排文字工具"选项，❶在"字符"面板中设置文字属性，❷在视频画面中输入相应文字，如图12-47所示。

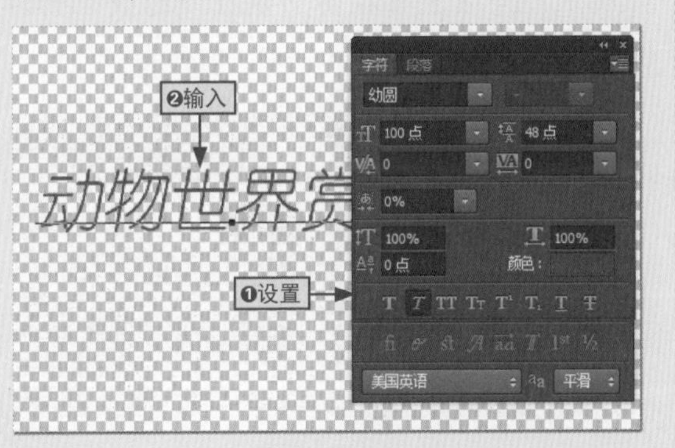

图12-47

步骤02 打开"时间轴"面板，将文字剪辑拖动到视频的前方，如图12-48所示。

图12-48

步骤03 保持文字图层的选择状态，按Ctrl+J组合键复制图层，并将复制的图层移动到视频图层后方，如图12-49所示。

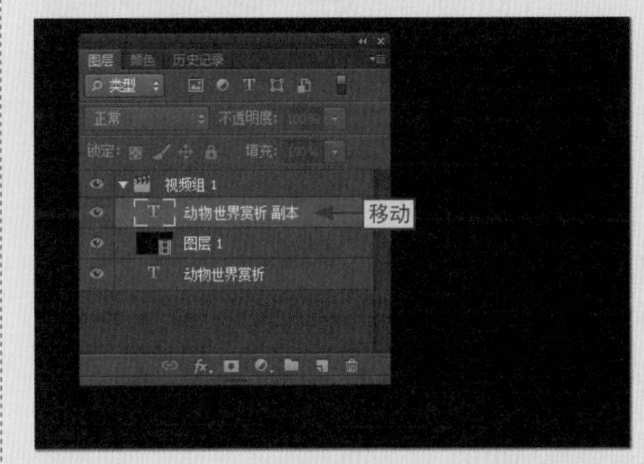

图12-49

步骤04 ❶双击文字缩略图，❷将图层中的文字修改为"谢谢观赏！"，如图12-50所示。

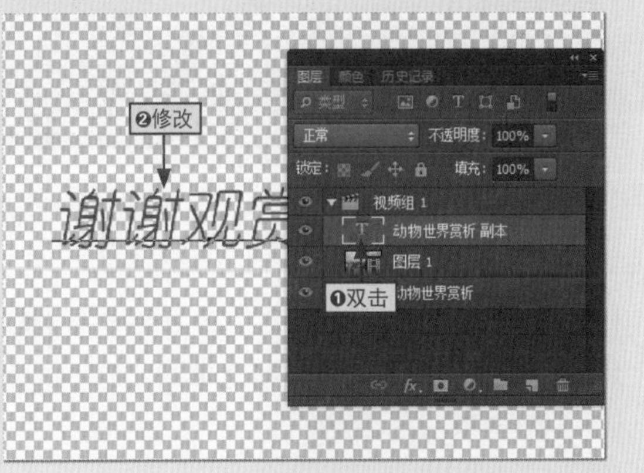

图12-50

步骤05 ❶单击收起视频组1，❷按住Ctrl键同时在“图层”面板底部单击“创建新图层”按钮，❸将前景色调整为“淡蓝色”，按Alt+Delete组合键填充图层，如图12-51所示。

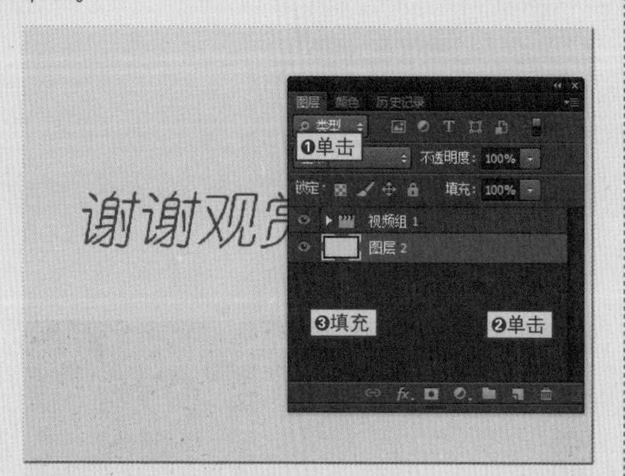

图12-51

步骤06 ❶在“时间轴”面板中单击“转到第一帧”按钮，❷将图层时间条拖动到视频的起始位置，如图12-52所示。

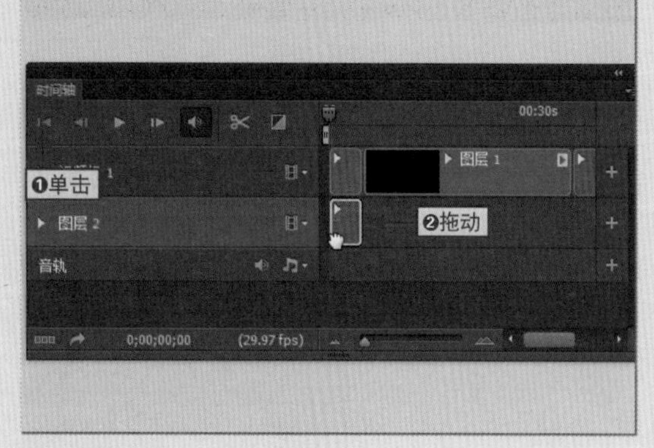

图12-52

步骤07 ❶展开文字列表，❷单击按钮，❸将“渐隐”过渡效果选项拖动到文字上，如图12-53所示。

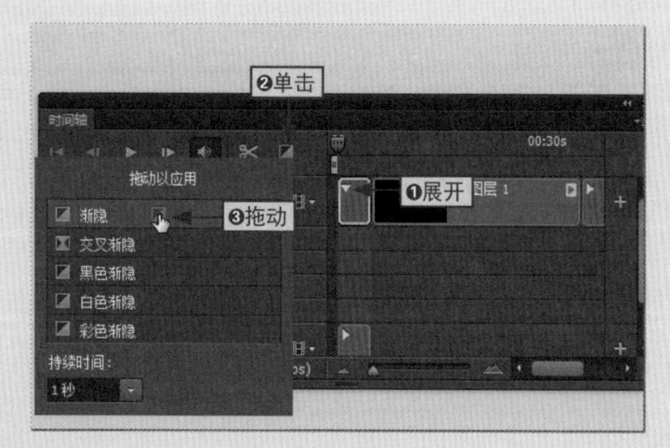

图12-53

步骤08 在文字与视频衔接处添加一个“渐隐”过渡效果，将鼠标光标移动到过渡效果滑块上，按住鼠标拖动，调整渐隐效果的时间长度，如图12-54所示。

图12-54

步骤09 以相同的方法为视频后方的文字也添加“渐隐”过渡效果，按空格键即可播放视频，并查看到文字与视频间的过渡效果，如图12-55所示。

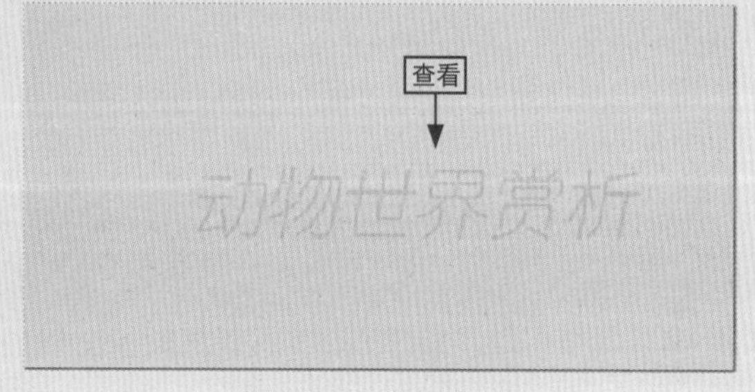

图12-55 播放视频

给你支招 | 如何在图像中创建好看的 3D 文字

小白：我想要在一张图像上输入相应的文字，然后将文字转换为个性化的3D文字，要怎么实现呢？

阿智：创建3D文字是在基于2D文字的基础上生成的3D对象。因此，需要先输入文字，然后才能进行转换，最后为其添加各种3D效果，使其个性化，其具体操作如下。

步骤01 选择横排文字工具，❶在“字符”面板中设置文字属性，❷在图像中输入相应文字，如图12-56所示。

图12-56

步骤02 ❶选择文字图层，❷在3D下拉菜单中选择“从所选图层新建3D凸出”命令，如图12-57所示。

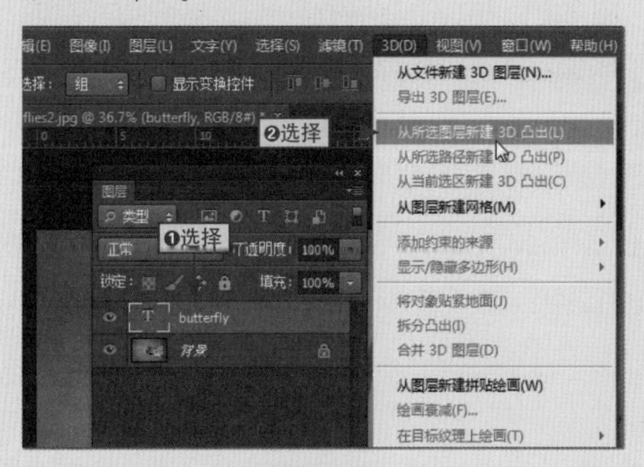

图12-57

步骤03 ❶选择移动工具，在文字上单击其选中。打开“属性”面板，❷选择形状的预设样式，❸将凸出深度设置为“50”，如图12-58所示。

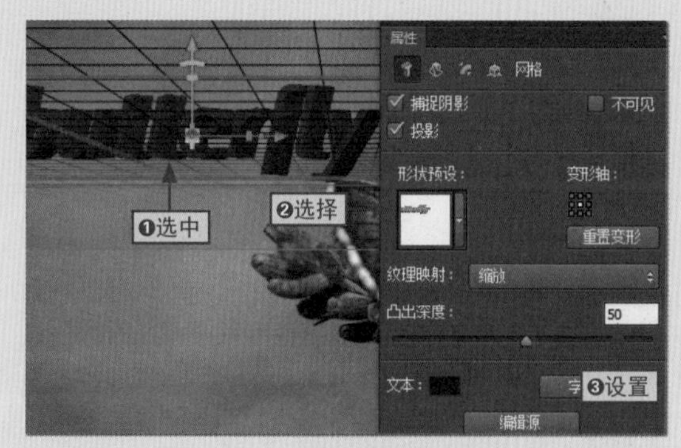

图12-58

步骤04 单击“旋转3D对象”按钮，调整文字的角度和位置，如图12-59所示。

图12-59

步骤05 打开3D面板，在场景中选择光源选项，如图12-60所示。

图12-60

步骤06 在显示的光源上按住鼠标左键，拖动并调整其照射的方向，同时调整属性面板中的参数，如图12-61所示。

图12-61

步骤07 ❶在3D面板底部单击“将新光照添加到场景”按钮，❷选择“新建无限光”命令，如图12-62所示。

图12-62

步骤08 ❶在“属性”面板中取消选中“阴影”复选框，❷将强度设置为“60%”，❸调整光源的位置即可，如图12-63所示。

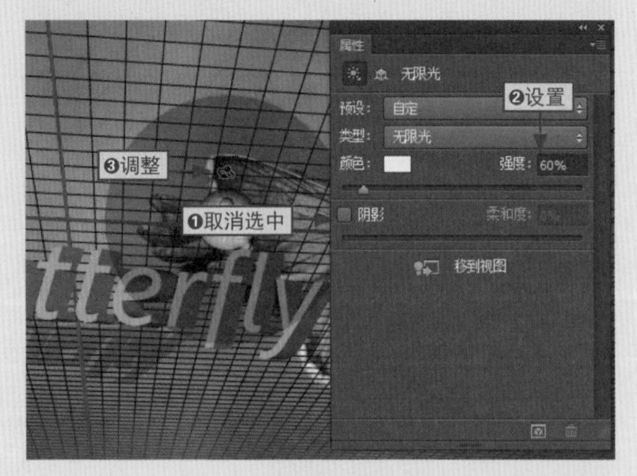

图12-63

学习目标

在本章中，我们将使用污点修复画笔工具、吸管工具、橡皮擦工具以及仿制图章工具等常用工具，对人物图像进行精修处理，从而使人物图像更加美观。本章不仅可以帮助用户掌握这些工具的使用方法，还能学会“PS”图像，从而将理论知识应用到实际生活或工作中。

本章要点

- 皮肤污点修复
- 消除人物的眼袋
- 皮肤较暗处涂粉
- 对唇部进行修复
- 使用曲线调唇色
- 增强脸部立体感
- 加深眉毛的颜色
- 调整色调与锐化

知识要点	学习时间	学习难度
对皮肤、眼袋与唇部进行处理	30 分钟	★★★
突出人物面部	40 分钟	★★★★

13.1 案例制作效果和思路

小白：我拍摄了一张人物照片，想要对其进行后期的精修处理，应该怎样来实现呢？

阿智：想要实现该操作并不难，只需要使用Photoshop CS6中一些图像处理与美化的工具即可实现，如污点修复画笔工具、吸管工具、橡皮擦工具以及仿制图章工具等。

对于一些刚刚拍摄好的人物照片或一些人物图像，为了让其更加美观，质地较好，我们可以使用Photoshop CS6中的一些常用工具来对其进行精修。如图13-1所示为图像进行精修前后的对比效果。

本节素材	/素材/Chapter13/人物.jpg
本节效果	/效果/Chapter13/人物.psd
学习目标	掌握人像照片后期精修的操作方法
难度指数	★★★★★

在原图中，我们可以看出人物图像的皮肤较为暗淡，脸部有一些较为明显的斑点，而且存在黑眼圈等，这时整个人物呈现出一种消极、没精气神的状态。

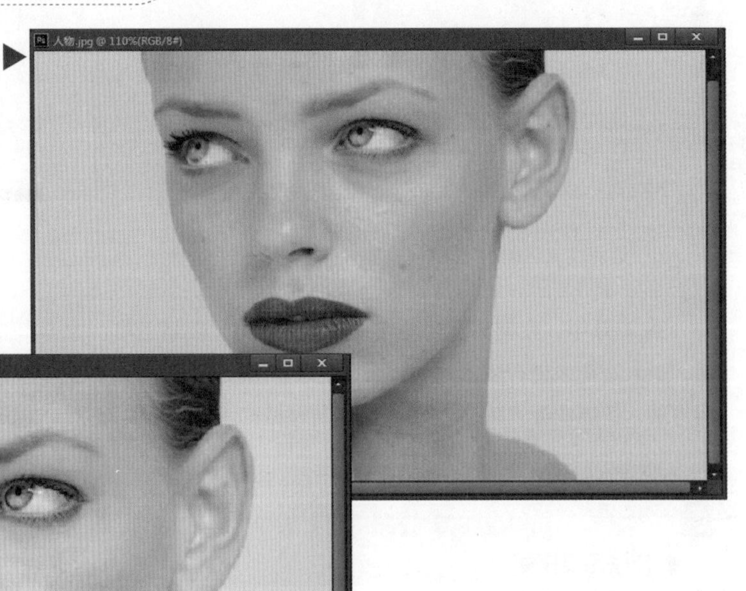

而对图像的精修操作，主要有美白皮肤、祛除斑点、淡化黑眼圈、添加腮红以及增强眉毛、脸部的立体感等，从而使人物更加靓丽，获得更好的效果。

图13-1

在学习制作本案例之前，首先需要了解案例制作的大体思路，这样才能在制作过程中游刃有余，如图13-2所示。

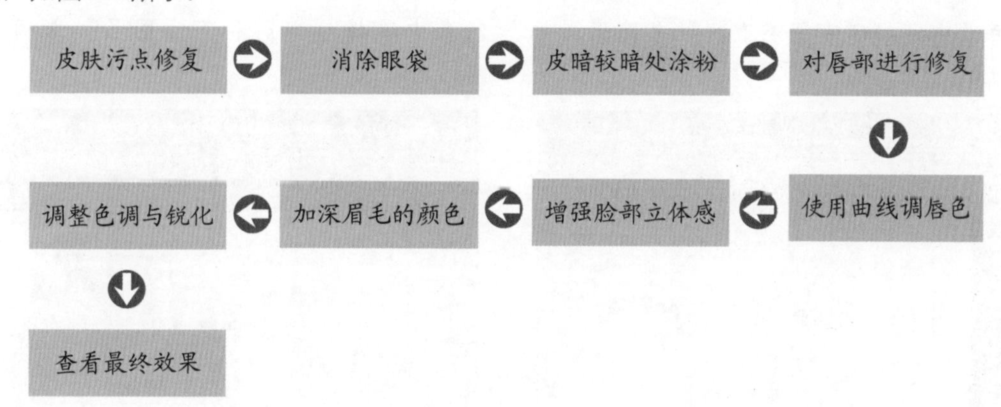

图13-2

在整个图像的精修过程中，涉及了多个操作部分，每个部分都是相互独立的，用户在实际精修图像时，只需要根据实际需要使用部分操作或全部操作，且它们之间不存在明显地前后顺序。

13.2 对皮肤、眼袋与唇部进行处理

在对人物图像进行处理的过程中，皮肤、眼袋和唇部是最基础的处理，它们可以让人物图像从整体上给人一种视觉冲击，让人第一眼就可以看出该图像是否值得欣赏。

13.2.1 皮肤污点的修复

皮肤污点的修复是指对皮肤上存在的污点进行清除，从而使皮肤更加的干净与自然。此时，只需要使用污点修复画笔工具即可实现，其具体操作如下。

步骤01 打开“人物.jpg”素材文件，在“图层”面板中新建一个空白图层，并命名为“污点修复”，如图13-3所示。

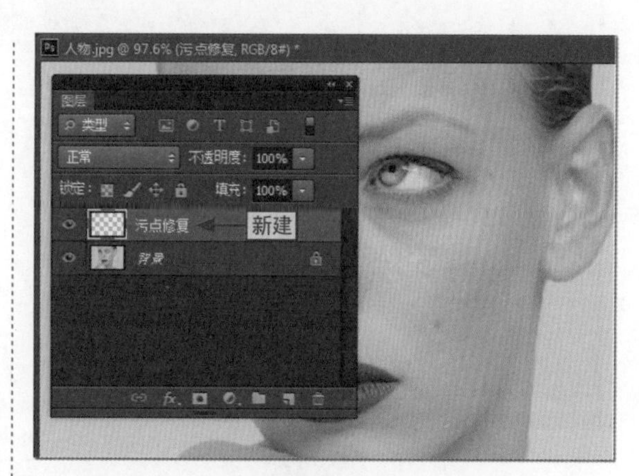

图13-3

步骤02 ❶在工具箱中选择“污点修复画笔工具”选项，❷在其工具选项栏中设置画笔大小，并选中“对所有图层取样”复选框，如图13-4所示。

图13-4

小绝招

污点修复画笔工具的画笔大小

在设置污点修复画笔工具的画笔大小时，不要设置得过大，与污点大小差不多即可，这样可以防止对人物皮肤造成破坏。

步骤03 将鼠标光标移动到需要处理的图像污点上，单击或按住并拖动，对污点进行修复，如图13-5所示。

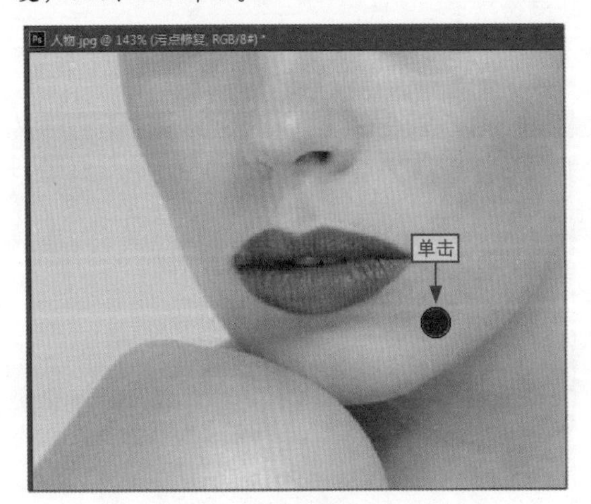

图13-5

步骤04 在工具箱中选择“修复画笔工具”选项，在其工具选项栏中的“样本”下拉列表中选择“当前和下方图层”选项，如图13-6所示。

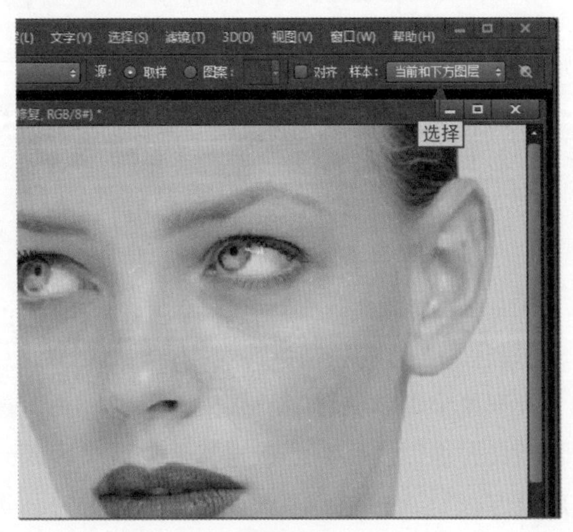

图13-6

步骤05 将鼠标光标移动到额头或脖子上，按住Alt键，单击取样，然后在额头或脖子上单击去除其中的细纹，如图13-7所示。

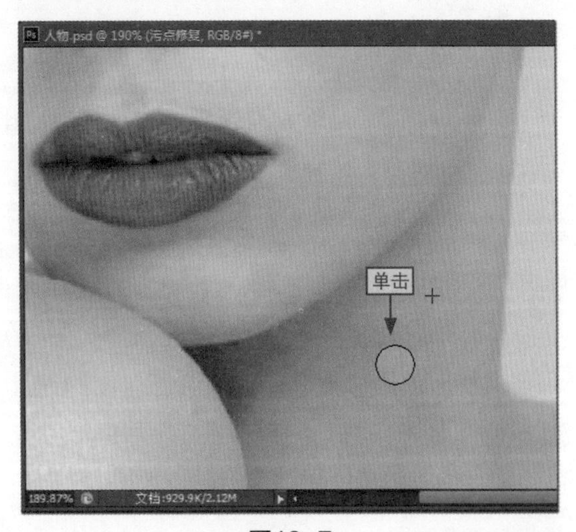

图13-7

步骤06 ❶在工具箱中选择“仿制图章工具”选项，❷在其工具选项栏中设置不透明度为“30%”，并在“样本”下拉列表中选择“当前和下方图层”选项，如图13-8所示。

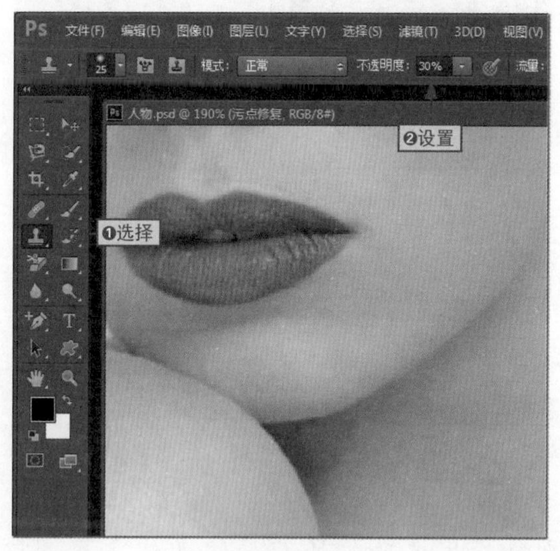

图13-8

步骤07 将鼠标光标移动到鼻子的左侧方，按住Alt键并单击鼠标取样，然后单击去除左边鼻子周围模糊的轮廓线，如图13-9所示。

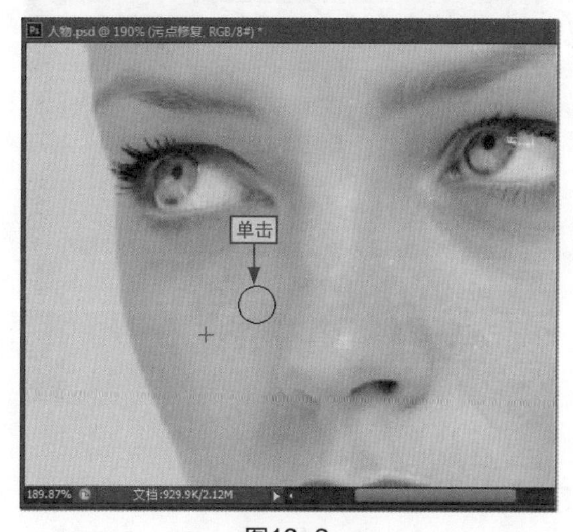

图13-9

13.2.2 消除人物的眼袋

眼袋会显得人物有疲劳感、不专注，给人一种很不舒服的感觉。不过在修饰时要做到恰到好处，因为眼睛是一个球状体，需要眼袋来对眼球进行衬托。其具体操作如下。

步骤01 在“图层”面板中新建一个空白图层，并将其重命名为“消除眼袋”，如图13-10所示。

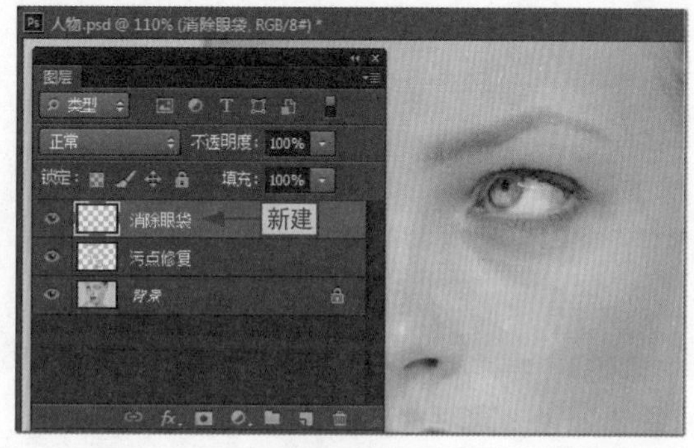

图13-10

步骤02 ❶选择“仿制图章工具”选项，❷设置模式、不透明度以及样本分别为“变亮”、“30%”和“当前和下方图层”，如图13-11所示。

图13-11

步骤03 在人物的眼睛周围按住Alt键，并单击取样，然后单击消除眼袋，如图13-12所示。

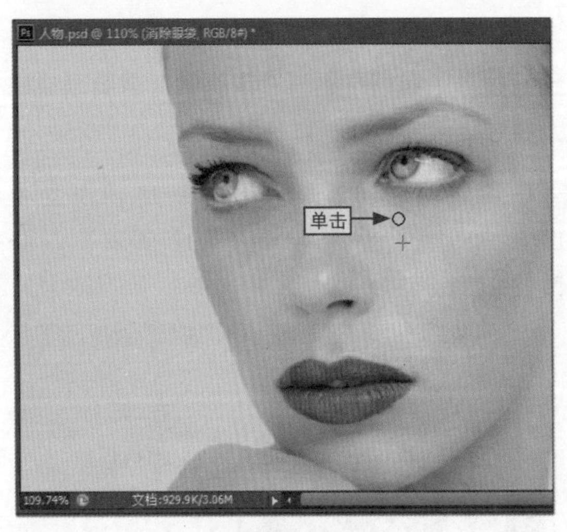

图13-12

步骤04 在“图层”面板中，将“消除眼袋”图层的不透明度设置为“85%”，这样使图像更加自然，如图13-13所示。

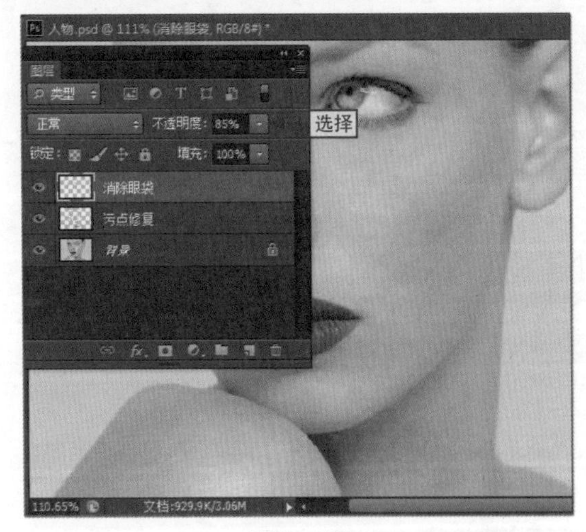

图13-13

步骤05 新建一个空白图层，并将其重命名为“纹理修复”，如图13-14所示。

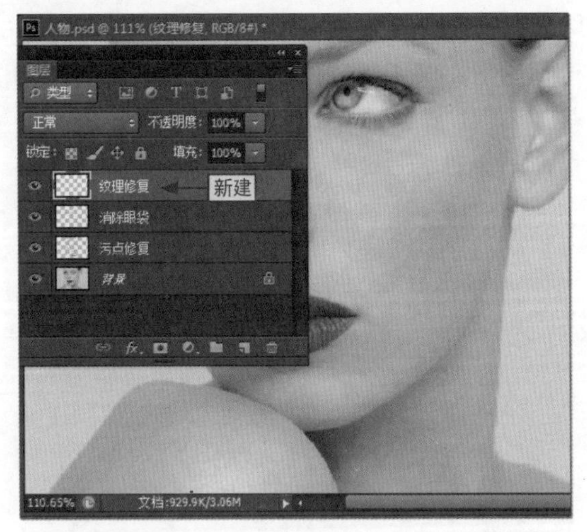

图13-14

步骤06 选择“修复画笔工具”选项，❶在其工具选项栏的“样本”下拉列表中选择“当前和下方图层”选项，❷再对前面操作中造成破坏的皮肤进行修复，如图13-15所示。

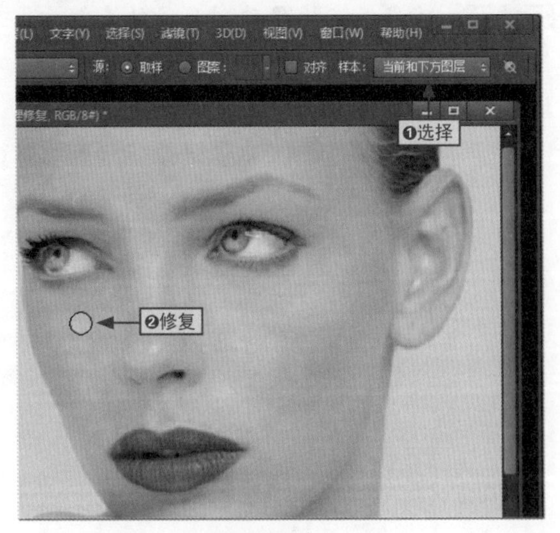

图13-15

步骤07 在“图层”面板中❶选择“纹理修复”图层，❷将其不透明度设置为“90%”，如图13-16所示。

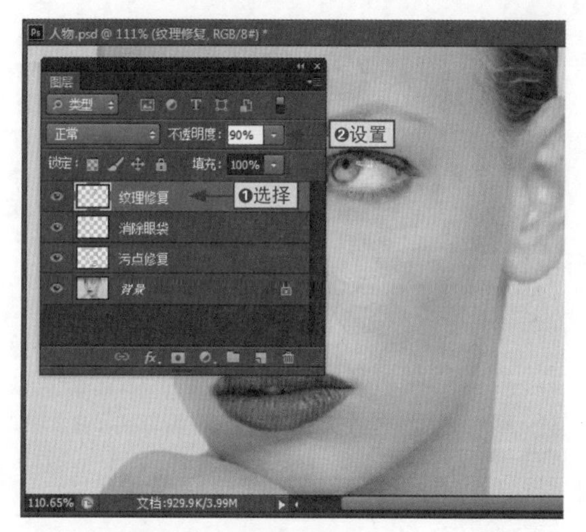

图13-16

13.2.3 皮肤较暗处涂粉

给皮肤中较暗的位置涂抹上一层粉，可以让皮肤变得更加柔和，同时使面部变得光滑，这与现实中给人物化妆涂粉是一个道理。其具体操作如下。

步骤01 在“图层”面板中❶新建一个空白图层，并将其重命名为“美化皮肤”，❷将图层模式设置为“柔光”，如图13-17所示。

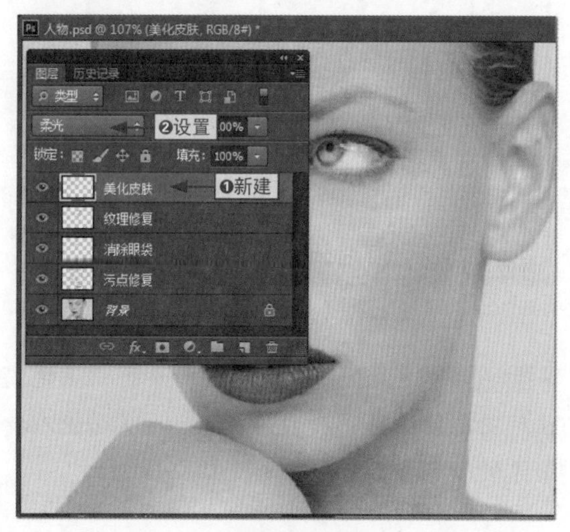

图13-17

步骤02 在工具箱中选择“颜色取样器工具”选项，在图像中的适当位置单击进行采样，如图13-18所示。

图13-18

步骤03 此时会自动打开“信息”面板，在其中可以查看到颜色取样器取到的颜色值，单击“设置前景色”按钮，如图13-19所示。

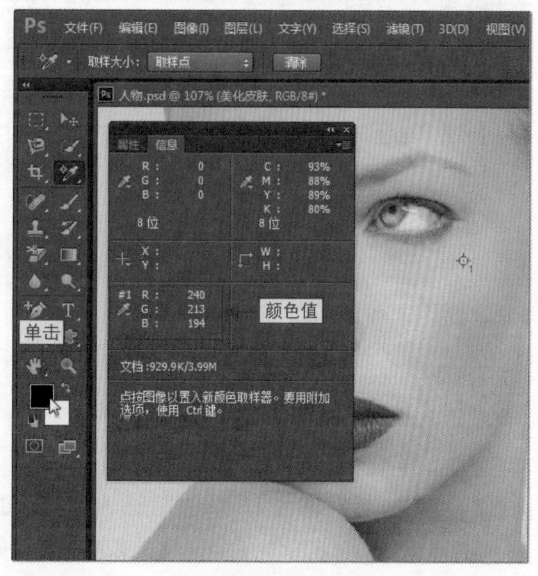

图13-19

步骤04 打开“拾色器（前景色）”对话框，❶在R、G、B文本框中分别输入颜色取样器取到的颜色值，❷单击“确定”按钮，如图13-20所示。

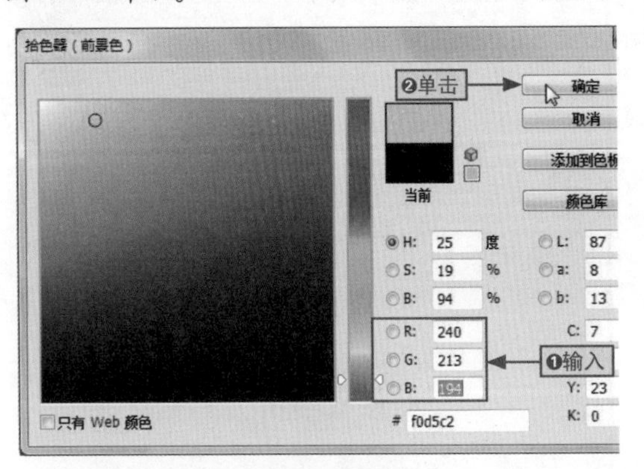

图13-20

步骤05 选择“画笔工具”选项，在皮肤上进行涂抹，使皮肤变得光滑明亮，如图13-21所示。

图13-21

步骤06 选择“橡皮擦工具”选项，在图像中某些涂花的地方进行擦拭还原图像，如图13-22所示。

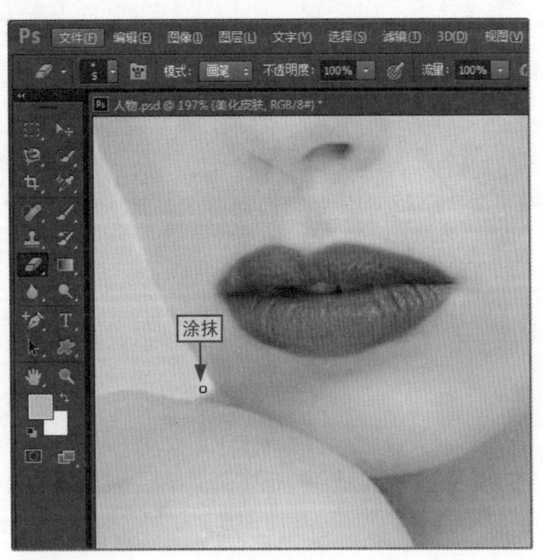

图13-22

步骤07 在菜单栏中选择“滤镜”|“模糊”|“高斯模糊”命令，打开“高斯模糊”对话框，❶在“半径”文本框中输入半径值，❷单击“确定”按钮，如图13-23所示。

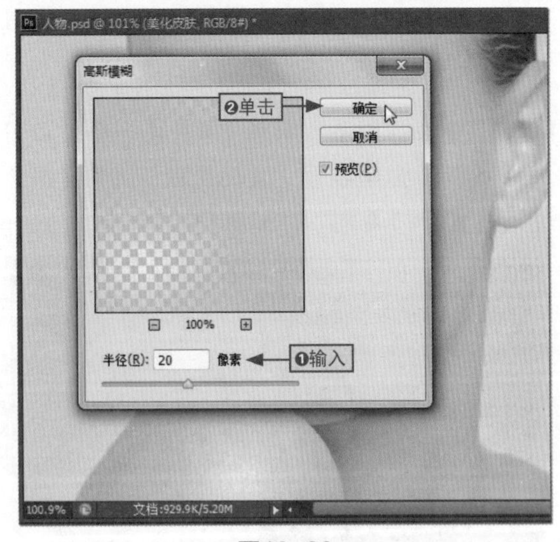

图13-23

步骤08 在“图层”面板中，设置“美化皮肤”图层的不透明度为“70%”，从而使人物图像的颜色更加自然，如图13-24所示。

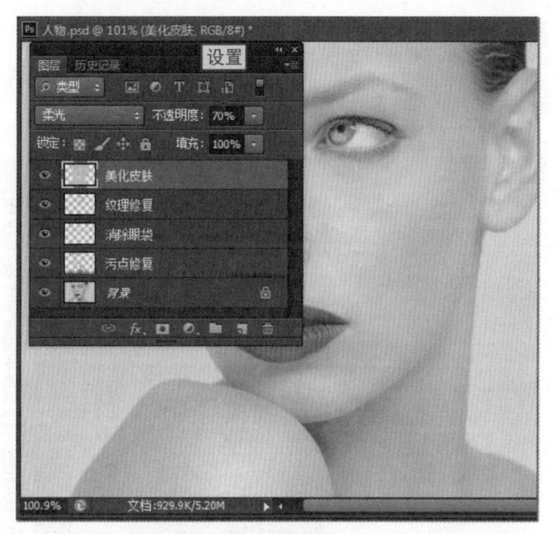

图13-24

13.2.4 对唇部进行修复

唇部是一个非常重要的部分，对其调整后，它可以为人物图像的面部增添光彩，其具体操作如下。

步骤01 ❶新建一个空白图层，并重命名为“美化双唇”，❷将不透明度设置为“20%”，如图13-25所示。

图13-25

步骤02 打开“拾色器（前景色）”对话框，❶选择需要的颜色，❷单击“确定”按钮，如图13-26所示。

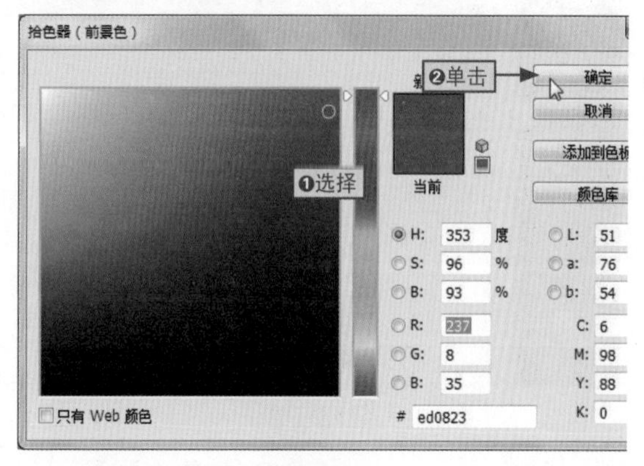

图13-26

步骤03 选择“画笔工具”选项，按住鼠标左键在人物图像的双唇上进行涂抹，并以相同方法为其应用“高斯模糊”滤镜，如图13-27所示。

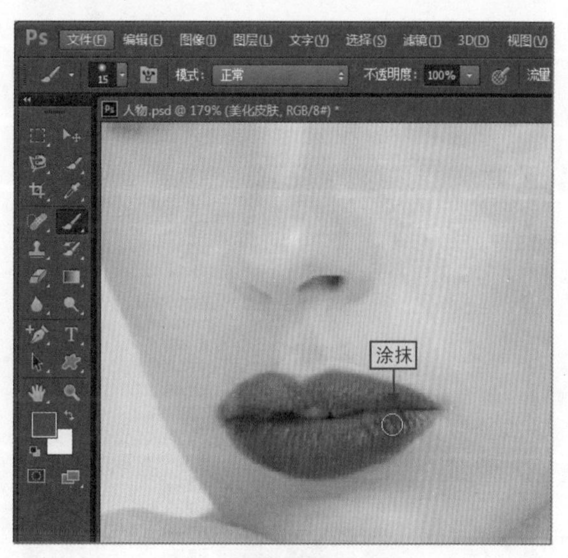

图13-27

步骤04 ❶选择“仿制图章工具”选项，❷在“模式”下拉列表中选择“变亮”选项，设置不透明度为“50%”，在嘴唇周边涂抹修复嘴唇，如图13-28所示。

图13-28

13.2.5 使用曲线调唇色

为了使唇部更加的突出与自然，还可以使用曲线对唇色进行调整，其具体操作如下。

步骤01 ❶在“图层”面板的底部单击“创建新的填充或调整图层”下拉按钮，❷选择“曲线”命令，如图13-29所示。

图13-29

步骤02 打开“属性”面板，❶在“通道”下拉列表中选择“红”选项，❷拖动曲线进行调整，如图13-30所示。

图13-30

步骤03 ❶在“通道”下拉列表中选择“绿”选项，❷拖动曲线进行调整，如图13-31所示。

图13-31

步骤04 ❶在“通道”下拉列表中选择“蓝”选项，❷拖动曲线进行调整，如图13-32所示。

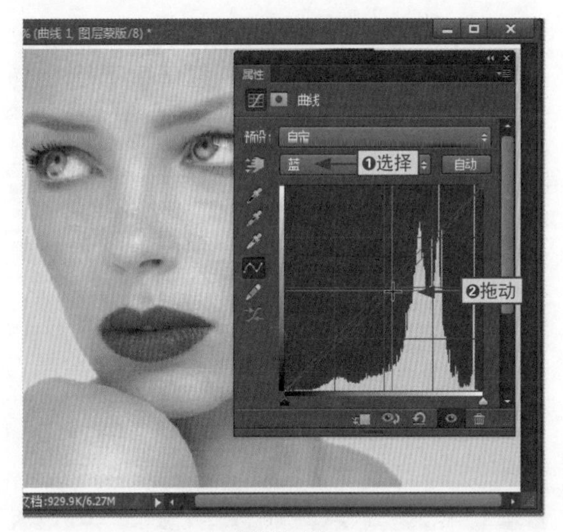

图13-32

步骤05 在“属性”面板中，❶单击“蒙版”按钮，❷单击“反相”按钮，如图13-33所示。

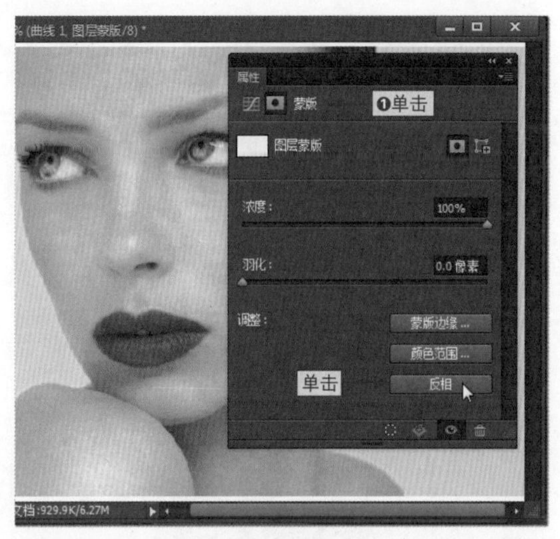

图13-33

13.3 突出人物面部效果

对人物图像进行基础处理后，就可以对其面部继续进行突出处理，这样可以让其轮廓更加的分明与自然，从而加深他人对图像的印象。

13.3.1 增强脸部立体感

增强脸部立体感，可以使脸部的轮廓更加分明与清晰，使人物图像更加有特色。其具体操作如下。

步骤01 ❶新建一个空白图层，并重命名为“美化脸部”，❷设置其图层混合模式为“柔光”，如图13-34所示。

图13-34

步骤02 打开“拾色器（前景色）”对话框，❶在图像嘴唇上单击拾色，❷单击“确定”按钮关闭对话框，如图13-35所示。

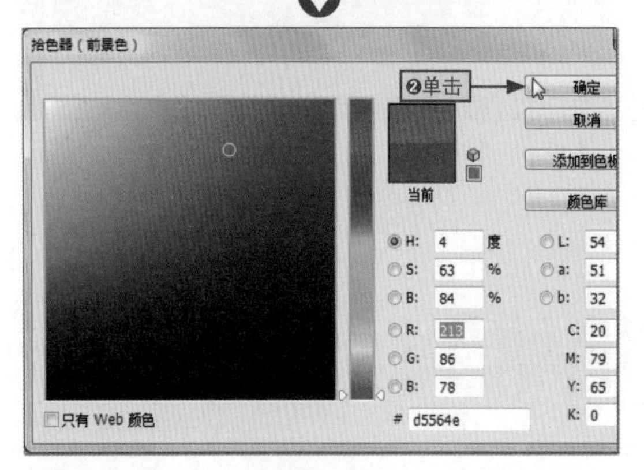

图13-35

步骤03 ❶选择“画笔工具”选项，❷设置其不透明度为“50%”，❸在图像脸部两侧进行涂抹，如图13-36所示。

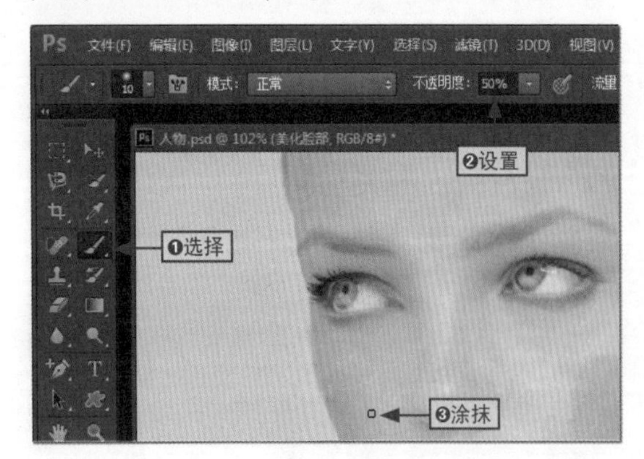

图13-36

步骤04 打开“高斯模糊”对话框，❶在“半径”文本框中输入“20”，❷单击“确定”按钮，如图13-37所示。

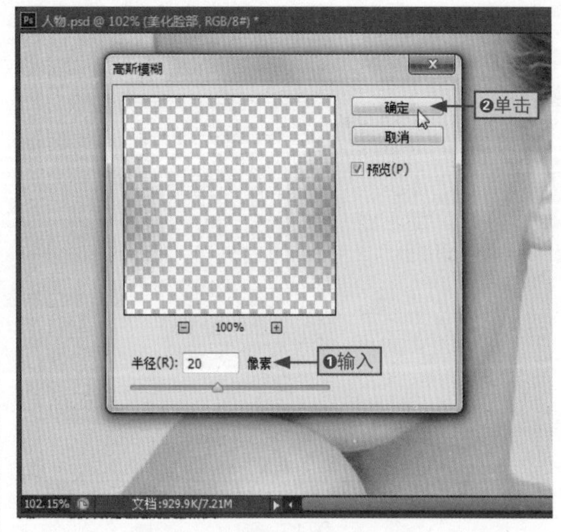

图13-37

步骤05 ❶在“图层”面板中新建一个空白图层，并将其重命名为“增强脸部立体感”，❷设置图层的混合模式为“柔光”，如图13-38所示。

图13-38

步骤06 ❶将前景色设置为黑色，❷选择“画笔工具”选项，❸将不透明度设置为“40%”，❹在图像面部较为阴暗的部分进行涂抹，如图13-39所示。

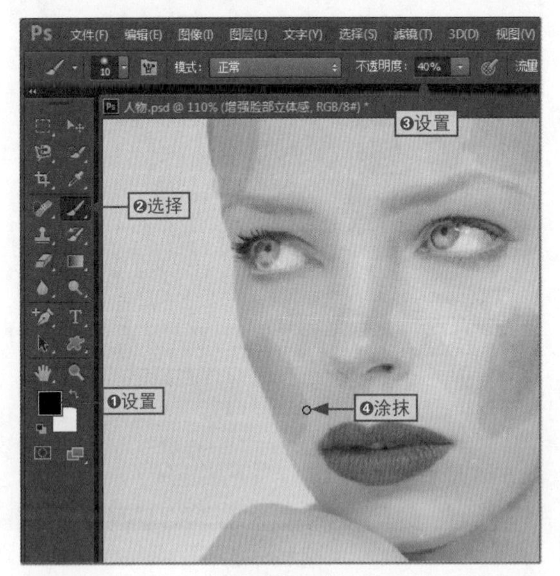

图13-39

步骤07 打开“高斯模糊”对话框，❶在“半径”文本框中输入“40”，❷单击“确定”按钮，如图13-40所示。

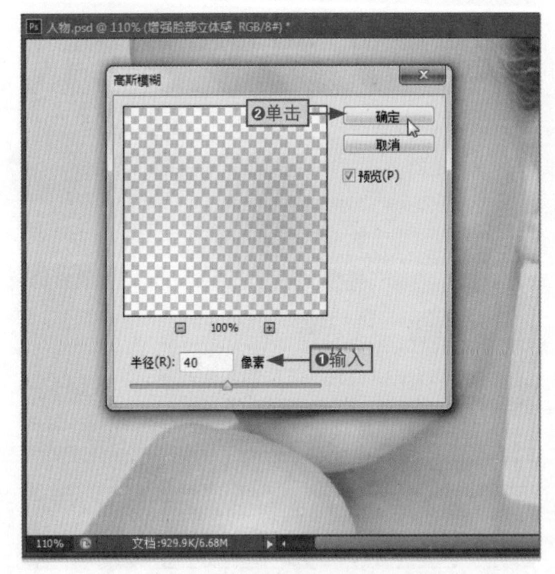

图13-40

步骤08 在“图层”面板中新建一个空白图层，并将其重命名为“增强脸部立体感1”，设置图层的混合模式为“柔光”，如图13-41所示。

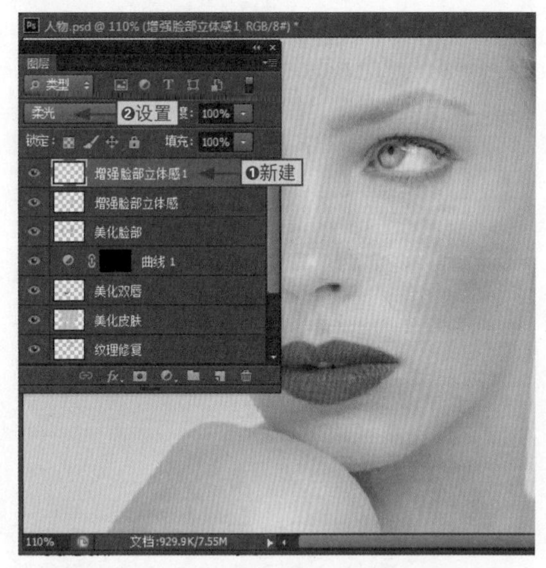

图13-41

步骤09 将前景色设置为白色，将画笔工具的不透明度设置为“40%”，在图像中鼻子的高光处进行涂抹，如图13-42所示。

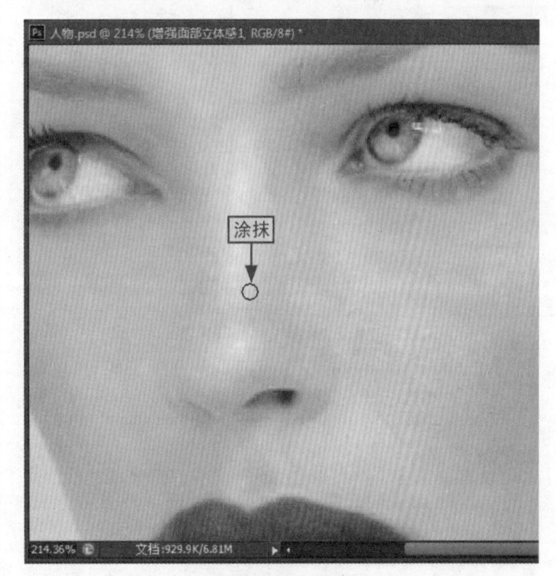

图13-42

步骤10 打开“高斯模糊”对话框，❶在“半径”文本框中输入“54”，❷单击“确定”按钮，如图13-43所示。

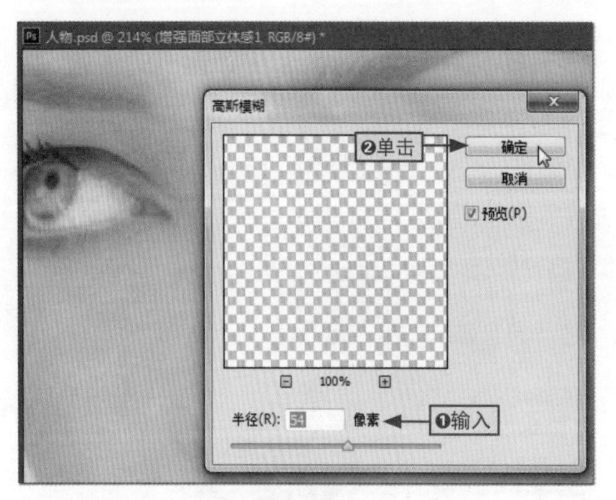

图13-43

13.3.2 加深眉毛的颜色

除了直接为脸部增强立体感外，加深眉毛的颜色也可以起到辅助作用。其具体操作如下。

步骤01 ❶在“图层”面板中新建一个空白图层，并将其重命名为“美化眉毛”，❷单击“创建新的填充或调整图层”下拉按钮，❸选择“曲线”命令，如图13-44所示。

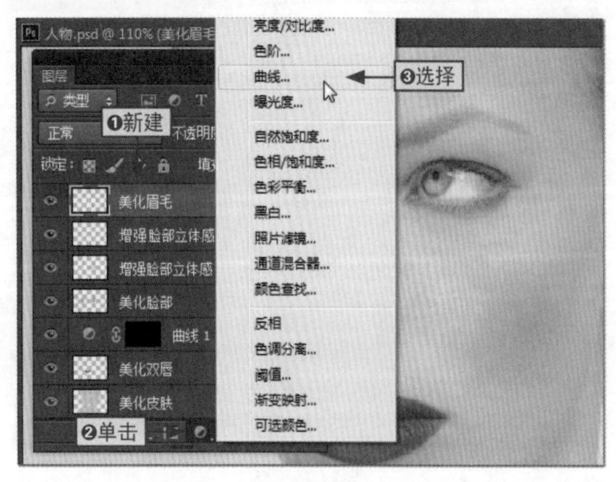

图13-44

步骤02 打开“属性”面板，保持面板的默认设置，单击“关闭”按钮创建一个曲线调整图层，如图13-45所示。

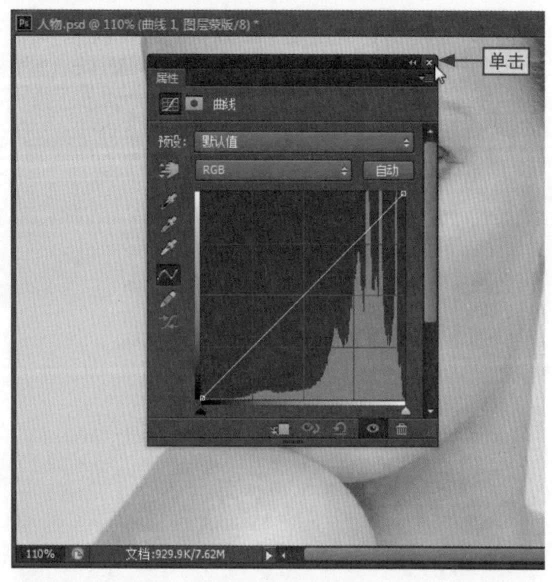

图13-45

步骤03 ❶在“图层”面板中将曲线调整图层的图层混合模式设置为“正片叠底”，❷双击曲线调整图层的缩略图，如图13-46所示。

图13-46

步骤04 打开“属性”面板，单击“反相”按钮对图像进行反相操作，如图13-47所示。

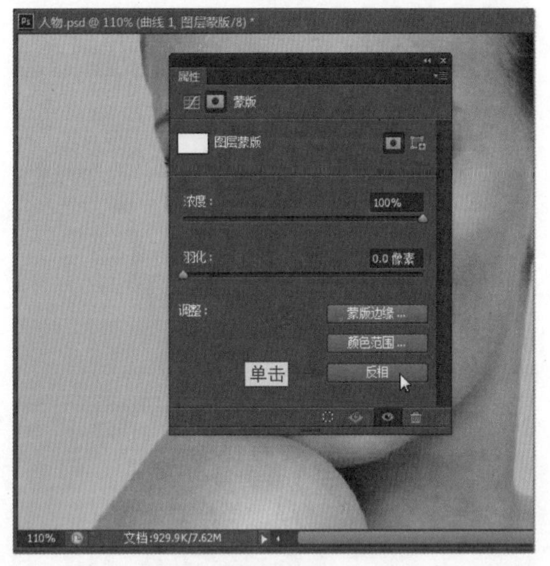

图13-47

步骤05 ❶将前景色设置为“白色”，❷选择“画笔工具”选项，并将其不透明度设置为“20%”，❸在眉毛和睫毛上进行涂抹，如图13-48所示。

图13-48

步骤06 打开“高斯模糊”对话框，❶在“半径”文本框中输入“5.5”，❷单击“确定”按钮，如图13-49所示。

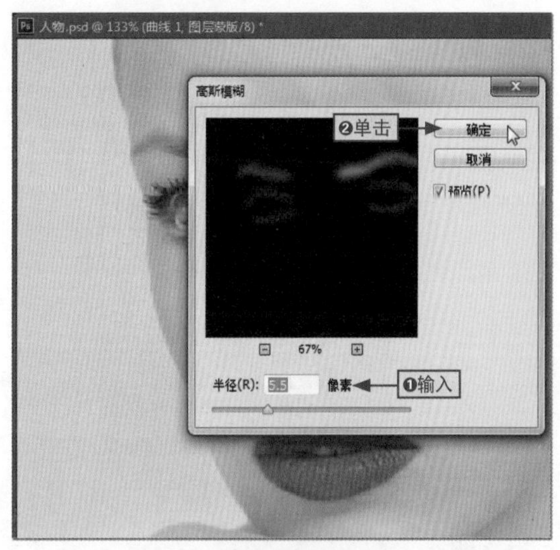

图13-49

13.3.3 调整色调与锐化

当人物图像精修完成后，用户还需要适当地调整色调，并对图像进行锐化，这样可以使人物图像更加柔和与自然。其具体操作如下。

步骤01 在“图层”面板中，❶单击“创建新的填充或调整图层”下拉按钮，❷选择“色相/饱和度”命令，如图13-50所示。

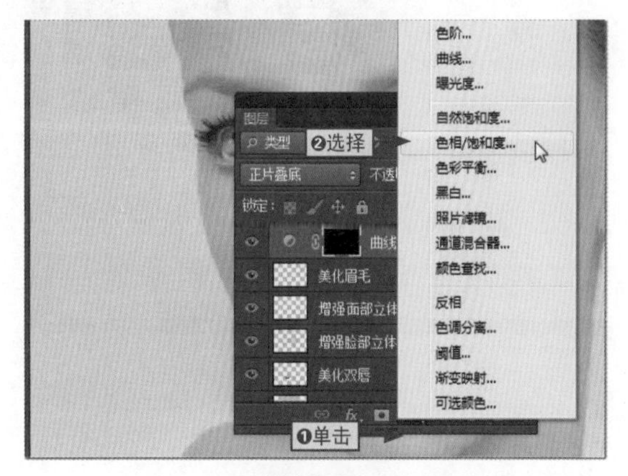

图13-50

步骤02 打开“属性”对话框，在其中分别设置色相、饱和度和明度，如图13-51所示。

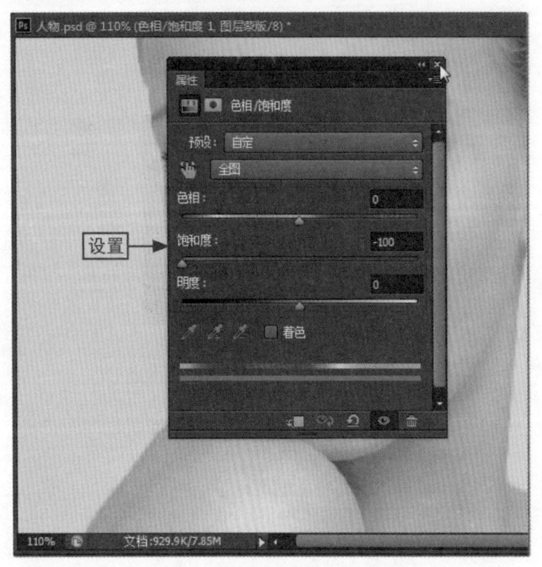

图13-51

步骤03 在“图层”面板中的图层模式下拉列表中，❶选择“柔光”选项，❷设置不透明度为“35%”，如图13-52所示。

图13-52

步骤04 ❶在“图层”面板中创建“色相/饱和度2”图层，❷在打开的“属性”面板中设置色相、饱和度和明度，如图13-53所示。

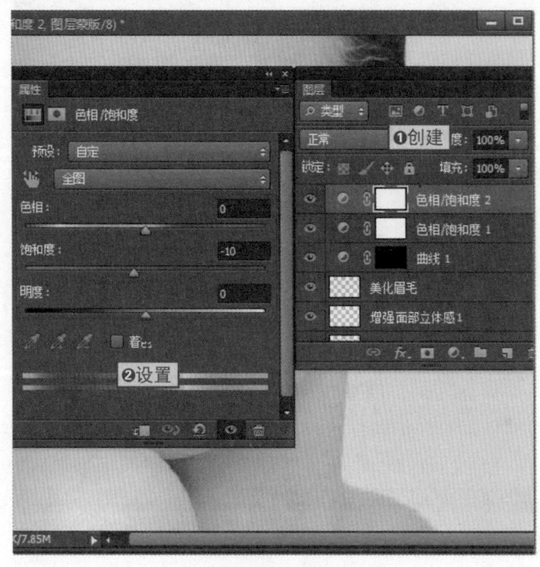

图13-53

步骤05 ❶单击“蒙版”按钮，❷单击“反相”按钮使图像反相，如图13-54所示。

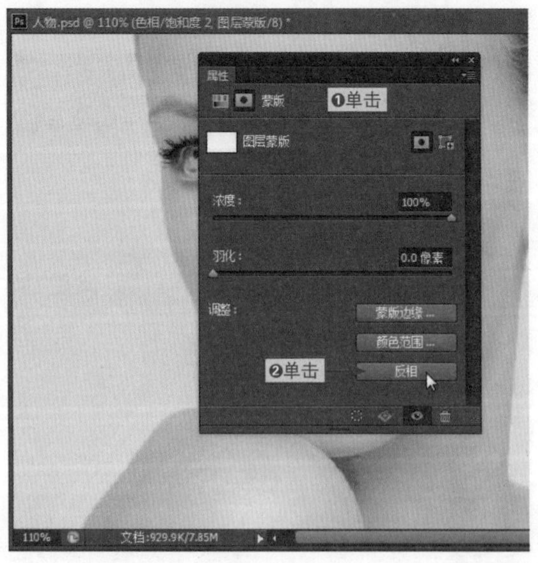

图13-54

步骤06 ❶将前景色设置为白色，❷选择画笔工具，❸在嘴唇上按住鼠标进行涂抹，如图13-55所示。

图13-55

步骤07 按Ctrl+Alt+Shift+E组合键盖印所有的可见图层，生成“图层1”，如图13-56所示。

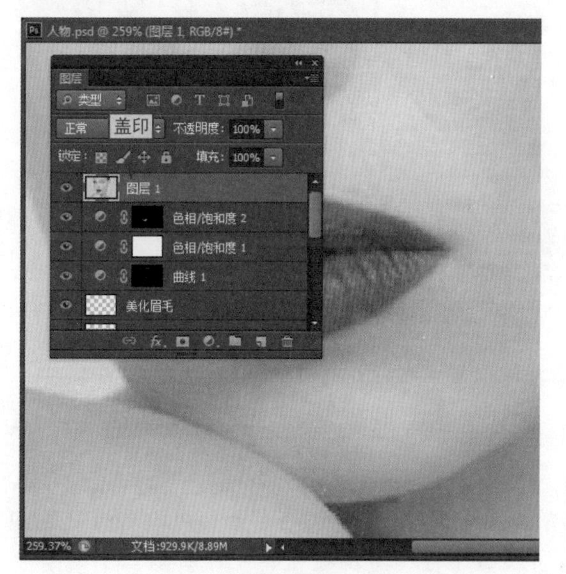

图13-56

步骤08 在“滤镜”菜单项中选择“其他”|“高反差保留”命令，打开“高反差保留”对话框。❶在“半径”文本框中输入“1.5”，❷单击“确定”按钮，如图13-57所示。

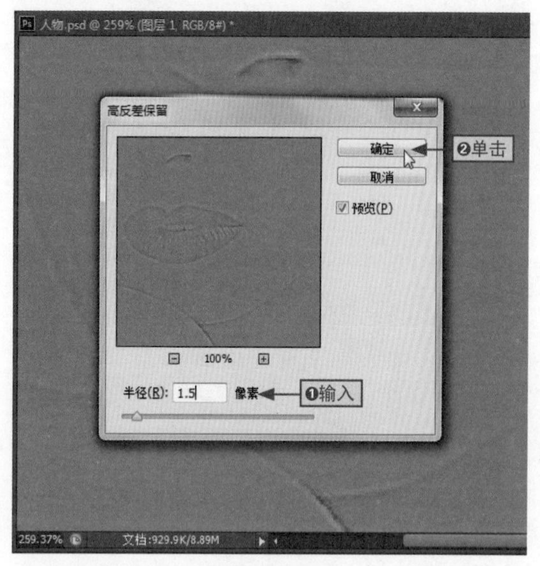

图13-57

步骤09 ❶设置图层的混合模式为“柔光”，❷在面板底部中单击“添加图层蒙版”按钮，如图13-58所示。

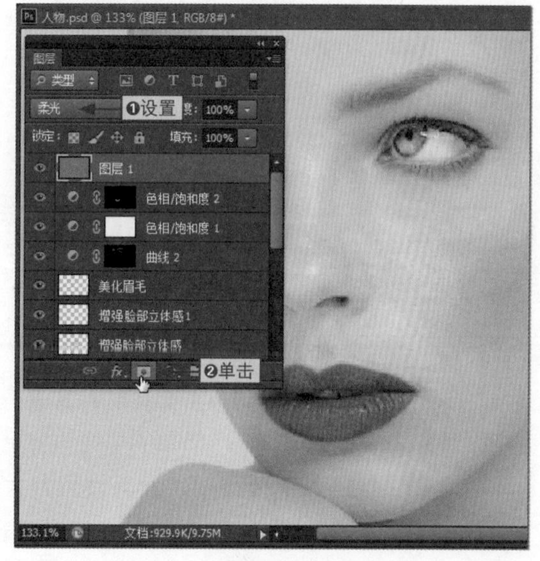

图13-58

步骤10 使用反相蒙版，然后使用白色画笔在眼睛、鼻子以及嘴唇等处进行涂抹，如图13-59所示。

图13-59

步骤11 在“滤镜”菜单项中选择“锐化”|“USM锐化”命令，打开“USM锐化”对话框。❶分别设置数量、半径和阈值，❷单击“确定”按钮即可，如图13-60所示。

图13-60

步骤12 对人物图像完成精修后，就可以查看到相应效果，如图13-61所示。

图13-61

13.4 案例制作总结和答疑

在案例制作完成后，用户需要及时对其进行总结与分析，这样才能更好地掌握相关的知识，那么下面就来对本案例进行一个简单的总结与答疑。

在精修人物图像的过程中，没有使用到太多的特殊技巧，更多的是对Photoshop CS6中各种工具的把握。其中本例使用的主要工具有污点修复画笔工具、橡皮擦工具、仿制图章工具以及颜色取样器工具等，而且使用的都是这些工具的基本操作，当然这些操作都是非常实用的。同时，用户通过多种滤镜与功能面板的辅助操作，使整个案例可以较为轻松地完成。

不过，对于才开始制作大型案例的用户来说，在操作过程中可能会遇到一些问题。下面就介绍几种常见的问题，以帮助大家可以更加顺利地完成该案例的制作。

给你支招 | 如何使人物图像的去污部分更加自然

小白：我在对人物图像进行去污后，发现图像去污的部分显得不是很自然，应该如何处理才能更自然一点呢?

阿智：这个简单，可以先使用画笔工具将污点部分去除，然后使用选区工具选取去污后肤色过渡不自然的部分，适当羽化后直接进行模糊处理即可，这个方法对于大面积去污比较实用，其具体操作如下。

步骤01 ❶选择画笔工具，❷在人物图像上单击或按住并拖动去除污点，如图13-62所示。

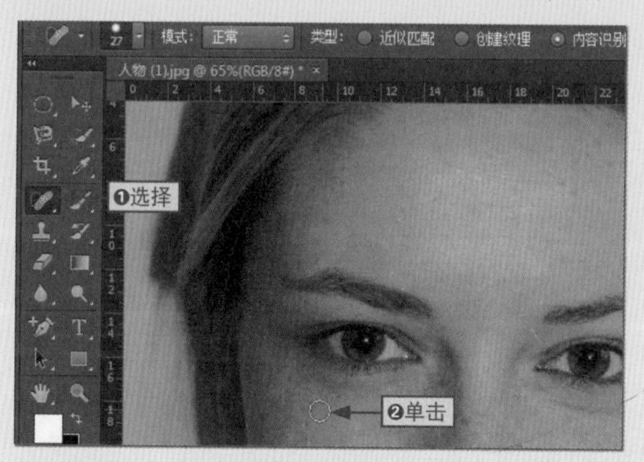

图13-62

步骤02 ❶选择“模糊工具”选项，❷在图像上单击进行涂抹，如图13-63所示。

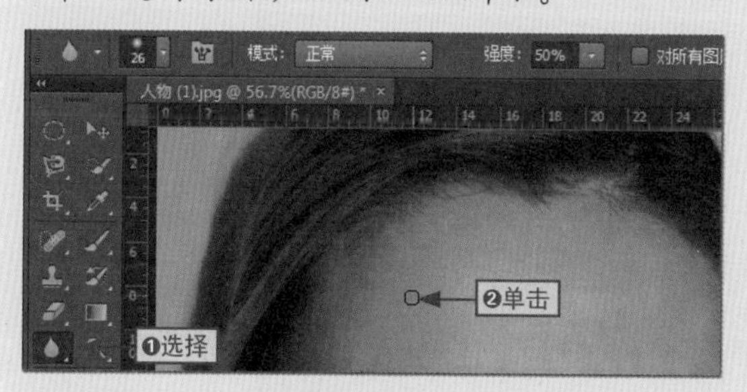

图13-63

步骤03 ❶选择套索工具，❷在人物面部选择色块相近的区域，如图13-64所示。

图13-64

步骤04 按Shift+F6组合键打开“羽化选区”对话框，❶输入羽化半径值，❷单击“确定”按钮，如图13-65所示。

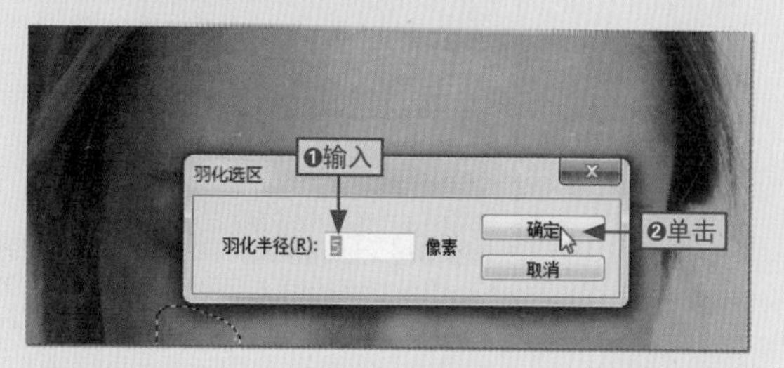

图13-65

步骤05 打开“高斯模糊”对话框，❶在“半径”文本框中输入“4.8”，❷单击“确定”按钮，如图13-66所示。

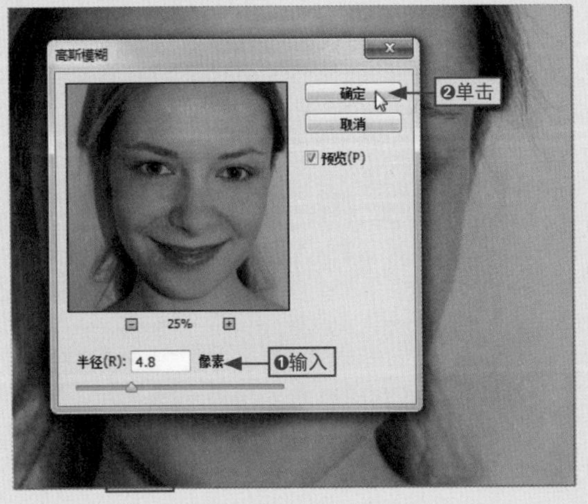

图13-66

步骤06 操作完成后，用户可以看到如图13-67所示的效果。

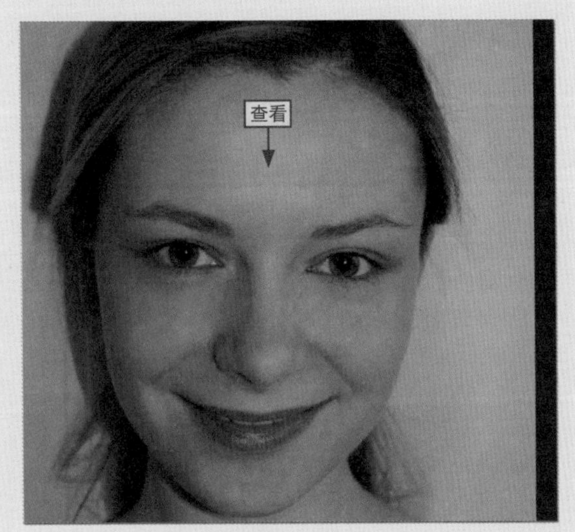

图13-67

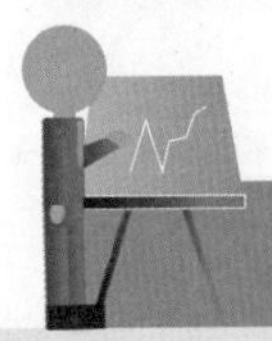

给你支招 | 如何整理图层并进行编组

小白：前面在精修图像时，创建了多个图层，这样看起来非常的混乱，我要如何进行处理呢?

阿智：这个简单，你只需要将相应的图层进行编组即可，如图13-68所示为本例中的编组效果。

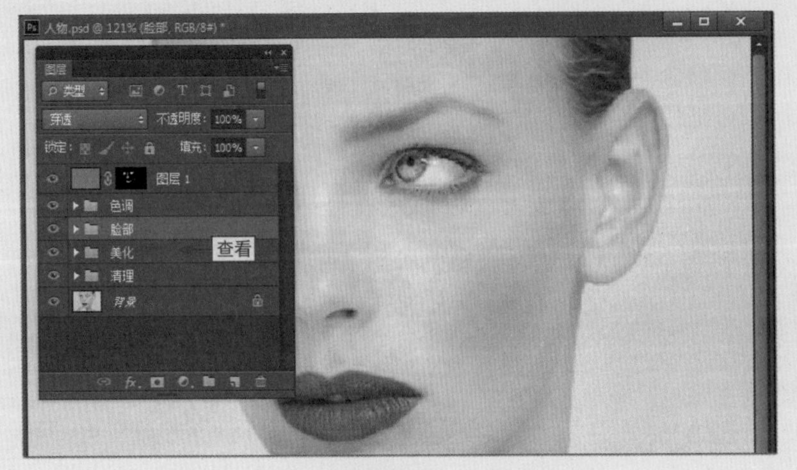

图13-68

学习目标

在本章中，我们制作了房地产DM宣传单，其中使用了Photoshop CS6中的多个图像处理功能，如抠取图像、图像合成以及图像调色等。而每个功能中都涉及了多个操作，熟练使用这些操作是学习本章的目标，只有这样读者才能掌握前面所学习的知识。

本章要点

- 新建文档
- 利用蒙版处理云层
- 抠取素材中的楼盘图
- 置入其他图像
- 使用路径制作飞机白烟
- 制作具有阴影效果的地球
- 修饰图像
- 制作特效标语
- 制作房地产介绍与分隔符
- 对多个图层进行编组

知识要点	学习时间	学习难度
对自然景物进行整合	50 分钟	★★★★
对房地产 DM 宣传单进行修饰	30 分钟	★★
制作个性化的宣传语	40 分钟	★★★

14.1 案例制作效果和思路

小白：最近公司领导安排我制作了一个房地产的DM宣传单，让我试试手，虽然前面学习了Photoshop相关的知识，但是要制作一个DM宣传单却无从下手。

阿智：制作DM宣传单就是将前面所学到的知识整合在一起，灵活运用，如渐变效果、抠图操作以及字体设置等。下面我通过具体案例来给你讲解一下。

DM宣传单是指通过邮寄、赠送等形式，将宣传单送到消费者手中、家里以及公司所在地。而房地产的DM宣传单的主要目的就是吸引消费者购房，因此该宣传单要制作的比较新颖、有个性，如图14-1所示为本例中的房地产DM宣传单。

本节素材	⊙/素材/Chapter14/白云.psd
本节效果	⊙/效果/Chapter14/房地产DM宣传单.psd
学习目标	掌握房地产DM宣传单的制作方法
难度指数	★★★★★

图14-1

在学习制作本例之前，首先需要了解案例制作的大体思路，这样才能在制作过程中游刃有余，如图14-2所示。

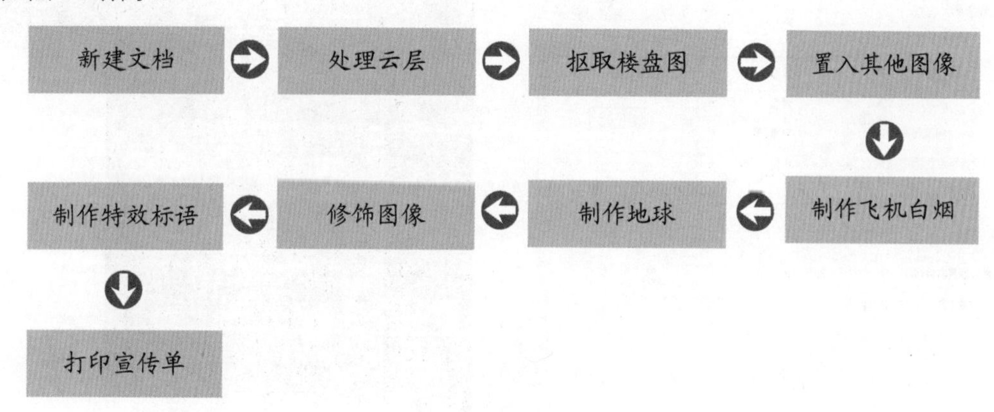

图14-2

在制作房地产DM宣传单之前，首先需要对印刷品有所了解，掌握印刷品行业的相关规定，这样才能按照要求完成宣传单的制作。因为使用Photoshop制作的DM宣传单必须整体搭配合理。

14.2 对自然景物进行整合

在制作房地产DM宣传单时，首先需要搜集相关的素材，并将其整合在一起，从而让整个画面更加丰满与协调。不过，制作印刷品要非常注重颜色搭配，不能出现过于突出的颜色，给消费者一种很不舒服的感觉。为了避免过多的重复操作，本章中提供的大部分素材已经处理好了，用户可以直接将其进行整合使用。

14.2.1 新建文档

想要制作一个房地产的DM宣传单，首先需要按印刷品的印刷规则，创建一个空白文档。为了让其具有层次感，用户可以为其添加有渐变色的背景。

步骤01 新建文档图像，在“新建”对话框中，❶输入文档的名称，❷分别设置高度、宽度、分辨率、颜色模式以及背景内容，❸单击“确定”按钮，如图14-3所示。

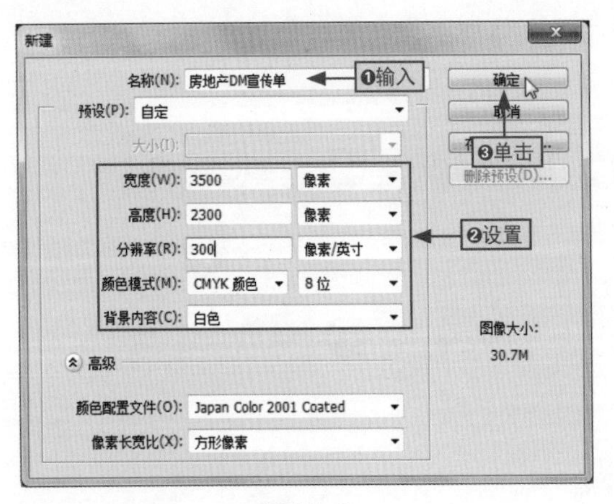

图14-3

步骤02 ❶显示出标尺，❷通过标尺为文档四周添加“3毫米”的参考线（出血），如图14-4所示。

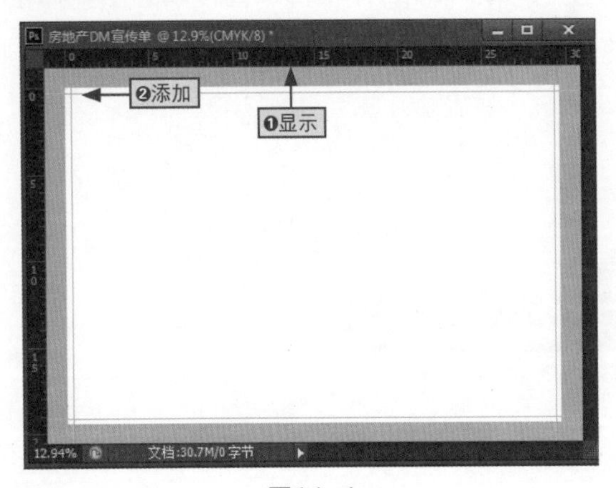

图14-4

步骤03 ❶新建空白图层并为其重命名，❷选择渐变工具，在其工具选项栏中单击颜色条，如图14-5所示。

印刷品的制作要求

由于房地产DM宣传单需要打印出来，因此属于印刷品类。而印刷品在使用Photoshop制作时，不仅需要将其颜色模式设置为“CMYK颜色”，还需要为其设置“3毫米”的出血。

图14-5

步骤04 打开“渐变编辑器”对话框，❶在其底部选择黑色色标，❷单击“颜色”选项后的颜色条，如图14-6所示。

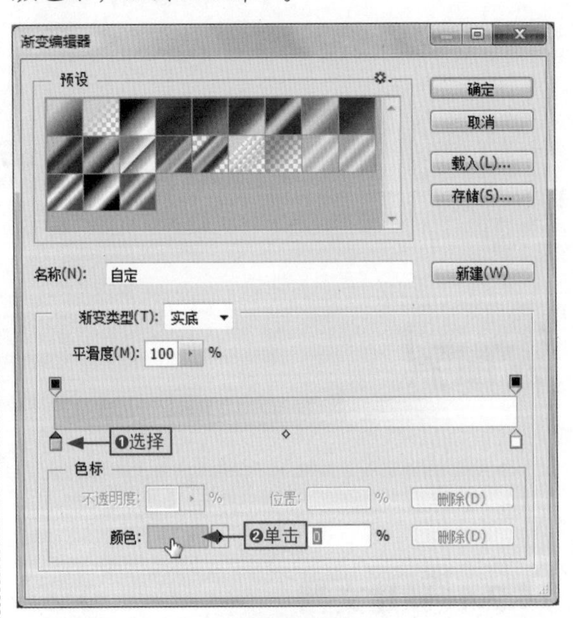

图14-6

步骤05 打开“拾色器（色标颜色）”对话框，❶在“#”文本框中输入“183d38”，❷单击“确定”按钮，如图14-7所示。

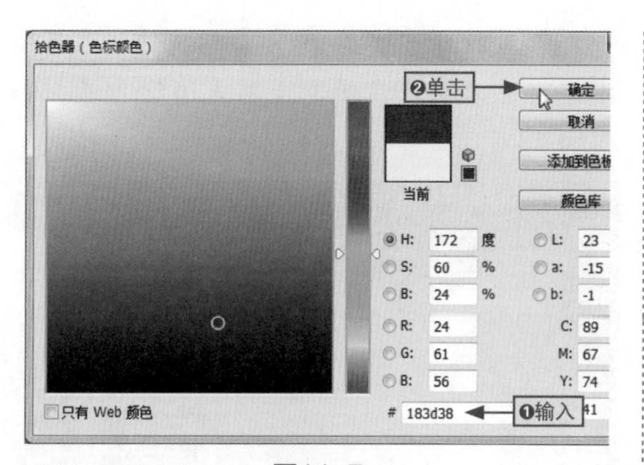

图14-7

步骤06 ❶选择白色色标，❷将颜色设置为“#dde8e3”，❸单击“确定”按钮，如图14-8所示。

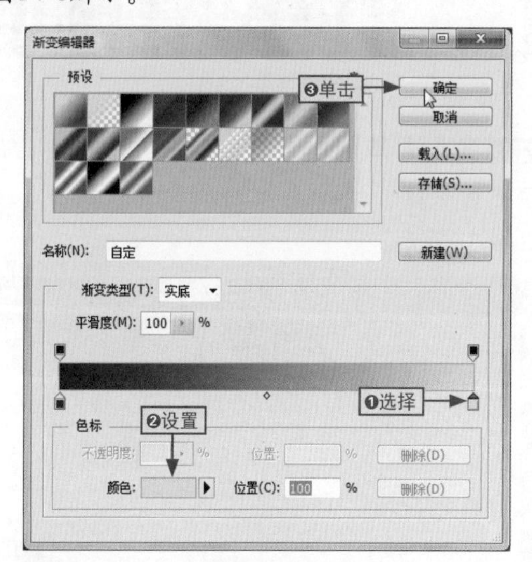

图14-8

小绝招 使用吸管吸取颜色

在打开“拾色器”对话框后，如果用户想要选取图像中已经存在的颜色，可以直接将吸管移动到该颜色上，单击即可选取该颜色。

此时，“拾色器”对话框中的色板会自动显示到相应颜色，单击“确定”按钮可以为目标位置应用吸取到的颜色。

步骤07 将鼠标光标置于图像上方，并按住鼠标向下拖动，即可在当前图层上应用渐变色，如图14-9所示。

图14-9

14.2.2 利用蒙版处理云层

为了让云层与渐变色的背景颜色更好地融合在一起，需要对它们相交的位置进行处理。此时，选择蒙版是解决该问题最好的方法。

步骤01 打开“白云.psd”素材文件，❶在“白云”图层上右击，❷选择“复制图层”命令，如图14-10所示。

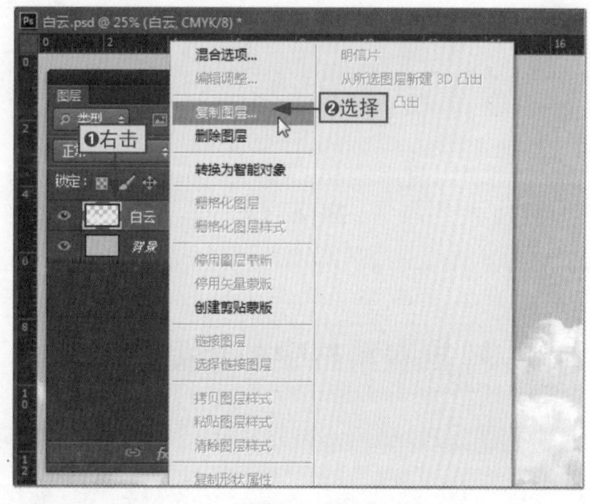

图14-10

步骤02 打开“复制图层”对话框，❶在“文档”下拉列表中选择“房地产DM宣传单.psd”选项，❷单击“确定”按钮，如图14-11所示。

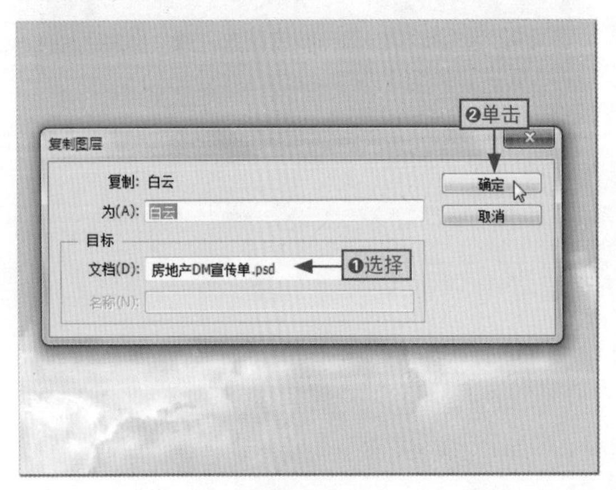

图14-11

步骤03 切换到“房地产DM宣传单.psd”文档中，为“白云”图层创建一个图层蒙版。选择画笔工具，在白云底部进行涂抹，消除其中较为明显的过渡颜色，如图14-12所示。

图14-12

14.2.3 抠取素材中的楼盘图

抠图是Photoshop中非常实用的操作，在制作房地产DM宣传单时，也需要从提供的素材文件中抠取楼盘图。

步骤01 打开“楼盘.jpg”素材文件，选择魔术橡皮擦工具，在图像上单击消除背景，如图14-13所示。

图14-13

步骤02 选择橡皮擦工具，在图像中按住鼠标进行涂抹，清除其他剩余的背景区域，如图14-14所示。

图14-14

步骤03 ❶将清除背景后的图像拖到“房地产DM宣传单.psd”文档中，❷将生成的“图层1”重命名为“楼盘”，如图14-15所示。

图14-15

步骤04 按Ctrl+T组合键激活楼盘图层四周的控制点，调整其大小，并将其移动到合适位置，按Enter键即可退出编辑状态，如图14-16所示。

图14-16

14.2.4 置入其他图像

对于已经制作好的素材文件，我们可以直接将其置入文档图像中，然后再对其位置、大小以及色彩等进行设置即可。

步骤01 在“文件”菜单项中选择“置入”命令，打开“置入”对话框。❶选择目标文件，❷单击“置入”按钮，如图14-17所示。

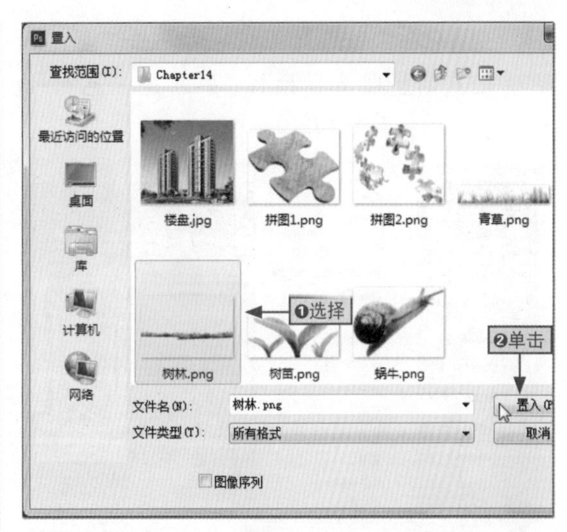

图14-17

步骤02 调整置入图像的位置，以相同的方法置入“草坪.png”素材文件并调整其位置，如图14-18所示。

图14-18

直接拖动图像置入

除了通过“置入”命令置入外部图像外，用户还可以将外部图像直接从电脑文件夹内拖放到Photoshop打开的文档图像中，该方式更加简单、直接。

步骤03 ❶在“图层”面板底部单击“创建新的填充或调整图层”按钮，❷选择“色相/饱和度”命令，如图14-19所示。

图14-19

步骤04 在打开的“属性”面板中，对色相、饱和度和明度进行相应的设置，如图14-20所示。

图14-20

14.2.5 使用路径制作飞机白烟

飞机在飞行时，为了让其更加真实，可以在机尾后添加白烟，此方法可以通过路径来实现。

步骤01 ❶置入“飞机.png”素材文件并将其调整到合适的位置，❷新建一个空白图层，将其重命名为“飞机白云”，如图14-21所示。

图14-21

步骤02 选择钢笔工具，在图像中绘制出飞机的飞行轨迹，如图14-22所示。

图14-22

步骤03 按Ctrl+Enter组合键将路径转换为选区，打开“羽化选区”对话框，❶设置羽化半径为“5”，❷单击“确定”按钮，如图14-23所示。

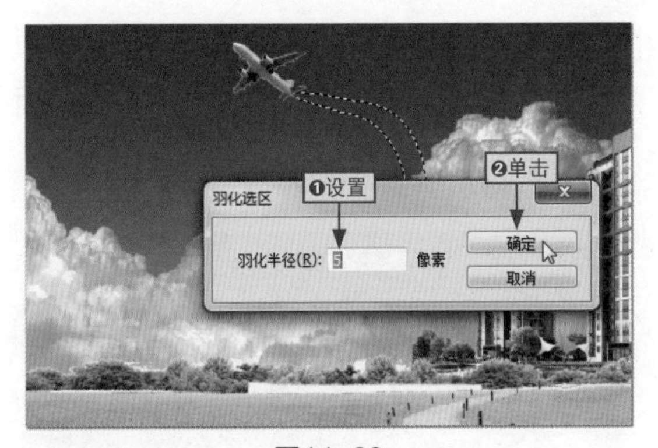

图14-23

步骤04 为选区填充白色，❶打开“高斯模糊”对话框，设置半径值，❷单击“确定”按钮，如图14-24所示。

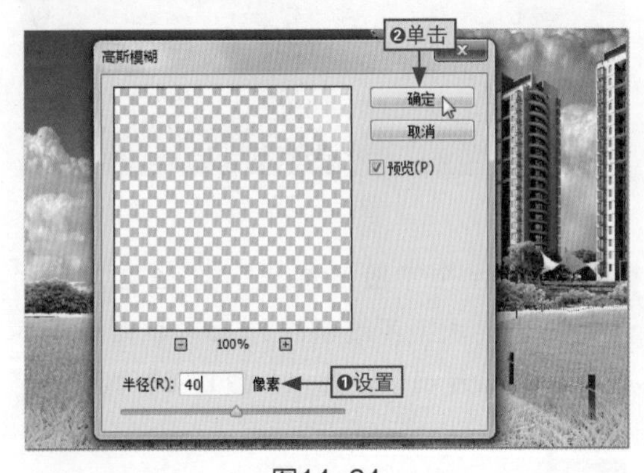

图14-24

步骤05 取消选区的选择状态，选择橡皮擦工具，在“飞机白烟”的边缘进行涂抹，使其更加自然，如图14-25所示。

图14-25

使用蒙版来淡化颜色

如果用户觉得填充的颜色过于艳丽或突出，则可以添加一个图层蒙版，然后将前景色设置为对应的颜色，将鼠标光标移动到填充的颜色上再进行涂抹就可以淡化颜色了。

14.3 对房地产DM宣传单进行修饰

对自然景物进行整合以后，为了让房地产DM宣传单更加有特色，从而吸引消费者阅读，我们还可以在其中添加一些新颖的元素。这不仅可以起到增光添彩的效果，还能起到修饰宣传单的作用。本节主要讲解在房地产DM宣传单中添加具有拼图效果的地球来修饰图像。

14.3.1 制作具有阴影效果的地球

为了让地球的立体感更强，我们通过复制图层与渐变工具为其制作出阴影效果。其具体操作如下。

步骤01 ❶置入“地球.png”素材文件，❷按Ctrl+J组合键复制该图层，选择“编辑”|“变换”|“垂直变换”命令，对复制的图层进行调整，如图14-26所示。

图14-26

步骤02 ❶为翻转的图像添加图层蒙版，选择渐变工具并选择线性渐变，❷在图层蒙版上拖动出渐变（从下往上）效果，如图14-27所示。

图14-27

步骤03 置入“拼图1.png”素材文件，并将其调整到合适位置，❶在“图层”面板中单击“添加图层样式”按钮，❷选择“投影”命令，如图14-28所示。

图14-28

步骤04 打开“图层样式”对话框，分别设置混合模式、不透明度、距离和大小等参数，按Enter键确认设置，如图14-29所示。

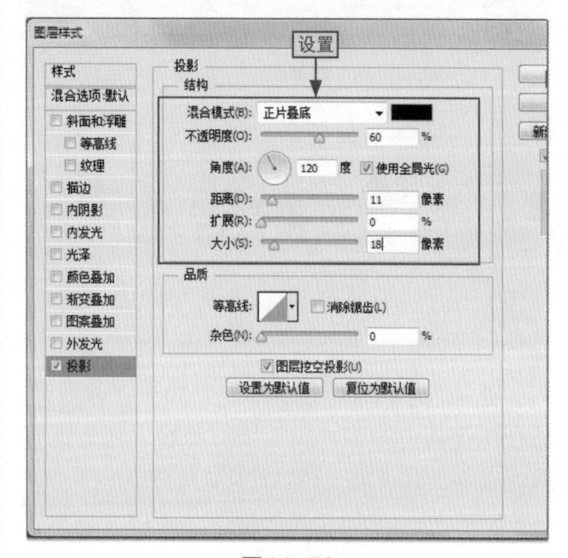

图14-29

步骤05 置入“拼图2.png”素材文件，并将其调整到合适位置，如图14-30所示。

图14-30

14.3.2 修饰图像

当图像的大部分布局已经确认后，就可以对其进行相应的修饰，从而让宣传单更加完善。

步骤01 分别置入“青草.png”“树苗.png”和“蜗牛.png”素材文件，将它们调整到合适的位置，如图14-31所示。

图14-31

步骤02 保持“蜗牛”图层的选择状态，❶在“图层”面板底部单击“添加图层样式”按钮，❷选择“投影”命令，如图14-32所示。

图14-32

步骤03 打开“图层样式”对话框，在“投影”栏中设置其属性，按Enter键确认设置，如图14-33所示。

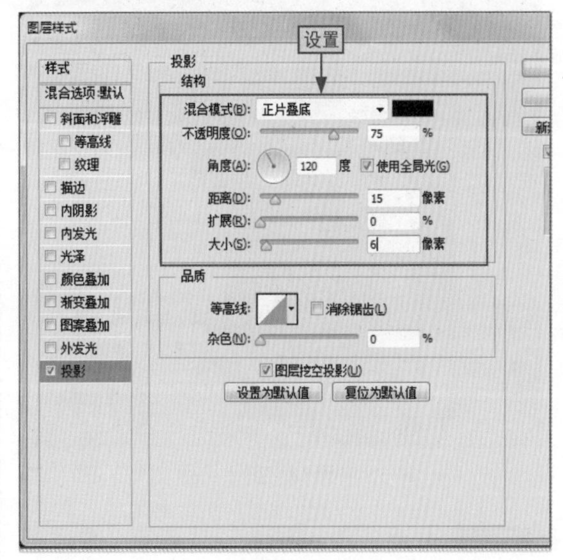

图14-33

14.4 制作个性化的宣传语

在房地产DM宣传单中将所有的图像整合在一起，并对其进行修饰与完善后，最重要的就是为其添加与房地产有关的介绍和宣传语，这样才能让消费者看懂该宣传单的目的，从而对其产生兴趣。因此，个性化的宣传语也不容小觑。

14.4.1 制作特效标语

在输入文字时，要分清主次，标语是最吸引眼球的。因此，它的字体会较大，并且具有特效，这样就能看到而且会印象深刻。

步骤01 选择横排文字工具，❶在图像的合适位置上输入文字，❷为其设置字符格式，如图14-34所示。

图14-34

步骤02 打开“图层样式”对话框，❶选择“描边”选项，❷分别设置大小、位置和颜色属性，如图14-35所示。

步骤03 ❶选择“外发光”选项，❷分别对“结构”、“图素”和“品质”栏中的属性进行设置，如图14-36所示。

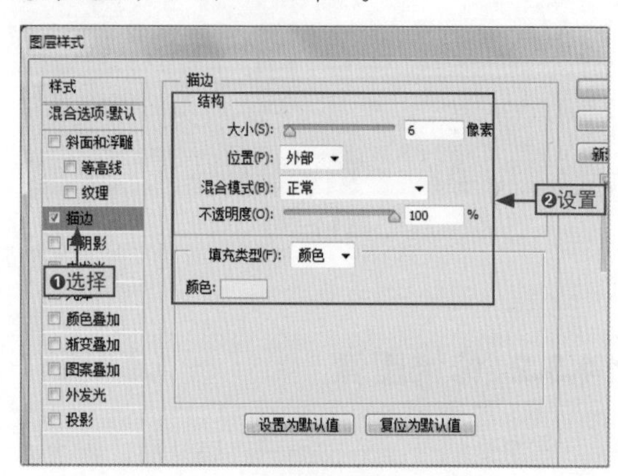

图14-35

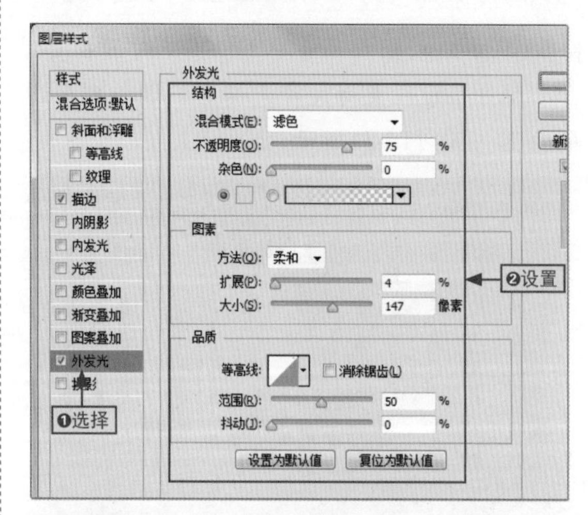

图14-36

步骤04 ❶选择“投影”选项，❷分别对其属性进行设置，按Enter键确认该设置，如图14-37所示。

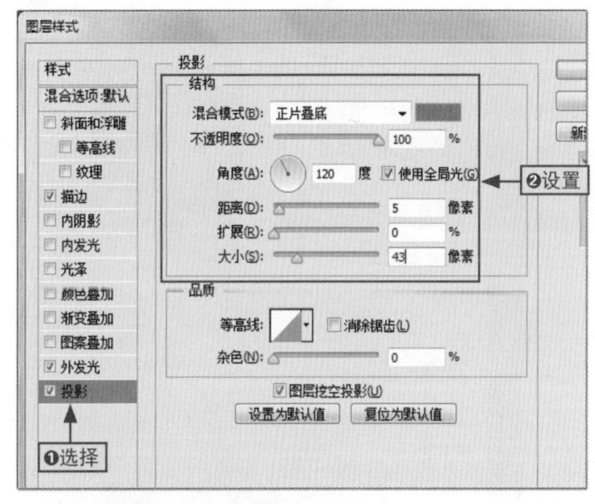

图14-37

14.4.2 制作房地产介绍与分隔符

房地产介绍就是对所要开放的楼盘进行简单介绍。如果内容较多，为了方便用户阅读，可以在其中添加分隔符。

步骤01 绘制一个段落文本框，❶在其中输入段落文字，❷为其设置字符格式，如图14-38所示。

图14-38

步骤02 选择直线工具，❶在其工具选项栏中对其属性进行设置，❷在图像的相应位置绘制分隔线，如图14-39所示。

图14-39

步骤03 绘制一个段落文本框，❶在其中输入段落文字，❷为其设置字符格式，如图14-40所示。

图14-40

14.4.3 对多个图层进行编组

由于在制作房地产DM宣传单时，会创建多个图层，为了便于查看图层或修改，可以对图层进行编组，然后将同类型图层进行归类。

步骤01 ❶在“图层”面板底部单击“创建新组”按钮，❷将新建的组重命名为“自然景物”，如图14-41所示。

图14-41

步骤02 以同样的方法创建其他组，并将相应的图层拖曳到组中，如图14-40所示。

图14-42

14.4.4 打印房地产DM宣传单

房地产DM宣传单制作完成后，就可以将其打印出来了，然后发放到消费者手中，从而实现它的价值。

由于印刷品在进行打印时会有特殊要求，因此，在打印前需要对其进行相关设置。

步骤01 按Ctrl+S组合键，将图像保存到合适的位置。❶单击“文件”菜单项，❷选择“打印”命令，如图14-43所示。

图14-43

步骤02 打开“Photoshop打印设置”对话框，在“打印机”下拉列表中选择打印机，❶在“份数”对话框中设置打印份数，❷单击“横向打印纸张”按钮可以预览宣传单，如图14-44所示。

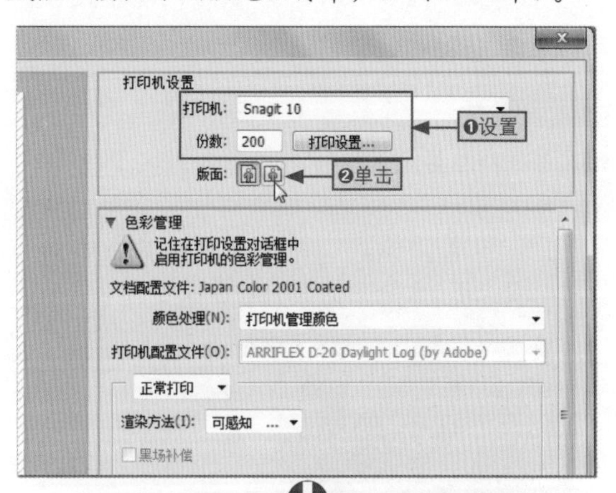

图14-44

出血位置的作用

前面介绍了印刷品需要设置"3毫米"的出血，在"Photoshop打印设置"对话框中预览文档时，即可查看到出血位置被白色条纹遮挡，这部分主要用于装订，所以不能将文档的重要内容置于出血位置中，不然就会被隐藏起来。

步骤03 设置完成后，单击对话框右下角的"打印"按钮，即可将制作的房地产DM宣传单打印出来，如图14-45所示。

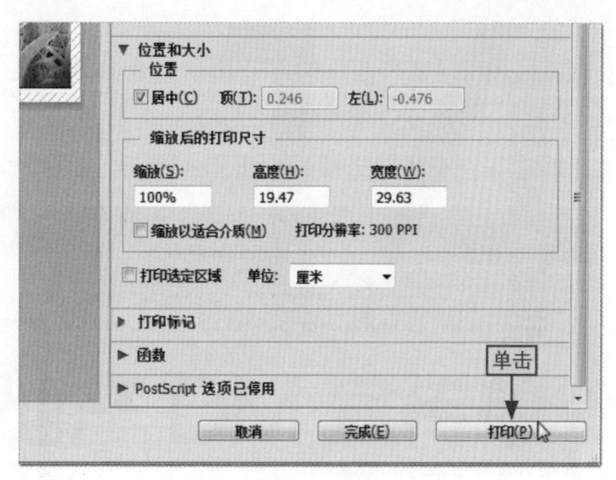

图14-45

14.5 案例制作总结和答疑

在案例制作完成后，我们需要及时对其进行总结与分析，这样才能更好地掌握相关知识，那么下面就来对本例进行一个简单的总结与答疑。

在制作房地产DM宣传单的过程中，对制作的技巧要求较高，因为该宣传单需要打印出来给消费者看，从而吸引他们购房。如果制作的过于粗糙，会影响视觉效果，从而让消费者对该房失去兴趣。

其中，本例的制作顺序是从后往前，先制作底色，然后制作图案并进行修饰，最后再添加相关的宣传语，这样会使整个图像更有层次感，从而获得更好的视觉效果。其实，其他行业的DM宣传单的制作与房地产DM宣传单的制作类似，只是其中的内容有所差异，大体结构是一致的，用户可以参考该宣传单的制作方法制作出合适的宣传单。

由于在制作房地产DM宣传单时，需要注意许多细节问题，因此对于新手用户来说可能会遇到一些问题。下面我们就来介绍几个常见问题，帮助用户解决实际使用过程中遇到的难题。

给你支招 | 如何将图层复制到新建的文档中

小白：我在复制图层时，能不能直接为复制的图层新建一个文档图像呢？而不是将其复制到现有的文档图像中。

阿智：你只需要在打开的"复制图层"对话框中选择新建，然后进行相应操作即可，其具体操作如下。

步骤01 选择需要复制的目标图层，并打开“复制图层”对话框，❶单击“文档”下拉列表按钮，❷选择“新建”选项，如图14-46所示。

图14-46

步骤02 ❶在“名称”文本框中输入“动物世界”，❷单击“确定”按钮，即可将图层复制到新建的文档图像中，如图14-47所示。

图14-47

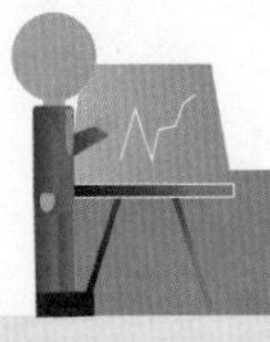

给你支招 | 如何对图像进行印刷校正

小白：在打印制作好的房地产DM宣传单时，除了可以预览文档外，还有没有其他方法能查看最终的打印效果呢？

阿智：当然有，那就是印刷校正，印刷校正（有时称为校样打印或匹配打印）是对最终输出在印刷机上的印刷效果的打印模拟，此时可以在“Photoshop打印设置”对话框中进行设置，如图14-48所示。

图14-48

学习目标

当前，许多企业为了吸引更多的消费者与投资者，都会搭建自己的网站平台。在搭建网站平台之前需要先设计出一个好看的前台页面，而Photoshop就是一个最好的设计软件。本章通过设计一个瓷器企业的网站前台，来讲解设计网站前台页面的主要操作流程与技巧。

本章要点

- 新建文档并制作背景样式
- 将图像调整为黑白色
- 设计Logo区域
- 制作导航栏
- 设计header部分
- 添加卷轴美化页面
- 设计content部分
- 设计testimonials部分
- 设计footer部分

知识要点	学习时间	学习难度
制作页面背景	30 分钟	★★
制作页面的头部内容	40 分钟	★★★
制作页面的主体内容	60 分钟	★★★★

15.1 案例制作效果和思路

小白：我在浏览网页时，看到了许多优秀的网页，就希望自己也可以设计出一个漂亮的网页，但不知道该如何下手?

阿智：想要设计出优秀的网页，首先需要掌握本书前面讲解的基础知识，因为制作网页会使用到许多Photoshop的操作技巧。下面通过制作一家瓷器公司的企业网站为例，来给你讲解一下企业网站前台页面设计的具体操作流程。

网站前台，是给访问网站的用户所看的内容和页面。在网站前台中可以公开发布与企业文化或产品相关的内容，如产品信息、新闻信息、企业介绍以及企业联系方式等。网站前台如同企业的“脸面”，只有漂亮的“脸蛋”才会受到用户的青睐，此时就需要Photoshop来实现其效果，如图15-1所示。

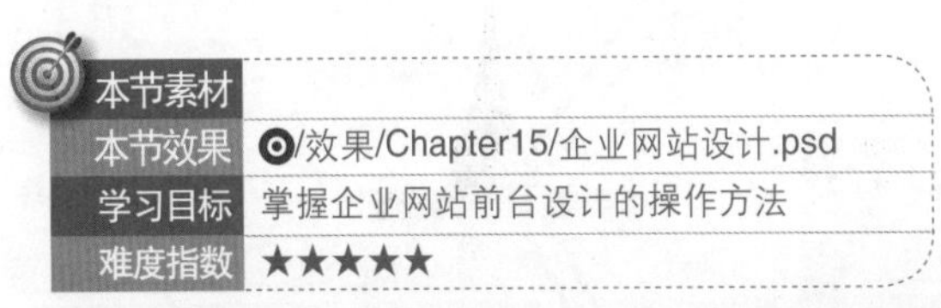

本节素材	
本节效果	⊙/效果/Chapter15/企业网站设计.psd
学习目标	掌握企业网站前台设计的操作方法
难度指数	★★★★★

图15-1

在学习制作本例之前，首先需要了解案例制作的大体思路，这样才能在制作过程中游刃有余，如图15-2所示。

新建文档
制作黑白背景图像
设计Logo区域
制作导航栏
设计header部分
添加卷轴美化页面
设计content部分
设计testimonials部分
设计footer部分

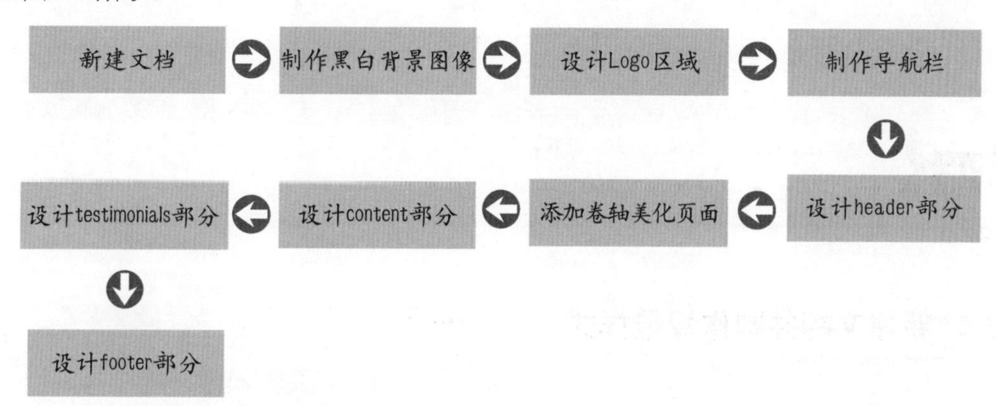

图15-2

在进行企业网站前台设计之前，首先需要收集网站设计的相关资料与整理具体的设计文档（本章为了节约篇幅，直接为读者提供了网站设计的相关素材），然后根据自己的思路构建出网页的结构，本章中的企业网站首页的框架如图15-3所示。

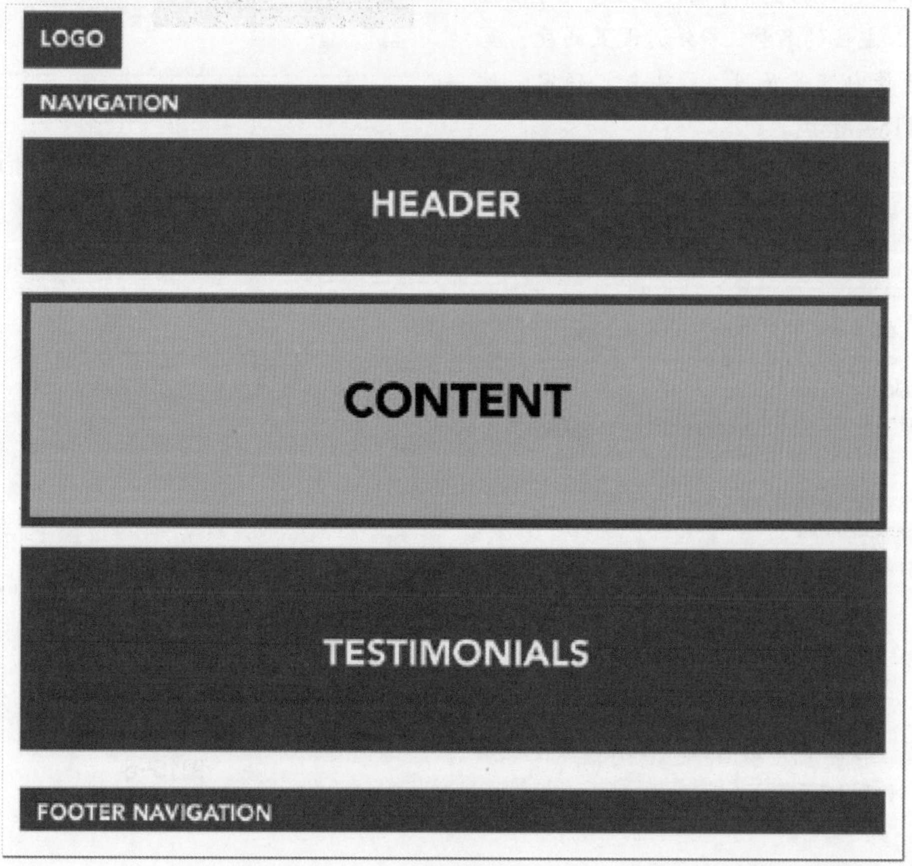

LOGO
NAVIGATION
HEADER
CONTENT
TESTIMONIALS
FOOTER NAVIGATION

图15-3

15.2 制作页面背景

使用Photoshop制作网页，首先需要将基础结构搭建好，其中第一步就是确定页面大小与设置网页背景，其具体操作如下。

15.2.1 新建文档并制作背景样式

为了让页面更加规范，需要为其设置合适的大小。同时，我们还可以为其手动制作一个背景样式，使页面背景内容更加丰富，其具体操作如下。

步骤01 新建文档图像，在“新建”对话框中，❶输入文档的名称，❷分别设置高度、宽度以及背景内容等属性，❸单击“确定”按钮，如图15-4所示。

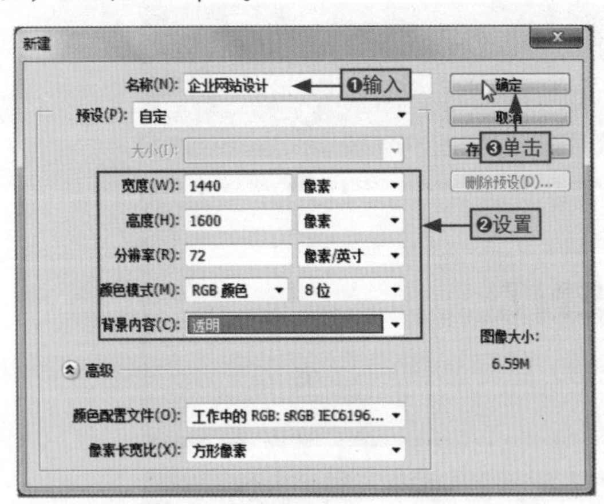

图15-4

步骤02 打开“拾色器（前景色）”对话框，❶在“#”文本框中输入“f6e8d9”，❷单击“确定”按钮，然后按Alt+Delete组合键填充图层，如图15-5所示。

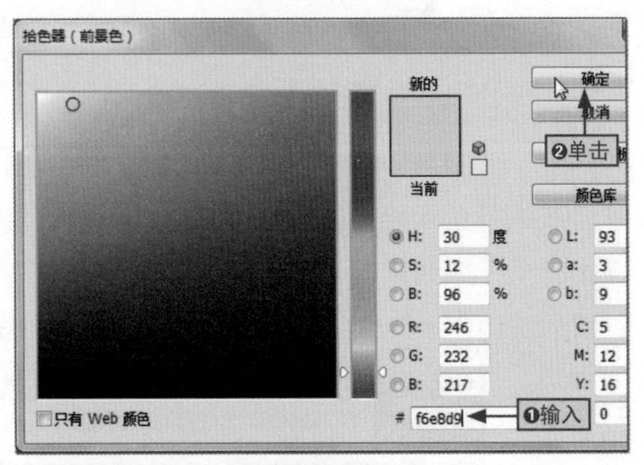

图15-5

步骤03 置入“山水画.png”素材文件，调整其大小与位置，按Enter键退出该图像的编辑状态，如图15-6所示。

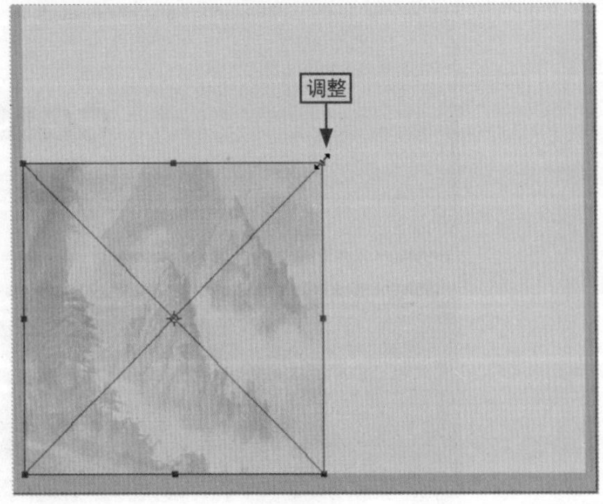

图15-6

步骤04 ❶将“图层0”图层重命名为“背景”，❷为“山水画”图层新建一个图层蒙版，如图15-7所示。

图15-7

步骤05 设置前景色为黑色，选择画笔工具并设置其属性，在图层蒙版上进行涂抹，淡化置入的“山水画”图像，如图15-8所示。

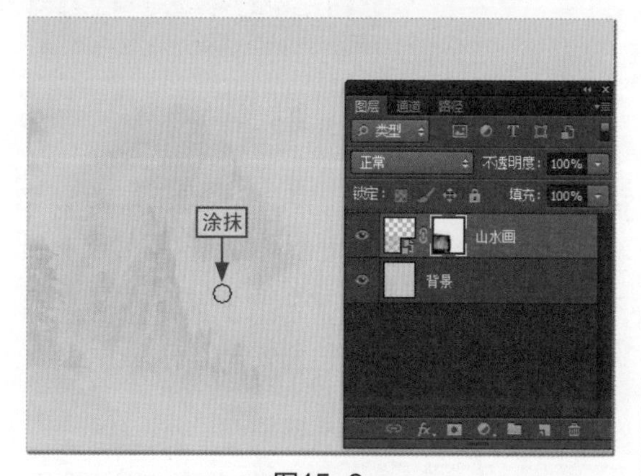

图15-8

15.2.2 将图像调整为黑白色

由于添加的图像是彩色的，如果让其直接作为背景，会有一种喧宾夺主的感觉，所以需要将其调整为黑白色，此时可以利用黑白调整图层来解决。

虽然可以使用去色工具将图像变成黑白效果，但这种黑白效果显得不够专业，而黑白调整图层调出的黑白图像就显得很有层次感，其具体操作如下。

步骤01 ❶在“图层”面板中单击“创建新的填充或调整图层”按钮，❷选择“黑白”命令，如图15-9所示。

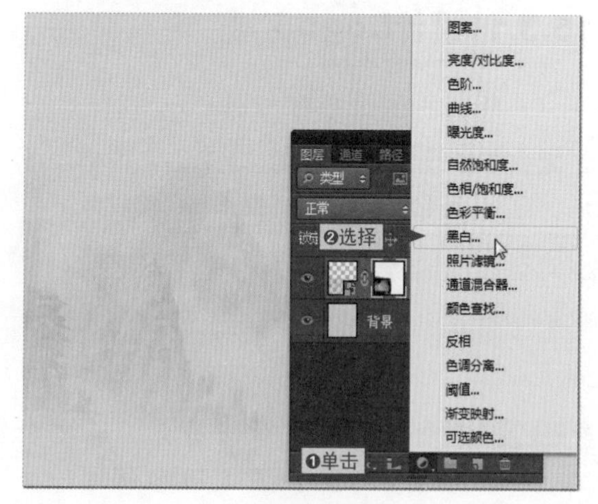

图15-9

步骤02 在打开的“属性”面板底部单击“此调整影响下面的所有图层”按钮，将山水画设置为黑白色，如图15-10所示。

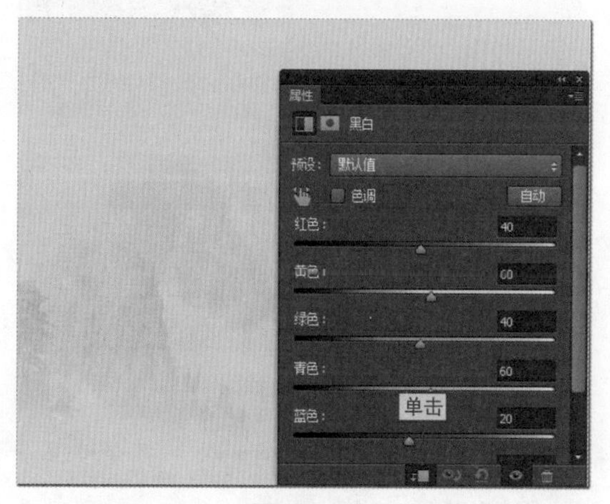

图15-10

15.3 制作页面的头部内容

页面的背景制作完成后，就可以开始页面的内容制作了。页面内容制作也是有迹可循的，它一般按照从上到下的顺序进行。我们接下来开始制作网站页面的头部内容。

15.3.1 设计Logo区域

一般页面的最顶部就是Logo区域，该区域会放置企业的Logo图标或企业名称。不过，为了避免Logo区域过于单调，我们可以对该区域进行一些修饰，如添加底纹、淡化的图像等，从而使其更加丰富，具体操作如下。

步骤01 ❶新建一个空白图层并为其重命名，❷使用选框工具在图像顶部创建一个“50.80mm×4mm”的选区，并为选区填充“#f4efeb”颜色，如图15-11所示。

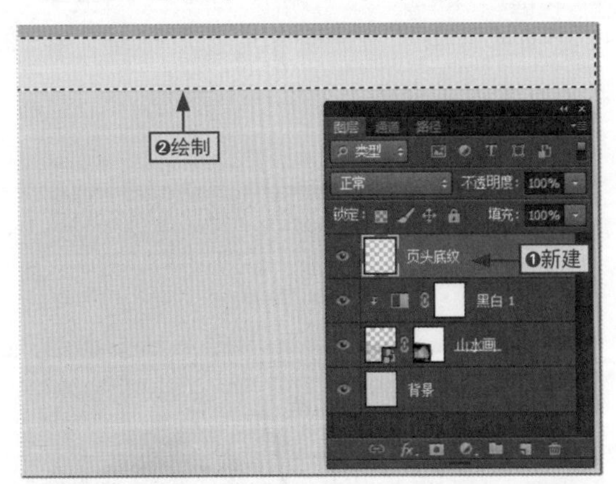

图15-11

步骤02 置入logo.png素材文件，并调整其大小，按Enter键退出编辑状态，将其移动到文档图像左上角的相应位置，如图15-12所示。

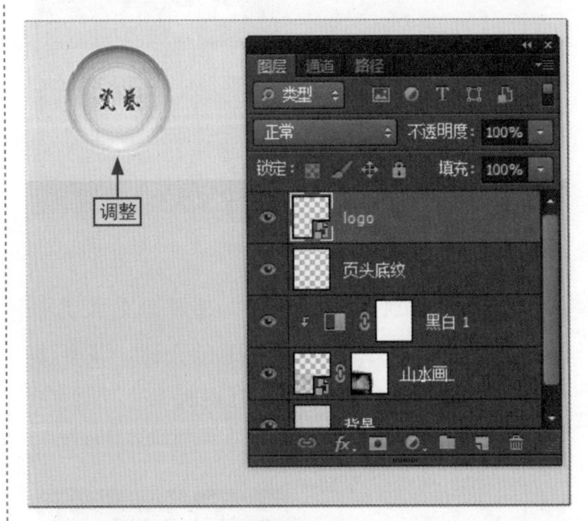

图15-12

步骤03 ❶再次置入“山水画.png”素材文件，将其移动到文档图像的右上角，❷以相同方法为图层添加图层蒙版和新建黑白调整图层，如图15-13所示。

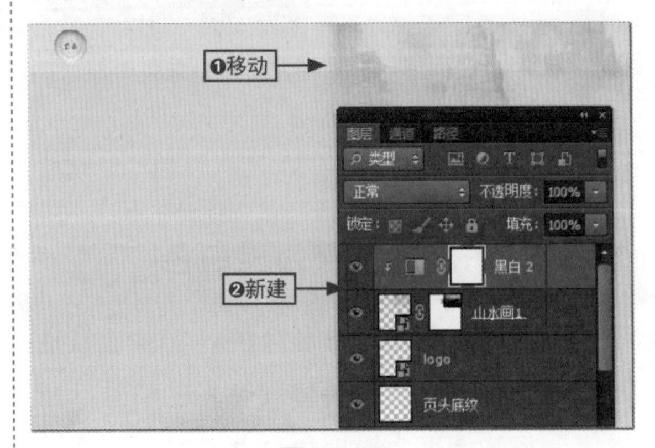

图15-13

15.3.2 制作导航栏

门户网站一般都有导航栏，只是导航栏的样式会有差异，而企业网站作为一种比较严谨和规范的网站，它的导航栏一般都位于页面上方，且较为中规中矩，其具体制作方法如下。

步骤01 置入“导航条”素材文件，调整其位置与大小，按Enter键退出编辑状态，如图15-14所示。

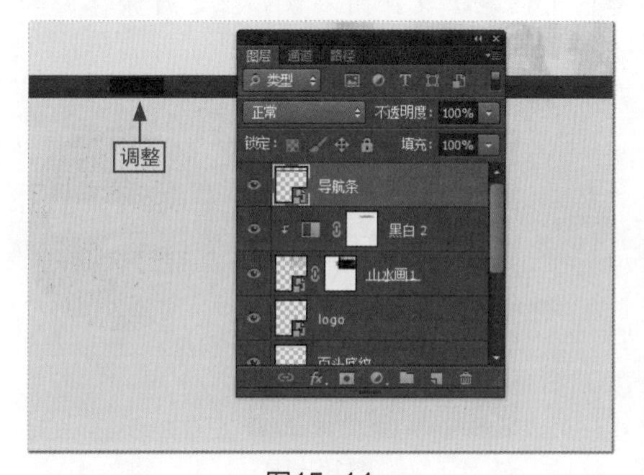

图15-14

步骤02 ❶置入“分隔线.png”素材文件，复制多个“分隔线”图层，❷调整各图层中图像的位置，如图15-15所示。

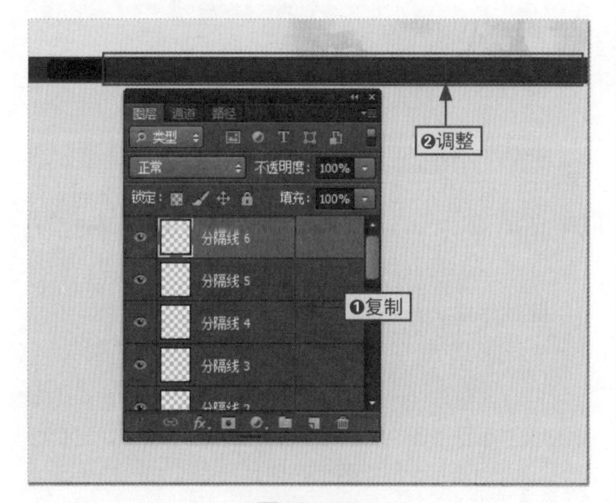

图15-15

步骤03 选择横排文字工具，❶在“字符”面板中设置字体格式，❷在图像的相应位置输入文字，如图15-16所示。

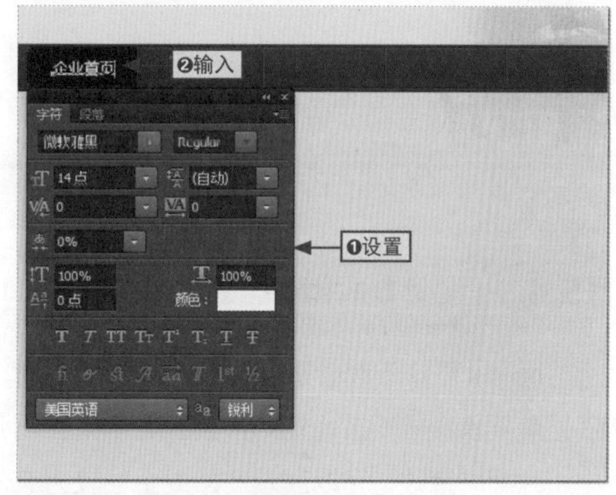

图15-16

步骤04 以相同的方法，在导航栏的相应位置输入其他文本，如图15-17所示。

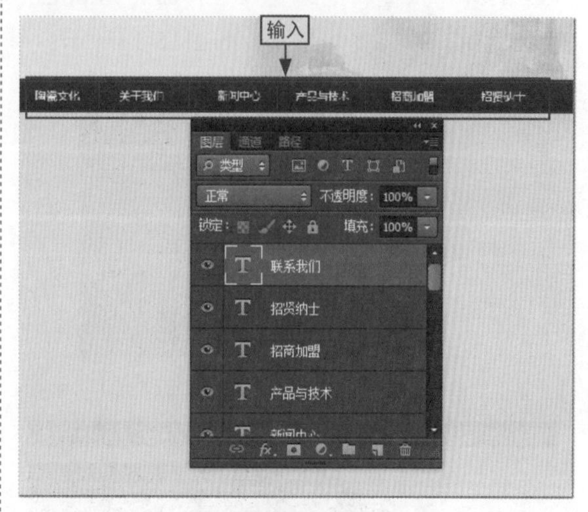

图15-17

小绝招 **直接置入导航栏**

在制作导航栏时，我们可以直接将其制作好再置入到页面中，然后在其上添加导航栏中的文本内容即可。

15.4 制作页面的主体内容

页面的主体内容就是页面的中间部分，简单说就是展示与企业有关的信息，如企业介绍、产品推广等，而这些信息最直接的表现就是通过文字、图片或动画。

15.4.1 设计header部分

header部分一般位于导航栏的下方（有时根据需要也会位于某一侧），该区域常常会制作图片翻转特效，用以展示产品或企业较为有特点的区域。

步骤01 置入“底纹.png”素材文件，将其调整到合适位置，继续置入“产品介绍.png”素材文件，并调整其位置，如图15-18所示。

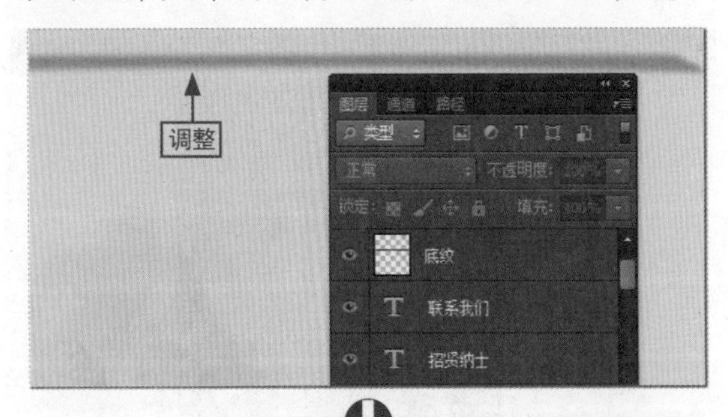

图15-18

步骤02 ❶复制“产品介绍”图层，并调整复制图层的位置，❷为复制图层添加图层蒙版，❸使用画笔工具在图层蒙版上进行涂抹，如图15-19所示。

图15-19

步骤03 选择钢笔工具，并设置其绘图方式为“形状”，然后在图形上绘制圆形形状路径，如图15-20所示。

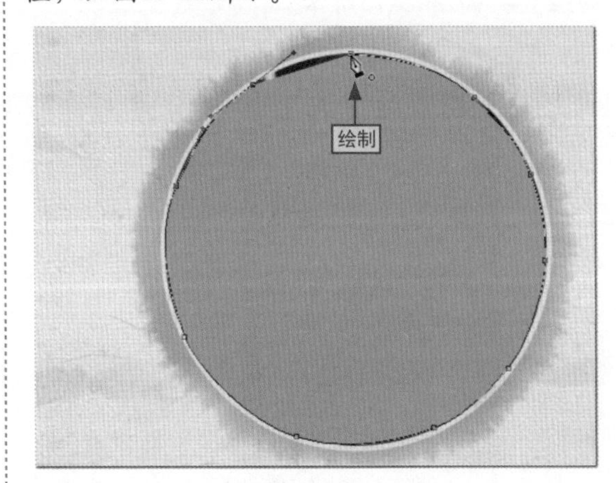

图15-20

步骤04 形状绘制完成后，选取直接选择工具，在绘制的形状上单击，此时可以对形状进行调整，使其路径更加完善，如图15-21所示。

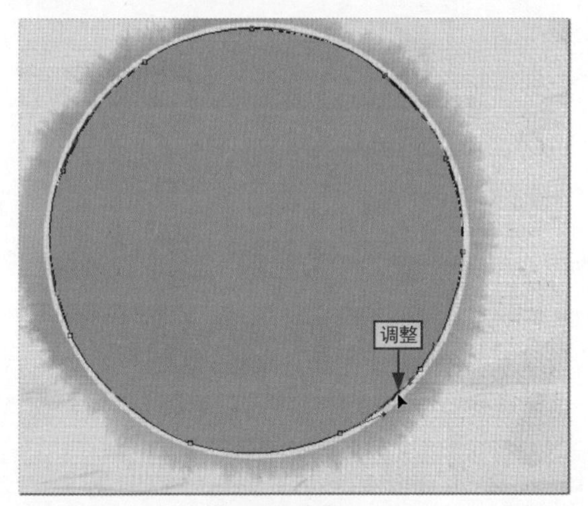

图15-21

步骤05 ❶置入peg-1.jpg素材文件，调整其大小和位置，在其图层上右击，❷选择“创建剪贴蒙版”命令，如图15-22所示。

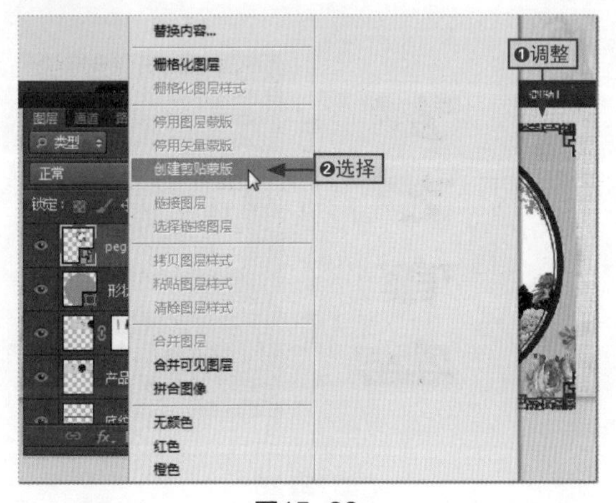

图15-22

步骤06 微调剪贴蒙版中图像的显示，选择直排文字工具，❶在“字符”面板中设置字体格式，❷在图像的相应位置上输入文字，如图15-23所示。

图15-23

步骤07 复制文字图层，并调整其位置，打开“图层样式”对话框，❶选择“描边”选项，❷设置大小为“2”的像素，❸颜色为“白色”，按Enter键确认设置，如图15-24所示。

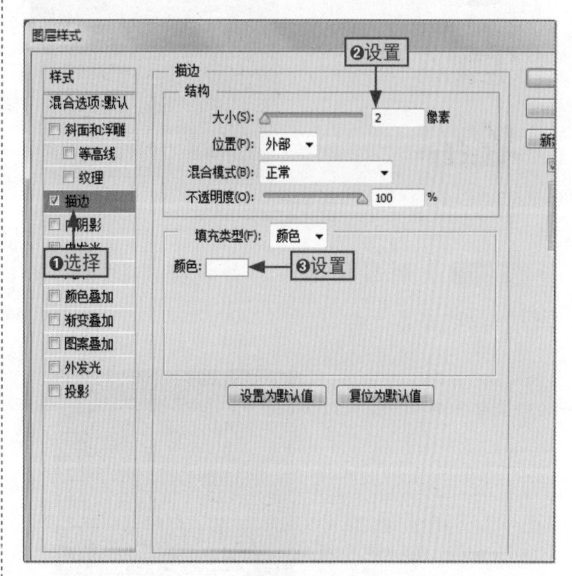

图15-24

步骤08 置入peg-2.jpg素材文件，并调整其大小与位置，用前面相同的方法为其创建剪贴蒙版，如图15-25所示。

图15-25

步骤09 选择直线工具，分别设置形状的填充类型、描边类型以及描边宽度等，在图像的相应位置上绘制直线，如图15-26所示。

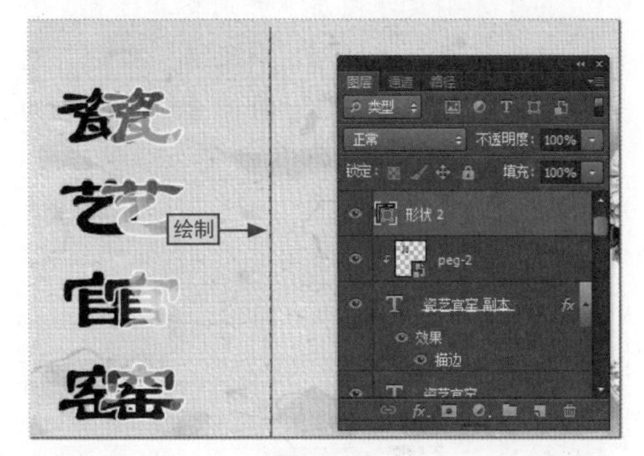

图15-26

步骤10 复制形状图层，并调整其位置，如图15-27所示。

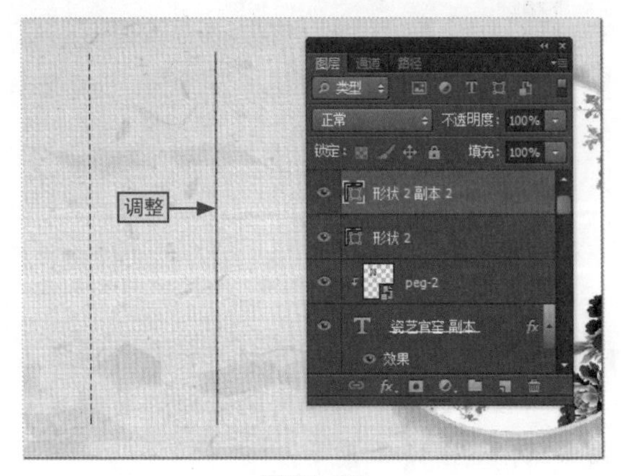

图15-27

步骤11 选择直排文字工具，在“字符”面板中设置字体格式，然后在图像的相应位置上输入多种文字，如图15-28所示。

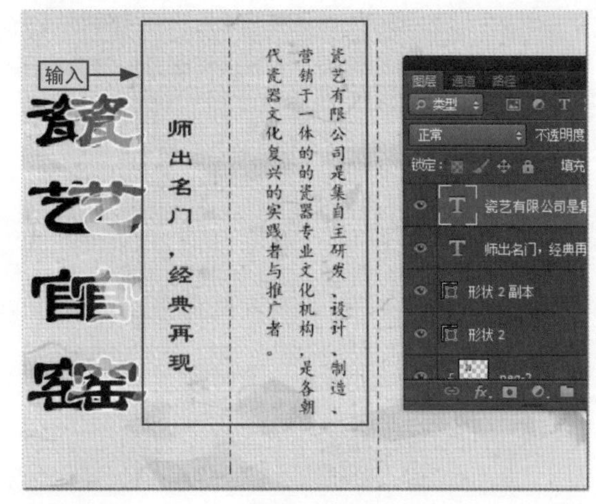

图15-28

步骤12 分别置入peg-3.png和peg-4.png素材文件，并将它们分别进行调整，如图15-29所示。

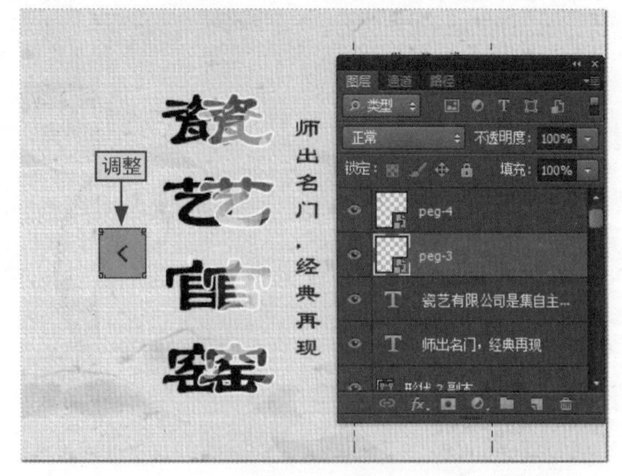

图15-29

15.4.2 添加卷轴美化页面

虽然按常规来划分，页面都有几个固定的区域，但用户也可以根据实际需求添加一些较为个性化的内容。下面以在企业网站页面中添

加了卷轴内容，用以丰富和美化页面。

步骤01 打开“杜鹃.jpg”素材文件，❶使用选区工具创建选区，❷选择魔术橡皮擦工具在选区中单击，逐步去除图像中的背景，如图15-30所示。

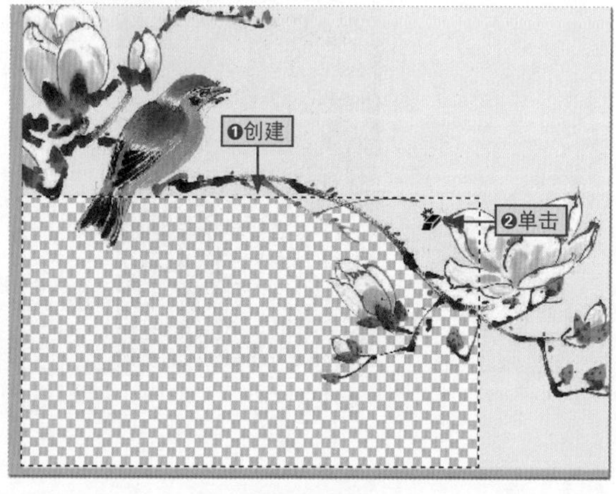

图15-30

步骤02 用相同方法去除其他区域中的背景，对于颜色较为相似的区域，选择橡皮擦工具擦除，如图15-31所示。

图15-31

步骤03 打开“卷轴.jpg”素材文件，将去除背景后的图像拖入该素材文件中，并调整图像的大小与位置，按Ctrl+S组合键将其保存为“卷轴.png”，如图15-32所示。

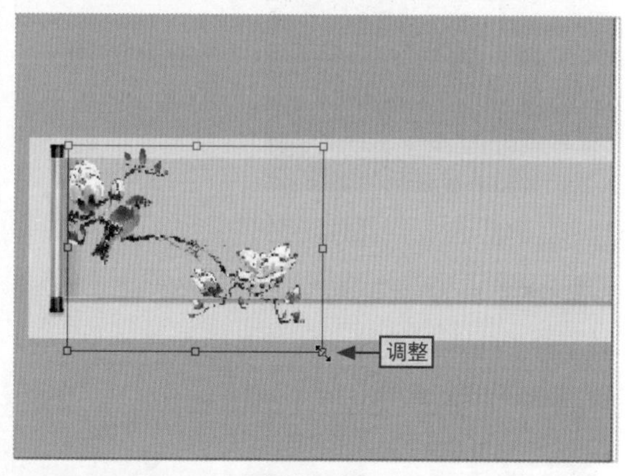

图15-32

步骤04 ❶在左右两个切换图标两侧新建参考线，❷置入“卷轴.png”素材文件，将其调整到参考线之间，如图15-33所示。

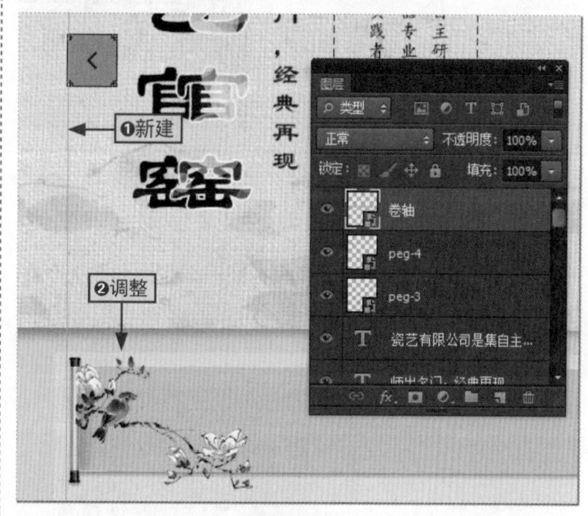

图15-33

步骤05 ❶为“卷轴”图层添加一个图层蒙版，❷使用画笔工具在该图层的边缘上进行涂抹，使其与背景融合，如图15-34所示。

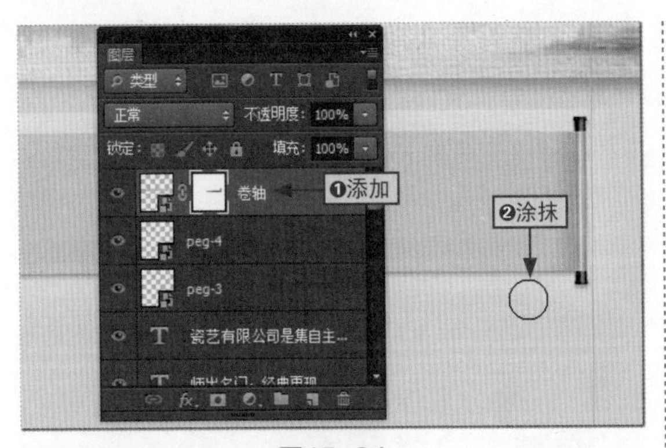

图15-34

步骤06 ❶在"卷轴"图像上绘制直线形状，❷复制多条直线，并调整它们的位置，如图15-35所示。

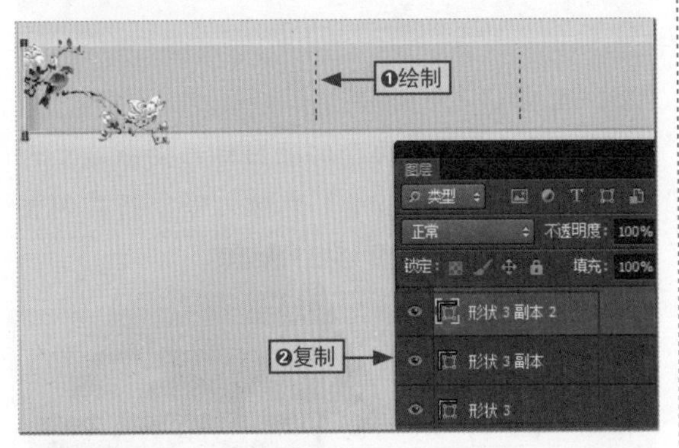

图15-35

步骤07 ❶绘制圆形，❷复制多个形状，将其调整到相应的位置，如图15-36所示。

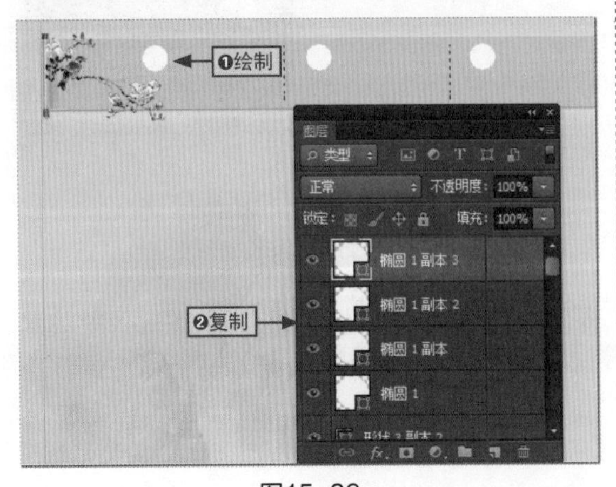

图15-36

步骤08 选择横排文字工具并设置字体格式，在图像中的相应位置上输入不同的文本，如图15-37所示。

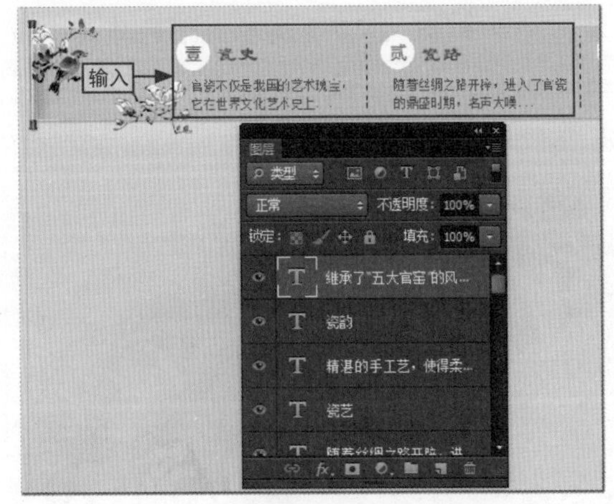

图15-37

15.4.3 设计content部分

content部分主要用来展示企业的文化或对未来的展望，同时可以附加一些小栏目，如招商加盟、联系我们等。其具体操作如下。

步骤01 ❶置入peg-5.png素材文件，并调整其位置，❷在其旁边输入相应的文字，如图15-38所示。

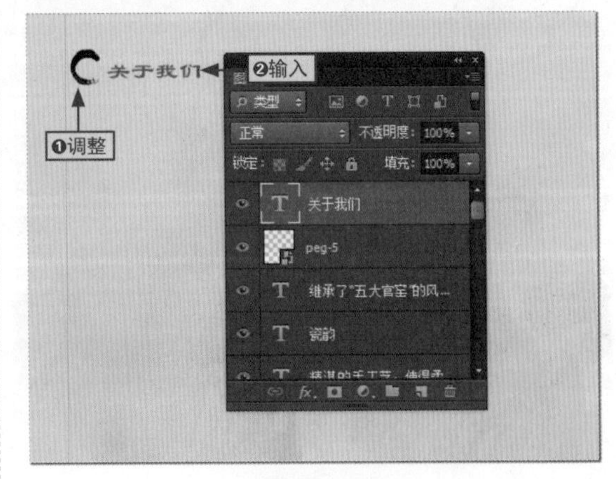

图15-38

步骤02 ❶置入peg-6.png和“牡丹.jpg”素材文件，并调整其位置，❷为“牡丹”图层创建剪贴蒙版，如图15-39所示。

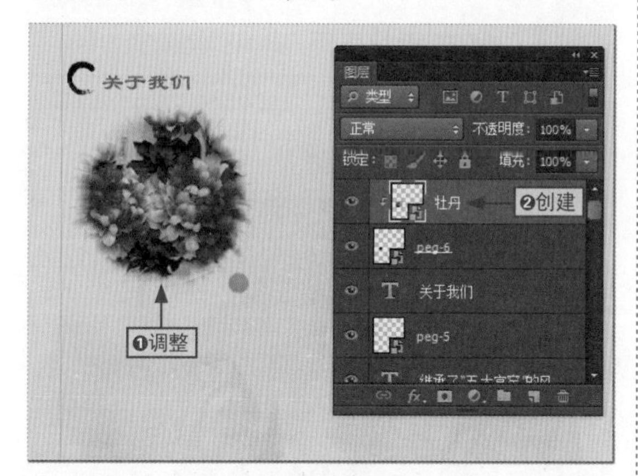

图15-39

步骤03 按Ctrl+T组合键使“牡丹”图像进入编辑状态，对其大小进行调整，然后按Enter键退出编辑状态即可，如图15-40所示。

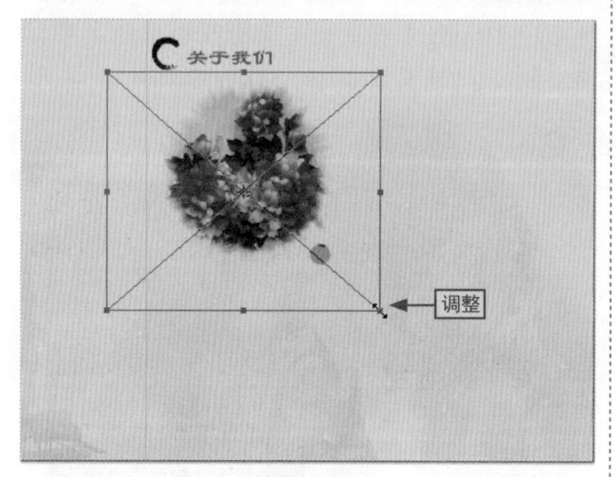

图15-40

步骤04 ❶在图像的相应位置输入文本，❷置入peg-7.png素材文件，并调整其位置，如图15-41所示。

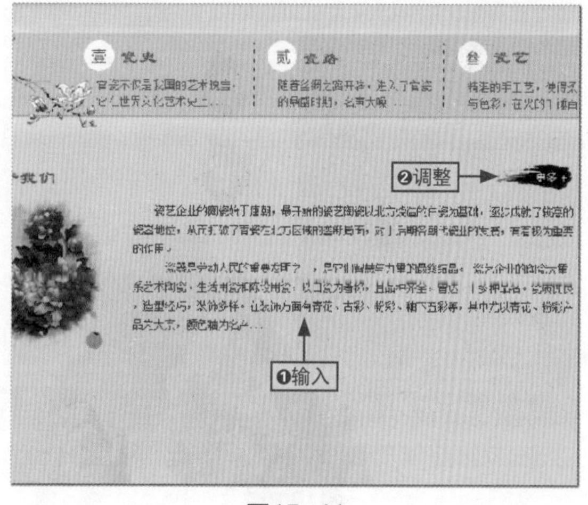

图15-41

步骤05 ❶置入peg-8.png、peg-9.png和加盟.png素材文件，并调整其位置，❷为“加盟”图层创建剪贴蒙版，如图15-42所示。

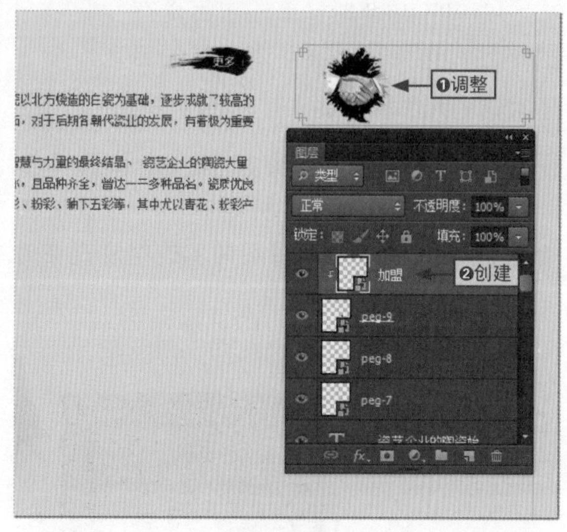

图15-42

步骤06 ❶在相应位置上输入“招商加盟”，❷用相同方法制作其他剪贴蒙版和输入文字，如图15-43所示。

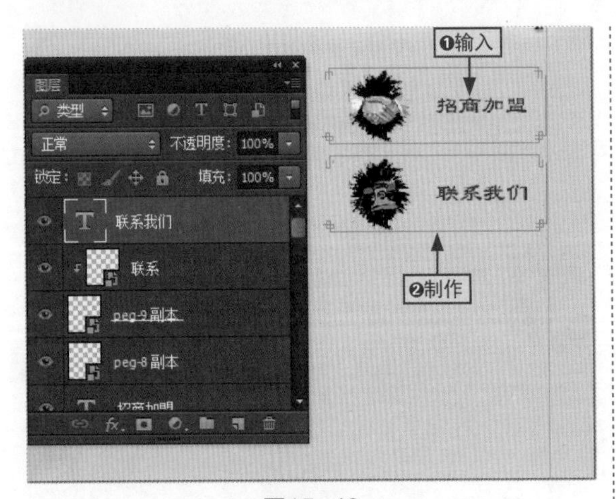

图15-43

15.4.4 设计testimonials部分

testimonials部分主要用来推荐一些特别的产品，这样可以吸引消费者的目光，使它们对这些产品感兴趣，其具体操作如下。

步骤01 ❶用相同方法制作“产品展示”栏，❷使用矩形工具绘制矩形，并为其填充白色，❸将“矩形 1”图层的不透明度设置为“50%”，如图15-44所示。

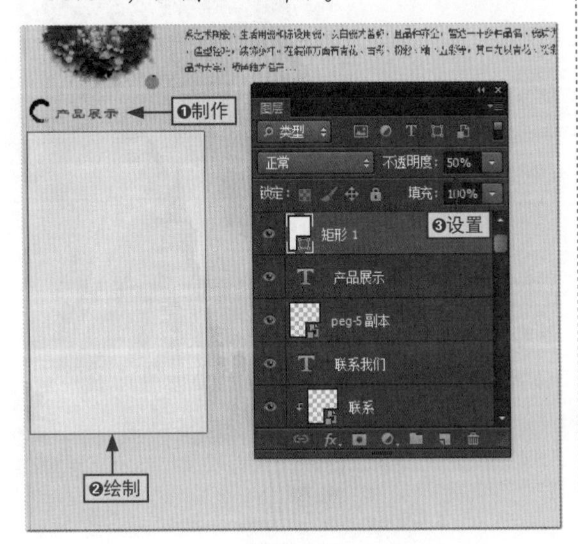

图15-44

步骤02 保持“矩形 1”图层的选择状态，打开“图层样式”对话框，❶选择“描边”选项，❷设置其大小、颜色等属性，按Enter键确认设置，如图15-45所示。

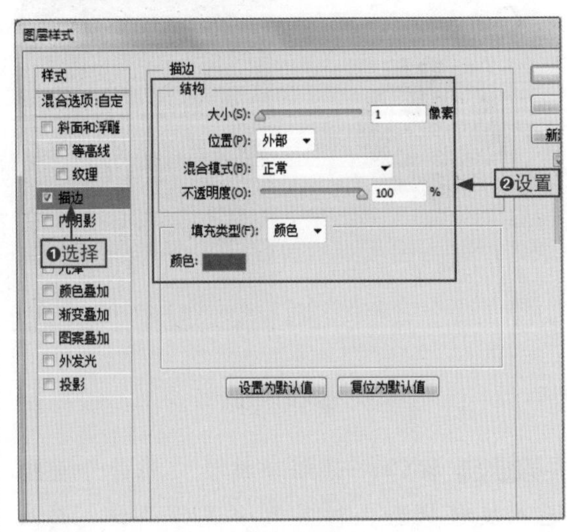

图15-45

步骤03 在矩形形状上置入“产品1.png”和peg-10.png素材文件，❶输入相应的文字，❷复制peg-7图层并调整，如图15-46所示。

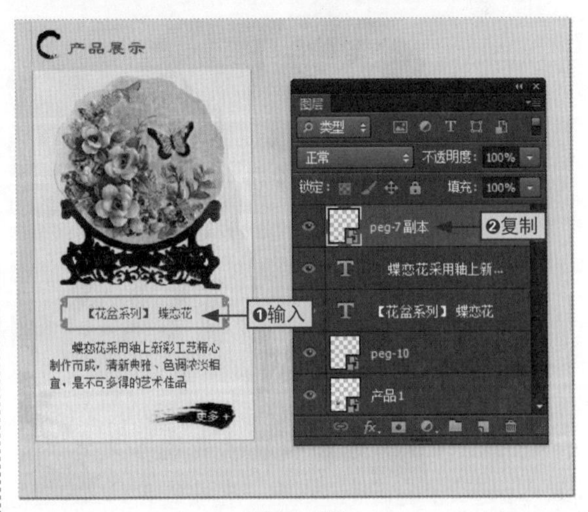

图15-46

步骤04 用相同的方法绘制矩形并在其上添加相应的内容，如图15-47所示。

图15-47

15.4.5 设计footer部分

footer部分是指页面的页脚部分，也是整个网站的最后一部分。在footer部分中主要包含企业网站的名称与联系方式、版权所属以及工商备案信息等，以方便浏览者快速找到需要的内容，其具体操作如下。

步骤01 ❶置入peg-11.png素材文件，调整其位置与大小，❷在其上输入公司相关的信息，如图15-48所示。

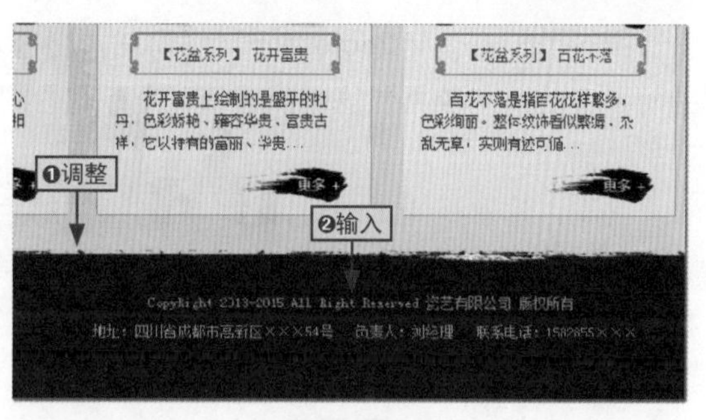

图15-48

步骤02 企业网站设计完成后，即可对图层进行分组，如图15-49所示。

图15-49

15.5 案例制作总结和答疑

在案例制作完成后，需要及时对其进行总结与分析，这样才能更好地掌握相关知识，那么下面就来对本案例进行一个简单的总结与答疑。

在使用Dreamweaver软件制作网站之前，需要先使用Photoshop制作出网站的前台，然后通过切片工具将制作好的页面划分成多个部分，Dreamweaver软件只需要针对这些部分添加相应的响应代码即可。因此，显示在浏览者面前的就是网站前台，它的好坏直接影响着浏览者对企业的印象。

所以我们在使用Photoshop制作网站前台时，首先要注意图片与文字的协调性，一个布局完美的网页会给人一种平和舒畅的心情，它不仅仅只表现在文字的表达方面，更多地是表现在图片与文字的协调性上。

其次，注意视觉上的对比性，通过不同的色彩、不同的图形进行对比，形成视觉冲击力，同时在图形上也要形成对比，只有这样才能让浏览者过目不忘。最后，要有松有弛，网页设计上要讲究松密有度，整个网页不能都是一种样式，要适当进行留白，运用空格或是改变字体之间的间距，从而达到不一样的变化效果。

对于新手来说，要制作设计出一个企业网站的前台并不是一件容易的事。在设计过程中或多或少会遇到一些问题。下面我们就来介绍一些常见的问题，以帮助用户更快地掌握网站前台的设计方法。

给你支招 | 如何下载网站前台的布局模板

小白：在你设计的企业网站前台中，页面布局比较简单，内容也较为简洁，如果我要设计较为复杂的页面，有没有什么可以参考的页面布局模板?

阿智：当然有，最常用的就是960网格模板。在设计之前可以先下载该模板，你可以在http://960.gs/上找到它们，如图15-50所示。下载后解压文件包，可以在文件夹中查看到与PSD相关的模板，其中有两种规格，一种是12栏式，另一种是16栏式，它们的区别就是一个按12栏分布，另一个按16栏分布，如图15-51所示为16栏式的网格模板。

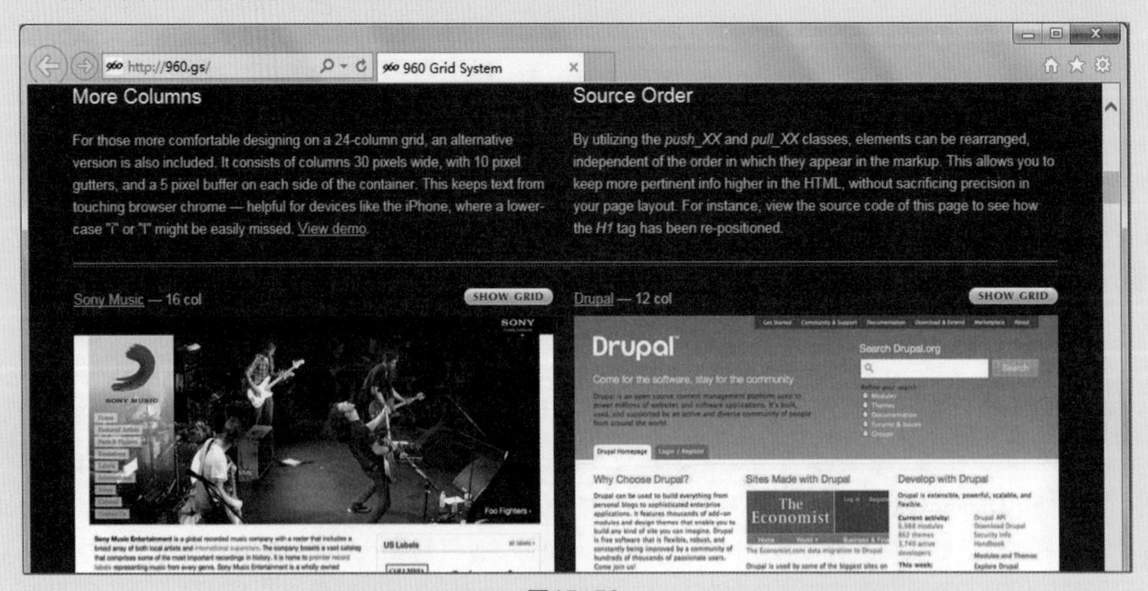

图15-50

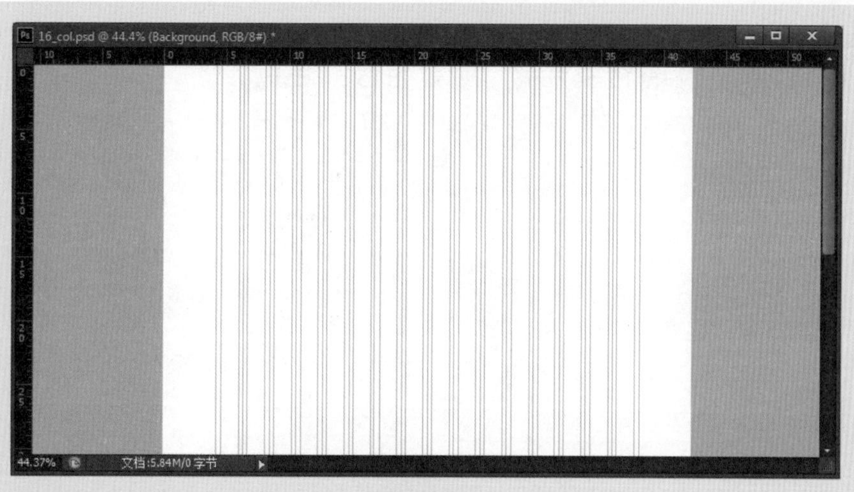

图15-51

给你支招 | 如何保存图层中的部分图像

小白：在你设计企业网站前台时，我看到设计效果中有很多较好的图片，但是它们都是通过图层进行显示的，我想要将其作为素材进行使用，应该怎么办呢?

阿智：首先你可以将相应的图层保存到一个新建的文档图像中，然后对其进行编辑，去除其中不需要的部分，最后将其保存为png格式即可，其具体操作如下。

步骤01 ❶选择需要复制的目标图层，在其上右击，❷选择“复制图层”命令，如图15-52所示。

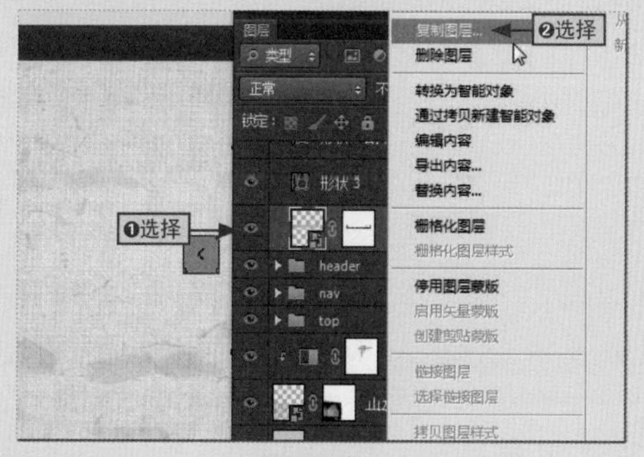

图15-52

步骤02 打开“复制图层”对话框，❶在“文档”下拉列表中选择“新建”选项，❷输入新建文档的名称，❸单击“确定”按钮，如图15-53所示。

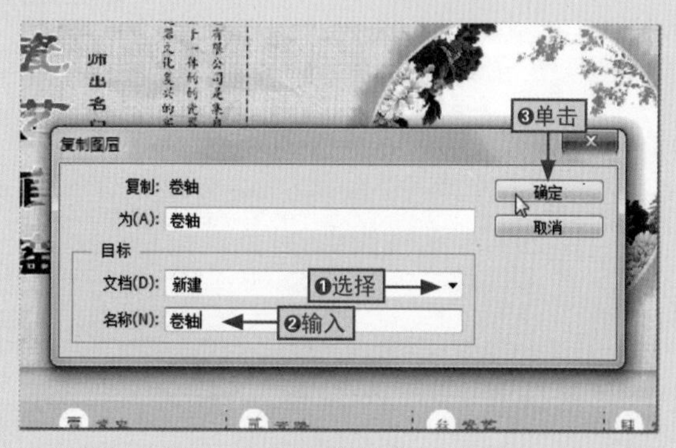

图15-53

步骤03 选择钢笔工具，在图像中绘制路径，用以清除背景部分，如图15-54所示。

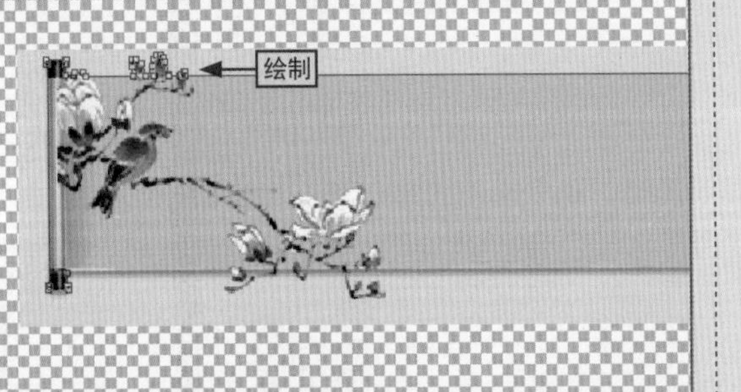

图15-54

步骤04 路径绘制完成后，按Ctrl+Enter组合键将路径转换为选区，按Shift+Ctrl+I组合键反相选择选区，如图15-55所示。

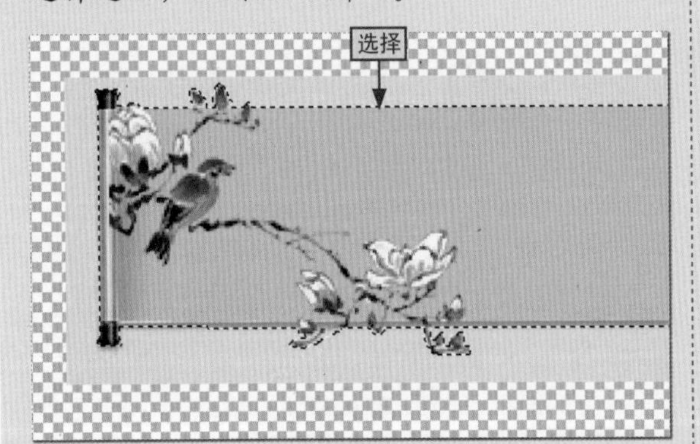

图15-55

步骤05 按Delete键，删除选区中的内容，如图15-56所示。

图15-56

步骤06 按Ctrl+S组合键，打开“存储为”对话框，❶输入文件名，❷在“格式”下拉列表中选择PNG选项，❸单击“保存”按钮即可，如图15-57所示。

图15-57